普通高等教育中医药类“十三五”规划教材
全国普通高等教育中医药类精编教材

物 理 学

（第 2 版）

（供中医学、中西医临床医学、中药学、药学等专业用）

主 编

邵建华 韦相忠

副主编

郭晓玉 刚 晶 李 光 钱天虹
杨林静 凌高宏 陈昭喜 刘 慧

上海科学技术出版社

图书在版编目(CIP)数据

物理学 / 邵建华,韦相忠主编. —2版. —上海:上海科学技术出版社,2018.10 (2025.2重印)

普通高等教育中医药类"十三五"规划教材 全国普通高等教育中医药类精编教材

ISBN 978-7-5478-4118-1

Ⅰ. ①物… Ⅱ. ①邵… ②韦… Ⅲ. ①物理学-高等学校-教材 Ⅳ. ①04

中国版本图书馆CIP数据核字(2018)第160791号

物理学(第2版)

主编 邵建华 韦相忠

上海世纪出版(集团)有限公司
上 海 科 学 技 术 出 版 社 出版、发行

(上海市闵行区号景路159弄A座9F-10F)

邮政编码201101 www.sstp.cn

常熟市兴达印刷有限公司印刷

开本787×1092 1/16 印张18.25

字数390千字

2013年8月第1版

2018年10月第2版 2025年2月第13次印刷

ISBN 978-7-5478-4118-1/O·62

定价:38.00元

专家指导委员会名单

普通高等教育中医药类“十三五”规划教材
全国普通高等教育中医药类精编教材

编审委员会名单

编委会名单

主　编

邵建华（上海中医药大学）　　韦相忠（广西中医药大学）

副主编

郭晓玉（河南中医药大学）　　刚　晶（辽宁中医药大学）

李　光（长春中医药大学）　　钱天虹（安徽中医药大学）

杨林静（云南中医药大学）　　凌高宏（湖南中医药大学）

陈昭喜（广州中医药大学）　　刘　慧（成都中医药大学）

编　委（以姓氏笔画为序）

王　勤（贵州中医药大学）　　王文龙（长春中医药大学）

王冬梅（黑龙江中医药大学）　　王立普（邢台医学高等专科学校）

王蕴华（天津中医药大学）　　孔志勇（山东中医药大学）

叶　红（上海中医药大学）　　朱慧芬（云南中医药大学）

汪　捷（湖南中医药大学）　　邬家成（安徽中医药大学）

张灵帅（河南中医药大学）　　林　蓉（上海中医药大学）

俞　允（福建中医药大学）　　莫嘉雯（广西中医药大学）

柴　英（大连医科大学中山学院）　　高建平（甘肃中医药大学）

高清河（辽宁中医药大学）　　彭春花（上海中医药大学）

蒋良平（大连大学）　　鲁玮瑗（首都医科大学）

学术秘书（兼）

林　蓉（上海中医药大学）

前言

新中国高等中医药教育开创至今历六十年。一甲子朝花夕拾，六十年砥砺前行，实现了长足发展，不仅健全了中医药高等教育体系，创新了中医药高等教育模式，也培养了一大批中医药人才，履行了人才培养、科技创新、社会服务、文化传承的职能和使命。高等中医药院校的教材作为中医药知识传播的重要载体，也伴随着中医药高等教育改革发展的进程，从少到多，从粗到精，一纲多本，形式多样，始终发挥着至关重要的作用。

上海科学技术出版社于1964年受国家卫生部委托出版全国中医院校试用教材迄今，肩负了半个多世纪的中医院校教材建设和出版的重任，产生了一大批学术深厚、内涵丰富、文辞隽永、具有重要影响力的优秀教材。尤其是1985年出版的全国统编高等医学院校中医教材(第五版)，至今仍被誉为中医教材之经典而蜚声海内外。

2006年，上海科学技术出版社在全国中医药高等教育学会教学管理研究会的精心指导下，在全国各中医药院校的积极参与下，组织出版了供中医药院校本科生使用的“全国普通高等教育中医药类精编教材”(以下简称“精编教材”)，并于2011年进行了修订和完善。这套教材融汇了历版优秀教材之精华，遵循“三基”“五性”“三特定”的教材编写原则，同时高度契合国家执业医师考核制度改革和国家创新型人才培养战略的要求，在组织策划、编写和出版过程中，反复论证，层层把关，使“精编教材”在内容编写、版式设计和质量控制等方面均达到了预期的要求，凸显了“精炼、创新、适用”的编写初衷，获得了全国中医药院校师生的一致好评。

2016年8月，党中央、国务院召开了新世纪以来第一次全国卫生与健康大会，印发实施《“健康中国2030”规划纲要》，并颁布了《中医药法》和《〈中国的中医药〉白皮书》，把发展中医药事业作为打造健康中国的重要内容。实施创新驱动发展、文化强国、“走出去”战略以及“一带一路”倡议，推动经济转型升级，都需要中医药发挥资源优势和核心作用。面对新时期中医药“创造性转化，创新性发展”的总体要求，中医药高等教育必须牢牢把握经济社会发展的大势，更加主动地服务和融入国家发展战略。为此，精编教材的编写将继续秉持“为院校提供服务、为行业打造精品”的工作要旨，在全国中医院校中广泛征求意见，多方听取要求，全面汲取经验，经过近一年的精心准备工作，在"十三五"开局之年启动了第三版的修订工作。

本次修订和完善将在保持"精编教材"原有特色和优势的基础上，进一步突出"经典、精炼、新颖、实用"的特点，并将贯彻习近平总书记在全国卫生与健康大会、全国高校思想政治工作会议等系列讲话精神，以及《国家中长期教育改革和发展规划纲要(2010—2020)》《中医药发展战略规划纲要(2016—2030 年)》和《关于医教协同深化中医药教育改革与发展的指导意见》等文件要求，坚持高等教育立德树人这一根本任务，立足中医药教育改革发展要求，遵循我国中医药事业发展规律和中医药教育规律，深化中医药特色的人文素养和思想情操教育，从而达到以文化人、以文育人的效果。

同时，全国中医药高等教育学会教学管理研究会和上海科学技术出版社将不断深化高等中医药教材研究，在新版精编教材的编写组织中，努力将教材的编写出版工作与中医药发展的现实目标及未来方向紧密联系在一起，促进中医药人才培养与"健康中国"战略紧密结合起来，实现全程育人、全方位育人，不断完善高等中医药教材体系和丰富教材品种，创新、拓展相关课程教材，以更好地适应"十三五"时期及今后高等中医药院校的教学实践要求，从而进一步地提高我国高等中医药人才的培养能力，为建设健康中国贡献力量！

教材的编写出版需要在实践检验中不断完善，诚恳地希望广大中医药院校师生和读者在教学实践或使用中对本套教材提出宝贵意见，以敦促我们不断提高。

全国中医药高等教育学会常务理事、教学管理研究会理事长

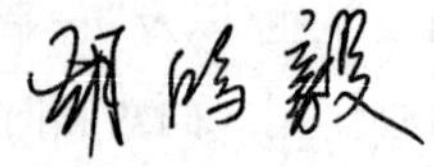

2016 年 12 月

编写说明

物理学是全国高等中医药院校中医学、中西医临床医学、中药学、药学等专业本科生的一门必修课程，目的是培养学生的科学素养和科学思维，为学生将来从事医药工作打下重要的基础。

物理学是研究物质的基本结构、基本运动形式以及相互作用的科学，物理学的理论、方法和技术对现代医药科学的发展起到了积极的作用，目前X射线、生物电、光学、激光、超声、核辐射、核磁共振以及各种显微技术等已广泛应用于临床及研究领域。

本教材是参照教育部高等院校医药公共基础课程教学指导委员会所制定的《医药类大学物理课程教学基本要求》，在全国中医药高等教育学会教学管理研究会的指导下，经上海科学技术出版社组织全国10余所高等中医院校在教学第一线的专家、教授，结合各自学校的教学实践经验及国内外同类教材编写而成。

本教材共14章，内容涵盖了绝大部分高等中医药院校现在讲授的物理主要内容，分别介绍了力学基础、分子物理学、热力学基础、电磁学、光学、原子核物理学、量子力学和相对论基础等，增加了与医药学相关度较大的物体的弹性、流体力学、液体的表面现象、生物电现象、X射线、核磁共振等内容。在编写时努力做到概念准确、条理清晰、文字精练流畅、教师好教、学生好学，注意深入浅出，避免繁琐的数学运算，最大限度满足教学的实际需要。在教授物理原理的同时，注意物理思想、物理方法的介绍。为加强物理学与实际应用的结合，在每章最后编写拓展阅读，内容涉及相关科学家的介绍、重大物理理论发现的过程、新方法及新技术的应用等。作为教材的配套项目，我们编写了《物理学习题精选》和《物理学实验指导》。

本书可供高等中医药院校相关专业本、专科学生使用，对于广大中医药工作者和中医院校的研究生，也是一本有益的参考书。

本教材在编写过程中,得到上海中医药大学和广西中医药大学以及兄弟院校的大力支持和帮助,在此一并表示感谢。教材中如有不妥和不足之处,恳请专家、教师和同学提出宝贵意见,以便再版时修订和改进。

《物理学》编委会

2018 年 6 月

目录

第一章　力学基础知识

导学

本章主要介绍刚体转动的基本规律、物体的弹性和骨骼与肌肉的力学性质。

1. 掌握　描述刚体定轴转动的三个物理量——角位移、角速度、角加速度以及角量与线量的关系；转动惯量、转动动能、角动量、冲量矩等物理量的意义及应用；刚体定轴转动的转动定律、角动量定理、角动量守恒定律及其应用。

2. 理解　陀螺的进动现象；应变、应力、弹性模量和形变势能的概念与应用。

3. 了解　骨骼和肌肉的力学性质。

第一节　刚体力学

在许多力学问题中常常将物体简化为质点，以质点作为对象分析其所受的力、研究其运动规律。然而物体的这种质点模型在很多情况下并不适用，如转动物体上的各点运动规律不相同，各点的运动与物体的大小、形状都有关系。这时，物体的运动规律就不能用质点的运动描述，而需要引入刚体并用刚体的运动来加以描述。

无论在多大的外力作用下，物体的各个部分之间距离始终保持不变，或者说物体的大小、形状都不发生改变，这样的物体称为**刚体**(rigid body)，刚体是一种理想模型。实际上任何物体受力作用时，其形状都会发生微小的改变，若物体的形变很小，该物体就可以近似地看成是刚体。

一、刚体的定轴转动

刚体的运动形式是多样化的，其最简单和最基本的运动是平动和定轴转动。无论刚体的运动多么复杂，都可以看成是其质心的平动和绕通过质心轴的转动的合成。当刚体运动时，如果刚体上任一条直线始终保持取向不变(彼此平行)，那么该运动称为**平动**(translation)，如图 1－1 中的 AD 连线。做平动的刚体，因其上各点的运动状态完全相同，可以视为一质点，这样描述质点运动的各种物理量(如位移、速度、加速度等)和牛顿运动定律都适用于刚体的平动。

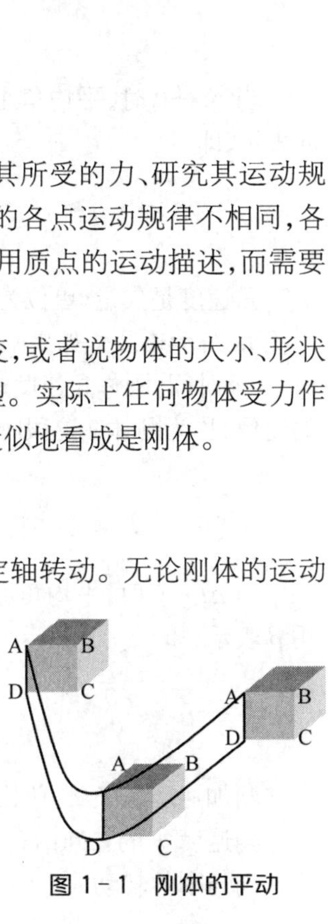

图 1－1　刚体的平动

在刚体运动过程中，如果刚体上的各个质点都围绕同一直线做圆周运动，这种运动称为**转动**(rotation)，这一直线称为转动轴，简称转轴。在一般情况下，转轴的方向和位置都随时间变化，但是如果转动过程中转轴是固定不动的，这种转动称为刚体的**定轴转动**(rotation about a fixed axis)，如电动机的转子绕其转轴的运动。定轴转动是刚体最简单的一种转动形式。

(一) 刚体定轴转动的运动描述

1. *角量的定义* 如图 1-2 所示，为了研究刚体的转动，取垂直于定轴的平面作为转动平面，设 OO'为转轴，坐标轴 OX 是位于转动平面内的一条与OO'轴垂直的参考线。以该转动平面上的一参考点 P 为研究对象，作从圆心 O 到 P 点连线，即 P 点的矢径 $\boldsymbol{r}$，其与坐标轴 OX 的夹角 θ 称为**角坐标**(angular coordinate)，它是用来描述刚体所在位置的物理量。在转动过程中，角 θ 随时间而变化。在 Δt 时间内，P 点移到 P′ 点的位置，矢径 $\boldsymbol{r}$ 转过了 $\Delta\theta$ 角，$\Delta\theta$ 称为刚体在 Δt 时间内的**角位移**(angular displacement)。角位移是描述刚体转动程度的物理量，其大小表示整个刚体转过的角度，单位是弧度(rad)。

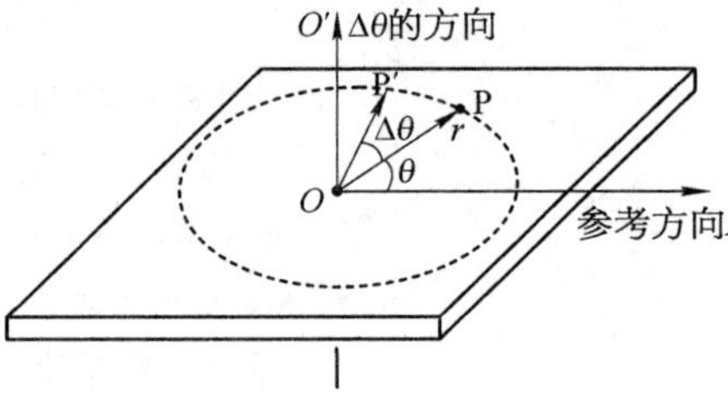

图 1-2 刚体的转动描述、角位移的方向

2. *角速度* 角速度是描述刚体转动快慢的物理量。角位移 $\Delta\theta$ 与完成该角位移所用的时间 Δt 的比值，称为这段时间转动的平均角速度，用 $\bar{\omega}$ 表示，即

$$\bar{\omega}=\frac{\Delta\theta}{\Delta t} \tag{1-1}$$

当 $\Delta t\to 0$ 时，平均角速度的极限值称为 t 时刻的瞬时角速度，简称**角速度**(angular velocity)，用 ω 表示，即

$$\omega=\lim_{\Delta t\to 0}\frac{\Delta\theta}{\Delta t}=\frac{\mathrm{d}\theta}{\mathrm{d}t} \tag{1-2}$$

角速度是矢量，单位为弧度 · 秒$^{-1}$(rad · s^{-1})。

3. *角加速度* 如果刚体在 t_1 时刻的角速度为 ω_1，t_2 时刻的角速度变为 ω_2，即经过 Δt ($\Delta t=t_2-t_1$) 时间，刚体角速度的增量为 $\Delta\omega=\omega_2-\omega_1$。角速度的增量 $\Delta\omega$ 与完成该增量所用的时间 Δt 的比值，称为刚体在这段时间内转动的平均角加速度，用 $\bar{\beta}$ 表示，即

$$\bar{\beta}=\frac{\Delta\omega}{\Delta t} \tag{1-3}$$

当 $\Delta t\to 0$ 时，平均角加速度的极限值称作瞬时角加速度，简称**角加速度**(angular acceleration)，用 β 表示，即

$$\beta=\lim_{\Delta t\to 0}\frac{\Delta\omega}{\Delta t}=\frac{\mathrm{d}\omega}{\mathrm{d}t}=\frac{\mathrm{d}^2\theta}{\mathrm{d}t^2} \tag{1-4}$$

角加速度是矢量，单位为弧度 · 秒$^{-2}$(rad · s^{-2})。

角速度 ω 的方向由右手螺旋法则确定：伸出右手，让拇指与四指垂直，使四个手指环绕，环绕的方向与刚体转动的方向一致，此时拇指所指的方向为角速度的正方向，即沿转轴指向上方或下

方。角加速度的方向与角速度的变化方向相同,当刚体加速转动时,角加速度与角速度方向相同;减速转动时,角加速度与角速度方向相反。

(二)角量与线量的关系

描述质点运动的物理量称为线量,而描述刚体转动的物理量称为角量。刚体做定轴转动时,刚体上各点都围绕转轴在做圆周运动,因此刚体上任意一点的运动也可以用位移、速度、加速度等物理量来表示。既然角量与线量都可以用来描述刚体的运动规律,故线量和角量之间必然有一定的联系。

如图1-2所示,刚体上某点P经过时间Δt到达P′处,转过的角位移为$\Delta\theta$,此时点P发生的位移大小为Δs,当Δt很小时,弦长近似等于弧长,即

$$\Delta s \approx r\Delta\theta$$

可写成微分形式

$$\mathrm{d}s = r\mathrm{d}\theta \tag{1-5}$$

式(1-5)中r为P点到转轴的垂直距离。两边除以$\mathrm{d}t$,则得

$$\frac{\mathrm{d}s}{\mathrm{d}t} = r\frac{\mathrm{d}\theta}{\mathrm{d}t}$$

而$v = \frac{\mathrm{d}s}{\mathrm{d}t}$,$\omega = \frac{\mathrm{d}\theta}{\mathrm{d}t}$,所以上式改写为

$$v = r\omega \tag{1-6}$$

式(1-6)若写成矢量形式为

$$\boldsymbol{v} = \boldsymbol{\omega}\boldsymbol{r} \tag{1-7}$$

若将式(1-6)两端同时对时间t求导数,可得

$$\frac{\mathrm{d}v}{\mathrm{d}t} = r\frac{\mathrm{d}\omega}{\mathrm{d}t}$$

上式等式左侧是质点的切向加速度a_t,等式右侧$\frac{\mathrm{d}\omega}{\mathrm{d}t}$是刚体的角加速度,故上式又可写作

$$a_t = r\beta \tag{1-8}$$

向心加速度$a_n = \frac{v^2}{r} = r\omega^2$,因此刚体上任一点的合加速度$\boldsymbol{a} = \boldsymbol{a}_t + \boldsymbol{a}_n$,其大小为

$$a = \sqrt{a_n^2 + a_t^2} \tag{1-9}$$

二、转动动能　转动惯量

(一)刚体的转动动能

当刚体做定轴转动时,我们可以将刚体分割成多个质量单元(简称质元),假设这些质元的

质量分别为 Δm_1, Δm_2, …, Δm_n,其到转轴的距离分别为 r_1, r_2, …, r_n,各质元绕转轴转动的角速度都为 ω,各质元的线速度不同,设其分别为 v_1, v_2, …, v_n,刚体的总动能等于各个质元的动能之和,即

$$E_k=\frac{1}{2}\Delta m_1 v_1^2+\frac{1}{2}\Delta m_2 v_2^2+\cdots+\frac{1}{2}\Delta m_n v_n^2=\sum \frac{1}{2}\Delta m_i v_i^2=\sum \frac{1}{2}\Delta m_i r_i^2 \omega^2$$

可得

$$E_k=\frac{1}{2}\left(\sum \Delta m_i r_i^2\right)\omega^2 \tag{1-10}$$

把式(1-10)中的 $\sum \Delta m_i r_i^2$ 用 I 来表示,刚体的动能又可写成

$$E_k=\frac{1}{2}I\omega^2 \tag{1-11}$$

即为转动动能公式。转动动能的单位为焦耳(J)。

(二) 转动惯量

式(1-11)中的 I 称为刚体对给定转轴的**转动惯量**(moment of inertia)。可写成

$$I=\sum \Delta m_i r_i^2 \tag{1-12}$$

将式(1-11)与质点的动能 $E_k=\frac{1}{2}mv^2$ 相比较,两式有完全相同的数学结构,只是用 ω 替换了质点运动的速度 v,I 替换了质点的质量 m,由于 m 是表示质点运动惯性大小的物理量,因而根据类比可知 I 应该是表示刚体转动惯性大小的物理量。转动惯量的单位是千克·米^2(kg·m^2)。

若刚体质量分布是连续的,刚体的转动惯量 I 可写成积分的形式,即

$$I=\int r^2 \mathrm{d}m \tag{1-13}$$

式(1-13)中,$\mathrm{d}m$ 表示质元,r 表示质元到转轴的距离。对于不同形状的质量连续分布的刚体,质元 $\mathrm{d}m$ 有不同的表示。在均匀体分布时,$\mathrm{d}m=\rho\mathrm{d}V$,其中 $\mathrm{d}V$ 表示质元 $\mathrm{d}m$ 对应的体积元(简称体元),ρ 表示刚体在该体元 $\mathrm{d}V$ 处的质量体密度。在均匀面分布时,$\mathrm{d}m=\sigma\mathrm{d}S$,其中 $\mathrm{d}S$ 表示质元 $\mathrm{d}m$ 对应的面积元(简称面元),σ 表示刚体在该面元 $\mathrm{d}S$ 处的质量面密度。在均匀线分布时,$\mathrm{d}m=\lambda\mathrm{d}l$,其中 $\mathrm{d}l$ 表示质元 $\mathrm{d}m$ 对应的微小长度(简称线元),λ 表示刚体在该线元 $\mathrm{d}l$ 处的质量线密度。积分范围为刚体质量在空间分布的所有区域。

由式(1-12)和式(1-13)可见,刚体的转动惯量与下列因素有关:① 质量的大小;② 质量的分布,即刚体的形状、大小和各部分的密度;③ 转轴的位置。同样质量的刚体,若形状不同,则转动惯量可能不同。若改变转动轴位置,则转动惯量也将可能随之改变。

例 1-1 如图 1-3 所示,均匀细棒长为 l,质量为 m,绕一垂直于棒的转轴转动。求:(1) 转轴位于棒中心处的转动惯量;(2) 转轴位于棒的端点的转动惯量。

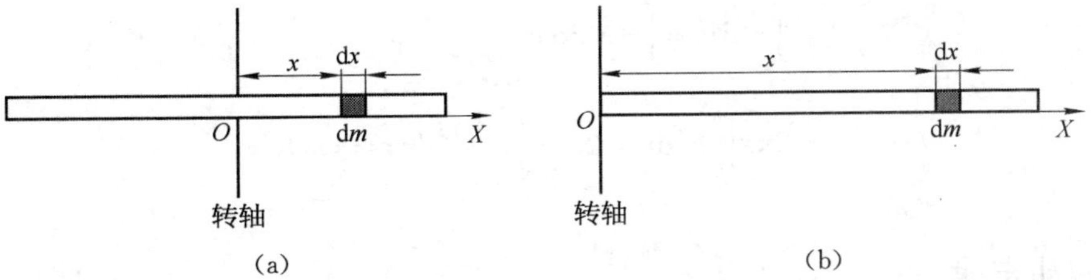

图 1-3　均匀细棒的转轴在不同位置时的转动惯量

解　(1) 如图 1-3(a)所示，将该直杆看作质量线性分布的均匀刚体，设其质量线密度为 $\lambda=\frac{m}{l}$，在棒上取质元 $\mathrm{d}m=\lambda\mathrm{d}x=\frac{m}{l}\mathrm{d}x$。当转轴位于棒中心处时，根据转动惯量的定义，得该质元对轴的转动惯量为

$$\mathrm{d}I=x^2\mathrm{d}m=\frac{m}{l}x^2\mathrm{d}x$$

棒对该轴的转动惯量为　$I=\int\mathrm{d}I=\int_{-\frac{l}{2}}^{\frac{l}{2}}\frac{m}{l}x^2\mathrm{d}x=\frac{1}{12}ml^2$

(2) 同理，如图 1-3(b)所示，当转轴位于棒的端点时，转动惯量为

$$I=\int\mathrm{d}I=\int_0^l\frac{m}{l}x^2\mathrm{d}x=\frac{1}{3}ml^2$$

利用数学方法可以求几何形状比较简单、密度分布均匀或有规律的物体绕某些特定转动轴的转动惯量，复杂的刚体需用实验方法测定。表 1-1 是几种常见刚体绕定轴转动的转动惯量。

表 1-1　几种密度均匀、几何形状简单的刚体对转轴的转动惯量

名　称	细圆环	薄圆盘	圆柱体	均匀细棒	均匀细棒	球体
图示	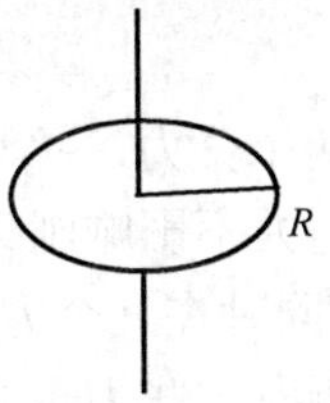	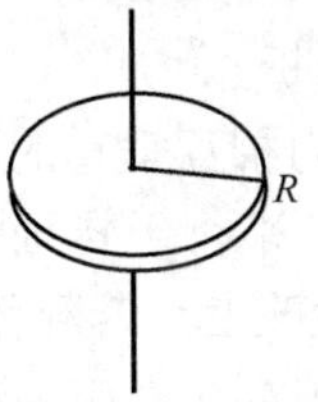	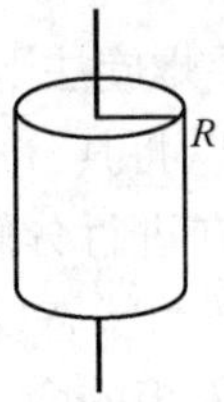	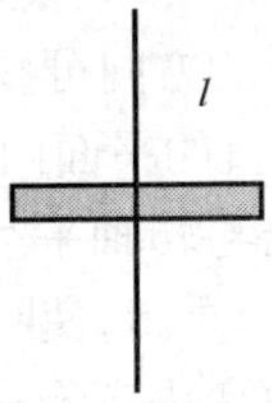	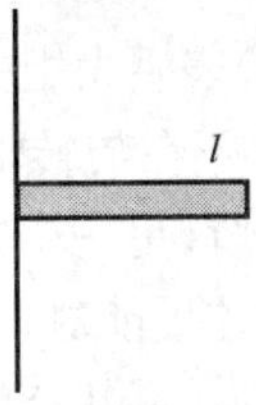	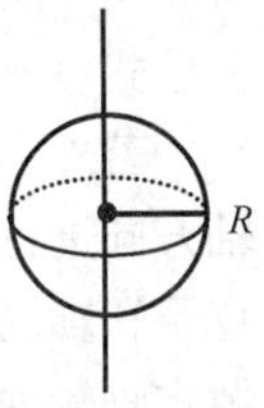
转动惯量 I	mR^2	$\frac{1}{2}mR^2$	$\frac{1}{2}mR^2$	$\frac{1}{12}ml^2$	$\frac{1}{3}ml^2$	$\frac{2}{5}mR^2$

例 1-2　如图 1-4 所示，一质量为 m、半径为 R 的均匀薄圆盘绕通过圆心并垂直于圆盘的定轴转动，求圆盘对该轴的转动惯量。

解　将该圆盘看作质量均匀面分布的刚体，设其质量面密度为 $\sigma=\frac{m}{S}=\frac{m}{\pi R^2}$，在圆盘面上取质元 $\mathrm{d}m=\sigma\mathrm{d}S$。如图 1-4 阴影部分所示，将圆盘分解为若干个细圆环，取半径为 r、宽度为 $\mathrm{d}r$ 的细圆环为面元 $\mathrm{d}S$，质元 $\mathrm{d}m=\sigma 2\pi r\mathrm{d}r$，圆盘对轴的转动惯量为

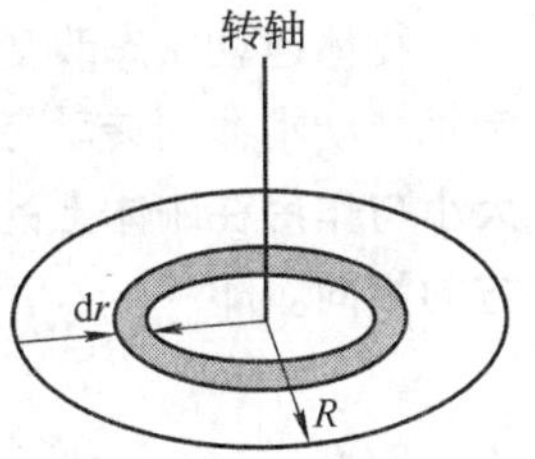

图 1-4　薄圆盘的转动惯量

$$I=\int r^2\mathrm{d}m=\int r^2\sigma 2\pi r\mathrm{d}r$$

$$=2\pi\sigma\int_0^R r^3\mathrm{d}r=2\pi\frac{m}{\pi R^2}\int_0^R r^3\mathrm{d}r=\frac{1}{2}mR^2$$

三、转动定律

刚体绕定轴转动时要遵循转动定律，该定律给出了刚体所受外力矩、角加速度及转动惯量三者之间的关系。

(一) 力矩

在外力作用下刚体做定轴转动，转动状态会发生改变。这个改变不仅与外力的大小、方向有关，还与力的作用点的位置有关，也就是说改变刚体转动状态的应该是力矩。为了定量描述力矩对转动状态的影响，以下将讨论力矩对刚体的作用规律。

设刚体所受的外力 $\boldsymbol{F}$ 在垂直于转轴 OO' 的平面内，如图 1－5 所示。力的作用线到转轴之间的垂直距离 d 称为力臂。力与力臂的乘积称为**力矩**(moment of force)，用 M 表示，即

$$M=Fd \tag{1-14}$$

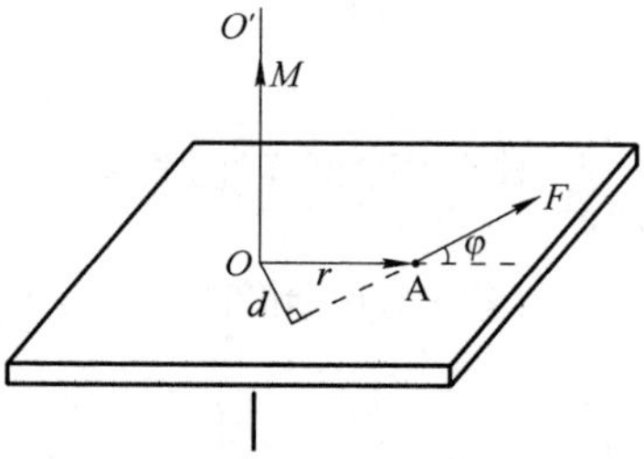

图 1－5 力矩的定义

力矩的单位为牛・米(N・m)。

假设力的作用点在 A，作 A 点的位置矢量 $\boldsymbol{r}$，φ 是矢量 $\boldsymbol{F}$ 与 $\boldsymbol{r}$ 间的夹角，由图可求得 $d=r\sin\varphi$，将其代入式(1－14)可得

$$M=Fd=Fr\sin\varphi \tag{1-15}$$

力矩是矢量，其矢量表达式为

$$\boldsymbol{M}=\boldsymbol{r}\times\boldsymbol{F} \tag{1-16}$$

式(1－16)表明力矩矢量的方向可按右手螺旋法则判断。

若外力 $\boldsymbol{F}$ 不在与转轴垂直的平面内，可以将其分解为相互垂直的两个分力，一个力沿垂直转轴方向进行分解，另一个力沿与转轴平行方向进行分解。平行于转轴的力不影响刚体的转动，垂直于转轴的力才可能对力矩有贡献，使刚体转动状态发生改变。若刚体同时在几个力矩的作用下做定轴转动，则转动状态的改变决定于这些力矩的合力矩。合力距为所有这些力矩的矢量和，即 $\boldsymbol{M}_{合}=\boldsymbol{M}_1+\boldsymbol{M}_2+\cdots+\boldsymbol{M}_n=\sum\boldsymbol{M}_i$。

(二) 刚体转动定律

物体运动状态改变的原因是物体受力的作用，同理，刚体转动状态改变的原因是力矩的作用。定轴转动刚体的**转动定律**(the law of rotation)：**转动刚体在外力矩的作用下，所获得角加速度 $\boldsymbol{\beta}$ 的大小与作用在刚体上的合外力矩 $\boldsymbol{M}$ 的大小成正比，与刚体的转动惯量 $\boldsymbol{I}$ 成反比，方向与合外力矩方向相同。**即

$$\boldsymbol{M}=I\boldsymbol{\beta} \tag{1-17}$$

设一刚体在力 $\boldsymbol{F}$ 作用下绕轴转动，如图 1－6 所示。如果在 $\mathrm{d}t$ 时间内，刚体绕转轴转过的角位

移为 $d\theta$，力 $\boldsymbol{F}$ 的作用点 A 发生的位移 $ds=rd\theta$，$\boldsymbol{F}$ 所做的元功为

$$dA=F\cos\varphi ds=F\cos\varphi rd\theta$$

将 $M=Fr\cos\varphi$ 代入上式有

$$dA=Md\theta \tag{1-18}$$

力矩对刚体做功的结果引起刚体转动动能的增量，则有

$$Md\theta=d\left(\frac{1}{2}I\omega^2\right)$$

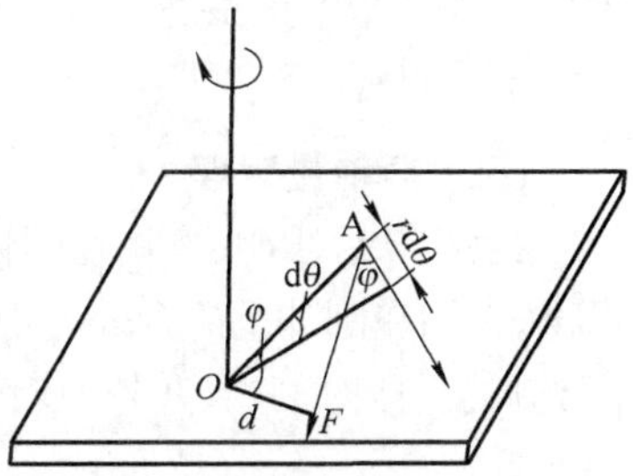

图 1-6　力矩的功

若转动过程中转动惯量 I 不变，有

$$Md\theta=I\omega d\omega$$

上式两侧同时除以 dt 可得

$$M\frac{d\theta}{dt}=I\omega\frac{d\omega}{dt}$$

即

$$M=I\beta$$

因为外力矩的方向与刚体转动状态变化，即角加速度的方向始终一致，上式又可写成矢量式

$$\boldsymbol{M}=I\boldsymbol{\beta}$$

此式即为前面给出的刚体的转动定律的表达式。

四、角动量定理　角动量守恒定律

（一）角动量

根据转动定律可知

$$M=I\beta=I\frac{d\omega}{dt}=\frac{d(I\omega)}{dt} \tag{1-19}$$

其中，转动惯量和角速度的乘积 $I\omega$ 可与质点运动中的动量相类比，定义 $I\omega$ 为**角动量**（angular momentum），又称动量矩。角动量是描述刚体定轴转动状态的物理量，一般用 $\boldsymbol{L}$ 表示，是一个矢量，其方向与 $\boldsymbol{\omega}$ 的方向相同，两者矢量关系式为

$$\boldsymbol{L}=I\boldsymbol{\omega} \tag{1-20}$$

角动量的单位是千克·米^2·秒$^{-1}$（$kg\cdot m^2\cdot s^{-1}$）。

（二）冲量矩

由式(1-19)可得

$$\boldsymbol{M}dt=d(I\boldsymbol{\omega})=d\boldsymbol{L} \tag{1-21}$$

$\boldsymbol{M}dt$ 是力矩对时间的积累，与物体平动时的冲量 $\boldsymbol{F}dt$ 相类似，因此称为**冲量矩**（moment of impulse)。冲量矩也是一个矢量,其方向与角动量的变化方向相同,单位是牛·米·秒(N·m·s)。

(三)角动量定理

式(1-21)表明,作用在刚体上的合外力矩对时间累积等于刚体角动量的增量。由式(1-21)可得,作用在刚体上的合外力矩等于刚体的角动量(或动量矩)对时间的变化率。如果从 t_0 时刻到 t 时刻的一段时间内,在外力矩 $\boldsymbol{M}$ 的作用下,刚体的角速度从 ω_0 变化到 ω,则有式(1-21)的积分形式

$$\int_{t_0}^{t} M\mathrm{d}t = \int_{\omega_0}^{\omega} \mathrm{d}(I\omega) = I\omega - I\omega_0 = L - L_0 = \Delta L \tag{1-22}$$

式(1-22)表明**定轴转动刚体所受到的外力矩的冲量矩,等于刚体从 t_0 到 t 时间内角动量的增量**。这一关系称为**角动量定理**(theorem of angular momentum)。

(四)角动量守恒定律

由式(1-22)角动量定理可知,若刚体所受到的合外力矩 $M=0$ 时,则有 $\Delta L=0$,即

$$\boldsymbol{L} = I\boldsymbol{\omega} = \text{恒量} \tag{1-23}$$

式(1-23)表明**当刚体所受的合外力矩等于零时,刚体的角动量(或动量矩)等于恒量**,这就是**角动量守恒定律**(the law of conservation of angular momentum)。

做定轴匀速转动的刚体,若转动惯量 I 是常数,则角速度 ω 是恒矢量。如果做定轴转动的是非刚体,当作用于该物体的合外力矩为零时,物体的角速度将随转动惯量的变化而变化,但两者的乘积 $I\omega$ 保持不变,即当转动惯量增大时,角速度变小;当转动惯量变小时,角速度增大,此结论可以推广到分析一般物体的转动情况。例如,花样滑冰运动员表演旋转动作时,常会把伸开的双臂收回靠拢身体,以减小转动惯量,增加角速度,使身体旋转加快,以便完成特定的花样动作。

五、陀螺的进动

玩过陀螺的人都知道,陀螺在平面上一般做定点转动。它一方面绕自身的对称轴(也称自转轴)旋转(即自旋),如图1-7所示,O 为陀螺转动时始终不动的点(即定点),ON 即为自转轴;另一方面当自转轴与垂直轴 OZ 不重合,在围绕自身的对称轴自转的同时,自转轴还沿着以垂直轴 OZ 为对称轴的圆锥面不断旋转,陀螺的这种运动称为**进动**(precession)。

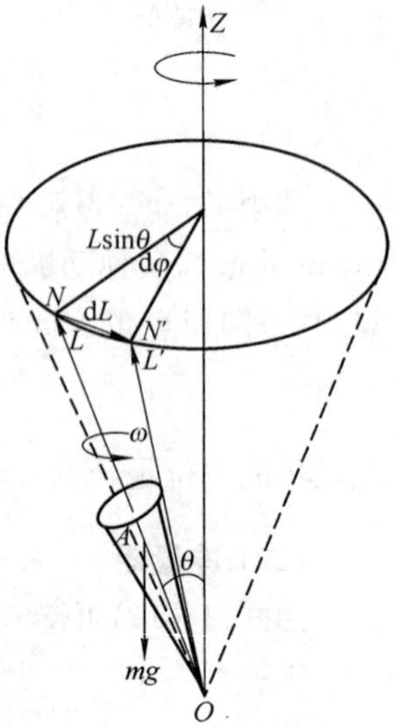

图1-7 陀螺的进动

设陀螺的自转轴 ON 和垂直轴 OZ 之间的夹角为 θ,陀螺以较大的自转角速度 ω 绕其对称轴旋转,自旋角动量为 $\boldsymbol{L}$,陀螺质心 A 到 O 点的距离为 l,m 是陀螺的质量,此时陀螺所受的重力矩 $\boldsymbol{M}$ 的大小为

$$M = mgl\sin\theta$$

方向与自转轴和垂直轴所决定的平面垂直。在该力矩的作用下,经过时间 $\mathrm{d}t$ 后,角动量 $\boldsymbol{L}$ 的端点由 N 移至 N',即陀螺的自旋角动量发生改变。设角动量的改变量为 $\mathrm{d}\boldsymbol{L}$,如图1-7所示,根据角动量定理得

$$dL = M dt = L \sin\theta d\varphi$$

式中 $d\varphi$ 为旋进角，是圆周上弧长 dL 所对应的圆心角。根据上式有

$$M = L \sin\theta \frac{d\varphi}{dt}$$

式中 $\frac{d\varphi}{dt}$ 为**进动角速度**(angular velocity of precession)，表示陀螺的自转轴绕垂直轴转动的角速度，用 Ω 表示，因此有

$$M = L \sin\theta \Omega$$

将 $M = mgl\sin\theta$ 代入上式可得

$$\Omega = \frac{mgl}{L} = \frac{mgl}{I\omega} \tag{1-24}$$

由式(1-24)可见，陀螺的进动角速度 Ω 与质心的位置 l 成正比，与转动惯量 I 和自转角速度 ω 成反比；转动惯量越大，自转角速度越高，重心位置越低，进动就越缓慢，反之亦然。进动角速度越小，表明角动量的方向变化就越缓慢，在很长时间内可保持自旋角动量相对稳定，这一性质被广泛地应用在航空、航海和制导中。近几十年来，基于经典的陀螺进动现象和现代量子力学理论的核磁共振现象、技术已经被广泛应用于医学诊断、药物分析领域，在分析物质结构、解释生化现象、诊断疾病等方面发挥了独特的重要作用。

第二节　物体的弹性

在外力作用下物体的大小或形状发生变化，称为**形变**(deformation)。在其弹性限度内，如果撤去外力后物体可以恢复原状，该形变称为**弹性形变**(elastic deformation)；如果外力太大，超出了物体弹性形变的限度，使物体在撤去外力后不能恢复原状，这种形变称为**塑性形变**(plastic deformation)。对物体形状或大小的改变与引起改变的力之间关系的研究，对工程技术、生物学、生物力学、医学和医学工程学等不同学科都具有很重要的意义。本节主要针对应变和应力、弹性模量及形变势能三方面内容进行讨论。

一、应变和应力

日常物体的形变常表现为在长度、体积或形状这三种形式上的绝对量变化，引入应变概念是要表示出这些形变的各自相对变化的程度。在某些情况下，物体的绝对形变量小，而相对形变量大；而在另一些情况下，物体的绝对形变量大，而相对形变量小。一般常用相对形变量来反映物体弹性能力或形变程度。

(一) 正应变与正应力

最简单的形变是物体受到拉力(或压力)时长度的变化。实验表明，受到一定拉力(或压力)的

物体,其长度改变量 Δl 和物体的原长度 l_0 之间是正比关系。为表示拉伸(或压缩)时长度的变化程度,把 Δl 和 l_0 之比称为**张应变**(tensile strain),用符号 ε 表示,即

$$\varepsilon=\frac{\Delta l}{l_0} \tag{1-25}$$

张应变是无量纲的物理量。

在张应变的情况下,物体内部任一横截面都会有张力(或压力)F 产生,它是一种内力,一般均匀分布在该横截面上。单位横截面积上的内力称之为**张应力**(tensile stress)或**压应力**(compressive stress),用符号 σ 表示,即

$$\sigma=\frac{F}{S} \tag{1-26}$$

σ 的单位是牛·米$^{-2}$(N·m^{-2})。由于张应力的方向与物体的横截面积垂直,因此称为**正应力**(normal stress),相应的应变统称为**正应变**(normal strain)。

(二) 体应变与体应力

如果物体的体积因受到压力作用而发生变化,但形状不改变,如图 1-8 所示,那么体积改变量 ΔV 与原体积 V_0 之比,称为**体应变**(bulk strain),用符号 θ 表示,即

$$\theta=\frac{\Delta V}{V_0} \tag{1-27}$$

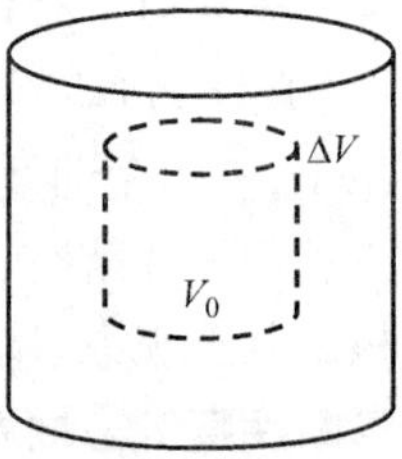

图 1-8 圆柱体的体应变

如果物体各向同性,那么物体内部各方向横截面积上的压力大小都相等,即具有相同的压强,因此使体积变化的应力可以用压强 p 表示,该压强也称为**体应力**(bulk stress)或**体压强**(bulk pressure)。

(三) 切应变与切应力

如果物体发生的弹性形变只有形状改变,没有体积变化,称之为剪切形变,简称切变。如图 1-9 所示,将长方体固定在一平面上,在其上底面施加一个平行于下底面的切向力 F,那么长方体的下底面就会受到一个来自其底座的力 F',F 和 F' 大小相等方向相反,它们都是与底面平行的切向力。长方体在这对作用力与反作用力的作用下,上、下底面发生相对的平移,其产生的形变用横向虚线表示。如果上、下底面的相对位移量为 Δx,垂直距离为 d,则切变的相对形变程度可以用比值 $\frac{\Delta x}{d}$ 表示,称为**切应变**(shear strain),用符号 γ 表示

$$\gamma=\frac{\Delta x}{d}=\tan\varphi \tag{1-28}$$

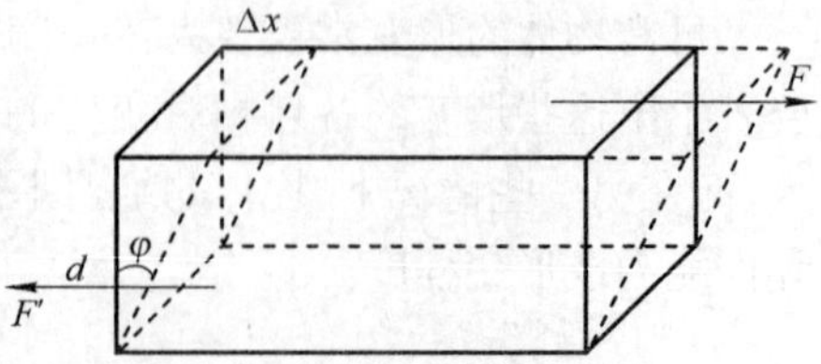

图 1-9 物体的切应变

在实际上,一般 φ 很小,则式(1-28)可近似为 $\gamma\approx\varphi$,切应变是无量纲的物理量。

图 1-9 中物体发生切变时,上、下底面都各自受到与其底面平行、大小相等,但方向相反的切向力作用。物体

中任意一个平行于底面的截面都可将其分为上、下两部分，这两部分各受到一个大小相等、方向相反的切向内力作用，该内力一般也是均匀分布在该截面上的。切向力 F 与面积 S 的比值，称为**切应力**(shear stress)，用符号 τ 表示，单位为牛·米$^{-2}$($N\cdot m^{-2}$)，即

$$\tau=\frac{F}{S} \tag{1-29}$$

综上所述，物体在外力作用下发生形变，应变描述其形变量的相对变化，应变越大表明其发生的形变越大，反之亦然。同时，该物体内部的相应截面上也产生了额外的相互作用的内力并分布在该截面上，该内力与物体的形变程度密切相关，一般形变程度越大，内力也越大，反之亦然。因此，应变与应力之间存在一定的内在的因果联系，在理想情况下，两者同时产生，同时消失。

二、弹性模量

(一) 物体的弹性和范性

应力和应变以及它们之间的关系是材料力学和生物力学研究的重要内容。图 1－10 是典型的金属张应力和张应变之间的关系图，对不同的金属材料而言，曲线数据可能不同，但是形状大致相同。曲线的开始部分由原点 O 到 a 点，应变和应力间呈现线性的正比关系，a 点对应于该段最大应力，称为**正比极限**(proportional limit)。由 a 点到 b 点的范围内，应力与应变不成正比，此段曲线范围内除去外力时，材料可恢复原来的形状和大小，即产生的形变属于**弹性形变**(elastic deformation)。b 点是材料处于弹性形变范围内的最大应力，称为**弹性极限**(elastic limit)，又被称为**屈服点**(yield point)。超过 b 点后，除去外力时材料就不能恢复原来的形状和大小，而出现永久变形，称为**范性**(或**塑性**)**形变**(plastic deformation)。只要物体的形变发生在范性形变范围内，将导致物体永久形变，呈现出范性或塑性。当应力继续增大到 c 点时，材料断裂，c 点称为**断裂点**(fracture point)，该点对应的应力称为测试材料的**抗断强度**(break strength)。物体因受张应力的作用而发生断裂时的张应力称**抗张强度**(tensile strength)。物体在压应力的作用下发生断裂时所对应的压应力称**抗压强度**(compressive strength)。b 点到 c 点是材料的范性范围，如果曲线中 bc 段的范围较大，说明材料可发生较大的范性形变，称为这种材料具有**延展性**(ductility)；如果 bc 范围较小，称为该材料具有**脆性**(brittleness)。

骨也是弹性材料，如图 1－11 给出了成年人三种湿润骨骼的应力-应变关系曲线。

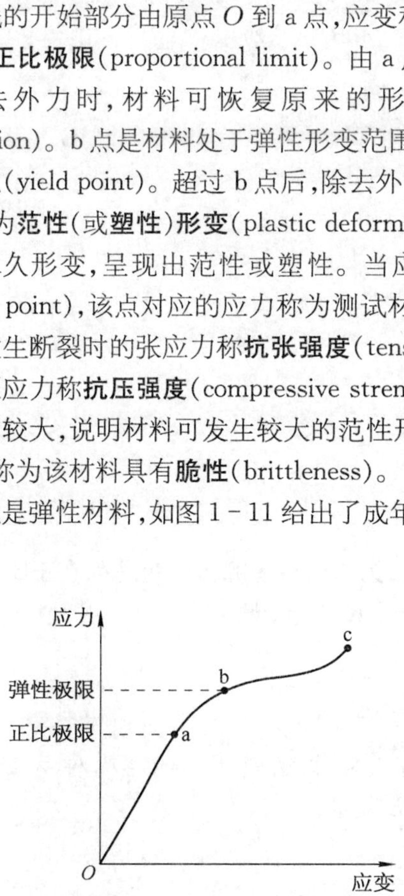

图 1－10　应力-应变曲线

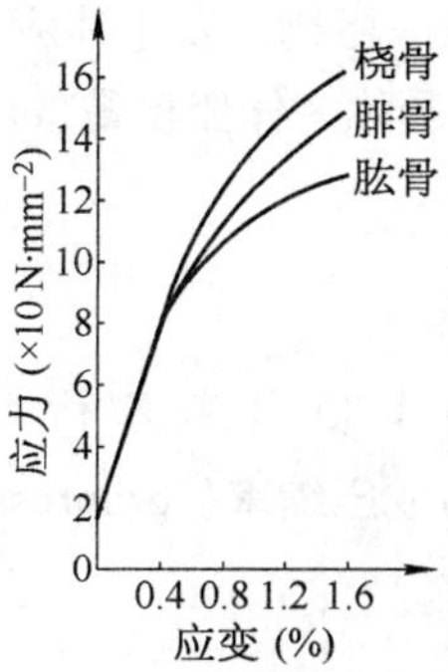

图 1－11　成人湿润骨骼应力-应变曲线

(二) 弹性模量

应力-应变关系曲线中的正比极限范围内,应力与应变成正比,这一规律就是著名的**胡克定律**(Hooke's Law)。某种材料应力与应变的比值称为该材料的**弹性模量**(modulus of elasticity)。不同材料可以有不同的弹性模量,同一材料的弹性模量为一定值。下面讨论三种不同情况的弹性模量。

1. **杨氏模量** 物体发生正应变的情况下,在正比极限范围内,正应力 σ 与正应变 ε 的比值,称为**杨氏模量**(Young's modulus),用符号 E 表示,即

$$E=\frac{\sigma}{\varepsilon}=\frac{Fl_0}{S\Delta l} \tag{1-30}$$

表 1-2 是一些常见材料的杨氏模量、弹性极限、抗张强度和抗压强度。

表 1-2 一些常见材料的杨氏模量、弹性极限、抗张强度和抗压强度

物质	杨氏模量($\times10^9$ Pa)	弹性极限($\times10^8$ Pa)	抗张强度($\times10^7$ Pa)	抗压强度($\times10^7$ Pa)
骨拉伸	18		12	
骨压缩	9			17
铝	70	1.8	20	
铜	110	2.0	40	
熟铁	190	1.7	33	
钢	200	3.0	50	
花岗石	50			20
砖	20			4
木材	10			10
玻璃	70		5.0	110
聚苯乙烯	3		5	10
橡胶	0.001 0			
腱	0.020			
血管	0.000 20			

2. **体变模量** 当物体发生体应变时,设压强的增量为 Δp,相应的体应变是 θ,在正比极限范围内相应的弹性模量称为**体变模量**(bulk modulus),用符号 K 表示,即

$$K=-\frac{\Delta p}{\theta}=-V_0\frac{\Delta p}{\Delta V} \tag{1-31}$$

式(1-31)中负号表示体积减小时压强增大。体变模量的倒数,称为**压缩系数**(compressibility)或**压缩率**(compression rate),用符号 k 表示,有

$$k=\frac{1}{K}=-\frac{\Delta V}{V_0\Delta p} \tag{1-32}$$

材料的 k 越大,越容易被压缩。

3. *切变模量*　发生切应变时，在正比极限范围内，切应力 τ 与切应变 γ 之比，称为该材料的**切变模量**(shear modulus)，用符号 G 表示，有

$$G=\frac{\tau}{\gamma}=\frac{Fd}{S\Delta x} \tag{1-33}$$

大多数的金属材料切变模量约等于它的杨氏模量的 1/2 或 1/3。

表 1－3 给出一些常见材料的体变模量和切变模量。

表 1－3　常见材料的体变模量和切变模量

物　质	体变模量($\times 10^{10}$ Pa)	切变模量($\times 10^{10}$ Pa)
铝	7.0	2.5
铜	12.0	4.0
铁	8.0	5.0
玻璃	3.6	3.0
钢	15.8	8.0
钨		14.0
木材		1.0
长骨		1.0

三、形变势能

在弹性限度内，物体在外力的作用下会发生弹性形变，外力对弹性物体所做的功是以弹性势能的形式储存在物体内部，即外力所做的功转变为弹性物体的形变势能。

如果物体受到外力作用发生弹性形变，组成该物体的原子、分子或离子间的距离就会发生改变而产生额外的内力，此时外力要反抗内力做功。功是能量转换的量度，做功的结果使弹性物体的形变势能增加。以均匀细杆的张应变为例，我们来推导形变势能的公式。一根均匀细杆的长度逐渐增大，弹性力也按比例增大，即弹性力是变力，故外力做功实际上是变力做功。假设均匀细杆长为 x，外力为 F，当杆长增加 $\mathrm{d}x$ 时，外力所做的功为

$$\mathrm{d}A=F\mathrm{d}x=kx\mathrm{d}x$$

在连续做功的情况下，杆长增量从 0 增加到 x 时，外力所做的总功为

$$A=\int_0^x kx\mathrm{d}x=\frac{1}{2}kx^2$$

物体获得的形变势能 E_P 等于外力反抗弹性力所做的功，即

$$E_P=A=\frac{1}{2}kx^2 \tag{1-34}$$

式(1－34)即为形变势能(弹性势能)公式。

例 1－3　设某人股骨的长度约为 0.45 m，平均横截面面积 5.0 cm^2，该人体重约为 600 N。问此人双脚站立时股骨缩短了多少？

解 双脚站立时，每条腿承受体重的一半，即 $F=300\ \text{N}$，由表 1-2 查得 $E_{骨}=9\times10^9\ \text{Pa}$。根据

$$E=\frac{\sigma}{\varepsilon}=\frac{Fl_0}{S\Delta l}$$

得

$$\Delta l=\frac{Fl_0}{SE}=\frac{300\times0.45}{5.0\times10^{-4}\times9\times10^9}=3.0\times10^{-5}\ \text{m}$$

第三节 骨骼和肌肉的力学性质

一、骨骼的力学性质

在人类的生命活动中骨骼有着非常重要的作用，包括支持、运动及对各种器官保护等。人体的 206 块骨头，形态各异，可分为长骨、短骨、扁骨和不规则骨四种类型。骨的形态和分布是与功能相适应的。如分布在四肢的长骨，肌肉通过肌腱和韧带附着在骨上，骨系统加上肌肉支持着人体，肌肉力的作用使人体通过骨关节产生运动。短骨主要分布在负重、受压或运动的复杂部位，如手的腕骨和脚的跗骨。扁骨呈现板状，如肩胛骨和颅骨，颅骨围成的颅骨腔起保护大脑和神经的作用。不同形态的骨，力学性质是不同的。

骨是复合材料，它是由水、骨胶原纤维等有机物质和骨矿物质等无机成分组成的。骨胶原纤维等有机物质构成网状支架，骨矿物质等无机成分附着其上并填充其内外。若将骨中的矿物质分离出来，只剩骨胶原纤维，它仍能保持骨的形状。骨胶原纤维是存在于筋腱和韧带中的一种纤维蛋白，胶原纤维能拉长到大于本身线度的 20%，骨胶原纤维使骨质有较大的抗拉强度和韧性，骨胶原纤维柔软得像是一块橡皮，其平均弹性模量及抗断强度都很小。骨矿物质是具有晶体结构的典型弹性体，范性形变范围很小，属于脆性物质。骨矿物质的弹性模量和抗断强度也较整体骨的弹性模量、抗断强度要小。当小而比较坚硬的骨矿物质附着在柔软骨胶原基质上组成骨以后，骨的构成类似于钢筋混凝土，既有一定的强度和硬度，又有一定的弹性和韧性，力学性能由此得到了显著的提高。骨的各组成成分的杨氏模量和强度见表 1-4。

表 1-4 骨的各组成成分的杨氏模量与强度

压缩或拉伸	骨及其成分	杨氏模量($\times10^{10}\ \text{N}\cdot\text{m}^{-2}$)	强度($\times10^{7}\ \text{N}\cdot\text{m}^{-2}$)
压缩	骨密质	1.02	14.7
	胶原蛋白成分	<0.001	0.01
	无机盐成分	0.64	4.4
拉伸	骨密质	2.24	9.8
	胶原蛋白成分	0.02	0.7
	无机盐成分	1.66	0.5

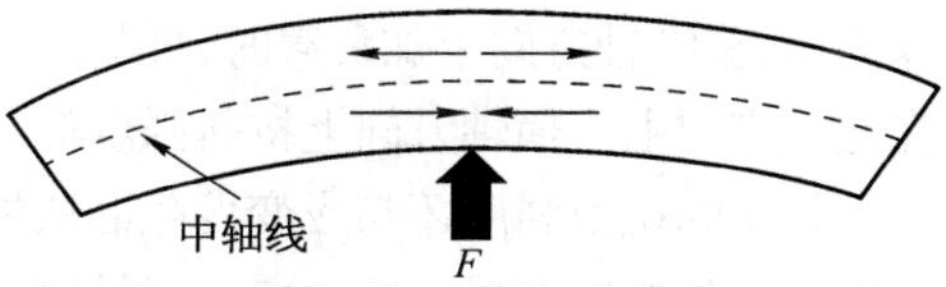

图 1-12　横梁的弯曲

骨的功能决定于它的形状、内部结构和组成部分。例如，四肢骨是中空的管状骨，管状骨是生物进化过程中根据力学需要形成的，它的优越性体现在支撑体重、持物等力学性能方面。如图 1-12 所示，当一根横梁在外加负荷作用下发生弯曲，梁下部出现压应力而压缩，梁的上部出现张应力而伸长，愈靠近梁的中轴部位的应力和应变愈小，梁的中轴线上几乎无应力和应变，说明外加负荷对梁中轴部的影响很小。管状骨的中央是空腔，最外层是韧性很好的骨膜，依次往里为骨密质、骨松质、骨髓腔，把密度较大和强度较高的材料配置在高应力区，减轻了骨重量，降低营养消耗，又有较高的受力强度。除此之外，这些骨的两端比中部肥大，增大了关节处的接触面积，减少了压强。由此可见，骨骼是一种截面和外形都极为理想的优良承力结构。

骨主要由骨质构成，骨质分为骨密质和骨松质。骨密质构成骨的表层，致密而坚硬；骨松质分布在骨的内部，是呈蜂窝状的疏松体，具有一定的韧性，能承受较大的弹性形变。骨松质是由细线状的骨小梁构成，图 1-13 为人的股骨上段内部结构示意图。骨密质和骨松质的分布因骨的种类不同有所不同。骨松质与骨密质相比有两大优点：① 当骨主要承受压力和拉力时，骨小梁在提供足够强度时所需的材料比骨密质要少，从而减轻了自身的重量。② 因为骨小梁呈细线状，相当容易弯曲，当骨受到较大作用力(如跳跃、跑步)时，骨小梁可以吸收较多的能量。对骨小梁而言，较小的弯曲应力可以引起较大的弯曲应变，弯曲应力大多集中在长骨的中部，因此骨小梁多分布在长骨的两端。实验表明，骨小梁所承受的是张力或压力。

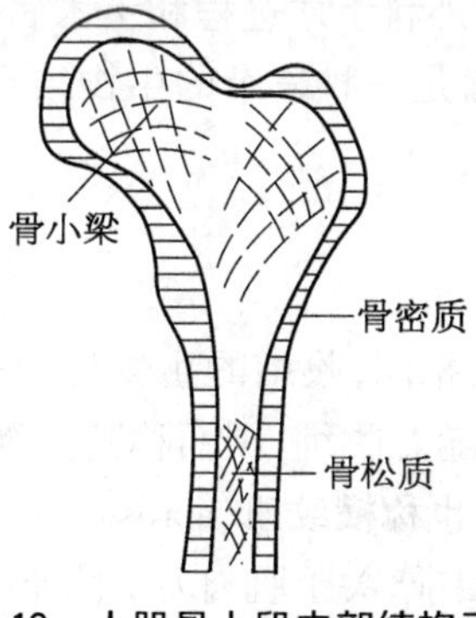

图 1-13　人股骨上段内部结构示意图

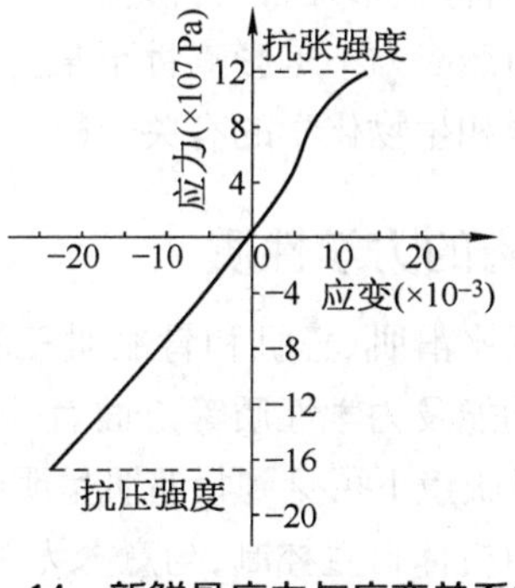

图 1-14　新鲜骨应力与应变关系曲线

图 1-14 所示的应力与应变关系曲线是将新鲜骨做成试样，放入材料试验机中进行拉伸和压缩试验所得的数据，可以看出骨在经受拉力和压力作用时，反映出的力学性能有所不同。当骨被拉伸或受压缩时，表现出弹性固体的性质，骨在张力作用下没有像在压缩时坚固。人体润湿骨破坏的极限压应力大于拉伸极限应力，约在 1.2×10^{8} Pa 的张应力作用下，可使骨断裂，而造成骨断裂的压应力约为 1.7×10^{8} Pa。通常情况下骨在切应力作用下最容易发生骨折。

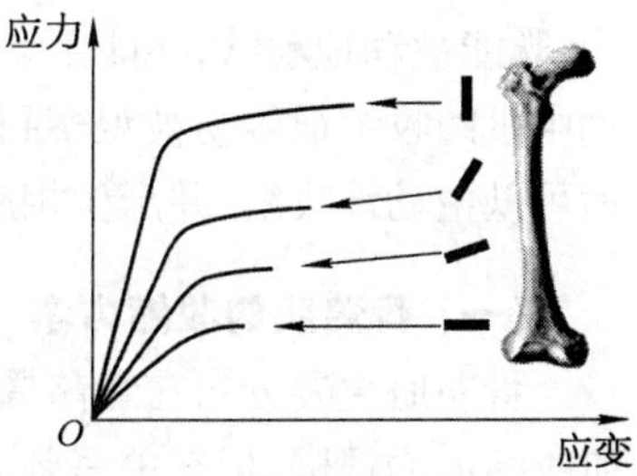

图 1-15　股骨各向异性受力强度

骨骼具有各项特异的力学性能，即在不同方向的负荷作用下，表现出来不同的力学性质。如图 1-15 所示的股骨进行拉伸试验得到的应力-应变关系曲线，如果以黑短线表示拉伸方向，可以看出，在纵轴方向上加负载时，样品的抗断强度最佳，人的股骨干在生理上所承受的载荷也正是在这个方向上。横轴方向上抗断强度最小，因此骨骼的抗剪切能力比抗拉伸或压缩能力要弱。

骨骼的抗断强度还与应变发生的快慢有关，即与应变率有关。**应变率**(strain rate)是指单位时间内所产生的应变量。应变率大，骨骼的抗断强度也大，表明骨骼能够在短时间内承受一个很大的力而不会断裂。若以同样大小的力长时间作用于骨骼，则可能使其发生骨折。骨骼的抗断强度也与应变率或应力作用时间有关，如人在跌倒或跳跃时产生的短时间的力，可能超过骨骼静态压缩时的抗断强度，但并不一定会发生骨折。

加载速度对骨折的类型和骨折处软组织的损伤程度有影响，在临床上有重要意义。低速受载的情况下，已储存的能量可以通过一条裂隙型骨折快速释放，骨折稍有或没有移位，骨骼与软组织能较完整保持。高速受载时，较大的储存能量因不能通过一条裂隙快速释放而会发生粉碎性骨折和广泛的软组织损伤。

年龄也是影响骨的力学性质的重要因素之一。在正常衰老过程中，骨松质内的骨小梁发生退化性变薄变细，甚至有不少被吸收，结果骨松质含量明显减少。与此同时骨密质的厚度也会有所减小，使得骨骼组织的总量减少，导致骨骼的体积轻度减小，结果会造成骨骼力学性能的降低。

骨骼是有生命的器官，其生长与应力有密切关系。在实践中人们已经认识到，应力对骨的生长、吸收和新陈代谢有调节作用。德国医生沃尔夫(Julius Wolff)首先提出骨的功能适应性规律，即活骨骼随着它受的应力和应变而发生变化。他提出，每一骨骼都有一个它最适宜的应力范围，应力过低或过高都会使其逐渐萎缩。应力的生物效应对人类的健康、医疗，特别是青少年的发育等都非常重要，像整形外科、骨修复术、手术后的骨再造及骨外科手术过程和手术后的固定等都有重要意义。当然应力不是影响骨正常生长的唯一因素，骨骼是一种复杂的生物结构，其生长和再造遵守生物学和生物化学的有关规律。

二、肌肉的力学性质

肌肉包括平滑肌、心肌和骨骼肌三种，它们的构成要素相同，收缩的生物化学机制也大致一样，但结构、功能及力学性质等方面有一定差异。骨骼肌可随意收缩，因而称其为**随意肌**(random muscle)，在显微镜下可见到骨骼肌呈明暗相间的横纹状，故也称**横纹肌**(across muscle)。心肌、平滑肌的收缩由机体自主控制，与意念无关，研究较为困难。目前，关于肌肉力学性质的研究结果，大部分都是针对骨骼肌进行的。肌纤维是肌肉的主要成分，肌纤维的直径为 10～60 μm，由直径为微米数量级的许多肌原纤维组成，肌原纤维又由许多直径更小的蛋白微丝组成。这些蛋白微丝之间可以相互作用，使肌肉发生伸长或收缩。肌原纤维发生伸缩的基本单元是**肌节**(muscle burl)，肌节的长度是变化的，充分缩短时长约 1.5 μm，充分放松时长为 2.0～2.5 μm。肌肉具有能动收缩的能力，既能被动地承载，还能主动地做功。肌肉的功能是将化学能转变为机械能。在人类各种生命活动中肌肉收缩很容易被观察到，但肌肉不同于一般软组织，其力学性能中最显著特点是：受到刺激后可以主动地收缩，并产生相应的张力，但却不会主动地伸长。

(一) 骨骼肌的收缩力学

骨骼肌主要分布在骨骼周围，是构成人躯体的主要材料，也是人体运动的"原动机"。虽然骨骼肌收缩能力很强，但在单一刺激下不能持久。在神经脉冲、电脉冲或化学刺激下，肌肉收缩产生张力只能持续数十到数百毫秒。骨骼肌特点是刺激频率越高，产生的张力就越大。当刺激频率高于约 100 Hz 时，张力达最大值，就不再因频率而变化，也不随时间改变，如图 1－16 所示，这时骨骼肌所处的状态称为**挛缩**(contracture)。骨骼肌真正有实际意义的力学特性是其主动收缩性能，因而有关骨骼肌力学性质的研究常在其挛缩状态下进行。肌肉未受刺激时的自然状态称为**静息状态**(resting state)。骨骼肌还有一个特点是它在静息状态下应力很小，可忽略不计。

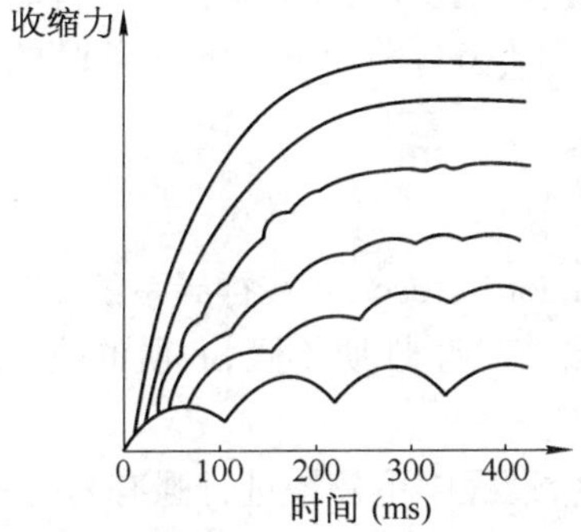

图 1－16　骨骼肌收缩力与时间的关系

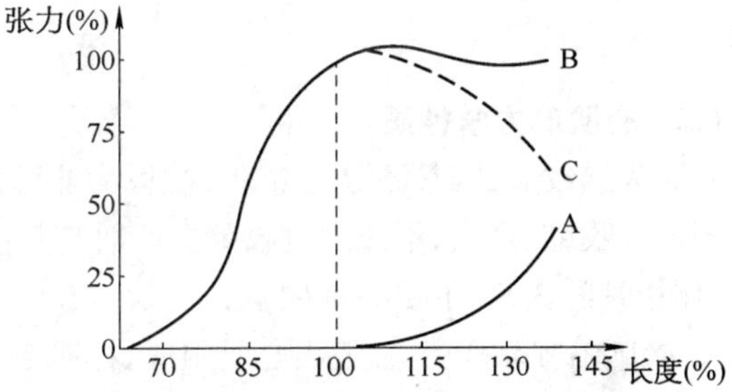

图 1－17　收缩张力与肌肉长度的关系

1. 伸长收缩　将一骨骼肌在静息状态下使其被动拉长，得到的长度与收缩张力关系如图 1－17 所示。图中横坐标的 100 表示骨骼肌的静息长度，纵坐标的 100 表示骨骼肌的最大收缩张力。超过静息长度的部分，为骨骼肌被拉长时的主动收缩情况，这种收缩称为**伸长收缩**(elongation pinch)，像手提重物时手臂肌肉的主动收缩。从图 1－17 可以看出，当骨骼肌处于静息长度附近时，主动收缩所产生的张力为最大值。图中曲线 A 表明骨骼肌被动承载时具有明显的黏弹性。曲线 B 是对骨骼肌施加刺激使其处于挛缩状态而产生主动收缩、拉伸获得的长度与收缩张力间的关系。曲线 C 是骨骼肌伸长收缩时，去掉被动张力后的主动收缩张力曲线，其张力为曲线 A、B 之差。曲线 C 表明，骨骼肌主动收缩所产生的张力，远远大于其被动伸长时所产生的张力。

2. 等张收缩　**等张收缩**(equal tensile pinch)为骨骼肌保持其主动收缩产生的张力不变的收缩。希尔(A. V. Hill)在详细研究了等张收缩时骨骼肌的张力 T 与其最大缩短速度 v 之间的关系以后，得出**希尔方程**(Hill equation)

$$(T+a)(v+b)=b(T_0+a) \tag{1-35}$$

式(1－35)中 T_0 代表初始张力，a、b 为常数。图 1－18 给出的是青蛙缝匠肌的最大缩短速度与外加载荷间的关系。

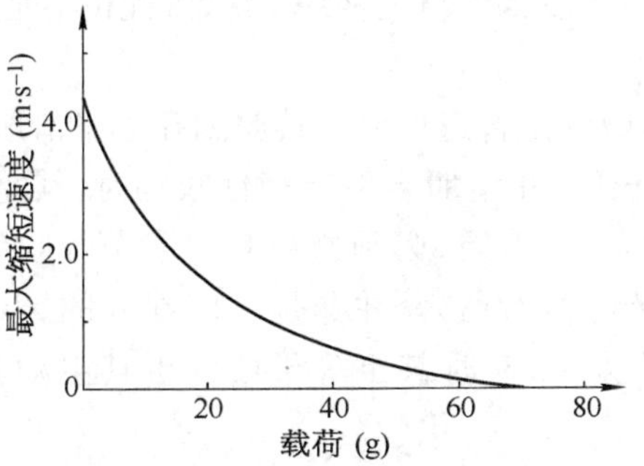

图 1－18　青蛙缝匠肌的最大缩短速度与外加载荷间的关系

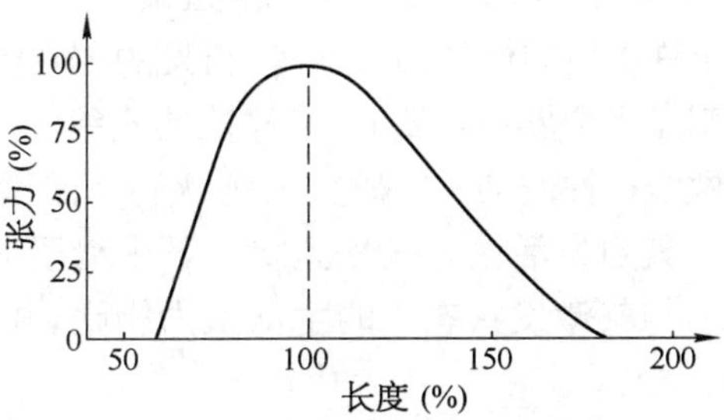

图 1－19　骨骼肌等长收缩时长度-张力关系曲线

希尔方程与实际气体的范德瓦尔斯(Van Der Waals)方程形式相似,它的物理意义在于它说明了由生化反应释放能量时,其释放速率是一恒定值。

3. *等长收缩* 骨骼肌在长度固定不变时的主动收缩被称为**等长收缩**(equal length pinch)。实验表明,等长收缩张力强烈地依赖于其长度,两者的关系如图 1－19 所示。图中纵坐标 100 代表等长收缩张力的最大值,横坐标 100 代表骨骼肌的静息长度。从图 1－19 可以看出,骨骼肌在静息长度值附近时所产生的等长收缩张力值最大,这与图 1－17 中骨骼肌非等长收缩时的情况一致。

(二) 心肌的力学性质

心肌为横纹肌,因其不是随意肌,被称为**非随意肌**(non-random muscle),在神经系统支配下只能有规律地收缩、舒张,不能随意收缩。心肌与骨骼肌相比表现出力学性质不同,心肌的收缩能力强,且作用时间久,其主要特点如下。

1. *心肌不可缺氧* 心脏由心肌组成,心肌必须在整个生命过程中不停地进行强有力的收缩、舒张运动,因此,心肌不可缺氧。

2. *节律性强,不允许挛缩* 整个心脏全部心肌细胞收缩和松弛的节律性极强,绝对不允许挛缩,故而心肌力学性质应该是单一神经脉冲或电脉冲刺激下心肌的收缩、舒张的规律。

3. *松弛状态下心肌静息张力具有重要性* 心脏每搏输出量和心脏舒张期末的容量有关,后者取决于心肌在松弛状态下的应力-应变关系。因此松弛状态下心肌的应力状态不容忽视,对心功能影响很大。

4. *心肌有被动张力* 在生理范围内骨骼肌的被动张力完全可以忽略,但心肌中的被动张力很重要,不能忽略。心肌在正常生理活动范围内存在被动张力,对同样的应力变化,心肌相应的应变量较小,而骨骼肌的应变量较大。也就是说心肌的弹性模量大,而骨骼肌的弹性模量小。

在以上心肌性能特点中,正常生理活动中的心肌被动张力不容忽视,且不能允许心肌出现挛缩,因而不能应用希尔方程来描述心肌的力学性质。实际上具有临床意义的是整个心脏的容积和其内部血压间的关系。血压改变 Δp 时,对应的心室容积改变 ΔV,两者比值 $\Delta V/\Delta p$,称为心室的**顺应性**(ventricle acclimation),这是判定心脏舒张过程中力学性能很有意义的临床诊断指标。

(三) 平滑肌的力学性质

人体除心脏外,几乎所有内脏器官及血管中的肌肉都是平滑肌。显微镜下看到的平滑肌无横纹,无明暗相间的条纹,因此不是横纹肌。平滑肌运动不受人的自主神经支配,因此也不是随意肌。平滑肌收缩能力较弱,但却能持续地工作。

对于许多肌肉性的器官而言,自发的、节律性的收缩是普遍现象。其原因在于平滑肌在某些适宜的刺激下会发生自发的、节律性的收缩。实验表明,平滑肌自发节律性收缩时,其主动张力随时间做节律性波动。要研究松弛状态下平滑肌的力学性质,必须避免其自发节律收缩,即必须先消除其自发活性。在松弛状态下平滑肌应力与相应的应变并非是瞬间建立的,并且它的被动张力与其激发状态下的主动张力相比,并不算太小,有时甚至等于或大于其主动张力,不可忽略。

拓展阅读

骨骼的生物力学性质

骨是人体内最主要的承载组织，人体骨骼受不同方式的力或力矩作用时，会引起不同的力学反应，骨骼的变形、破坏与其受力方式有关。人体骨骼受力形式具有多样性，可根据外力和外力矩的方向，将骨骼受力分为拉伸、压缩、弯曲、剪切、扭转和复合载荷六种。

骨骼经常处于反复受力的过程中，如果这种反复作用的力超过某一生理限度，就可能造成骨组织损伤，这种循环载荷下的骨损伤称为疲劳损伤。实验证实，疲劳可以引起骨骼多种力学参数的改变，如可使骨骼的强度、刚度下降等。骨的疲劳寿命随载荷增加而减少，随温度升高而减少，随密度增加而增加。骨的疲劳骨折常发生在持续而剧烈的体力活动期间，这样的活动易造成肌肉疲劳，肌肉疲劳会引起其收缩能力减弱，从而导致难以储存能量和对抗加于骨骼上的应力，结果改变了骨骼上的应力分布，使骨骼受到异常的高载荷而最终导致疲劳骨折。断裂可发生于骨的拉伸侧或压缩侧，也可能两侧均发生。拉伸侧的断裂为横向裂纹，并迅速发展为完全骨折。压缩侧的骨折发生较缓慢，如没超过骨重建的速度，可能就不至于发展到完全骨折。

当外界物体以某一速度作用于骨骼上时，骨骼将受到很大的冲击，导致骨骼产生较大的应力与变形，并由此获得一定的能量。如果这些力学量超过骨骼的强度极限，就可造成冲击损伤。在骨骼冲击造成的各种损伤中，颅骨损伤与脊柱损伤对人体生命有直接威胁。不同的冲击方式，骨骼的损伤特性也不同。质量较大、与骨头相对运动速度较慢的钝器所致的伤，作用能量能够通过骨的折、裂处消散，故损伤可能表现为一条断裂线，也可能是从一点或一个区域发出的辐射状的多条断裂线。若撞击物与颅骨相对运动速度较快，较大的作用能量无法在短时间内通过简单裂纹消散，颅骨可能表现为广泛性的破坏，即粉碎性骨折。

当作用在脊柱上的冲击载荷或加速度很大时，会使脊柱受到损伤。例如，飞行员在空中发生意外事故时，必须以很高的速度弹射出座舱，飞行员的髋部将受到来自座椅的强大冲击载荷，它与飞行头盔、头、上躯干的惯性载荷在脊柱上相互平衡，造成脊柱上受到瞬间高压应力的作用，此力可高达脊柱正常载荷的10多倍，使脊柱出现严重的损伤。

骨骼自身具有良好的修复能力，并能够随力学环境的变化而改变其性质和外形。由应力控制的骨骼增长或萎缩存在长期过程和短期行为，前者约数周，或在数个月以上，后者则随时有可能产生形变。应力的增加使骨骼中的基质呈现出碱性，使基质中带有碱性的磷酸盐沉淀下来，骨骼中的无机盐成分由此而增加，骨骼的密度、抗压性得到增加。反之，如果应力减少，则骨骼中的基质呈现酸性，它将溶解骨中一部分无机盐，并将它们排出体外，使骨骼萎缩并产生骨质疏松。实验证实，患者卧床休息期间，每日可失去0.5 g的钙，失重情况下的宇航员每日可失去3 g的钙。骨骼中的应力如果在变化后长期维持新的水平，那么不仅骨中的无机盐成分发生改变，而且整个骨的形状也会发生改变。较高应力持续作用使一部分骨细胞变为成骨细胞，该细胞的胞质呈碱性，可使无机盐沉淀，并能产生纤维与黏多糖蛋白细胞间质，这些物质和无机盐共同组成骨质，骨质将成骨细胞包围在其中，细胞合成活动逐渐停止，胞质减少，胞体变形，成骨细胞转变为骨细胞，进而使骨的承载面积增大。相反，作用在骨骼上的应力减少后，骨细胞变为破骨细胞，其产生酸性磷酸酶可以溶解骨骼中的黏多糖蛋白、胶原纤维和无机盐，结果使骨的有效面积降低。应力如何引起基质内酸碱度的变化，如何使骨细胞向成骨细胞或破骨细胞转化，一般认为是由于应力产生的骨骼压电效应所致。

思考题

1-1 两个半径不同的均质轮用一皮带(质量忽略不计)连接，皮带与轮之间无相对滑动，大轮边缘与小轮边缘上各点的线速度的大小是否相同？大、小轮的角速度是否相同？

1-2 一人坐在转椅上双臂展开，两手各拿一只重量相等的哑铃，转椅以一定的角速度转动。如果收回手臂，收回前、后整个系统的转动惯量、转动角速度将如何变化？试说明原因。

1-3 当飞轮做加速转动时，在飞轮上半径不同的两个质点，它们的切向加速度是否相同？法向加速度是否相同？

1-4 说明正应力、正应变和杨氏模量的定义以及它们之间的关系。

1-5 肌肉有哪些种类？心肌与骨骼肌主要区别有哪些？心室的顺应性是什么？

习题

1-1 一飞轮从静止开始做匀加速转动，经 10 s 后角速度达到 40 rad · s^{-1}，求转轮的角加速度及在 10 s 内转轮转过的角度。

1-2 长为 l，质量为 m 的均匀细棒，其转轴通过棒的中心并与棒成 θ 角，求棒对此轴的转动惯量。

1-3 质量均匀分布的圆盘，半径为 R，质量为 M'，使它绕过盘心与盘面垂直的转轴转动，若在盘边缘上挂一质量为 m 的重物，试求此圆盘的角加速度及圆盘边缘上切向加速度(摩擦力不计)。

1-4 被固定的发动机飞轮转动惯量为 2 000 kg · m^2，在恒外力矩的作用下，该飞轮从静止开始转动，经过 100 s 后，转速达 20 rev · s^{-1}，求：(1) 外力矩的大小；(2) 此刻的转动动能的大小；(3) 经过 100 s 时，发动机飞轮转过的圈数。

1-5 将绳绕在半径 $R=1$ m、质量 $m=100$ kg 的圆盘上，在绳的一端施加 20 N 的拉力，使此圆盘绕过盘心垂直于盘面的定轴转动。求：(1) 圆盘的角加速度；(2) 当线拉下 5 m 时，圆盘所得到的动能。

1-6 一水平转台绕竖直定轴转动，每 10 s 转一周。转台对轴的转动惯量为 1 200 kg · m^2。一质量为 80 kg 的人，开始站在台的中心，随后沿半径向外跑去。试求：当人离转台中心 2 m 时转台的角速度。

1-7 系统由圆盘 A 和 B 组成，开始时，盘 A、B 是分开的，盘 A 的角速度为 ω_0，盘 B 静止，盘 A 的转动惯量为盘 B 的一半。两者的轴由离合器控制，两者衔接到一起后，产生了 2 000 J 的热量，求原来盘 A 的动能。

1-8 松弛的肱二头肌是一条长 0.20 m，横截面积为 50 cm^2 的均匀柱体，若使其伸长 2.0 cm 时，所需要的力为 10 N。当它处于挛缩状态而主动收缩时，产生相同的伸长量需 200 N 的力。求上述两种状态下它的杨氏模量。

1-9 某人右手肱骨的长度为 0.28 m，横截面积为 4.8 cm^2，若用右手竖直举起重 300 N 的物体，试求：(1) 右手所受到的正应力 σ；(2) 右肱骨缩短的长度 Δl。

第二章　流体的运动

导学

本章主要介绍理想流体的特性与相关方程、牛顿流体的运动规律及应用。

1. 掌握　理想流体和稳定流动的概念、连续性方程及伯努利方程的物理意义及应用；牛顿黏滞定律和泊肃叶定律及应用。

2. 理解　层流和湍流、雷诺数、斯托克斯定律及应用。

3. 了解　黏性流体伯努利方程的物理意义、血液流动的物理模型、血流速度、血管中血压分布和心脏做功的过程。

气体和液体统称为**流体**(fluid)。流体内部各部分之间很容易发生相对运动，因而没有固定形状，这种性质称为流动性。流动性是流体最基本的特性，也是流体与固体之间最主要的区别。研究流体力学规律的学科称为流体力学。生物体内的许多生命活动过程，如血液循环、呼吸道内气体的输运、养分的输送及废物的排泄，都与流体的流动有关。本章讨论理想流体的一些基本规律，研究黏性流体的运动情况，并介绍流体力学规律在医药学中的一些基本应用。

第一节　理想流体的稳定流动

一、流体的特性

实际流体的运动是很复杂的。任何实际流体都可以压缩，这种性质称为可压缩性。但是液体的可压缩性很小，如10℃的水，增加1 000 个大气压，体积仅减少5%，因此，在一般情况下液体的压缩性可以忽略。气体的可压缩性很大，但它的流动性强，只要有很小的压强差，气体就会迅速流动起来，使各处的密度差异减小。所以，在研究气体的流动时，只要压强差不大，气体的压缩性也可以忽略。实际流体都有黏性，黏性就是流体中各部分之间存在内摩擦力的特性。水和乙醇等流体的黏性很小，气体的黏性更小。因此，在很多实际问题中，可压缩性和黏性只是影响流体运动的次要因素，而流动性才是决定流体运动的主要因素。在流体力学中用**理想流体**(ideal fluid)这一理想化的模型来代替实际流体进行分析，从而得出理想流体运动的基本规律。所谓**理想流体，就是绝对不可压缩，完全没有黏性的流体**。

在物理学研究中，为了突出被研究对象的主要特性和简化问题，常用理想化的模型来代替实际对象进行分析。理想流体这个模型忽略了研究对象的可压缩性和黏滞性，突出其流动性，在研究可压缩性和黏滞性较小的流体运动时，是一种科学的抽象。

二、理想流体的稳定流动

在一般情况下，流体流动时，流体粒子流经空间各点的流速不相同，且随时间变化，这种流速随时间而变化的流动称为非稳定流动。如果空间任意固定点的流速不随时间而变，即同一时刻流体内各处的流速可能不同，但流体粒子流经空间任一给定点的速度是确定的，不随时间变化，我们就说其流动状态是稳定的，这种流动称为**稳定流动**(steady flow)。

为了形象地描述流体的运动，可以在流体流动的空间作一些假想的曲线，使曲线上每一点的切线方向都与流体粒子流经该点的速度方向一致，如图 2－1 所示，这些曲线称为该时刻的**流线**(stream line)。流线形象地表示了空间流速的瞬时分布。在稳定流动中，空间各点的流速不随时间而变，因此，稳定流动的流线分布不随时间而变，即在不同时刻相继出现在空间同一点的流体粒子总以同样的速度通过该点。因为每一时刻空间一点上只能有一个速度，故流线不能相交。图 2－1 中，虽然流体粒子流经 A、B、C 三点的速度不同，但任何时刻流体粒子流经 A 点的速度总是 v_A，流经 B 点的速度总是 v_B，流经 C 点的速度总是 v_C。在稳定流动中，流线就是流体粒子运动的轨迹。

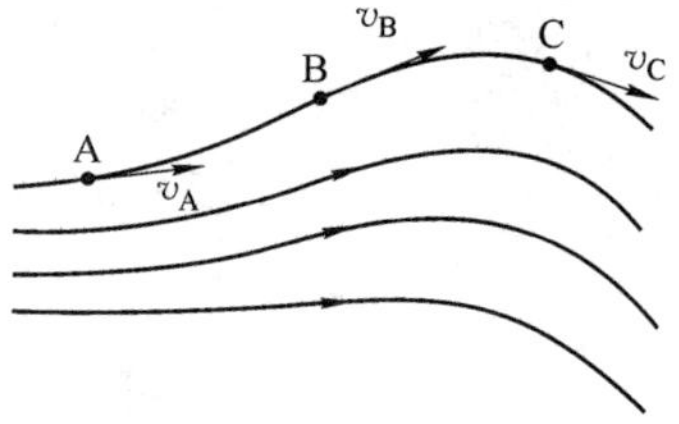

图 2－1 流线

在稳定流动的流场中，由许多流线围成的管状区域称为**流管**(stream tube)，如图 2－2 所示。因为流管的边界由流线组成，不会有垂直于管壁的流速分量，所以，流动过程中流管内的流体不会流出管外，流管外的流体也不会流入管内，流管中的流体就好像在一个固定管子中流动。在稳定流动中，将流动的流体划分为许多流管，只要掌握每一流管中流体的运动规律，就可以知道整个流体的运动规律。在许多实际问题中，当流体在固定管道中做稳定流动时，往往把整个管道作为一个流管来研究，有时为了方便还可以忽略流速在横截面积上的变化，而用横截面上的平均速度来描述管内流体的流动情况。

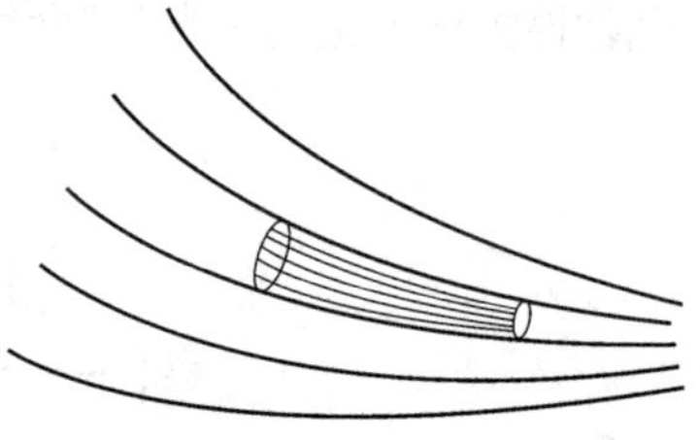

图 2－2 流管

三、连续性方程

连续性方程是讨论在稳定流动的情况下，流量与流速、横截面积之间的关系。

图 2－3 所示为我们在流场中任意选取的一根截面积很小的流管，设想不可压缩的流体在流管内做稳定流动。根据质量守恒原理，由流管的一端流入多少流体就一定有等量的流体从流管的另一端流出，这就是流体流动时的连续性方程。设垂直于流管的截面积 S_1 和 S_2 处的流速分别为 v_1 和 v_2，经过一段时间 Δt，流过横截面积 S_1 和 S_2 的流体的体积分别为

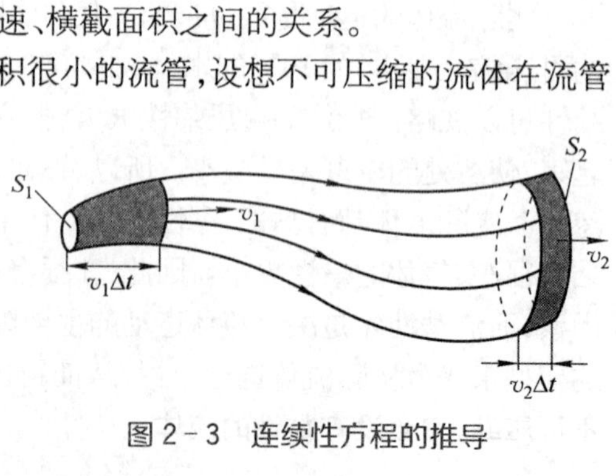

图 2－3 连续性方程的推导

h_2。选取某一时刻 t 在 AB 之间的流体为研究对象，并设经过很短时间 Δt，这部分流体从 AB 位置移动到 A′B′位置。由于 Δt 很短，AA′间和 BB′间的流体粒子在此期间的各物理量可近似认为相同。

接着分析在 Δt 时间内，研究对象动能和势能的变化以及引起这些变化的外力和非保守内力所做的功。

分析可知，AB 这段流体在移动过程中，所受的非保守力包括：两端面上的压力、垂直于流管侧面上的正压力、流管界面外相邻流体层作用于这段流管的黏滞力(摩擦阻力)。

由于理想流体没有黏滞性，故不存在能量损耗。流管外的流体对这部分流体的压力垂直于流管表面，与流速垂直，因而不做功。因此，只需考虑作用在这段流体上的外力做功。作用于 S_1 的压力 p_1S_1 的方向与流体运动方向一致做正功，而作用于 S_2 的压力 p_2S_2 的方向与流体运动方向相反做负功。

所以，Δt 时间内周围流体的压力所做的总功为

$$A = p_1S_1v_1\Delta t - p_2S_2v_2\Delta t = (p_1 - p_2)\Delta V \tag{2-3}$$

式中 $\Delta V = S_1v_1\Delta t = S_2v_2\Delta t$，表示 AA′、BB′这段流体的体积。

由于是理想流体做稳定流动，所以 A′和 B 之间的那部分流体(AB 段与 A′B′段流体相重叠的部分)的机械能保持不变，因此，只需考虑 AA′之间与 BB′之间的流体机械能的变化。由于理想流体是不可压缩的，AA′之间流体的体积一定等于 BB′之间流体的体积，均为 ΔV。设流体的密度均匀，大小为 ρ，则这两部分流体的质量也相等，均为 Δm。那么，Δm 可表示为

$$\Delta m = \rho S_1v_1\Delta t = \rho S_2v_2\Delta t = \rho\Delta V$$

AB 间的流体在 Δt 时间内机械能的增量为

$$\Delta E = (E_{k2} + E_{p2}) - (E_{k1} + E_{p1}) = \left(\frac{1}{2}\rho v_2^2 + \rho g h_2\right)\Delta V - \left(\frac{1}{2}\rho v_1^2 + \rho g h_1\right)\Delta V \tag{2-4}$$

根据功能原理，物体系机械能的增量等于它所受的外力所做的总功，即

$$\left(\frac{1}{2}\rho v_2^2 + \rho g h_2\right)\Delta V - \left(\frac{1}{2}\rho v_1^2 + \rho g h_1\right)\Delta V = (p_1 - p_2)\Delta V$$

将上式两边除以 ΔV，并移项，得

$$\frac{1}{2}\rho v_1^2 + \rho g h_1 + p_1 = \frac{1}{2}\rho v_2^2 + \rho g h_2 + p_2 \tag{2-5}$$

由于 A、B 是任取的两个横截面，所以在同一流管内任一横截面处有

$$\frac{1}{2}\rho v^2 + \rho g h + p = \text{恒量} \tag{2-6}$$

式(2-5)、式(2-6)都称为**伯努利方程**(Bernoulli's equation)。式中 $\frac{1}{2}\rho v^2$ 是单位体积流体的动能、$\rho g h$ 是单位体积的势能。压强 p 所做的功 $A = pSv\Delta t = p\Delta V$，由此可见，压强 p 相当于单位体积流体通过某一截面时压力所做的功，常把它称为压强能。伯努利方程表明，理想流体做稳定

二、人体血循环系统中的血流速度

血液循环系统是一个复杂的网络系统，由体循环和肺循环两部分组成，两者相互串联。心脏是推动血液循环的器官，心脏的节律性收缩是血液循环的动力，血管是血液流动的管道。在体循环中，当心室收缩时，血液从左心室出来回到右心房去，构成体循环。就体循环而言，按血管的先后顺序，途经主动脉、大动脉、小动脉、毛细血管、小静脉和腔静脉，这些血管属于串联。而按各段血管的若干分支或全部体循环的六大分支(头、上肢、下肢、躯干、肝脾、肾)则属于血管的并联。即同类血管并联，不同类血管串联。肺循环始于右心室，血液从右心室进入肺动脉后，通过肺泡周围的毛细血管与肺泡中的空气进行交换，经肺静脉回到左心房。当液体流过若干流阻不同的管道时，如果这些管道是串联关系，则总流阻与分流阻的关系是

$$Z = Z_1 + Z_2 + \cdots + Z_n$$

如果这些管道是并联关系，则满足

$$\frac{1}{Z} = \frac{1}{Z_1} + \frac{1}{Z_2} + \cdots + \frac{1}{Z_n}$$

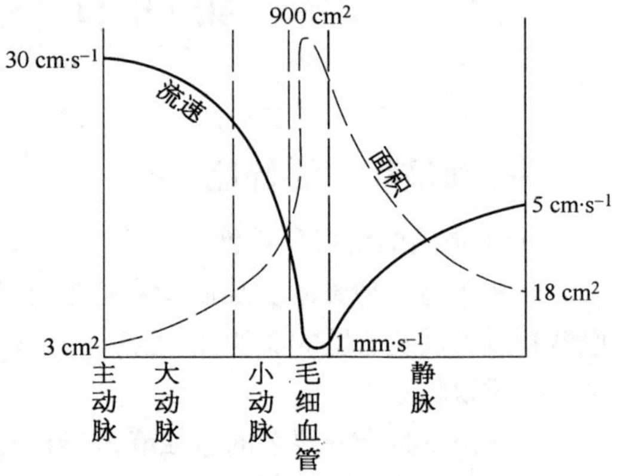

图 2-13 血液速度与血管总截面积的关系

血管是比较复杂的弹性管道，血流速度又时刻随着心脏的搏动而波动，且血液又是一种黏滞性流体，因而血液在心血管系统中的流动近似符合流体力学规律。根据流体的连续性方程，血液在各类血管中的流速应与该类血管的总横截面积成反比。如图 2-13 所示，主动脉中血液的流速最大，在毛细血管中血液的流速最小，这有利于血液与组织液间进行物质交换。

三、血流过程中的血压分布

血压是血管内血液对管壁的侧压强，医学上常用它高于大气压强的数值来表示。心血管系统的压强(血压)是随着心脏的收缩和舒张而变化的，心缩期中主动脉血压的最高值称为收缩压，舒张期中主动脉血压的最低值称为舒张压，收缩压与舒张压的差值称为脉搏压。收缩压的高低与主动脉的弹性和主动脉中所容的血量有关，如动脉硬化症患者的心输出量虽然正常，但收缩压特别高。舒张压的高低则与外周阻力有密切关系。

由于血液是黏滞性流体，所以从主动脉到静脉的血压是逐渐下降的。图 2-14 代表全部血液

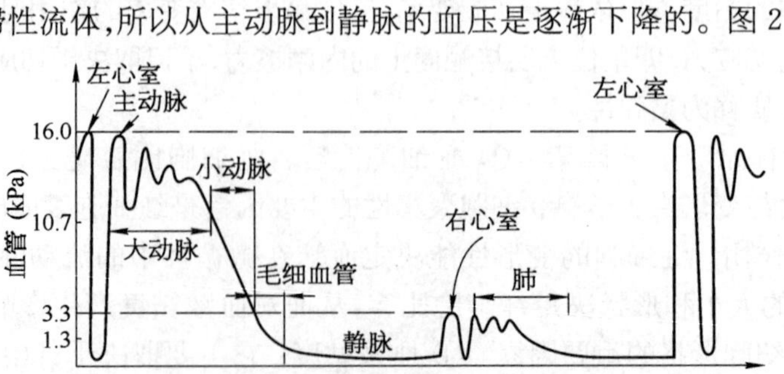

图 2-14 心血管系统的血压变化

循环系统的血压变化曲线。应该注意，小动脉血管段的血压下降最多，这反映小动脉血管段的流阻最大，其原因是这段血管的口径很小，数目又远不及毛细血管多。

四、心脏的功和功率

心脏有节律地收缩与舒张，不断对血液做功，补偿血液循环过程中的能量消耗，以维持循环流动继续进行。考虑实际流体的黏滞性，伯努利方程要增加一个修正量A。对血液循环系统而言，这个修正量为血液流动中克服内摩擦力做功的能量损失。血液的能量损失由心脏做功补偿，A即心脏所做的功。根据修正的伯努利方程，可以计算左心室输出单位体积血液所做的功

$$A_L=(p_1-p_2)+\rho g(h_1-h_2)+\frac{1}{2}\rho(v_1^2-v_2^2)$$

上式中，p_1为左心室输出血液时的平均压强，p_2为血液流回左心房时的平均压强；v_1为左心室输出血液时的血流速度，v_2为血液流回左心房时的血流速度，考虑到血液流回左心房时的流速和压强很小，取$p_2=0$，$v_2=0$；h_1-h_2为左心室与左心房的高度差，由于血液进出心脏时的高度变化可以忽略，故$h_1-h_2=0$。于是

$$A_L=p_1+\frac{1}{2}\rho v_1^2$$

同理可以计算右心室排出单位体积的血液所做的功A_R，右心室输出血液的流速近似等于左心室输出血液的流速v_1，而右心室输出血液的压强p_3比较小，于是

$$A_R=p_3+\frac{1}{2}\rho v_1^2$$

由此得出整个心脏输出单位体积血液所做的功为

$$A=p_1+p_3+\rho v_1^2$$

在通常情况下，可取$p_1=1.33\times10^4$ Pa，$p_3=0.22\times10^4$ Pa，$v_1=0.4\ \text{m}\cdot\text{s}^{-1}$，$\rho=1.0\times10^3\ \text{kg}\cdot\text{m}^{-3}$，则$A=1.57\times10^4\ \text{J}\cdot\text{m}^{-3}$。在静息状态下，心脏每分钟的血液排出量为$5\times10^{-3}\ \text{m}^3$，相当于心脏每分钟做功78.5 J。人体运动时，心率加快，每分钟心脏的血液排出量增加，心脏做功也相应增加。

拓展阅读

心脏血流动力与心音

血流动力学是生物力学的一个分支，其主要任务是应用流体力学的理论和方法研究血液沿血管循环流动的原因、条件、状态以及各种影响因素，以阐明血液流动规律、生理意义及与疾病的关系。

血液循环系统由心脏、血液和血管构成。与一般的流体动力系统相比，血液循环系统具有许多特点。首先，血管是有无数分支的弹性管，血管在维持整体性同时将血液输送至全身各个器官。

其次，血液是一种含有大量固体成分（血细胞）的悬浮液，血液包含了细胞、蛋白质、低密度脂质以及输送养分和排放废物所需的离子，红细胞约占整个血液体积的40%。在大多数动脉中，血液表现为牛顿流体特征。血液的非牛顿黏性流体特征则是生物流变学的研究范畴，已有大量研究。而心脏是一个受神经-体液因素控制、结构极为复杂的泵，心脏泵的周期运动在动脉内产生了脉动条件。因此，血液流动不能完全简单地看成定常流，而是脉动流。

血液的脉动性对心血管系统至关重要，在大多数分析中都是首要考虑的因素。与此相反，血液流动的其他因素在很多特定场合都被当作次要因素忽略不计，如壁面的弹性、流体非牛顿性、流体中的悬浮粒子、体积力和温度等，这样，一些复杂血液流动的分析就可以大大简化。

通俗地讲，“心音(Heart sounds, Cardiac sounds)”是心脏工作过程中发出的声音，在人体的胸部体表、背部体表均能听到。关于心音的产生机制，学术界还没有达成共识。一般地认为，心音是血液在心血管内运动引起的各种机械振动之和。主要振动有：心脏的瓣膜和大血管在血流的冲击下形成的振动，血流的加速与减速形成的湍流与涡流及其对心脏瓣膜、心房、室壁的作用所产生的振动，还有心肌的刚性迅速增加和减小形成的振动。定性地看，心音是心脏血流动力与心血管系统相互作用的结果，是一种机械振动。正常心音的振动频率范围通常在20～200 Hz，心杂音的频率一般不超过800 Hz，都处于人耳的听觉范围之内。鉴于心音的产生机制，心音携带了大量关于心血管系统健康状况的信息，是诊断心脏疾病、评估心脏功能的重要信息来源。历史上，早在1816年法国医生雷奈克(Lenex)发明听诊器，用于听取心音。由于其操作简单、经济、有效，听诊器得到了临床医学界的认可。经过上百年的应用，医生们积累了大量的临床经验。心脏听诊已经成为内科、儿科、心血管内外科、呼吸科医生的基本功，尤其在基层医疗单位的临床诊断和心血管疾病普查中发挥着不可替代的作用，以至于“脖子上挂着听诊器”成为临床医生的一个重要标志。

思考题

2-1　连续性方程和伯努利方程适用的条件是什么？

2-2　从水龙头流出的水流，在下落过程中逐渐变细，为什么？

2-3　两艘轮船不允许近距离并排航行，否则会相碰撞，试解释这一现象。

2-4　某人在购买白酒时，将酒瓶倒置，观察瓶中小气泡上升的速度，以此来判断白酒品质的优劣。试问这种做法有无科学道理？原因何在？

习题

2-1　两个桶，用号码1和2表示，每个桶顶都开有一个大口，两个桶中盛有不同的液体，在每个桶的侧面，液面下相同深度h处都开有一个小孔，但桶1的小孔面积为桶2的小孔面积的一半，问：(1) 如果由两个小孔流出的质量流量（即单位时间内通过截面的质量）相同，则两液体的密度比值$\frac{\rho_1}{\rho_2}$为多少？(2) 从这两个桶流出的体积流量的比值是多少？(3) 在第二个桶的孔上要增加或排出多少高度的液体，才能使两桶的体积流量相等？

2-2　在水管的某处，水的流速为 $2\ m \cdot s^{-1}$，压强比大气压大 10^4 Pa，在水管另一处高度下降了 1 m，此点水管截面积比最初面积小 $\frac{1}{2}$，求此点的压强比大气压大多少？

2-3　一圆形水管的某处横截面积为 $5\ cm^2$，有水在水管内流动，在该处流速为 $4\ m \cdot s^{-1}$，压强比大气压大 1.5×10^4 Pa；在另一处水管的横截面积为 $10\ cm^2$，压强比大气压大 3.3×10^4 Pa，求此点的高度与原来的高度之差。

2-4　水在截面不同的水平管中做稳定流动，出口处的截面积为管的最细处的 3 倍，若出口处的流速为 $2\ m \cdot s^{-1}$，求最细处的压强为多少？若在此最细处开一小孔，水会不会流出来？

2-5　通过毛细血管中心的血液流速为 $0.066\ cm \cdot s^{-1}$，毛细血管长为 0.1 cm，它的半径 r 为 2×10^{-4} cm，求：(1) 通过毛细血管的流量 Q(已知毛细血管压降为 2 600 Pa)；(2) 从通过主动脉的血液流量是 $83\ cm^3 \cdot s^{-1}$ 这一事实，估计体内毛细血管的总数。

2-6　直径为 0.01 mm 的水滴在速度为 $2\ cm \cdot s^{-1}$ 的上升气流中，是否可向地面落下？(设此时空气的黏度 $\eta = 1.8 \times 10^{-5}\ Pa \cdot s$)

2-7　液体中有一空气泡，泡的直径为 1 mm，液体的黏度为 $0.15\ Pa \cdot s$，密度为 $0.9 \times 10^3\ kg \cdot m^{-3}$。求：(1) 空气泡在该液体中上升时的收尾速度是多少？(2) 如果这个空气泡在水中上升，其收尾速度又是多少？(水的密度取 $10^3\ kg \cdot m^{-3}$，黏度为 $1 \times 10^{-3}\ Pa \cdot s$)

2-8　一个红细胞可近似地认为是一个半径为 2.0×10^{-6} m 的小球，它的密度 ρ 为 $1.3 \times 10^3\ kg \cdot m^{-3}$，求红细胞在重力作用下，在 37℃的血液中匀速下降后沉降 1.0 cm 所需的时间。(已知血液黏度 $\eta = 3.0 \times 10^{-3}\ Pa \cdot s$，密度 $\sigma = 1.05 \times 10^3\ kg \cdot m^{-3}$)

2-9　皮下注射针头粗度增加一倍时，同样压力情况下其药液流量将增加多少？

2-10　某段微血管的直径受神经控制而缩小了一半，如果其他条件不变，问通过它的血流量将变为原来的多少？流阻变为原来的多少？

2-11　某人的心输出量为 $0.85 \times 10^{-4}\ m^3 \cdot s^{-1}$，体循环的总压强差为 11.8 kPa，此人的循环总流阻为多少？

流动时，同一流管内任一横截面处单位体积流体的动能、势能和压强能的总和是一恒量。伯努利方程实质上是能量守恒定律在流体力学中的具体表达形式。

如果流管中的截面 S_1 和 S_2 趋近于零，这时流管就变成了流线，v、h、p 为流线上某点的流速、高度、压强的精确值。因此，伯努利方程适用条件是理想流体做稳定流动时同一小流管的任意横截面或同一流线上的任意点。

二、伯努利方程的应用

流体流动的许多实际问题，可以运用伯努利方程和连续性方程加以解决。

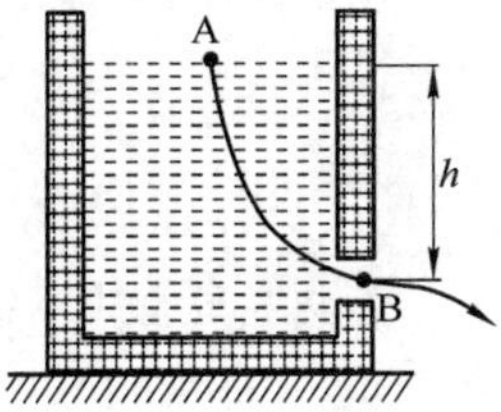

图 2-5 小孔流速

(一) 小孔流速

如图 2-5 所示，有一盛有水的大容器，设在距离水面 A 处为 h 的地方开一小孔 B，则水将从小孔流出，A、B 处的流速分别为 v_A、v_B，根据连续性方程，由于水面的面积大，小孔的面积小，所以小孔处的流速比水面的流速大得多，可认为水面的流速 $v_A \approx 0$，同时水面和小孔都与大气接触，故 A、B 两处的压强都等于大气压强 p_0，于是 A、B 两处可列出伯努利方程为

$$p_0 + \rho g h = p_0 + \frac{1}{2}\rho v_B^2$$

由此可得

$$v_B = \sqrt{2gh} \tag{2-7}$$

(二) 压强与流速的关系

1. 空吸作用　如图 2-6 所示，一水平放置的管 A 处和 C 处的截面积大于 B 处的截面积。管内流体由 A 处流向 C 处。水平管本身可看作一流管，由于管道水平放置，有 $h_A = h_B$，伯努利方程可写为

$$\frac{1}{2}\rho v_A^2 + p_A = \frac{1}{2}\rho v_B^2 + p_B \tag{2-8}$$

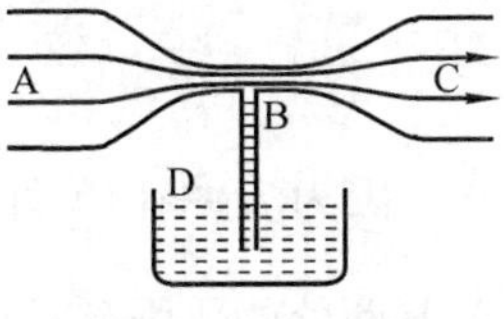

图 2-6 空吸作用

可见，在同一水平管中，流速大处压强小，流速小处压强大。

又因 $S_A > S_B$，由连续性方程 $S_A v_A = S_B v_B$ 可知 $v_A < v_B$。表明在水平管中流动的流体，横截面积越小，流速越大，压强就越小。

当 S_A/S_B 的值足够大，则 B 处的流速足够大，以至 B 处的压强小于大气压，容器 D 中的液体因受大气压的作用沿竖直管上升，直至被压到 B 处，而被水平管中的液体带走，这种作用称为**空吸作用**(suction effect)。

空吸作用的应用很广，如喷雾器、水流抽气机、内燃机中的汽化器等均是根据这一原理制成的。

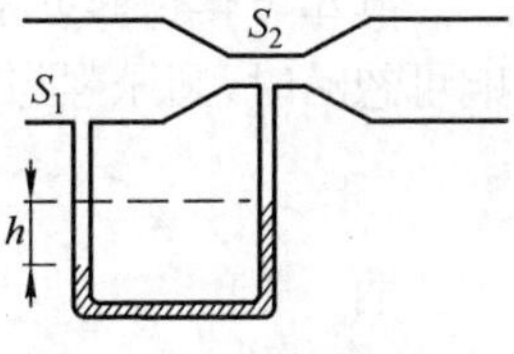

图 2-7 流量计原理

2. 文丘利(Venturi)流量计　如图 2-7 所示，为文丘利流量计的原理图。测量流体流量时，将它水平地连接到被测管道(如自来水管)上。由伯努利方程可得

$$\frac{1}{2}\rho v_1^2+p_1=\frac{1}{2}\rho v_2^2+p_2$$

由连续性方程可得

$$S_1 v_1=S_2 v_2$$

由以上两式消去 v_2 可得

$$v_1=S_2\sqrt{\frac{2(p_1-p_2)}{\rho(S_1^2-S_2^2)}}$$

若两竖直管中水银液面的高度差为 h，则上式中压强差 $p_1-p_2=(\rho_{Hg}-\rho)gh$，再代入上式得

$$v_1=S_2\sqrt{\frac{2(\rho_{Hg}-\rho)gh}{\rho(S_1^2-S_2^2)}}$$

上式中 ρ 为流经水平管道流体的密度，ρ_{Hg} 为竖直管中水银的密度。

因此，流体的流量为

$$Q=S_1 v_1=S_1 S_2\sqrt{\frac{2(\rho_{Hg}-\rho)gh}{\rho(S_1^2-S_2^2)}} \tag{2-9}$$

3. **流速计** 如图 2-8 所示是皮托管(流速计)的原理图。两个弯成 L 形的管子，其中一个管子的开口 A 迎着流来的流体，另一个管子的开口 B 在侧面，与流体的流动方向相切。C 与 A、D 与 B 分别在两根流线上，分别满足伯努利方程。

C、D 在很远处靠得很近，运动状态几乎相同，加之皮托管本身很细，可以认为 A、B 高度差不计，因此，A、B 两点有如下等式关系

$$\frac{1}{2}\rho v_A^2+p_A=\frac{1}{2}\rho v_B^2+p_B$$

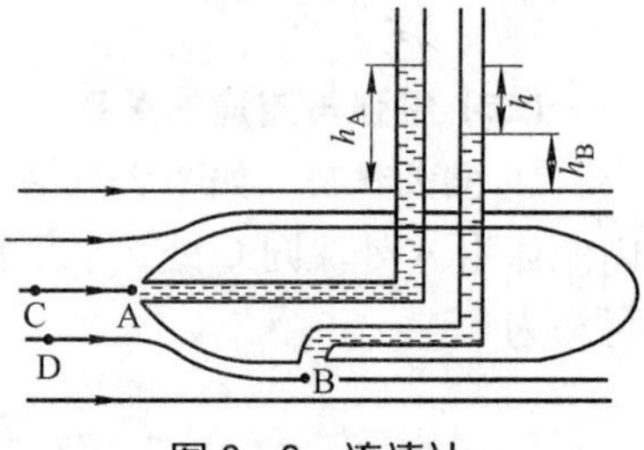

图 2-8 流速计

因为流体在 A 处受阻，流速 $v_A=0$，故 $\frac{1}{2}\rho v_B^2=p_A-p_B$，A、B 两处的压强差可由两管中流体上升的高度差求出，即 $p_A-p_B=\rho g(h_A-h_B)$。这样，流体的流速为

$$v=v_B=\sqrt{2g(h_A-h_B)}=\sqrt{2gh} \tag{2-10}$$

(三) 压强与高度的关系

血压与体位的关系 如果均匀管中流动的液体流速不变，或者在非均匀管道内流速的变化影响可忽略时，则压强与高度的关系为

$$p_1+\rho gh_1=p_2+\rho gh_2$$

即

$$p+\rho gh=常量 \tag{2-11}$$

可见，高处的压强小，而低处的压强大。

依据式(2-11)压强和高度的关系,可以解释血压与体位的关系。图2-9表示人体取平卧位时头部动脉压为12.7 kPa,静脉压为0.7 kPa,而当取直立位时头部动脉压为6.8 kPa,静脉压变为-5.2 kPa。减少的5.9 kPa是由高度改变所造成的。同理,对于脚部来说,由平卧位改为直立位时,动脉压将由12.7 kPa变为24.4 kPa,静脉压将由0.7 kPa变为12.4 kPa,增加的11.7 kPa也是由高度改变所造成的。因此,测量血压一定要考虑体位和测量部位对测量值的影响。

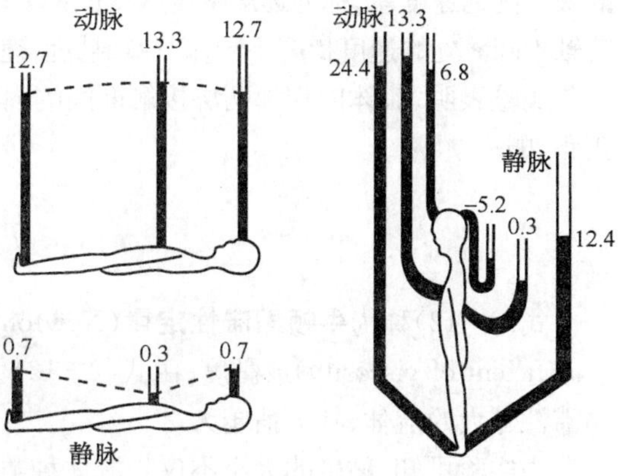

图2-9 血压与体位的关系(单位: kPa)

同时,平卧位时头与足部的动脉平均血压,比靠近心脏的动脉平均血压要低0.6 kPa,这是血液黏滞性的影响所造成的。头与足部血压降低的程度,与血液流动中克服摩擦力做功的多少有关。

第三节 黏性流体的运动

前面各节讨论了理想流体的运动规律,忽略了流体流动时流层间由于存在相对运动而产生的内摩擦力,因此认为流体在流动过程中没有能量损失。但在实际情况中,对一些黏滞性较大流体的流动,或者虽然黏滞性不大,但在较长的输送中能量损失明显时,则必须考虑到内摩擦力的存在。

一、牛顿黏滞定律

(一) 液体的内摩擦现象

如图2-10所示,在一竖直圆管中注入无色甘油,上部再加一段着色甘油,其间有明显的分界面。打开管子下部的活门使甘油缓缓流出,经一段时间后,着色甘油的下部呈舌形界面,说明甘油流出时,沿管轴流动的速度最大,距轴越远则流速越小,在管壁上,甘油附着层流速为零。可见,甘油的流动是分层的。

图2-10
流体的黏滞性

将在管中流动的甘油分成许多同轴圆筒状的薄层,由于任意两个相邻层存在相对运动,流动较快的流层作用于流动较慢的邻层有一向前拉力,而流动较慢的流层作用于流动较快的邻层有一向后的阻力,这一对力与接触面平行,大小相等而方向相反,称为内摩擦力或黏滞力,如图2-11所示。

(二) 牛顿黏滞性定律

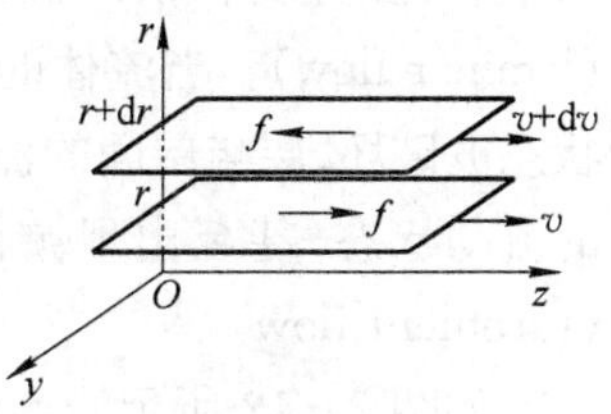

图2-11 速度分布示意图

如图2-11所示为速度分布示意图,即把沿 z 方向流动的液体在垂直于 r 方向的平面上分成许多互相平行的液层,各层之间有相对滑动。设想液层的流速随着 r 的增加而增大,在 r 方向相距 dr 的两液层的速度差为 dv,则 dv/dr 表示在垂直于流速方向上,相距单位距离的液层间的速度差，称为**速度梯度**(velocity gradient)。对于图 2-10 所示，甘油是分层流动的，在距离管轴不同 r 处的速度梯度不同，距管轴越远，速度梯度的绝对值越大，速度梯度的单位是秒$^{-1}$(s^{-1})。

实验表明，流体内相邻两层接触面间的内摩擦力 f 的大小与接触面积 S 及速度梯度 dv/dr 成正比，即

$$f=\eta\frac{dv}{dr}S \tag{2-12}$$

式(2-12)称为**牛顿黏滞性定律**(Newton's viscosity law)。式中的比例系数 η 称为**黏滞系数**(coefficient of viscosity)或黏度，由式(2-12)可见，黏度的单位为 Pa·s。其值取决于流体的性质，黏滞性越大的流体，其 η 值越大。

由实验可知，黏度的大小不仅与流体种类及杂质浓度有关，而且还与温度有关。一般说来，液体的黏度随温度升高而减小，气体的黏度随温度的升高而增大(表 2-1)。

表 2-1 几种流体的黏度值

流体	温度℃	η(Pa·s)	流体	温度℃	η(Pa·s)
水	0	1.729×10^{-3}	乙醇	20	1.2×10^{-3}
	20	1.005×10^{-3}	水银	20	1.55×10^{-3}
	37	0.69×10^{-3}	蓖麻油	17.5	$1\,225\times10^{-3}$
	100	0.284×10^{-3}	甘油	20	0.830
空气	0	1.709×10^{-5}	血液	37	$(2.5\sim4.0)\times10^{-3}$
	20	1.808×10^{-5}	血浆	37	$(1.0\sim1.4)\times10^{-3}$
	100	2.175×10^{-5}	血清	37	$(0.9\sim1.2)\times10^{-3}$

实际上，不是任何流体都遵守上述牛顿黏滞性定律，我们把遵守牛顿黏滞性定律，黏度 η 为一常量的流体称为牛顿流体(Newtonian fluid)。黏度 η 不为常量，而与压力、速度梯度有关，不遵守牛顿黏滞性定律的流体称为非牛顿流体。例如，水和血浆等均为牛顿流体，而全血和悬浊液则是非牛顿流体。

二、层流 湍流 雷诺数

黏性流体在管道输送过程中，能量的损耗不仅与流体的黏度 η 有关，还与流体的流动状态及管道的几何形状密切相关。

根据实际情况，流体的流动可分为层流和湍流两种状态。当流体的流速不大时，各层流体之间只做相对滑动，每个流体质点都沿着一条明确的路线做平滑运动，没有横向混杂，这种流动状态称为**层流**(laminar flow)。当流体的流速超过一定数值时，层流状态被破坏，层与层间的流体相互混杂，形成紊乱无章的流动状态，甚至出现漩涡，这种流动状态称为**湍流**(turbulent flow)。

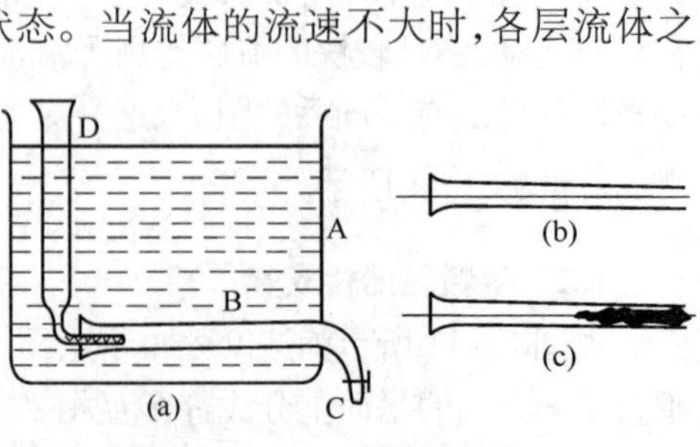

图 2-12 层流和湍流

(a) 实验装置 (b) 层流 (c) 湍流

如图 2-12 所示的实验装置可以观察到这两种不同形式的流动状态。(a)所示，在一个盛水的容器 A

中，水平地装有一根玻璃管B，另一个竖直放置的玻璃管D内盛有着色水，着色水通过D管下端的细管引入B管。当打开阀门C，水从B管流出。若水流的速度不大时，着色水在B管中形成一条清晰、与B管平行的细流，(b)所示的这种水流即为层流。当打开阀门C，增加水流的速度到某一定值时，流动不再稳定，着色水的细流散开而与无色水混合起来，如(c)所示，这时的流动成为湍流。

英国物理学家雷诺(Reynolds)通过大量实验研究后指出，影响流动状态的因素除流速外，还有流体的密度 ρ、黏度 η 和流体的管道直径 d 等。把这些因素归纳为一个数——**雷诺数**(Reynolds number)，用 Re 表示，以它来确定流体的流动状态是层流还是湍流。它的定义是

$$Re=\frac{\rho vd}{\eta} \tag{2-13}$$

包括血液在内的许多流体，当 $Re<2\,000$ 时，流体做层流；当 $Re>3\,000$ 时，流体做湍流；而当 $2\,000<Re<3\,000$ 时，流体既可做层流也可做湍流，称为过渡流。

例 2-2　设主动脉的内直径为 0.02 m，血液的流速、黏度、密度分别为 $v=0.25\ \mathrm{m\cdot s^{-1}}$、$\eta=3.0\times10^{-3}\ \mathrm{Pa\cdot s}$、$\rho=1.05\times10^{3}\ \mathrm{kg\cdot m^{-3}}$，求雷诺数并判断血液以何种形态流动。

解　雷诺数为

$$Re=\frac{\rho vd}{\eta}=\frac{1.05\times10^{3}\times0.25\times0.02}{3.0\times10^{-3}}=1\,750$$

这一数值 $Re<2\,000$，故血液在主动脉中为层流。

三、黏性流体的运动规律

(一) 泊肃叶定律

不可压缩的牛顿流体，在等截面水平圆形细管中流动时，如果平均流速不大，流动的状态是层流。各流层为从轴线开始半径逐渐增大的圆筒形表面，中心流速最大，随着半径的增加，流速逐渐减小，管壁处流体附着于管壁内侧，流速为零。

法国医学家泊肃叶(Poiseuille)研究了血管内血液的流动，并对在两端压强差 $\Delta p=p_1-p_2$ 的作用下，半径为 R、长度为 L 的水平圆管中流体的流动进行了研究，得出流体从管中流出的体积流量为

$$Q=\frac{\pi R^4\Delta p}{8\eta L} \tag{2-14}$$

式(2-14)称为**泊肃叶定律**(Poiseuille's law)，式中 η 为流体的黏度。泊肃叶定律表明，不可压缩的牛顿流体在水平圆管中做稳定流动时，流量 Q 与管道半径 R 的四次方成正比，与管两端的压强梯度 $\Delta p/L$ 成正比，与流体的黏度 η 成反比。

若令 $Z=\dfrac{8\eta L}{\pi R^4}$，那么式(2-14)可写成

$$Q=\frac{\Delta p}{Z} \tag{2-15}$$

式(2-15)中 Z 称为**流阻**(flow resistance)，单位为帕·秒·米$^{-3}$($\mathrm{Pa\cdot s\cdot m^{-3}}$)。医学上习惯

称为外周阻力,它的大小由液体的黏度 η 和管道的几何形状决定。特别值得注意的是,流阻与圆管半径的四次方成反比,可见半径的微小变化对流阻的影响是不可忽视的。如半径减小一半,流阻就要增加到 16 倍。大家都知道,血管的弹性非常好,血管大小的变化对血液流量的控制作用是很强的,特别是人体小动脉对血流流量有着非常灵敏而有效的控制。

式(2-15)适用于任何流体在任何形状的流动。对于牛顿流体在圆管中流动,Z 可由 $\frac{8\eta L}{\pi R^4}$ 计算;对于非牛顿流体或非圆管中流动的情形,Z 一般由实验测定。

如果流体流过数个"串联"的流管,则总流阻等于各流管流阻之和。若数个流管相"并联",则总流阻与各流阻的关系与电阻并联的情况相同。

例 2-3 成年人主动脉的半径约为 1.3×10^{-2} m,问在一段 0.2 m 距离内的流阻 Z 和压强降落 Δp 是多少?设血流量为 $1.0\times10^{-4}\ \mathrm{m^3\cdot s^{-1}}$,$\eta=3.0\times10^{-3}\ \mathrm{Pa\cdot s}$。

解 $$Z=\frac{8\eta L}{\pi R^4}=\frac{8\times3.0\times10^{-3}\times0.2}{3.14\times(1.3\times10^{-2})^4}=5.35\times10^4\ \mathrm{Pa\cdot s\cdot m^{-3}}$$

$$\Delta p=ZQ=5.35\times10^4\times1.0\times10^{-4}=5.35\ \mathrm{Pa}$$

可见在主动脉中,血压的下降是微不足道的。

(二) 斯托克斯定律

当固体在黏性流体中做相对运动时,将受到黏滞阻力,这是由于固体表面附着一层流体,该层流体随固体一起运动,因而与周围流体间有相对运动,产生内摩擦力,此力阻碍固体在流体中的运动。

实验表明,若在黏性流体中运动的物体是一个小球,其速度很小(雷诺数 $Re<1$)时,所受到的黏滞阻力 f 与小球的半径 r、运动速度 v、流体的黏度 η 成正比,即

$$f=6\pi\eta rv \tag{2-16}$$

式(2-16)称为**斯托克斯定律**(Stokes' law)。

设半径为 r 的小球体在黏性液体中由静止状态下降。刚开始时,球体受到方向向下的重力和方向向上的浮力的作用,重力大于浮力,球体将加速下降。随着下降速度的增加,黏滞阻力增大,当速度达到一定值时,重力、浮力和黏滞阻力这三个力平衡,球体将匀速下降,这时球体的速度称为收尾速度或**沉降速度**(sedimentation velocity)。

设 ρ 为球体的密度,σ 为流体的密度,则球体所受的重力为 $\frac{4}{3}\pi r^3\rho g$,所受的浮力为 $\frac{4}{3}\pi r^3\sigma g$,黏性阻力为 $6\pi\eta rv$。当达到收尾速度时,三力平衡,即

$$\frac{4}{3}\pi r^3\rho g=\frac{4}{3}\pi r^3\sigma g+6\pi\eta rv$$

由上式可计算出收尾速度

$$v=\frac{2}{9}\frac{gr^2}{\eta}(\rho-\sigma) \tag{2-17}$$

式(2-17)常被用来测定流体的黏滞系数。若将已知半径 r 和密度 ρ 的小球放入密度为 σ 的

液体中,测出小球的沉降速度 v,即可计算出液体的黏滞系数 η。

由式(2-17)可知,小球体在流体中的沉降速度与重力加速度 g 成正比。若悬浮液微粒很小时,如血液中的血细胞,其沉降速度就非常缓慢,为了加快沉降速度常用离心沉降法。临床上,就是利用离心沉降法来测定血细胞在血液中的百分含量。将抗凝处理过的血液放进离心管中,经离心分离后血液将分为血浆和血细胞沉淀两部分。血细胞沉淀部分的体积占血液总体积的百分比称为血细胞比容,它是影响血液黏度的最重要的因素之一。

第四节　血液的流动

一、血液循环的特性

(一) 血液的组成和特性

血液作为一种流体以及血管和心脏作为一种弹性体,都具有流动和变形的性质,即流变性。血液和血管以及心脏的流变性,尤其是血液的流动性是影响血液在循环系统内不断流动、实现其功能的重要因素。

血液是一种十分复杂的悬浊液,它与一般的悬浊液不同,具有以下特点:① 它是一种高浓度的悬浊液。② 血液中的溶质——血细胞不是刚性的悬浮球体,如红细胞呈双凹形碟状并可变形。血细胞还具有聚集性,如红细胞可以聚合呈串状。③ 血液中的溶剂——血浆不是均质,它含有多种生物蛋白。

(二) 血液的黏度

前面指出所谓牛顿黏滞性流体是黏度为常量的流体,这种流体满足泊肃叶定律,即流体的流量与其所受压强差成正比;反之,非牛顿流体不满足该关系。实验测得血液的压强-流量关系是一曲线,血清的压强-流量关系是一直线。这一结果表明血液是非牛顿流体,而血清则为牛顿流体。

对于非牛顿流体,其黏度与流动时的切应变率(即速度梯度)有关。在低切应变率范围内,血液黏度随切应变率的增大明显地减小;当切应变率增大到一定程度后,血液黏度基本上不再变化而保持为一常量,这时可视血液为牛顿流体。

研究表明,血液的黏度不但依赖于切应变率,还依赖于切应变率的作用时间,这种性质称为触变性。此外,血液的切应力,即单位流层接触面上的内摩擦力,不但取决于切应变率,还与作用的历史过程有关,这种性质称为黏弹性。

影响血液黏度有如下主要因素。① 血细胞比容:血细胞比容越大,则血液黏度就越大。② 红细胞的聚集性与变形性:影响红细胞聚集性的主要因素是红细胞表面电荷的多少和红细胞之间经长链的桥接作用。红细胞的变形性能决定血液在微循环中的流动性能。③ 红细胞的大小和形状:红细胞的大小和形状决定红细胞比容,从而对血液黏度产生影响。而红细胞内外的渗透压则是决定红细胞形状的重要因素。④ 血浆黏度:它主要取决于其中的蛋白质,特别是纤维蛋白的浓度。

第三章 分子物理学基础

导学

本章主要介绍物质分子运动论观点阐明的一些气体宏观性质及规律，同时简述液体表面现象及其应用。

1. 掌握 能量按自由度均分原理；理想气体的内能；弯曲液面的附加压强。
2. 理解 压强、温度等概念；气体宏观性质的微观本质；表面张力和表面能。
3. 了解 液体的表面现象及应用。

第一节 理想气体的压强和温度

本节将从分子运动论的观点出发，建立理想气体微观模型，利用牛顿力学定律和运用统计方法研究微观量与宏观量之间的关系，从而对气体的压强、温度作出微观解释。

一、理想气体的微观模型

（一）理想气体状态方程

热学研究的对象，称为热力学系统，简称**系统**（system），而能与系统发生相互作用的其他物体称为**外界**（surrounding）或**环境**（environment）。与外界没有任何相互作用的系统称为**孤立系统**（isolated system）。系统可以是由大量分子组成的气体、液体或固体。

一个孤立系统经历长时间会达到一个宏观性质均匀且不随时间变化而变化的状态，这种状态称为**平衡态**（equilibrium state）。在平衡态下，考虑到气体中热运动的存在，我们常将这种平衡态称为**热动平衡态**（thermal equilibrium state）。实验表明，对于一定质量的气体，其状态可用气体的压强 p、体积 V、温度 T 描述，这些描述气体状态的变量 p、V、T，则称为气体的**状态参量**（state parameter）。

严格遵守玻意耳-马略特定律、查理定律和盖·吕萨克定律的气体称为**理想气体**（ideal gas）。对于理想气体，体积 V 是气体分子所能达到的空间，即容器的容积。压强 p 是气体作用在单位面积容器壁上的垂直作用力，是大量分子对器壁不断碰撞的宏观表现。温度 T 与物体内部分子热运动的剧烈程度有关。体积的单位是立方米（m^3），压强的单位是帕斯卡（Pa），温度的单位是开尔文（K）。

在平衡状态下，一定质量的某种理想气体，其状态参量 p、V、T 都有确定的值，并满足状态方程

$$pV=\frac{M}{\mu}RT \tag{3-1}$$

式(3-1)中 M 为气体的质量，μ 为摩尔质量，R 为普适气体常数，其值为

$$R=8.31\ \mathrm{J\cdot mol^{-1}\cdot K^{-1}}$$

(二) 理想气体的微观模型

理想气体的微观模型是：① 分子的大小比分子间的平均距离小得多，即分子可视为质点；② 除碰撞的瞬间外，分子之间以及分子与器壁之间都没有相互作用力；③ 分子之间以及分子与器壁之间的碰撞视为完全弹性碰撞。

在此基础上，认为理想气体是大量无规则运动的弹性质点的集合。在常温、常压下，分子间的平均距离约为其平均线度的 10 倍，说明分子本身所占据的空间很小，气体越稀薄，这种气体就越接近于理想气体。

虽然每一个分子的运动都遵从牛顿运动定律的规律，但由于气体中分子数量非常大，而且碰撞频繁，使得单个分子的运动难以预测。然而大量分子的运动却具有一定的规律性，这就是统计平均规律。

气体处于平衡状态时，在没有外力场的条件下，气体分子在空间的分布是均匀的，向各个方向运动的可能性是均等的。因此，对理想气体系统中的大量分子作如下的统计假设：① 容器内任一位置处单位体积中的分子数相同，即分子数密度相等；② 分子沿任何方向运动的机会均等，即向任何方向运动的分子数目相等。

根据以上假设，气体分子速度在 x、y、z 三个坐标方向的分量的平方的平均值应当相等，即

$$\overline{v_x^2}=\overline{v_y^2}=\overline{v_z^2}$$

二、理想气体的压强公式

由于大量分子的无规则运动，分子不断与器壁发生碰撞，使器壁受到一个持续的恒定冲力，就像密集的雨点打在伞上，感受到一个均匀的压力一样。

(一) 理想气体的压强公式的推导

设有一个边长为 l 的立方体容器，如图 3-1 所示，其中有 N 个分子，分子质量为 m。当气体处于平衡态时，器壁各处所受的压强完全相等。因此，只需求出 A_1 面所受的压强，即可代表整个气体的压强，下面分别进行计算。

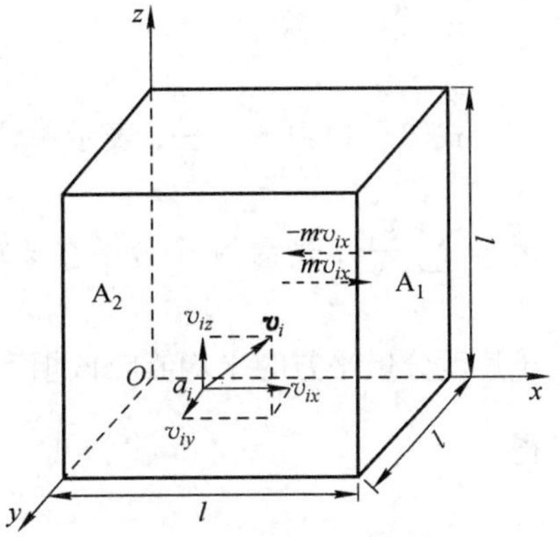

图 3-1　压强公式推导

1. ***考虑一个分子与器壁 A_1 面碰撞一次施于 A_1 面的冲量***　设第 i 个分子记为 a_i，速度为 v_i，在 x、y、z 三个坐标方向的分量为 v_{ix}、v_{iy}、v_{iz}。由于分子 a_i 与 A_1 面发生完全弹性碰撞，碰撞后 a_i 分子的速度分量分别为 $-v_{ix}$、v_{iy}、v_{iz}。这样，分子碰撞一次在 x 轴方向动量改变量为

$$V_1 = S_1 v_1 \Delta t$$
$$V_2 = S_2 v_2 \Delta t$$

因为研究对象是不可压缩流体的稳定流动，那么，在相同时间内，流过同一流管任意一横截面的流体体积相等，即

$$v_1 S_1 \Delta t = v_2 S_2 \Delta t$$

又为

$$S_1 v_1 = S_2 v_2 \tag{2-1}$$

这一关系对流管中任意与流管垂直的截面 S 都成立。我们把单位时间内流过同一流管任一横截面积的流体体积 Sv 称为流体的**体积流量**(volume rate of flow)，用 Q 表示，单位为 $m^3 \cdot s^{-1}$，故不可压缩流体做稳定流动的**连续性方程**(continuity equation)可表示为

$$Q = Sv = 恒量 \tag{2-2}$$

连续性方程表明，当不可压缩流体做稳定流动时，流体的速度与横截面积的乘积为恒量。横截面积大的地方，流速小；横截面积小的地方，流速大，通过各处的流量不变，因此连续性方程式(2-1)、式(2-2)反映了流量、流速和横截面积三者之间的关系。

例 2-1　正常成人休息时，通过主动脉的平均血流速率为 $v=0.33\ m \cdot s^{-1}$，主动脉半径平均为 $r=9.0\times10^{-3}\ m$。求通过主动脉的平均血流量。

解　因为主动脉的横截面积为

$$S=\pi r^2 = 3.14\times(9.0\times10^{-3})^2 = 2.5\times10^{-4}\ m^2$$

则通过主动脉的平均血流量为

$$Q = Sv = 2.5\times10^{-4}\times0.33 = 8.3\times10^{-5}\ m^3 \cdot s^{-1}$$

第二节　伯努利方程及其应用

一、伯努利方程

理想流体做稳定流动时，流体在流管中各处的流速、压强和高度之间有一定的关系。下面利用功能原理来进行推导。

图 2-4　伯努利方程的推导

如图 2-4 所示，设理想流体在重力场中做稳定流动，在流体中取一细流管。S_1 和 S_2 为流管中任取的两个与流管垂直的截面 A、B 的面积。由于流管很细，截面 A 和截面 B 处的各物理量可看成分别相等。A 处的压强为 p_1，流速大小为 v_1，高度为 h_1；B 处的压强为 p_2，流速大小为 v_2，高度为

$$(-mv_{ix}-mv_{ix})=-2mv_{ix}$$

由动量定理可知,这就是 A_1 面施于分子 a_i 的冲量。再由牛顿第三定律可知,分子施于 A_1 面的冲量应为

$$I_i=2mv_{ix}$$

2. 计算一个分子在 $\mathrm{d}t$ 时间内施于 A_1 的冲量 分子 a_i 与 A_1 连续两次碰撞之间,在 x 方向所经历的路程为 $2l$,所需时间为 $2l/v_{ix}$,在 $\mathrm{d}t$ 时间内碰撞的次数为 $\mathrm{d}t/(2l/v_{ix})=v_{ix}\mathrm{d}t/2l$。因为一个分子与器壁 A_1 碰撞一次施于 A_1 的冲量为 $2mv_{ix}$,故一个分子在 $\mathrm{d}t$ 时间内施于 A_1 的冲量应为

$$2mv_{ix}\cdot\frac{v_{ix}\mathrm{d}t}{2l}=\frac{m\mathrm{d}t}{l}v_{ix}^2$$

3. 计算 N 个分子施于器壁 A_1 的平均冲力 $\bar{F}$ 因为 N 个分子在 $\mathrm{d}t$ 时间内施于器壁 A_1 的冲量为

$$I=\bar{F}\mathrm{d}t=\sum_{i=1}^{N}\frac{mv_{ix}^2\mathrm{d}t}{l}=\frac{m\mathrm{d}t}{l}\sum_{i=1}^{N}v_{ix}^2$$

故平均冲力为

$$\bar{F}=\frac{m}{l}\sum_{i=1}^{N}v_{ix}^2 \tag{3-2}$$

虽然单个分子对器壁的冲力是间断的,但大量分子对器壁不断碰撞的结果,却在宏观上显示出一个持续的作用力。

4. 求压强 p 因为压强 $p=\bar{F}/l^2$,故将式(3-2)代入便得

$$p=\frac{m}{l^3}\sum_{i=1}^{N}v_{ix}^2=\frac{m}{V}\sum_{i=1}^{N}v_{ix}^2 \tag{3-3}$$

式(3-3)中 V 为气体的体积。将上式分子分母分别乘以容器中分子数 N,得

$$p=\frac{mN}{V}\sum_{i=1}^{N}\frac{v_{ix}^2}{N}=mn\overline{v_x^2} \tag{3-4}$$

式(3-4)中 $n=\dfrac{N}{V}$,表示单位体积内的分子数,即**分子数密度**(molecular numeral density),$\overline{v_x^2}=\sum\limits_{i=1}^{N}\dfrac{v_{ix}^2}{N}$,表示 N 个分子在 x 轴方向的速度分量平方的平均值。根据统计假设,沿各个方向分子速度分量平方的平均值应该相等,即 $\overline{v_x^2}=\overline{v_y^2}=\overline{v_z^2}$,又因为 $\overline{v_x^2}+\overline{v_y^2}+\overline{v_z^2}=\overline{v^2}$,所以 $\overline{v_x^2}=\dfrac{1}{3}\overline{v^2}$。得

$$p=\frac{1}{3}nm\overline{v^2}$$

或
$$p=\frac{2}{3}n\left(\frac{1}{2}m\overline{v^2}\right) \tag{3-5}$$

式(3-5)中 $\frac{1}{2}m\overline{v^2}$ 为气体分子的平均平动动能，简称**平均平动动能**(average kinetic energy of translation)，记为 $\bar{\varepsilon}_k$。

(二) 关于理想气体压强公式的解释

1. *理想气体压强的实质*　气体中宏观上施于器壁的压强是大量分子对器壁不断碰撞的结果，这是关于气体压强的定性理解。从压强公式的推导过程可知，气体压强等于所有分子在单位时间内施于单位面积器壁的平均冲量，它由分子数密度 n 和分子的平均平动动能 $\frac{1}{2}m\overline{v^2}$ 决定，这是关于气体压强的定量解释。从压强的微观实质分析，n 大，即单位体积分子的数量多，分子在单位时间内与单位面积器壁碰撞的次数多，因而 p 大；$\frac{1}{2}m\overline{v^2}$ 大，则分子的平均平动动能大，分子热运动激烈程度大，一方面，分子在单位时间内与单位面积器壁碰撞的次数多，另一方面，分子每次碰撞施于器壁的平均冲量大，由于这双重原因都导致 p 大。

2. *压强公式是一个统计规律，而不是一个力学规律*　在导出压强公式的过程中不仅应用了力学原理，而且应用了统计概念和方法。由于分子对器壁碰撞是间断的，分子施于器壁的冲量涨落不定，故分子在单位时间内施于单位面积器壁的平均冲量，即压强，是一个统计平均量，这是对大量分子、对时间、对面积的统计平均量，要求分子数足够多，时间足够长，面积足够大。当然这“三个足够”是相对而言。在气体中单位体积的分子数和分子的速度都涨落不定，故分子数密度 n 和分子的平均平动动能 $\frac{1}{2}m\overline{v^2}$ 也是统计平均量。因此，压强公式是一个表征三个统计平均量 p、n 和 $\frac{1}{2}m\overline{v^2}$ 之间相互关系的统计规律。

3. *压强公式不能用实验直接验证*　压强 p 可以直接测定，但 $\frac{1}{2}m\overline{v^2}$ 不能用实验直接测定，然而由公式出发可以满意地解释或导出几个已经验证过的实验定律，如玻-马定律等。这表明，压强公式及其推导该公式的有关假设在一定程度上符合客观实际。

三、理想气体的温度

由理想气体状态方程和压强公式，可以导出气体的温度与分子平均平动动能的关系，从而揭示温度这一宏观量的微观本质。

设容器中有 N 个分子，分子的质量为 m，则气体的质量为 $M=Nm$，摩尔质量 $\mu=N_A m$，$N_A=6.022\,136\,7\times10^{23}\ \text{mol}^{-1}$(阿伏伽德罗常数)。由理想气体状态方程

$$pV=\frac{M}{\mu}RT$$

可得
$$p=\frac{N}{V}\frac{R}{N_A}T=n\frac{R}{N_A}T$$

令 $k=\dfrac{R}{N_A}=1.38\times10^{-23}\ \mathrm{J\cdot K^{-1}}$，$k$ 称为**玻尔兹曼常数**(Boltzmann constant)，于是状态方程可改写为

$$p=nkT \tag{3-6}$$

式(3-6)说明，**在相同的温度和相同的压强下，各种理想气体在相同体积内含有的分子数都相同**，这就是**阿伏伽德罗定律**(Avogadro's law)。将式(3-6)与压强公式 $p=\dfrac{2}{3}n\left(\dfrac{1}{2}m\overline{v^2}\right)$ 比较得

$$\frac{1}{2}m\overline{v^2}=\frac{3}{2}kT \tag{3-7}$$

式(3-7)表明，理想气体分子的平均平动动能只与温度有关，并与绝对温度成正比。气体的温度越高，分子的平均平动动能越大，分子热运动越剧烈。因此，可以说，温度是标志分子热运动剧烈程度的物理量，或者说，温度是平均平动动能的量度。温度是大量分子热运动的集体表现，如同压强一样，它是一个统计量，对个别分子来说温度是没有意义的。

例 3-1 容器内储存氧气，其压强 $p=2.026\times10^5$ Pa，温度为 17℃。求：(1) 单位体积中的分子数 n；(2) 分子质量 m；(3) 气体的质量密度 ρ；(4) 分子间的平均距离 d；(5) 分子的平均平动动能 $\bar{e}_k$。

解 (1) 由 $p=nkT$ 得

$$n=\frac{p}{kT}=\frac{2.026\times10^5}{1.38\times10^{-23}\times290}=5.06\times10^{25}\ \mathrm{m^{-3}}$$

(2) $m=\dfrac{\mu}{N_A}=\dfrac{32\times10^{-3}}{6.02\times10^{23}}=5.32\times10^{-26}\,\mathrm{kg}$

(3) $\rho=nm=5.06\times10^{25}\times5.32\times10^{-26}=2.69\ \mathrm{kg\cdot m^{-3}}$

(4) 每个分子平均所占的空间为$\dfrac{1}{n}$，即 $d^3=\dfrac{1}{n}$，所以

$$d=\left(\frac{1}{n}\right)^{1/3}=\left(\frac{1}{5.06\times10^{25}}\right)^{1/3}=2.7\times10^{-9}\ \mathrm{m}$$

(5) $\bar{e}_k=\dfrac{3}{2}kT=1.5\times1.38\times10^{-23}\times290=6.0\times10^{-21}\,\mathrm{J}$

第二节 能量按自由度均分原理

上节中，我们讨论了分子平均平动动能。实际上，除单原子分子以外的其他结构比较复杂的分子，不但有平动动能，还有转动动能和振动动能，为了确定分子各种形式的运动能量的统计规

律,有必要引入自由度的概念,接着还将讨论能量按自由度均分原理和理想气体的内能。

一、自由度数

决定一个物体空间位置所需要的独立坐标数,称为这个物体的**自由度数**(degree of freedom)。决定质点、刚体、分子的空间位置所需要的独立坐标数不同,因而它们的自由度数也不同。

(一) 质点的自由度数

决定一个质点的空间位置需要三个独立坐标,故质点有三个自由度,如 x、y、z。在平面或曲面上运动的质点有两个自由度,在直线或曲线上运动的质点则只有一个自由度。如果将飞机、轮船、火车视为质点,则飞机有三个自由度,轮船有两个自由度,而火车只有一个自由度。

(二) 刚体的自由度数

由三个或三个以上原子组成的分子在常温下可近似地视为刚体,故要讨论分子的自由度,有必要讨论刚体的自由度。刚体的运动可分解为质心的平动和绕通过质心轴的转动,故刚体的空间位置可决定如下:① 用三个坐标,如 x、y、z 决定质心的位置;② 用两个坐标,如 α、β 决定通过质心的转轴 OA 的方位(因为三个方位角 α、β、γ 满足方程 $\cos^2\alpha+\cos^2\beta+\cos^2\gamma=1$,故只有两个方位角是独立的);用一个坐标,如 θ 决定刚体对起始位置转过的角度。因此,自由刚体有六个自由度,其中三个平动自由度、三个转动自由度(图 3-2)。

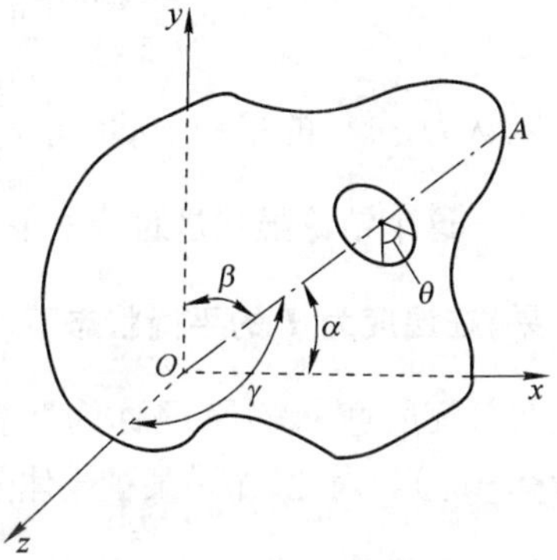

图 3-2 刚体的自由度

当刚体的运动受到限制时,其自由度数将减少,如绕定轴转动的刚体只有一个自由度。

(三) 分子的自由度数

单原子分子如氦、氖、氩等,可视为自由运动的质点,有三个自由度。双原子分子,如氧、氮、一氧化碳等,若原子间的距离保持不变,可将这种分子视为“两个点组成的哑铃”或刚性分子,由于质心的位置需要三个独立坐标决定,两个原子连线方向需要两个独立坐标决定,而通过两个质点连线不存在绕以此连线为轴的转动,故刚性双原子分子有五个自由度,其中三个平动自由度和两个转动自由度。由三个或三个以上原子组成的多原子分子,如果在常温下,一般可视其为刚体,应有六个自由度。但实际上,由两个或两个以上的原子组成的分子并不完全是刚性的。根据分子光谱的研究结果,知道沿原子连线方向还有微小振动。因此,这些分子除平动和转动自由度以外,还有振动自由度。例如,非刚性双原子分子共有六个自由度,其中三个平动自由度、两个转动自由度和一个振动自由度,这种双原子分子可用“一根可忽略质量的弹簧连接两个质点的模型”来描述。一般来说,由 n 个原子组成的非刚性分子,最多有 $3n$ 个自由度,其中有三个平动自由度,三个转动自由度,$3n-6$ 个振动自由度。

二、能量按自由度均分原理

下面,首先介绍能量按自由度均分原理,然后确定分子的平均总动能和分子的平均总能量。上节已得出

$$\overline{v_x^2}=\overline{v_y^2}=\overline{v_z^2}=\frac{1}{3}\overline{v^2}$$

并已知理想气体分子的平均平动动能为

$$\frac{1}{2}m\overline{v^2}=\frac{3}{2}kT$$

由以上两式可得出一个重要的结果,即

$$\frac{1}{2}m\overline{v_x^2}=\frac{1}{2}m\overline{v_y^2}=\frac{1}{2}m\overline{v_z^2}=\frac{1}{2}kT \tag{3-8}$$

式(3-8)说明,气体分子沿 x、y、z 三个方向运动的平均平动动能都相等,等于 $\frac{1}{2}kT$, 由此可以认为,分子的平均平动动能 $\frac{3}{2}kT$ 是均匀的分配在每一个平动自由度上的。

这个结论虽然是对分子平动而言,但可以推广到转动和振动。由于气体分子无规则运动的结果,**在温度为 T 的平衡状态下,分子的每一个自由度都具有相等的平均动能,其值为 $\frac{1}{2}kT$**。这个能量分配所遵从的原理称为能量按自由度均分原理,简称**能均分原理**(equipartition theorem of energy)。因此,如果某种气体分子有 t 个平动自由度、r 个转动自由度和 s 个振动自由度,则这种气体分子的平均平动动能、平均转动动能、平均振动动能分别为 $\frac{t}{2}kT$、$\frac{r}{2}kT$、$\frac{s}{2}kT$, 而分子的平均总动能为

$$\bar{e}_k=\frac{1}{2}(t+r+s)kT \tag{3-9}$$

能均分原理是关于分子热运动动能的统计规律,是对大量分子统计平均所得的结果。对于个别分子而言,在任一瞬时它各种形式的动能和总动能完全可能与能均分原理所确定的平均值有很大差别,且每一种形式的动能也不见得按自由度均分。对大量分子整体来说,每一种形式的动能之所以按自由度均分是依靠分子无规则碰撞实现的。

由振动学可知,弹性谐振子在一个周期内的平均动能和平均势能也是相等的。由于分子内原子的振动可近似地看成谐振动,故对于分子的每一个振动自由度,除了具有 $\frac{1}{2}kT$ 的平均动能外,还有 $\frac{1}{2}kT$ 的平均势能。因此,每个分子的平均振动动能和平均振动势能各应为 $\frac{s}{2}kT$, 分子的平均总能量为

$$\bar{e}=\frac{1}{2}(t+r+2s)kT \tag{3-10}$$

由式(3-9)、式(3-10)可知

对于单原子分子,因为 $t=3$, $r=s=0$, 故分子的平均总动能 $\bar{e}_k$ 和平均总能量 $\bar{e}$ 为

表 3-2　不同温度下水和乙醇的表面张力系数 $\alpha(\times 10^{-2}\ N\cdot m^{-1})$

液体	0℃	20℃	40℃	60℃	80℃	100℃
水	7.564	7.275	6.956	6.618	6.261	5.885
乙醇	2.405	2.227	2.060	1.901	—	—

(三) 表面能

现在计算在图 3-6 情形中使液体表面积增加时做功的情况。用力 F 使 AB 向右移动距离 Δx，设移到 A′B′位置，外力克服分子间引力所做的功为

$$\Delta A = F\Delta x = 2\alpha L\Delta x = \alpha\Delta S$$

式中 ΔS 为液膜面积的增量。根据功能原理，这个功应等于液膜增加表面积时所增加的分子势能 ΔE，分子势能也称**表面能**(surface energy)或表面自由能。即

$$\Delta A = \alpha\Delta S = \Delta E$$

或

$$\alpha = \frac{\Delta E}{\Delta S} \tag{3-16}$$

由此可见，表面张力系数又可定义为：液体表面增加单位面积所做的功或增加单位面积时表面能的增量。因此 α 的单位还可以用焦耳·米$^{-2}$($J\cdot m^{-2}$)表示。由式(3-16)可推知，在等温条件下，液面面积增加时，液体表面能也增加；液面面积减小时，液体表面能也减小，而势能越小越稳定，因此，液面有收缩到最小面积，也就是势能最小的趋势。

二、弯曲液面的附加压强　气体栓塞现象

(一) 弯曲液面的附加压强

通常所见，较大面积静止液体的表面是平面。但在有些情况下液面则不呈平面，如肥皂泡、水中的气泡、液滴和靠近容器边缘的那部分液面的形状，常呈弯曲的球面或球面的一部分。有时液面呈凸形(液滴、毛细管中的水银面等)，有时液面呈凹形(水中的气泡、毛细管中的水面等)。

如图 3-7 所示，在液面的某一部分，任意取一块小面积元 dS，dS 以外的液面对 dS 一定有表面张力的作用。由于表面张力与液面相切，作用在 dS 周界上的所有表面张力，在平面情况下，亦为水平，恰好相互平衡，如图 3-7(a)所示。在曲面情况下，合成一个指向曲面曲率中心的合力。对凸面的情况，合力指向液体内部，如图 3-7(b)所示。对凹面的情况，合力指向液体外部，如图 3-7(c)所示。这就相当于弯曲液面上各处都受到一个额外的压强。这种由于液面弯曲，因表面张力而产生的、指向弯曲液面曲率中心的压强，称为弯曲液面的**附加压强**(supplementary pressure)，用 p_s 表示。这一附加压强表现为弯曲液面内外的**压强差**(pressure difference)。在凸面情况下，附加压强指向液体内部，计算时取正，这表示液面内外的压强差为正。在凹面情况下，附加压强为负值。实际应用时应当注意，p_s 并不是某处液体的压强值 p，而是由于有弯曲液面存在，所产生的压强增量值，即液面内外的压强差值。该处液体压强的实际值 p 应为 p_s 与无液面弯曲时该处的压强值 p_0 之和，即

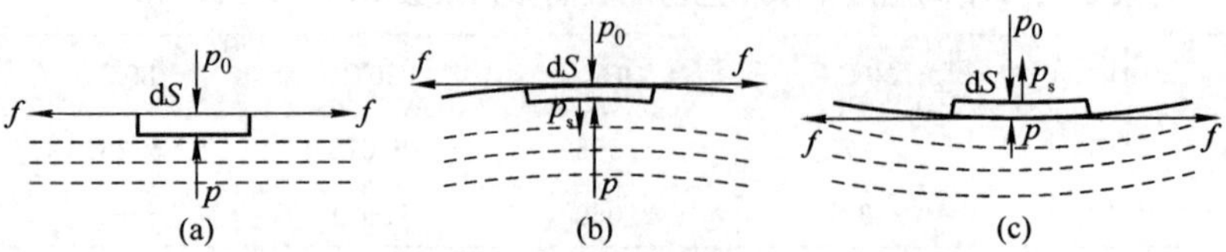

图 3-7 弯曲液面的附加压强

(a) $p=p_0$ (b) $p=p_0+p_s$ (c) $p=p_0-p_s$

$$p=p_0+p_s \tag{3-17}$$

附加压强 p_s 的大小与曲面的曲率半径,以及液体的表面张力系数有关。下面我们讨论曲率半径为 R 的球冠形液面所对应的附加压强。

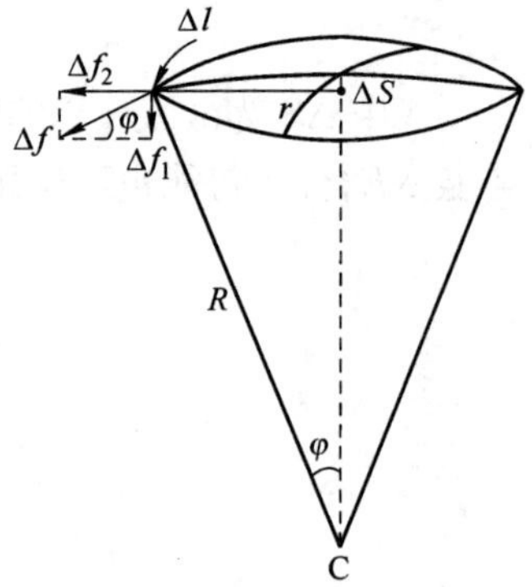

图 3-8 球冠形液面下的附加压强

如图 3-8 所示,在呈凸状的弯曲液面上截出一个球冠形小液面 ΔS。然后,将其周界以 Δl 等分成许多个小段,由式(3-15),通过每一小段 Δl 作用于 ΔS 上的表面张力的大小为

$$\Delta f=\alpha\Delta l$$

式中 α 为表面张力系数。Δf 的方向与 Δl 垂直且与液面相切,现将 Δf 分解为 Δf_1 和 Δf_2 两个相互垂直的分量,Δf_1 的方向指向液体内部,大小为

$$\Delta f_1=\Delta f\sin\varphi=\alpha\Delta l\sin\varphi$$

Δf_2 的方向与球冠周界圆垂直且指向外,由于对称性,沿整个周界的合力 $\sum\Delta f_2$ 为零。

因为作用于所有小段上的 Δf_1 方向均指向液体内部,故其合力为

$$f_1=\sum\Delta f_1=\sum\alpha\Delta l\sin\varphi=2\pi r\alpha\sin\varphi$$

将 $\sin\varphi=r/R$ 代入上式,得

$$f_1=\frac{2\pi r^2\alpha}{R}$$

该力除以圆面积 πr^2,便得弯曲液面附加的压强 p_s

$$p_s=\frac{f_1}{\pi r^2}=\frac{2\alpha}{R} \tag{3-18}$$

式(3-18)表明,弯曲液面的附加压强与表面张力系数成正比,与曲率半径成反比。若液面呈凹面,式(3-18)仍然成立,这时的曲率半径应理解为负值,$R<0$,产生的附加压强也为负值,$p_s<0$,即液体内部压强小于外部压强。对于图 3-9 所示球形液泡(如肥皂泡)来说,由于液膜有两个表面,且膜很薄,$R_1\approx R_2\approx R$。O 点在液泡外,压强为 p_O;B 点在液膜中,压强为 p_B;A 点在液泡内,压强为 p_A。因此液泡内外的总压强差为

$$p_{s总}=p_A-p_O=(p_A-p_B)+(p_B-p_O)=\frac{2\alpha}{R_1}+\frac{2\alpha}{R_2}=\frac{4\alpha}{R} \tag{3-19}$$

液泡内 A 点压强应为

$$p_A = p_O + \frac{4\alpha}{R} \tag{3-20}$$

式(3-17)所述结论可以通过图 3-10 的实验来验证。在图示连通管两端各有一个大小不等的液泡(如肥皂泡)A、B,中间由阀门 S 隔开。当阀门打开时,小泡 B 中的气体将被压而流入大泡 A 中,结果大泡越来越大,小泡逐渐缩小,直到变成半径与大泡的半径相等的球冠形液膜时,两端的压强相等,达到平衡。现对该实验进行分析。A、B 两泡内的压强分别为

$$p_A = p_0 + \frac{4\alpha}{R_A},\ p_B = p_0 + \frac{4\alpha}{R_B}$$

式中 p_0 为外部大气压强,R_A、R_B 为大小泡半径,由于 $R_A > R_B$,则 $p_A < p_B$,气体由 B 泡流入 A 泡,直到 $R_A = R_B$,这时有 $p_A = p_B$。

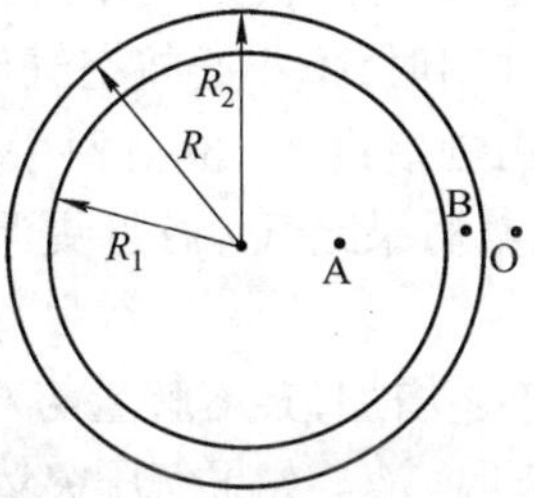

图 3-9　液泡内外的压强差

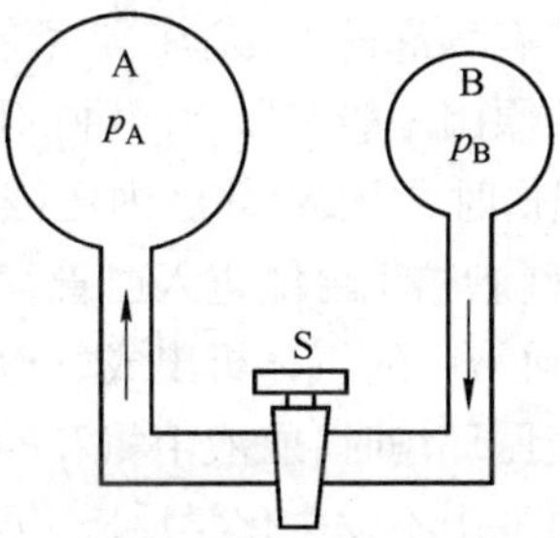

图 3-10　气体从小泡流入大泡

例 3-3　有一半径 $r = 5.0 \times 10^{-5}$ m 的球形肥皂泡,在标准大气压中形成,泡膜的表面张力系数 $\alpha = 5.0 \times 10^{-2}\ \mathrm{N \cdot m^{-1}}$,问此时泡内的压强有多大?(标准大气压 $p_0 = 1.01 \times 10^5$ Pa)

解　设泡内的附加压强为 p_s,则泡内压强为

$$p = p_0 + p_s = p_0 + \frac{4\alpha}{r} = 1.01 \times 10^5 + \frac{4 \times 5.0 \times 10^{-2}}{5.0 \times 10^{-5}} = 1.05 \times 10^5\ \mathrm{Pa}$$

(二) 气体栓塞现象

当液体在细管中流动时,如果管中出现气泡,由于产生了附加压强,液体的流动就会受到比没有气泡存在时更大的阻碍。气泡多了就可能堵塞管子,使液体不能流动,这种现象称为**气体栓塞**(gaseous suberization)。该现象可用液体在毛细玻璃管中的流动来说明。

在图 3-11(a)中,管中有一气泡,在左右两端压强相等时,气泡与液体的交接面的两个曲面半径相等。两曲面所产生的附加压强大小相等、方向相反,液体不流动。为了使液体向右流动,在其左边的压强略为增加,假设增加量为 Δp,如图 3-11(b)所示。这时左边曲面的半径就会变大,而右边曲面的半径就会变小,就使左边曲面的附加压强 $p_{s左}$ 比右边曲面的附加压强 $p_{s右}$ 小。如果其压强差值恰好等于 Δp,即

$$\Delta p = p_{s右} - p_{s左}$$

此时液体仍处在平衡状态,不会向右移动。只有当左端增加的压强 Δp 超过某一临界 δ 值时,左右

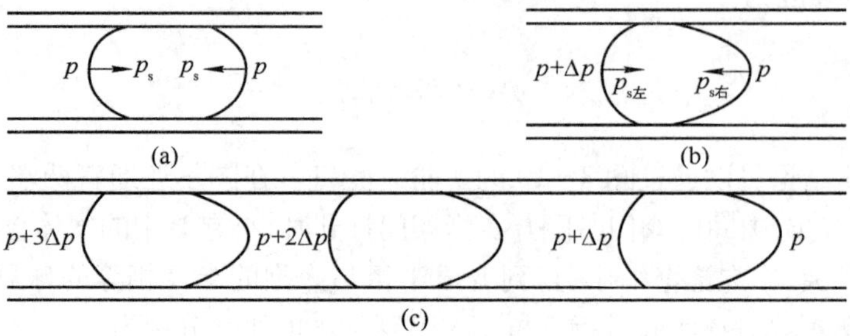

图 3-11 气体栓塞

两曲面所产生向左的压强差（$p_{s右} - p_{s左}$）不足以抵消左端增加的压强，液体才会被向右推动。显然，管子越细，液体表面张力系数越大，δ 值也越大。此外，δ 值还与液体和管壁性质有关。

如图 3-11(c)所示，当管内有 n 个气泡时，只有在细管左右两端总压强差大于 $n\delta$ 的情况下，才能将液体和气泡一起向右推动。气泡数 n 越多，所需推动力也越大。

人体血管中若有气泡进入，尤其当气泡连成一串时，就有可能发生气体栓塞，导致生命危险。血管中产生气泡的原因一般有以下四种：① 输液或静脉注射时，不小心将空气与药液一起注入血管；② 颈静脉受损伤时，因该处静脉内压强为负压，空气由创口进入；③ 外科手术过程中，空气可能进入开放的血管(脂肪也可能进入血管，产生脂肪栓塞，其后果比气体栓塞更严重)；④ 气压突然降低时，原来溶于血液中的气体析出成气泡。

人体处于高气压环境时，血液中氮和氧的溶解量也随之增加，其溶解量与对应气体的分压成正比。由于氮在血液中不发生化学反应，仍以气体形式溶于血液。如果气压突然降低，将有大量氮和氧以气泡形式从血液中析出。因此，潜水员从深水上浮、患者从高压氧舱中出来时，都应有一个逐渐减压的缓冲过程，否则从血液中析出的气泡一时来不及被吸收，将在血管中产生气体栓塞。气体栓塞现象在微血管中尤为常见。

三、表面活性物质和表面吸附

一种密度较小的液滴Ⅰ浮在另一种密度较大的液体Ⅱ的表面上，如图 3-12 所示。液滴Ⅰ的上表面与空气接触，其表面张力系数为 α_1；它的下表面与液体Ⅱ相接触，其表面张力系数为 α_{12}；液体Ⅱ与空气接触的表面其表面张力系数为 α_2。三个界面汇合处是一个圆周。在这个圆周上作用着三个表面张力 $\boldsymbol{f}_1$、$\boldsymbol{f}_2$ 和 $\boldsymbol{f}_{12}$，它们分别与对应的界面相切。表面张力 $\boldsymbol{f}_1$ 和 $\boldsymbol{f}_{12}$ 有使液滴Ⅰ紧缩的趋势，而表面张力 $\boldsymbol{f}_2$ 有使液滴Ⅰ伸展的趋势。当液滴Ⅰ平衡时，力 $\boldsymbol{f}_1$、$\boldsymbol{f}_2$ 和 $\boldsymbol{f}_{12}$ 三者的矢量和应等于零。根据矢量和为零的三角形法则，显然只有当 $|\boldsymbol{f}_2| < |\boldsymbol{f}_1| + |\boldsymbol{f}_{12}|$ 时，液滴Ⅰ才有可能平衡，而保持液滴的形状。亦即当 $\boldsymbol{f}_1$ 与 $\boldsymbol{f}_{12}$ 间夹角不大时，只有在 $\alpha_2 < \alpha_1 + \alpha_{12}$ 的情况下，液滴Ⅰ才能在液体Ⅱ的表面上保持为液滴形状。

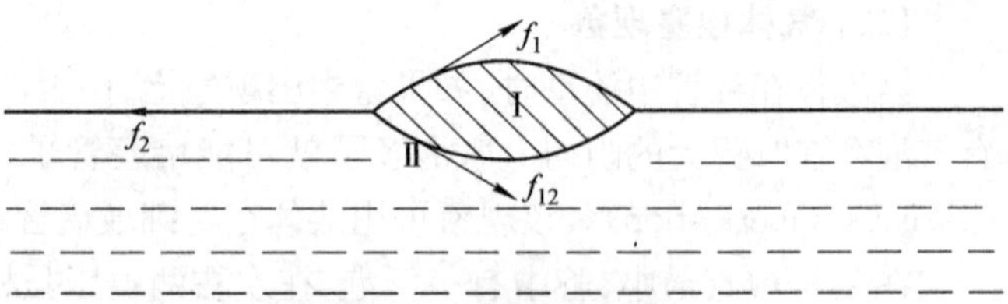

图 3-12 表面吸附现象的解释

如果表面张力系数 α_2 比其他两个表面张力系数 α_1、α_{12} 之和大，即 $\alpha_2 > \alpha_1 + \alpha_{12}$，在这种情况时，$|\boldsymbol{f}_2| > |\boldsymbol{f}_1| + |\boldsymbol{f}_{12}|$，于是液滴Ⅰ将在液体Ⅱ的表面上伸展开成为一薄膜。液体Ⅰ在液体Ⅱ

的表面上伸展成薄膜的现象，称为液体Ⅱ对液体Ⅰ的表面吸附，而把液体Ⅱ称为对液体Ⅰ的**吸附剂**(adsorbent)。一种液体在另一种液体上伸展成薄膜的现象称为**表面吸附**(surface adsorption)。水面上的油膜是日常很容易观察到的表面吸附现象。底层液体表面上有吸附层以后，表面张力系数就降低了。

对于溶液，其表面张力系数通常都与纯溶剂的表面张力系数有差别，有的溶质使溶液的表面张力系数减小，有的溶质则使其增大，前者称为**表面活性物质**(surface active agent)，后者称为**表面非活性物质**(depressant of surface activity)。水的表面活性物质常见的有胆盐、蛋黄素和有机酸、酚、醛、酮、肥皂等。水的表面非活性物质常见的有氯化钠、糖类、淀粉等。表面自由能是一种势能，由于势能有自动减少的趋势，故溶液中表面活性物质的粒子自动地向溶液表面聚集，因而使表面能达到最小值。溶质在表面层中的浓度远大于溶液内部的浓度，形成一个吸附层，这与上面讨论的液体在其他物质上的表面吸附现象极为相似。由于溶质向表面聚集，故很少的表面活性物质就能显著降低表面张力系数，如肥皂水的表面张力系数大约只有纯水的一半。表面活性物质能够使液膜稳定。因为当某处的液膜由于液体流动而变薄时，其中的表面活性物质减少，表面张力随之增加，从而使这里液膜变厚而不至于破裂。

在固体表面上，气体很容易被吸附。当气体接近固体的表面层时，气体分子会黏附在固体的表面上。即便是非常光滑的无孔物体，也有气体吸附，但温度升高，吸附作用减弱。例如，将玻璃片浸入很热的水中，不多久玻璃片上就覆盖了许多细小的气泡，这就是原先吸附在玻璃片上的空气，由于玻璃片温度升高而不能再被吸附，而从表面层释放出来的结果。

被吸附在固体表面上的气体量与固体的表面积成正比。固体在单位表面积吸附着的气体量称为**吸附度**(adsorptivity)。吸附度不但随温度的升高而降低，而且还与气体的压强、固体和气体性质等因素有关。往往多孔性物质的表面积很大，吸附力强，如药用炭的吸附度很大，在低温时尤为显著。医疗中常用一种白色的黏土粉末——白陶土或药用炭给患者服用，用来吸附胃肠中的细菌、色素以及食物分解出来的毒素等有机物质。

固体不但会吸附气体，而且会吸附溶解在液体中的各种物质。常用的净水器，就是让水流经过滤器中不同的多孔物质层滤出后，使水中的有害物质被多孔物质吸附，从而达到净化水的目的。

在自然界中，动植物都是一些非常复杂的物理化学系统，其中存在固、液、气三态共存的界面情况。生物机体内进行的多种物理化学过程都与吸附现象有关，因此，吸附现象在生物体内十分普遍。

第四节 液体的附着层现象

一、浸润现象

前面已经提到，液体表面具有收缩到最小面积的趋势，小液滴似呈球形。但在一水平干净的玻璃板上放一滴水，它不但不缩成球形，反而在玻璃板面上延展成薄层，这种现象称为**浸润现象**(infiltration)。然而，将一滴水银放在干净的玻璃板上，它将缩成球形，且可以在板上任意滚动而不附在板上，这种现象称为**不浸润现象**（non-infiltration）。通常同一种液体能浸润某些固体的表面，但不能浸润另一些固体表面。例如，水能浸润玻璃，但不能浸润石蜡；水银不能浸润玻璃，却能浸润干净的锌板、铜板、铁板，上述现象的主要原因是由液体与固体分子间相互作用所引起。当液体分子间的相互作用力（称为内聚力）小于液体与固体分子间的相互作用力（称为附着力）时，合力指向固体内部，表现为液体浸润固体。当内聚力大于附着力时，其合力指向液体内部，而表现为液体不浸润固体的现象。设固体分子与液体分子间引力的有效作用距离为 l，液体分子间引力的有效距离为 d，在液体与固体接触处有一层液体，其厚度为 d 和 l 中的大者，称为**附着层**（adherence layer）。只有在附着层内液体分子才受到接触面的影响。

下面从能量角度分析浸润和不浸润现象。当附着层内的分子附着力大于内聚力时，分子所受的合力垂直于附着层指向固体，如图 3-13(a)所示。这时分子的势能要比在附着层外（即液体内部）的势能要小，液体分子要尽量挤出附着层，结果使附着层扩展，增加了浸润固体的表面积，从而使液体浸润固体。反之，内聚力大于附着力时，分子受到垂直于附着层指向液体内部的合力，如图 3-13(b)所示。这时要将一个分子从液体内部移动到附着层，必须克服 $f_{合}$ 做功，这意味着附着层内分子的势能比附着层外液体分子的势能大。由于势能总是有减小的倾向，因此，附着层有缩小的趋势，液体不能浸润固体。

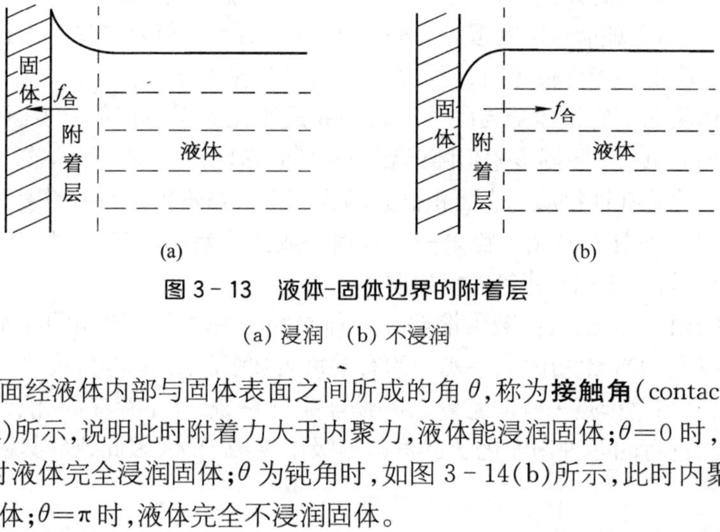

图 3-13 液体-固体边界的附着层

(a) 浸润 (b) 不浸润

液体表面的切面经液体内部与固体表面之间所成的角 θ，称为**接触角**（contact angle）。θ 为锐角时，如图 3-14(a)所示，说明此时附着力大于内聚力，液体能浸润固体；$\theta=0$ 时，液体将延展在全部固体表面上，这时液体完全浸润固体；θ 为钝角时，如图 3-14(b)所示，此时内聚力大于附着力，液体不完全浸润固体；$\theta=\pi$ 时，液体完全不浸润固体。

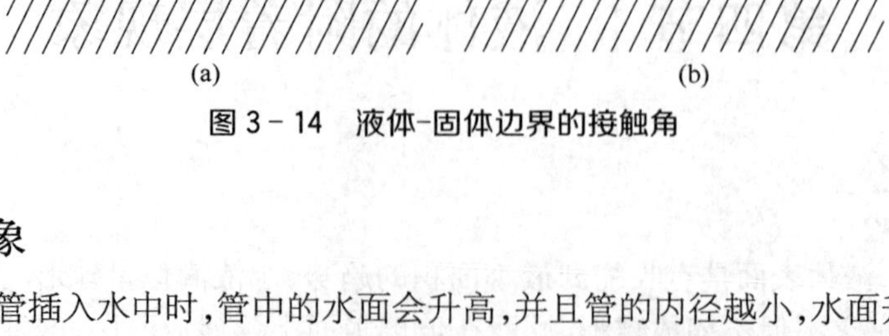

图 3-14 液体-固体边界的接触角

二、毛细现象

将极细的玻璃管插入水中时，管中的水面会升高，并且管的内径越小，水面升得越高。相反，将这些玻璃管插入水银中，管中的水银面会下降，同样，管的内径越小，水银面下降得越低。这种浸润管壁的液体在细管中上升，而不浸润管壁的液体在细管里下降的现象，称为**毛细现象**(capillarity)。

我们先来讨论液体上升(即浸润)情形，如图 3-15(a)所示。毛细管插入液体中时，由于接触角为锐角，液面为凹液面，而弯曲面内外存在一个附加压强，方向指向凹方，使 B 点的压强比液面上方的大气压小，而在水平液面处和 B 点同高的 C 点的压强仍与液面上方的大气压相等。根据流体静力学原理，静止流体同高两点的压强应该相等，因此，液体不能平衡，一定要在管子中上升，直到 B 点和 C 点的压强相等为止。

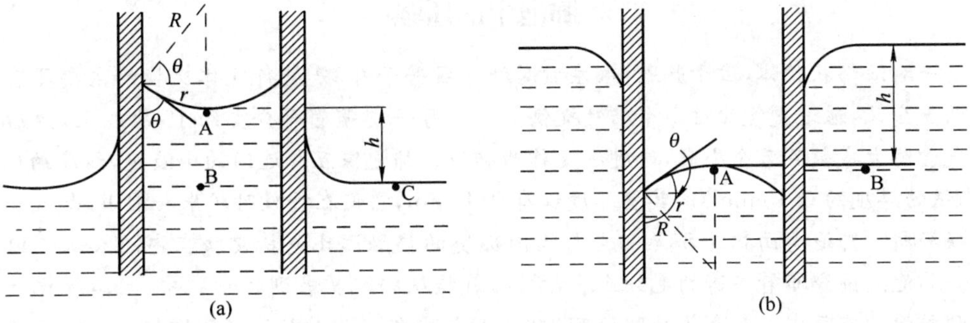

图 3-15　毛细现象

(a) 浸润　(b) 不浸润

设毛细管内截面为圆形，凹液面可以近似看作半径为 R 的球面。若液体表面张力系数为 α，则该弯曲液面产生的附加压强 p_s 的大小为$\dfrac{2\alpha}{R}$，平衡时应等于液柱对应的压强，即

$$\rho g h=\frac{2\alpha}{R}$$

由图 3-15 可见

$$R=\frac{r}{\cos\theta}$$

式中 r 为毛细管半径，θ 为接触角。将上式代入前式，得

$$h=\frac{2\alpha\cos\theta}{\rho g r} \tag{3-21}$$

式(3-21)说明毛细管中液面上升的高度与表面张力系数成正比，与毛细管的半径成反比。因此，管子越细，液面上升就越高。这一关系式可以用来测定液体的表面张力系数。当要求不严格时，可认为 θ 角为 0，即完全浸润，这样，式(3-21)变为

$$h=\frac{2\alpha}{\rho g r} \tag{3-22}$$

在液体不浸润管壁的情形下，如图 3-15(b)所示。管中液面为凸液面，附加压强是正的，因此液面要下降一段距离 h，直到同高的 A、B 两点压强相等为止。同理可以证明式(3-21)仍适用，此时由于接触角是钝角，从式(3-21)中算出的 h 是负的，表示管中液体不是上升，而是下降。

毛细现象在生物学和生理学中有很大作用，植物和动物内大部分组织都是以各种各样的管道

$$\bar{e}_k = \bar{e} = \frac{3}{2}kT$$

对于刚性双原子分子,因为 $t=3$, $r=2$, $s=0$, 故分子的平均总动能 $\bar{e}_k$ 和平均总能量 $\bar{e}$ 为

$$\bar{e}_k = \bar{e} = \frac{5}{2}kT$$

对于非刚性双原子分子, $t=3$, $r=2$, $s=1$, 故分子的平均总动能 $\bar{e}_k$ 和平均总能量 $\bar{e}$ 分别为

$$\bar{e}_k = \frac{6}{2}kT,\ \bar{e} = \frac{7}{2}kT$$

对于三原子和三原子以上刚性分子, $t=3$, $r=3$, $s=0$, 则分子的平均总动能 $\bar{e}_k$ 和平均总能量 $\bar{e}$ 为

$$\bar{e}_k = \bar{e} = \frac{6}{2}kT$$

对于三原子或三原子以上非刚性分子,因为 $t=3$, $r=3$, s 各不相同,故分子的平均总动能 $\bar{e}_k$ 和平均总能量 $\bar{e}$ 也各不相同。

分子是否有平动、转动和振动,常因气体温度而定。如氢分子,在低温时只可能有平动,在室温时可能有平动和转动,只有在高温时才可能有平动、转动和振动。但氯分子,在室温时已可能有平动、转动和振动。

为简便起见,在本书中,凡无特殊说明,将气体分子均视为刚性的,即只有平动自由度和转动自由度,并用符号 i 表示平动自由度 t 和转动自由度 r 之和。于是,一个分子的平均总动能和平均总能量为

$$\bar{e}_k = \bar{e} = \frac{i}{2}kT \tag{3-11}$$

三、理想气体的内能

由于气体分子与分子之间存在相互作用力,故气体分子间存在势能。气体分子的各种形式的动能和势能之和称为气体的**内能**(internal energy),其中各种形式的势能包括分子内原子间的势能和分子与分子之间的势能,所以,理想气体的内能是所有分子各种形式的动能和分子内原子间的势能之和。应当注意,内能与机械能不同,地球表面物体的机械能可以等于零,但物体内部分子仍然在运动着和相互作用着,内能永远不会等于零。

因为分子总的平均能量是 $\frac{i}{2}kT$, 1 mol 理想气体有 N_A 个分子,故 1 mol 理想气体的内能为

$$E_{mol} = N_A\left(\frac{i}{2}kT\right) = \frac{i}{2}RT \tag{3-12}$$

设气体的摩尔质量为 μ,则质量为 M 的理想气体的内能为

$$E = \frac{M}{\mu}\frac{i}{2}RT \tag{3-13}$$

由此可知，一定质量的某种理想气体的内能完全决定于气体的热力学温度 T，故有时也将“理想气体的内能是温度的单值函数”这一性质作为理想气体的另一定义。当一定质量的某种理想气体在不同状态变化过程中，只要温度的变化量相同，则它们的内能变化量也相同。

应该指出，对于非刚性分子，质量为 M 的理想气体的内能则应由式(3-14)决定

$$E=\frac{M}{\mu}\frac{1}{2}(t+r+2s)RT \tag{3-14}$$

例 3-2 在室温 27℃时，求：(1) 一个氧分子和一个氮分子的平均动能 $\bar{e}_k$ 以及一个氧分子和一个氮分子的平均能量 $\bar{e}$；(2) 1 mol 氧气的内能 $(E_{mol})_{O_2}$ 和 1 mol 氮气的内能 $(E_{mol})_{N_2}$；(3) 1 g 氧气的内能 E_{O_2} 和 1 g 氮气的内能 E_{N_2}。

解 因为在室温下，氧气和氮气可视为刚性分子理想气体，它们都是双原子分子，总自由度 $i=t+r=5$，一个氧分子和一个氮分子的平均动能和平均能量相等，1 mol 氧气和 1 mol 氮气的内能也相等，所以

(1) 一个氧分子和一个氮分子的平均动能 $\bar{e}_k$ 以及一个氧分子和一个氮分子的平均能量 $\bar{e}$ 是

$$\bar{e}_k=\bar{e}=\frac{i}{2}kT=\frac{5}{2}\times 1.38\times 10^{-23}\times 300=1.04\times 10^{-20}\ \mathrm{J}$$

(2) 1 mol 氧气的内能 $(E_{mol})_{O_2}$ 和 1 mol 氮气的内能 $(E_{mol})_{N_2}$ 是

$$(E_{mol})_{O_2}=(E_{mol})_{N_2}=\frac{i}{2}RT=\frac{5}{2}\times 8.31\times 300=6.23\times 10^{3}\ \mathrm{J}$$

(3) 1 g 氧气的内能 E_{O_2} 和 1 g 氮气的内能 E_{N_2} 分别是

$$E_{O_2}=\frac{M}{\mu}(E_{mol})_{O_2}=\frac{1}{32}\times 6.23\times 10^{3}=1.9\times 10^{2}\ \mathrm{J}$$

$$E_{N_2}=\frac{M}{\mu}(E_{mol})_{N_2}=\frac{1}{28}\times 6.23\times 10^{3}=2.2\times 10^{2}\ \mathrm{J}$$

第三节 液体的表面现象

本节主要讨论液体表面现象形成过程的基本原理以及与生命过程密切相关的几种液体表面现象。

一、表面张力　表面能

(一) 表面张力

自然界中很多现象表明，液体表面如同一张拉紧了的弹性薄膜，具有收缩趋势。例如，将钢针轻轻放在水面上，它不会下沉，而是仅仅将液面压下，略见凹陷；液滴总是先形成液球，然后一滴滴

地滴下。

任何一个小单元液体如果忽略其重力作用，将形成球状。诸如荷叶上的小水珠、玻璃片上的小水银珠，以及经纳米技术处理过的织物表面上的油滴等。因为体积相同的情况下，球形的表面积最小，故液体表面具有收缩到最小表面积的趋势。这种存在液体表面内沿表面切向而使液面具有收缩趋势的力，称为**表面张力**(surface tension)。表面张力类似于固体内部的拉伸应力，只不过这种应力存在于极薄的表面层内，而且不是由于弹性形变所引起，是表面层内分子作用的结果。

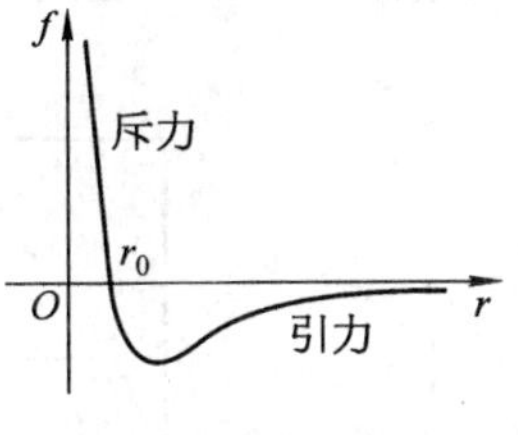

图 3-3　分子之间作用力的特性

这个结论可以从分子间的相互作用力得到进一步解释。组成物质的分子与分子之间存在着吸引力和排斥力，吸引力和排斥力的大小随分子之间距离而变化。如图 3-3 所示，当两个分子之间距离 $r < r_0$ 时，合力表现为斥力；当 $r = r_0$ 时，引力与斥力相等，合力为零；当 $r > r_0$ 时，合力表现为引力，随着 r 的逐渐变大，引力快速趋近于零。

上面所述的只限于两个分子之间相互作用力，对于大量分子中的某个分子来说，离开它距离大于 10^{-9} m 的分子对它作用力可视为零。因此，以这个分子为中心，以 10^{-9} m 为半径做一个球面，只有在这个球面内，其他分子对它才有力的作用，这个球面就是分子力的作用范围，称为**分子作用球**(molecular sphere of action)，其半径称为**分子作用半径**(acting radius of molecule)。

液面下厚度约等于分子作用半径的一层液体，称为**液体的表面层**(surface layer)。表面层内的分子，一方面受到液体内部分子的作用，另一方面受到外部气体分子的作用。由于气体的密度远比液体的小，通常可把气体分子的作用忽略不计。这样，表面层内的分子受到邻近各分子作用力的合力表现为一个垂直于液面、指向液体内部的引力，如图 3-4 所示的 A、B 分子。显然，引力 F_A 小于引力 F_B。图中的 h 为表面层厚度，它等于分子作用半径。而在液体内部，由于各个分子受到周围其他分子的作用力对称分布，因此合力为零，如图 3-4 所示的 C 分子。

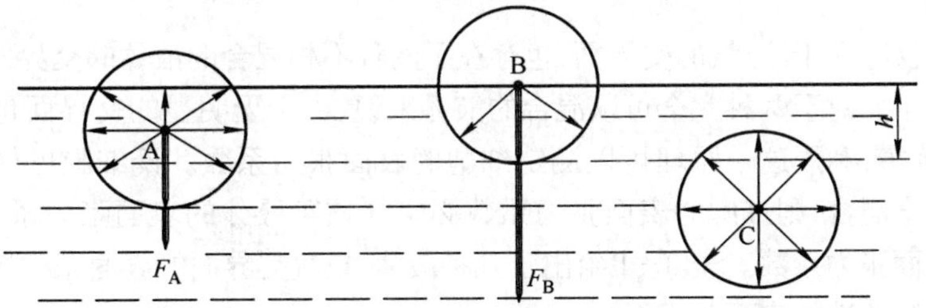

图 3-4　液体分子受力情况

液体表面层内，所有分子均受到一个指向液体内部的作用力，故而总效果是使得液体表面处于一种特殊的拉紧状态，如同一张张紧的弹性膜。

图 3-5 中的长方框所围的液体表面。设想此表面上有一条分界线 MN，将液面分为Ⅰ和Ⅱ两部分，设Ⅰ部分吸引Ⅱ部分分子的力为 $\boldsymbol{f}_1$，Ⅱ部分吸引Ⅰ部分分子的力为 $\boldsymbol{f}_2$。$\boldsymbol{f}_1$ 和 $\boldsymbol{f}_2$ 大小相等，方向相反，并与分界线 MN 垂直。这就是液面上相接触两部分表面相互作用的**表面张力**(surface tension)。

(二) 表面张力系数

表面张力的大小可以通过表面张力系数来描述。设想图 3-5 中的线段 MN 长为 L，由于线段 MN 上每点都受力，因此线段 MN 越长，Ⅰ、Ⅱ两部分间相互作用力就越大，也就是表面张力越大。

实验表明，表面张力 f 作用在表面任意分界线的两侧，其方向沿着液体表面切向方向，并与分界线垂直；其大小与分界线长度 L 成正比，即

$$f=\alpha L \tag{3-15}$$

式(3－15)中 α 称为**表面张力系数**(coefficient of surface tension)。在数值上，表面张力系数等于沿液体表面垂直作用于单位长度上的张力，单位是牛顿·米$^{-1}$($N\cdot m^{-1}$)。

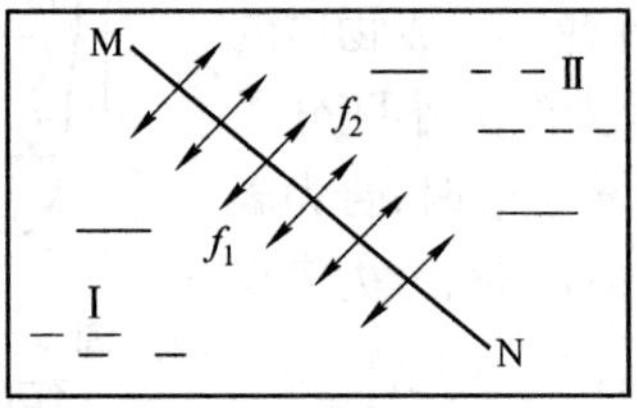

图 3－5 表面张力

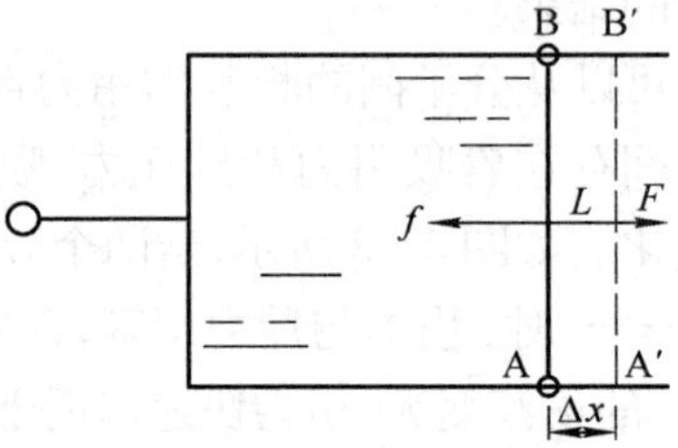

图 3－6 表面张力与表面能的关系

液体的表面张力系数可用简便的方法得到。如图 3－6 有一长方形金属框，AB 边可在框上自由滑动，在框上浸上一层液膜(如肥皂液膜)，由于液膜收缩，AB 边将向左滑动。若在 AB 边上向右加上力 F，可使 AB 边保持平衡，很明显可以得出

$$F=2\alpha L$$

L 为 AB 边长，α 为液体表面张力系数，系数 2 是由于液膜具有上下两个表面的缘故。所以，测得 L 和 F 的值，即可得到 α 的数值。

液体的表面张力系数随液体的性质不同而不等，还与温度有关。温度越高，则表面张力系数越小。当然在同一温度下，液体种类不同则表面张力系数也不同。此外，表面张力系数值还与液体的纯净程度有关。

表面张力不仅存在于液-气的交界面，也存在于两种不相混合的液体的交界面上，但比液-气交界面的表面张力小。对于两种完全可以混合的液体来说，由于无明显的交界面也就无表面张力可言，即表面张力为零，利用这一原理可以测定细胞的表面张力系数。设细胞可与某种已知表面张力系数的液体完全混合，则细胞的表面张力系数必定与该种液体的表面张力系数相同，或者说就是已知液体的表面张力系数。表 3－1 给出了几种液体-空气交界面的表面张力系数，表 3－2 给出了不同温度下水和乙醇的表面张力系数。

表 3－1 几种液体-空气交界面的表面张力系数(20℃)

液 体	$\alpha(\times10^{-2}\ N\cdot m^{-1})$	液 体	$\alpha(\times10^{-2}\ N\cdot m^{-1})$
水	7.3	皂 液	2.0
乙 醚	1.7	胆 汁	4.8
苯	2.9	血 浆	6.0
汞	49.0	牛 奶	5.0
乙 醇	2.2	尿(正常人)	6.6
甘 油	6.5	尿(黄疸患者)	5.5

连通起来吸收水分和养分的。常见的土壤吸水、灯芯吸油等都是毛细现象，将棉花脱脂的目的是使原来不能被水浸润的棉花变成能被水浸润的脱脂棉花，以便能吸附各种液体。

拓展阅读

肺泡中的压强

肺是一对海绵状物体，位于胸腔内，左右两肺分成若干叶，是进行气体交换的主要器官。气管被分成两支分叉，通过支气管对每个肺叶提供空气。每一支气管再分支约 15 次以上，最后通过终末细支气管膨大成数百万个小囊，这种小囊称为肺泡。肺泡像互相连通的小液泡，线度约 0.20 mm（而一张纸的厚度约 0.10 mm）。其壁厚度仅有 0.40 μm，它们在呼吸时扩张和缩小，是氧和二氧化碳的交换场所。肺泡总面积约 80 m^2，它与周围环境的接触远比包括皮肤在内的人体任何部位都广。每一肺泡周围分布着丰富的毛细血管，所以，氧能从肺泡扩散到红细胞中，且二氧化碳能从血液扩散到肺泡的空气中。新生儿的肺约有 3 000 万个肺泡，8 岁时肺泡数已增加至 3 亿，8 岁以后肺泡数相对稳定，但其直径增大。成人每分钟呼吸约 6 L 空气（此值也是心脏每分钟搏出的血液容积）。男子静止时每分钟呼吸 12 次，女子 20 次，婴儿 60 次。吸入空气中大约有 80%的氮和 20%的氧，呼出的空气有 80%的氮、16%的氧和 4%的二氧化碳，每日约呼吸 10 kg 的空气。

从物理学角度，肺泡可看成是相互连通、表面具有一层液体分子层的微小气囊。由于其液层的表面张力，它们具有变成较小形状的自然趋势。然而，存在于这个液层中的表面活性物质，在调节表面张力、维持肺正常功能方面起着关键作用。人在呼吸时，要让空气进入肺泡，必须使肺泡中的压强低于周围大气压 400 Pa（约 −3 mmHg）的量。通常胸膜腔的压强约低于大气压 530 Pa（约 −4 mmHg），比肺泡的压强低 130 Pa（约 −1 mmHg）。正常吸气时，由于膈肌下降和胸腔扩张，可以形成 −1 330～−1 200 Pa（−10～−9 mmHg）的负压。这虽然看起来可以使肺泡扩张，进行吸气。但肺泡内表面覆盖着一层黏液，其表面张力系数为 0.05 $N \cdot m^{-1}$，如果将肺泡看作半径为 5×10^{-5} m 的球体，表面要产生一个附加压强，肺泡内外的压强差为

$$p_s = \frac{2\alpha}{R} = \frac{2 \times 0.05}{5 \times 10^{-5}} = 2\,000 \text{ Pa}$$

这样膈肌下降和胸腔扩张所形成 −1 330～−1 200 Pa（−10～−9 mmHg）的负压，不足以克服该附加压强以达到正常吸气。然而，实际上肺泡的呼吸仍能正常进行。原因是肺泡膜的上皮细胞分泌一种磷脂类的表面活性物质，它可以使肺泡的表面张力下降至原来的 $\frac{1}{15}$～$\frac{1}{7}$，并且各肺泡的表面活性物质总量不变。肺泡的大小发生变化时，表面活性物质的浓度随之改变，因而表面活性物质起着调节表面张力大小的作用。

人的肺泡总数约有 3 亿个，各肺泡大小不一，有的肺泡两者相通。若表面张力系数相等，小肺泡内的压强大于大肺泡内的压强，小肺泡内的气体就可能流向大肺泡，使小肺泡趋于萎缩而大肺泡趋于膨胀。这里也是表面活性物质起了重要的调节大、小肺泡表面张力系数的作用，稳定了大、小肺泡中的压强，使小肺泡不至于萎缩，大肺泡不至于膨胀。不然，很多肺泡因大小不等而无法稳

定。在某些新生儿，特别是早产儿的肺中，缺少表面活性物质是引起自发呼吸困难综合征(RDS)的原因。这类疾病每年造成成千上万婴儿的死亡，它所引起婴儿的死亡比其他任何疾病都多。

胎儿的肺泡为黏液所覆盖并且是萎陷的。临产时，虽然肺泡表面分泌表面活性物质，以降低黏液表面张力，但出生第一次呼吸仍需超过平常10～15倍的力量来克服肺泡的表面张力，这种力量是从新生儿大声哭啼的剧烈动作而获得的。

思考题

3-1　对于一定量的某种理想气体，当温度不变时，气体的压强随体积的减小而增大(玻-马定律)；当体积不变时，压强随温度的升高而增大(查理定律)。从宏观来看，这两种变化同样使压强增大。从微观(分子运动)来看，它们有什么区别？

3-2　两瓶不同的气体，设分子平均平动动能相同，但气体的密度不同，问它们的温度是否相同？压强是否相同？为什么？

3-3　有大小不同的两个肥皂泡，半径分别为 R 和 r，它们用带有阀门的玻璃管连通。当阀门打开时，大小不同的两个肥皂泡有什么变化？变到什么情况为止？

3-4　将毛细管插入液体，在什么条件下管中液面上升？在什么条件下管中液面下降？上升或下降的高度由哪些因素决定？

3-5　潜水员从深水处上浮时，为什么要控制上浮速度？

习题

3-1　假设开有小口的容器其容积为 V，其中充满双原子分子的气体，气体的温度为 T_1，压强为 p_0，再将气体加热到较高温度 T_2 的过程中，容器开口使气压恒定，试证明在 T_1 和 T_2 时，容器内气体的内能相等。

3-2　在温度为 T 的平衡态时，求：(1) 1 mol 单原子分子、刚性双原子分子理想气体热运动的平动动能、转动动能、总动能以及它们的内能；(2) 1 mol 非刚性双原子分子理想气体热运动的平动动能、转动动能、总动能以及它们的内能。

3-3　储有氧气的容器以 $u=50\ \mathrm{m\cdot s^{-1}}$ 的速度运动着。当容器突然停止运动，并假设氧气随容器的定向运动能量全部转变成无规则热运动能量，试求氧气的温度升高多少？

3-4　毛细管的半径为 2×10^{-4} m，将它插入试管中的血液里。如果接触角为零度，求血液在毛细管中上升的高度(血液的密度 $\rho=1\,050\ \mathrm{kg\cdot m^{-3}}$，表面张力系数 $\alpha=5.8\times10^{-2}\ \mathrm{N\cdot m^{-1}}$)。

3-5　求半径为 2×10^{-3} mm 的许多小水滴融合成一个半径为 2 mm 的大水滴时释放的能量。(水的表面张力系数 $\alpha=7.0\times10^{-2}\ \mathrm{N\cdot m^{-1}}$)

3-6　设液体中的压强为 $p=1.1\times10^{5}$ Pa，表面张力系数为 $\alpha=6\times10^{-2}\ \mathrm{N\cdot m^{-1}}$，问在液体中生成的，半径为 $r=5\times10^{-7}$ m 的气泡中压强是多大？

3-7　表面张力系数为 $7.27\times10^{-2}\ \mathrm{N\cdot m^{-1}}$ 的水($\rho_1=999\ \mathrm{kg\cdot m^{-3}}$)，在毛细管中上升 2.5 cm，丙酮($\rho_2=792\ \mathrm{kg\cdot m^{-3}}$)在同样的毛细管中上升 1.4 cm，假设两者都完全浸润毛细管，求丙

酮的表面张力系数是多大?

3-8 将两根U形管竖直放置并注入一些水,设它们的内直径分别为1 mm和0.1 mm,假设水完全浸润U形管,求两竖管中水面的高度差(水的表面张力系数为$\alpha=7.0\times10^{-2}\ \mathrm{N\cdot m^{-1}}$)。

3-9 试求把一个表面张力系数为α的肥皂泡,由半径为r吹成半径为$2r$的过程中所做的功。

3-10 将半径为1.0×10^{-2} mm的毛细管插入表面张力系数为$7.2\times10^{-2}\ \mathrm{N\cdot m^{-1}}$的水中。设接触角为零度,求水在管中上升的高度。如果毛细管的长度只有1.0 m,水是否会从毛细管的上端溢出?为什么?

第四章　热力学基础

导学

本章主要介绍热力学的基本概念、热力学第一定律和热力学第二定律、熵和熵增加原理等内容。

1. 掌握　内能、热量、功等的基本概念；热力学第一定律、热力学第二定律及其应用。

2. 理解　卡诺循环、热机效率。

3. 了解　熵和熵增加原理。

第一节　热力学的一些基本概念

一、热力学系统

在热学中，一般的研究对象都是一些相对较大的、能为我们感官所察觉的物体，这些物体称为**热力学系统**(thermodynamic system)或简称系统。系统以外的物体统称为**外界**(surrounding)。例如，研究气缸内气体的体积、压强等变化时，气体就是系统，而气缸壁、活塞等其他部分以及大气等都是外界(图 4-1)。

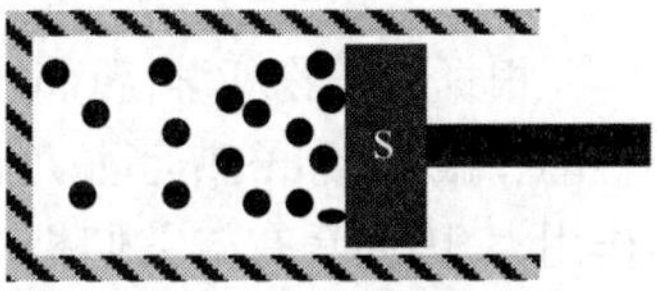

图 4-1　系统和外界

二、平衡态

若热力学系统与外界既无物质交换，也无能量交换，系统内部也不发生化学反应或核反应等过程，则经过足够长时间后，系统可观测的宏观性质达到稳定，不再随时间而变化，系统的这种状态称为**平衡态**(equilibrium state)。反之，称为**非平衡态**(non-equilibrium state)。平衡态只是一种宏观上的寂静状态，在微观上系统并不是静止不变的。在平衡态下，组成系统的大量分子还在不停地运动着，只不过其总的效果不随时间变化罢了。因此，从微观统计的角度我们应该把平衡态理解为**动态平衡**(dynamic equilibrium)。

热力学系统通常用一组宏观参量来描述它的状态，这些参量称为**状态参量**(state parameter)。当系统处于某一平衡状态时，系统不论是气体、液体还是固体，它们的压强、温度、体积等参量都有一定的数值，我们就说该系统处于一定的状态。可见，系统的状态与参量之间存在着对应的关系，也就是存在着一定的函数关系，这种函数称为系统的**状态函数**(state function)。如在一定体积内单一成分的气体，在平衡态下，如果忽略重力的影响，其压强、温度是处处相等的。因此，就可以用体积 V、压强 p 和温度 T 来描述它的状态。实验结果表明，对一定的系统，在平衡态下，它的状态参量满足一定的关系。

三、准静态平衡过程

热力学系统从一平衡态到另一平衡态的转变过程称为**热力学过程**(thermodynamic process)。设系统由某一平衡态开始变化，状态的变化必然要破坏平衡，原来的平衡态被破坏需要经过一段时间才能达到新的平衡态。于是，在这个热力学过程中系统必然要经历一系列非平衡态。由于非平衡态不断发生宏观变化，很难用确定的状态参量来表示其状态。因此，我们假定这样一个理想的过程，其状态的变化过程进行得足够缓慢而使系统在变化过程中每时每刻都处在非常接近于平衡态的一种状态——**准平衡态**(quasi-equilibrium state)，即系统状态的变化近似地由许多无限接近的平衡态组成，以使系统在每时每刻都有确定的状态参量，这样的过程称为**准静态平衡过程**(quasi-static equilibrium process)，简称准静态过程。

准静态过程是一个无限缓慢的理想化过程，实际过程都是在有限时间内进行的，不可能是无限缓慢的。理想的准静态过程可以认为是实际过程的近似，除特别注明外，本章讨论的过程均指准静态过程。

第二节 热力学第一定律

一、内能 热量 功

根据分子物理学，我们知道组成气体的分子是在不停地运动着，分子热运动包括分子的平动、转动和振动，分子热运动动能就是这些运动动能的总和。除此以外，由于物质中分子间存在相互作用力，因而具有与它们相对位置有关的势能。物体或系统内分子的各种运动动能与势能的总和，称为物体或系统的**内能**(internal energy)，一般用 E 表示，单位为焦耳(J)。对于理想气体来说，由于不考虑分子力，它的内能就等于分子的动能。因此，理想气体的内能仅是温度的函数，即 $E=E(T)$。一般气体除气体分子具有动能外，还有与分子间保守力相联系的分子势能，它的内能是所有分子热运动的功能与分子势能的总和，是温度和体积的函数，即 $E=E(T, V)$。

外界对系统做功或传递热量，都可以使系统的状态发生变化。例如，要使一壶水升高一定的温度，可以把它放在炉火上通过热传递的方式，可以通过对水进行搅拌的方式，也可以用热传递和搅拌同时进行的方式，三种方式都可以达到升温的目的。这说明了热传递和做功两种方式的等效性。

功是能量改变的量度，是不同运动形式能量转化的一种方式，只有在能量变化的过程中才会出现。也就是说，功只有在系统与外界发生能量交换并伴有位移或相当于位移的宏观变化时才发生。

我们以气体膨胀对外做功来说明。图 4-2 为一充满气体的气缸，缸内压强为 p，气缸活塞的面积为 S，气体膨胀推动活塞无摩擦地缓慢移动，设其位移为 $\mathrm{d}l$，在此过程中气体所做功为

$$\mathrm{d}A = F\mathrm{d}l = pS\mathrm{d}l = p\mathrm{d}V \tag{4-1}$$

因此，在准静态过程中，若气体体积从 V_1 变化到 V_2 时，气体推动活塞所做的功为

$$A = \int \mathrm{d}A = \int_{V_1}^{V_2} p\mathrm{d}V \tag{4-2}$$

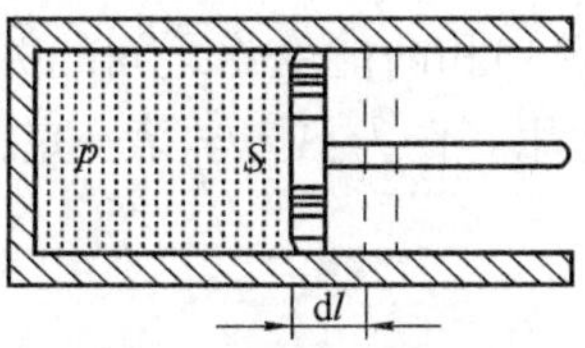

图 4-2　气体推动活塞做功

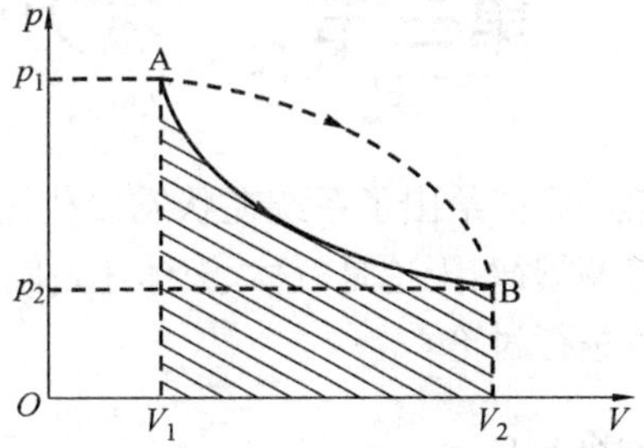

图 4-3　气体膨胀做功

以 p 为纵坐标，V 为横坐标画 $p-V$ 图，如图 4-3 中实线 AB 所示，即为准静态曲线，在实线 AB 所表示的过程中，总功 A 在数值上等于曲线 AB 和横轴所围的面积。如果热力学系统由状态 A 变化到状态 B 是通过虚线 AB 表示的过程进行的，那么，此过程系统所做的功在数值上应等于虚线 AB 和横轴所围的面积。很显然，这两个面积不相等。可见，在给定初态和终态的情况下，不可能确定功的数值，因此做功与过程有关。

两个温度不同的物体相互接触达到热平衡过程中，一定有能量从高温物体传向了低温物体，这种传递能量的方式称为**热传递**(heat transfer)，传递的能量称为**热量**(heat)，通常用符号 Q 表示。例如，把冷水倒进热水中，热水的温度降低，表明内能减少；冷水的温度升高，表明内能增加，混合过程中热量得到了传递。

总之，内能是系统状态的单值函数，是状态量；功与热量则不属于任何系统，是系统状态变化过程中出现的物理量，是过程量，其值与过程有关。做功是系统通过与外界物体发生宏观的相对位移来完成的，从而改变系统的内能；而传热是通过微观分子的相互作用完成的。

二、热力学第一定律

综上所述，设在某一热力学过程中，系统从外界吸收的热量为 Q，它对外界做的功为 A，系统内能由初始平衡态的 E_1 改变为终了平衡态的 E_2。由于能量的传递和转换服从守恒定律，所以应该有

$$Q = E_2 - E_1 + A \tag{4-3}$$

又

$$\Delta E = E_2 - E_1 \tag{4-4}$$

则

$$Q = \Delta E + A \tag{4-5}$$

式(4-5)表明，**系统从外界吸收的热量，一部分使系统的内能增加，另一部分使系统对外界做**

功,这就是**热力学第一定律**(first law of thermodynamics)。式(4-5)是热力学第一定律的数学表达式。

为了便于应用热力学第一定律,特做如下规定:系统从外界吸收热量时 Q 为正值,系统向外界放出热量时 Q 为负值;系统对外做功时 A 取正值,外界对系统做功时 A 取负值;系统内能增加时 ΔE 为正值,系统内能减少时 ΔE 为负值。热力学第一定律就是包括热现象在内的能量守恒定律。

第三节 热力学第一定律的应用

热力学第一定律给出了系统在状态变化过程中,传热、做功和内能变化之间的关系。这是自然界的一条普遍规律,无论是气体、液体还是固体系统都能适用。作为热力学第一定律的应用,以下对理想气体进行讨论。

一、等容过程

系统的体积始终不变的过程称为等容过程。例如,对一气缸的气体加热,活塞固定不动,使气体温度升高,压强增大,这就是一个等容过程。在这个过程中,由于体积不变,$dV=0$,气体对外所做的功为零,即 $A=0$,因此,热力学第一定律可写成

$$Q=\Delta E \tag{4-6}$$

即系统从外界吸收的热量全部用来增加系统的内能。如果系统在等容过程中放热,则放出的热量等于系统内能的减少。等容过程的 $p-V$ 曲线如图 4-4 所示,设系统初、终两态的温度分别为 T_1 和 T_2,由第三章内容,我们可知理想气体的内能增量为

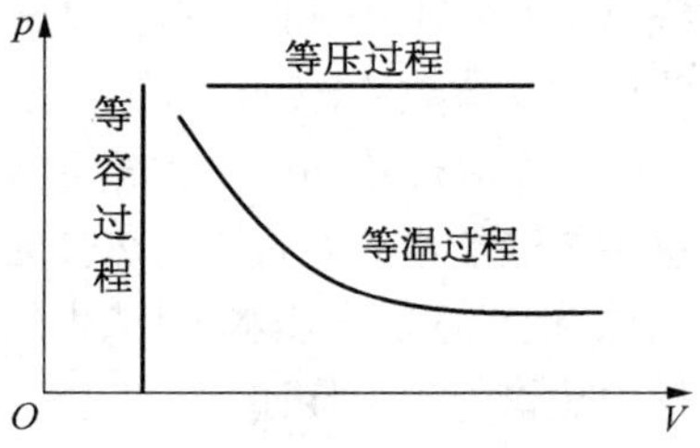

图 4-4 理想气体的等容、等压和等温过程

$$\Delta E=\frac{M}{\mu}\frac{i}{2}R(T_2-T_1) \tag{4-7}$$

式(4-7)中,$i=t+r+2s$,R 为普适气体常数。

1 mol 气体在等容过程中温度升高或降低 1 K 时所吸收或放出的热量,称为**定容摩尔热容**(molar heat capacity at constant volume),记作 C_V,单位为焦耳·摩尔$^{-1}$·开$^{-1}$($J \cdot mol^{-1} \cdot K^{-1}$)。因此,在等容过程中,系统从外界所吸收的热量可以表示为

$$Q=\frac{M}{\mu}C_V(T_2-T_1) \tag{4-8}$$

对比式(4-7)得

$$C_V=\frac{i}{2}R \tag{4-9}$$

二、等压过程

压强始终不变(p 为恒量，$dp=0$)的过程称为等压过程。等压过程的 $p-V$ 曲线如图 4-4 所示，系统所做的功为

$$A=\int_{V_1}^{V_2}p\mathrm{d}V=p(V_2-V_1) \tag{4-10}$$

所以热力学第一定律表示为

$$Q=\Delta E+p(V_2-V_1) \tag{4-11}$$

对于等压膨胀过程，$V_2>V_1$，$A>0$，系统对外做正功。故等压膨胀过程中，系统吸收的热量一部分用于增加系统的内能，另一部分则转化为对外界所做的功。

1 mol 气体在等压过程中温度升高或降低 1 K 时所吸收或放出的热量，称为**定压摩尔热容**(molar heat capacity at constant pressure)，记作 C_p。那么，等压过程中，系统所吸收的热量可写为

$$Q=\frac{M}{\mu}C_p(T_2-T_1) \tag{4-12}$$

由理想气体状态方程 $pV=\dfrac{M}{\mu}RT$，在等压过程中，$p_1=p_2$，所以

$$A=p(V_2-V_1)=pV_2-pV_1=\frac{M}{\mu}R(T_2-T_1)$$

又

$$\Delta E=\frac{M}{\mu}\frac{i}{2}R(T_2-T_1)$$

由热力学第一定律

$$\frac{M}{\mu}C_p(T_2-T_1)=\frac{M}{\mu}\frac{i}{2}R(T_2-T_1)+\frac{M}{\mu}R(T_2-T_1)$$

所以

$$C_p=\frac{i}{2}R+R=C_V+R \tag{4-13}$$

式(4-13)称为**迈耶(Mayer)公式**。它说明理想气体的定压摩尔热容比定容摩尔热容恒大一常量 $R=8.31\ \mathrm{J\cdot mol^{-1}\cdot K^{-1}}$。也就是说，在等压过程中，温度升高 1 K 时，1 mol 的理想气体要多吸收 8.31 J 的热量，用来转化为膨胀时对外所做的功。

在实际应用中，常用到 C_p 与 C_V 的比值，这个比值通常用 $\gamma\left(\gamma=\dfrac{C_p}{C_V}\right)$ 表示，称为摩尔热容比，也称**比热比**(ratio of specific heat)。

三、等温过程

系统在整个变化过程中，温度始终保持不变，这样的过程称为等温过程。等温过程中系统的温度 T 为常数，即 $\Delta T=0$。由此可知，理想气体的内能不变，即在等温过程中 $\Delta E=0$，气体吸收的热量全部用来做功。由理想气体的状态方程可知压强与体积的关系为

$$p=\frac{M}{\mu}\frac{RT}{V}$$

等温过程的 $p-V$ 曲线如图 4-4 所示。

设气体的初状态为 (p_1, V_1, T)，末状态为 (p_2, V_2, T)，等温线和横轴所围的面积为气体所做的总功，则

$$A=\int \mathrm{d}A=\int_{V_1}^{V_2}\frac{M}{\mu}RT\frac{\mathrm{d}V}{V}=\frac{M}{\mu}RT\ln\frac{V_2}{V_1}=\frac{M}{\mu}RT\ln\frac{p_1}{p_2} \tag{4-14}$$

等温过程中 $Q=A$，由以上结果可得，当 $V_2>V_1$ 时，即等温膨胀，$Q=A>0$，系统从外界吸热，系统对外界做功；反之，当 $V_2<V_1$ 时，即等温压缩，$Q=A<0$，外界对系统做功，系统向外界放热。

四、绝热过程

系统与外界无热量交换的过程，称为绝热过程，即 $Q=0$。根据热力学第一定律

$$\Delta E=-A$$

可见，在绝热过程中系统对外界所做的功完全取自系统本身的内能。若气体膨胀，系统对外界做功，内能减少，温度降低；若气体压缩，外界对气体做功，内能增加，温度升高。

将热力学第一定律写成微分式为

$$\mathrm{d}Q=\mathrm{d}A+\mathrm{d}E$$

由式(4-7)知

$$\mathrm{d}E=\frac{M}{\mu}C_V\mathrm{d}T$$

绝热过程中，$\mathrm{d}Q=0$，$\mathrm{d}A=-\mathrm{d}E$ 即

$$p\mathrm{d}V=-\frac{M}{\mu}C_V\mathrm{d}T \tag{4-15}$$

对理想气体状态方程 $pV=\frac{M}{\mu}RT$ 两边取微分，则

$$p\mathrm{d}V+V\mathrm{d}p=\frac{M}{\mu}R\mathrm{d}T \tag{4-16}$$

将式(4-15)和式(4-16)联立

$$p\mathrm{d}V+V\mathrm{d}p=-\frac{Rp\mathrm{d}V}{C_V}$$

根据迈耶公式 $C_p=C_V+R$，整理得

$$C_p\,p\mathrm{d}V+C_V\,V\mathrm{d}p=0$$

由式 $\gamma=\dfrac{C_p}{C_V}$，则

$$\frac{\mathrm{d}p}{p}+\gamma\frac{\mathrm{d}V}{V}=0$$

将上式积分，通过数学变换可得

$$pV^{\gamma}=\text{常量} \tag{4-17}$$

式(4－17)是理想气体在准静态绝热过程中压强与体积变换的关系式，称为**泊松(Poisson)公式**。根据此式，在 p-V 图上画出理想气体绝热过程所对应的曲线，称为**绝热线**(adiabat)，如图 4－5 所示。

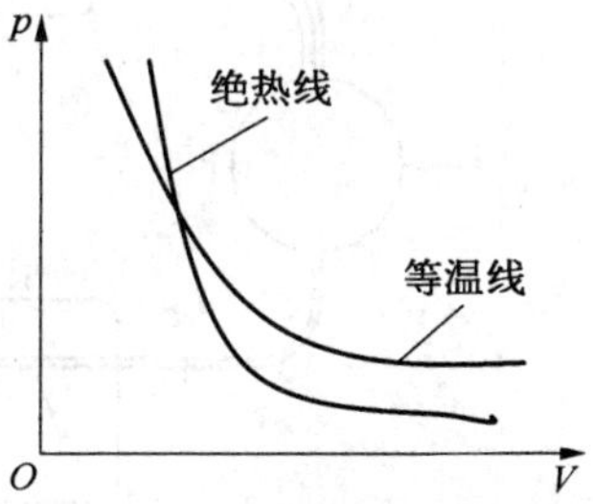

图 4－5 绝热线与等温线

利用式(4－17)和理想气体状态方程，可得到绝热过程中 V 和 T 以及 p 和 T 之间的关系式

$$V^{\gamma-1}T=\text{常量}$$
$$p^{\gamma-1}T^{-\gamma}=\text{常量}$$

例 4－1 温度为 200 K，压强为 10^5 Pa 的氮气，经绝热压缩使其体积变为原来的 20%。求压缩后的压强和温度。

解 已知 $T_1=200$ K, $V_1=5V_2$。

由于氮气是双原子分子，$\gamma=1.4$，由绝热方程得

$$p_2=p_1\left(\frac{V_1}{V_2}\right)^{\gamma}=10^5\times5^{1.4}=9.5\times10^5\ \text{Pa}$$

$$T_2=T_1\left(\frac{V_1}{V_2}\right)^{\gamma-1}=200\times5^{0.4}=381\ \text{K}$$

第四节 卡诺循环 热机效率

一、循环过程

在历史上，热力学理论最初是在研究热机工作过程的基础上发展起来的。**热机**(heat engine)是利用热来做功的机器，如蒸汽机、内燃机、汽轮机等都是热机。在热机中被利用来吸收热量并对外做功的物质称为工作物质，简称工质。各种热机都重复地进行着某些过程而不断地吸热做功。为了研究热机的工作过程，引入循环过程的概念。一个系统，如热机中的工质，经历一系列变化后又回到初始状态的整个过程称为**循环过程**(cyclic process)，简称**循环**(cycle)。

以热电厂内水的状态变化为例简述循环过程。水所经历的循环过程如图 4－6 所示，一定量的水先从锅炉 B 中吸收热量 Q_1 变成高温高压的蒸汽，然后进入气缸 C，在气缸中蒸汽膨胀推动汽轮

机的叶轮对外做功 A_1，做功后蒸汽的温度和压强都大大降低而成为“废气”，这“废气”进入冷凝器R后凝结为水时放出热量 Q_2，最后由泵P对这冷凝水做功 A_2 将它压回到锅炉中而完成整个循环过程。

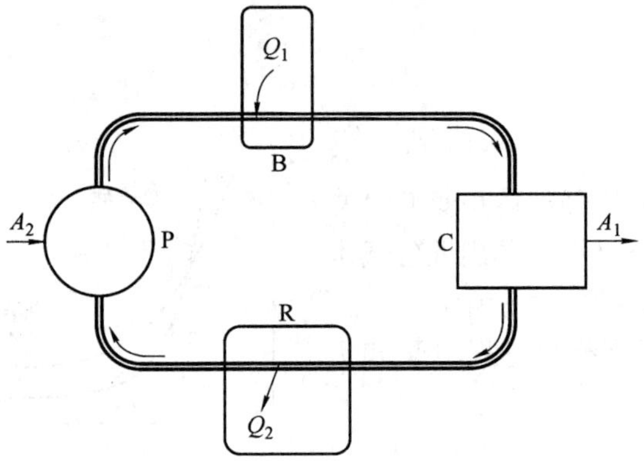

图 4-6　热电厂内水的循环过程示意图

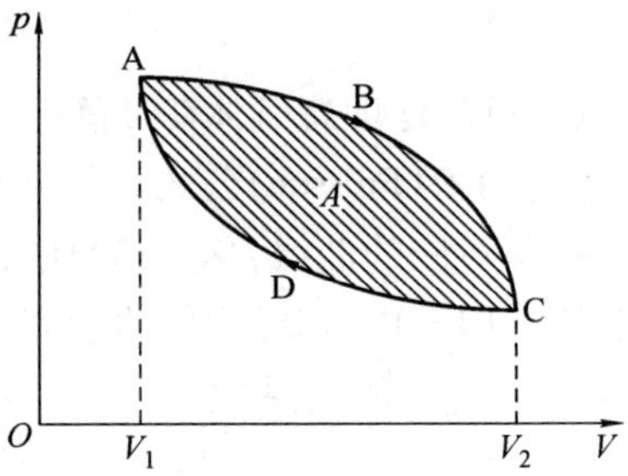

图 4-7　循环过程

如果一个系统所经历的循环过程的各个阶段都是准静态过程，这个循环过程就可以在状态图(如 p-V 图)上用一条闭合曲线表示。图 4-7 就画了一条闭合曲线表示任意的一个循环过程，其过程进行的方向如箭头所示。从状态A经状态B达到状态C的过程中，系统对外做功，其数值 A_1 等于曲线ABC和 V 轴所围的面积；从状态C经状态D回到状态A的过程中，外界对系统做功，其数值 A_2 等于曲线CDA和 V 轴所围的面积。整个循环过程中，系统对外做的净功的数值为 $A=A_1-A_2$，在图中它就等于循环过程曲线所包围的面积。在 p-V 图中，循环过程沿顺时针方向进行时，系统对外做功，这种循环称为**正循环**(direct cycle)(或热循环)。循环过程沿逆时针方向进行时，外界对系统做功，这种循环称为逆循环(reverse cycle)(或制冷循环)。

二、热机效率

在图 4-6 中，水进行的是正循环，该循环过程中的能量转化和传递的情况具有正循环的一般特征：一定量的工质在一次循环过程中从高温热源(锅炉)吸收热量 Q_1，对外做净功 A，又向低温热源(冷凝器)放出热量 Q_2。由于工质回到了初态，内能不变。根据热力学第一定律，工质吸收的净热量(Q_1-Q_2)应该等于它对外做的净功 A，即

$$A=Q_1-Q_2 \tag{4-18}$$

对于热机的正循环，实践中和理论上都很注重它的效率。循环的**效率**(efficiency)是指在一次循环过程中工质对外做的净功占它从高温热源吸收的热量的比率，这是热机效能的一个重要标志。用 η 表示循环的效率，则按定义

$$\eta=\frac{A}{Q_1} \tag{4-19}$$

利用式(4-18)，可得

$$\eta=1-\frac{Q_2}{Q_1} \tag{4-20}$$

三、卡诺循环 卡诺热机效率

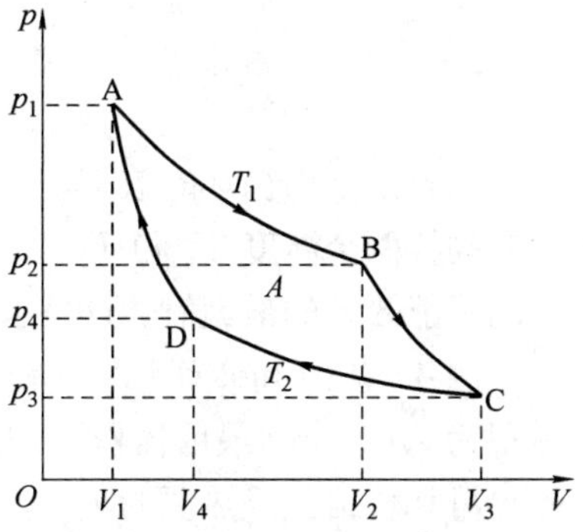

图 4-8 理想气体的卡诺循环

在 19 世纪上半叶，为了提高热机效率，不少人从事理论上的研究。1824 年法国年轻工程师卡诺(N. L. S. Carnot)提出一个工作在两热源之间的理想循环，由两个准静态等温过程和两个准静态绝热过程组成，这种循环称为**卡诺循环**(Carnot cycle)，给出了热机效率的理论极限值。按卡诺循环工作的热机称为**卡诺热机**(Carnot heat engine)。

下面讨论以理想气体为工质的卡诺循环，如图 4-8 所示。

A→B：等温膨胀吸热。气缸和温度为 T_1 的高温热源接触，气体等温膨胀，体积由 V_1 增大到 V_2。在这一过程中，它从高温热源吸收的热量按式(4-14)得

$$Q_1 = Q_{AB} = \frac{M}{\mu} R T_1 \ln \frac{V_2}{V_1}$$

B→C：绝热膨胀。将气缸从高温热源移开，气体绝热膨胀，体积变为 V_3，温度降到 T_2。

C→D：等温压缩放热。气缸和温度为 T_2 的低温热源接触，等温地压缩气体直到它的体积缩小到 V_4，而状态 D 和状态 A 位于同一条绝热线上。在这一过程中，气体向低温热源放出的热量为

$$Q_2 = |Q_{CD}| = \frac{M}{\mu} R T_2 \ln \frac{V_3}{V_4}$$

D→A：绝热压缩。将气缸从低温热源移开，绝热压缩气体直到它恢复到起始状态 A 而完成一次循环。

在一次循环中，气体对外做的净功为

$$A = Q_1 - Q_2$$

卡诺循环中的能量交换与转化的关系可用图 4-9 表示。

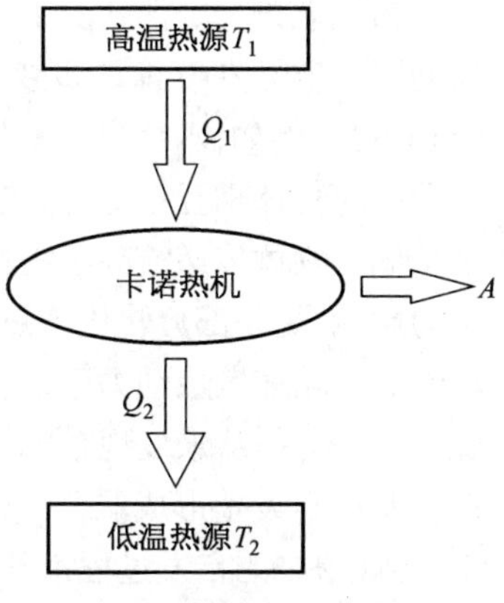

图 4-9 卡诺热机能流图

根据循环效率的定义，上述理想气体卡诺循环的效率为

$$\eta = 1 - \frac{Q_2}{Q_1} = 1 - \frac{T_2 \ln \frac{V_3}{V_4}}{T_1 \ln \frac{V_2}{V_1}}$$

由理想气体绝热方程得

$$V_2^{\gamma-1} T_1 = V_3^{\gamma-1} T_2$$
$$V_1^{\gamma-1} T_1 = V_4^{\gamma-1} T_2$$

两式相比，可得

$$\frac{V_2}{V_1} = \frac{V_3}{V_4}$$

据此，上面的效率表示式可简化为

$$\eta = 1 - \frac{T_2}{T_1} \tag{4-21}$$

这就是卡诺循环的效率。式(4-21)表明,卡诺热机的效率只决定于两个热源的温度。可以证明在同样两个温度 T_1 和 T_2 之间工作的各种工质的卡诺循环的效率都由该式给定,而且是实际热机的可能效率的最大值。这是卡诺循环的一个基本特征。

例 4-2 1 mol 理想气体在 400 K 和 300 K 之间完成一卡诺循环,在 400 K 的等温线上,起始体积为 0.001 m^3,最后体积为 0.005 m^3。试计算气体在此循环中所做的功,以及从高温热源吸收的热量和传给低温热源的热量。

解 由题得:等温吸热过程的温度为 400 K,等温放热过程的温度为 300 K。

$$Q_1 = \frac{M}{\mu} R T_1 \ln \frac{V_2}{V_1} = 1 \times 8.31 \times 400 \times \ln \frac{0.005}{0.001} = 5.35 \times 10^3 \text{ J}$$

$$\eta_{卡} = 1 - \frac{Q_2}{Q_1} = 1 - \frac{T_2}{T_1} = \frac{A}{Q_1}, \ \frac{T_2}{T_1} = \frac{Q_2}{Q_1}, 有 \ Q_2 = \frac{T_2}{T_1} Q_1 = \frac{300}{400} \times 5.35 \times 10^3 = 4.01 \times 10^3 \text{ J}$$

$$A = Q_1 - Q_2 = 5.35 \times 10^3 - 4.01 \times 10^3 = 1.34 \times 10^3 \text{ J}$$

第五节 热力学第二定律

一、热力学第二定律

热力学第一定律解决了自然界变化过程中能量的转换和守恒关系,但没有涉及过程进行的方向问题。自然界中有许多变化可以不依靠外界作用而自动地进行,称为**自发过程**(spontaneous process)。例如,水会自发地从高处流向低处,但我们没有观察到水会自发地从低处往高处流。不同温度的物体相互接触时,热量总是从高温物体自发地传递给低温物体,但从未发现热量能自发地从低温物体传递给高温物体的现象。从高处下落的物体碰到地面后停下来,其动能的一部分转化为声能,另一部分转化为热能,但地面上的物体不能自发地吸取泥土中的能量而向上运动。转动着的飞轮在撤除动力后,会因摩擦而逐渐停下来,在这一过程中,机械能转化为内能,轴和飞轮温度升高。但从未发现轴和飞轮会自动冷却,内能重新转变为机械能而使飞轮转起来。两种气体 A 和 B 能自发地形成混合气体,但混合气体不能自发地分离成气体 A 和 B 等。从这些例子可以看出,热现象中的自发过程都具有一定的方向性,与自发过程相反的过程,尽管也遵循热力学第一定律的能量转化和守恒关系,但不能自动进行,这正是热力学第二定律要解决的问题。

自然过程具有方向性,满足热力学第一定律的过程不一定能够实现。为了阐明自然过程发生的方向,在大量研究的基础上,克劳修斯于 1850 年、开尔文于 1851 年分别提出了**热力学第二定律**(second law of thermodynamics)的两种不同表述。

克劳修斯(Clausius)表述:热量不可能自发地由低温物体向高温物体传递。这一表述并不是说热量不能从低温物体转移到高温物体,它只是说热量不能自动地从低温物体转移到高温物体。

如果借助于某种循环动作的机器，只是使热量间接地从低温物体向高温物体传递，而不发生任何变化，同样是不可能的。将热量从低温物体转移到高温物体的过程是可以实现的，但不是自发进行的，而是要通过外界做功，像空调、电冰箱等制冷装置就是经历了这样的过程，但它们都消耗了电能。

开尔文(Kelvin)表述：在一个循环过程中，不可能从单一热源吸取热量使之全部转化为功而不引起其他变化。在这一表述中，应该注意“循环过程”。如果工作物质进行的不是循环过程，那么使一个热源冷却做功而不放出热量是完全可能的。如等温膨胀中，工作物质只从一个热源吸取热量，全部转变为功而不放出任何能量，若只是这样做功，工作物质就不可能回到初始状态。所以任何系统吸取热量做功，总要放出一部分热量给予低温热源，工作物质才能回到初始状态。我们设想，如果这个过程能够进行的话，那么就可以从周围环境中吸取热量直接做功或转变为电能，可以说能源取之不尽。有人曾计算过，只要使海水的温度降低 0.1 K，从中获取的能量就可以供全世界的工厂使用 1 万年以上。然而，这是不可能的，因为上述过程违反热力学第二定律。

二、可逆和不可逆过程

一个系统由某一状态出发，经过某一过程到达另一状态，如果存在另一过程，它能使系统和外界完全复原，即系统回到原来的状态，同时消除原来过程对外界的一切影响，则原来的过程称为**可逆过程**(reversible process)；如果用任何方法都不能使系统和外界完全复原，则原来的过程称为**不可逆过程**(irreversible process)。

凡是无摩擦的纯力学过程都是可逆过程。如无摩擦的弹簧振子伸长后，弹簧可以收缩回原来的长度而对外界不产生任何影响。在热力学中只有准静态过程才是可逆过程，因为准静态过程中经历的每一个状态都是平衡态。

热传导过程、摩擦生热过程和理想气体自由膨胀过程都是不可逆过程。热量可以从高温物体自动地传递到低温物体，而其逆过程是热量自动地从低温物体传递到高温物体，这显然违背热力学第二定律。

不可逆过程不是指过程不能沿相反方向进行，而是指在沿相反方向进行之后，外界不能恢复到原来的状态。在一般情况下，自然界中的不可逆过程普遍存在，且多种多样。可逆过程在现实生活中很难实现，因为几乎不可能寻找到完全无摩擦或真正理想的气体。

三、卡诺定理

卡诺循环的四个分过程都是可逆过程，故卡诺循环是可逆循环。可以证明，在两个温度一定的热源之间的可逆循环，必为卡诺循环。

在众多的循环中，哪一种循环的效率最高呢？**卡诺定理**(Carnot theorem)作答如下：① 在两个温度一定的热源之间，一切卡诺循环的效率都相等，与工作物质无关；② 在两个温度一定的热源之间，一切不可逆循环的效率必小于卡诺循环的效率。简言之，在高温热源 T_1 和低温热源 T_2 之间进行的循环，其效率为

$$\eta \leqslant 1-\frac{T_2}{T_1} \tag{4-22}$$

“$<$”对应不可逆循环，“$=$”对应卡诺循环。

卡诺定理指出了提高热机效率的方向：① 提高高温热源温度 T_1，降低低温热源温度 T_2；② 尽量接近可逆循环。

第六节 熵 熵增加原理

一、熵的概念

热力学第二定律是有关过程进行方向的规律，它指出一切与热现象有关的实际宏观过程都是不可逆的，也就是说，系统可以由初始状态自发地向终了状态过渡，而处在终了状态时不能自发地向初始状态过渡。这种特性说明初态与终态之间有着重大的差异性，正是这种差异性决定了过程进行的方向。例如，一个盛有两种气体的密闭容器，中间用隔板隔开，若将隔板除去，这两种气体就会自动混合，出现一种分子运动更混乱更无序的状态；在热传导过程中，两个温度不同的物体放在一起，热量将自动地由高温物体传到低温物体，使两者温度相同。从微观上看，高温与低温的区别在于分子的平均动能不同，两物体接触后，内能从高温物体向低温物体传递，导致高温物体中的分子平均动能降低，低温物体中的分子平均动能升高。我们已不能区分高温物体和低温物体了，整个系统的终态比初态更加无序。热传导这个不可逆过程使系统的无序程度增加了。从这些例子可知，物质系统在自发过程中，其混乱度或无序性倾向增加。

在热力学中用物理量**熵**(entropy)来量度系统的混乱度，符号为 S。系统处于一定的状态，就有一个确定的混乱度，也就有一个确定的熵值，且混乱度越大，熵值也越大。熵与内能一样是状态函数，当系统状态变化时，熵值也随之发生变化，其变化量 ΔS 简称为熵变。现在我们来推导一下熵的表达式，由卡诺循环及其效率得知

$$\eta=1-\frac{|Q_2|}{Q_1}=1-\frac{T_2}{T_1}$$

整理得

$$\frac{Q_1}{T_1}+\frac{Q_2}{T_2}=0$$

克劳修斯认识到，在卡诺循环中，净吸热 $\sum Q_i \neq 0$，但是 $\sum \frac{Q_i}{T_i}=0$，他将这一结论推广到任意可逆循环。

任意可逆循环可以分解为许多小卡诺循环，如图 4-10 所示，对每个小卡诺循环有

$$\frac{dQ_1}{T_1}+\frac{dQ_2}{T_2}=0$$

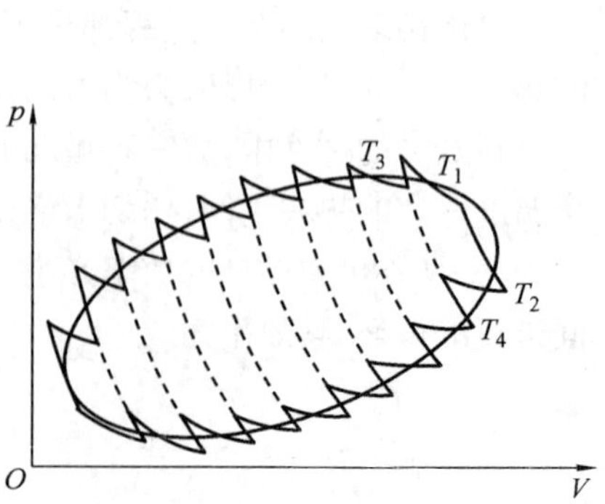

图 4-10 任意可逆循环

$$\frac{dQ_3}{T_3}+\frac{dQ_4}{T_4}=0$$

……

上列各式相加得

$$\sum \frac{dQ_i}{T_i}=0 \tag{4-23}$$

图 4-10 中每一条绝热线的虚线部分，沿正反方向各进行一次，相互抵消。如果分解成无限多的小卡诺循环，那么锯齿线与可逆循环曲线就无限接近，求和变为积分。所以，对任意可逆循环有

$$\oint \frac{dQ}{T}=0 \text{（可逆循环）}$$

上式表明$\int \frac{dQ}{T}$与过程无关，说明系统存在一个状态函数，克劳修斯把它称为熵，用符号 S 表示

$$dS=\frac{dQ}{T} \text{（可逆过程）} \tag{4-24}$$

系统由状态 A 变化到状态 B，系统熵的增量等于由状态 A 沿任意可逆过程变化到状态 B 的热温比的积分

$$\Delta S=S_B-S_A=\int_A^B \frac{dQ}{T} \text{（任意可逆过程）} \tag{4-25}$$

熵的单位为焦·开$^{-1}$（J·K^{-1}）。

二、熵增加原理

通常将与外界既无物质交换，也无能量交换的系统，称为**孤立系统**（isolated system）。利用卡诺定理可以证明，孤立系统进行任意自发过程时，系统的熵总是增加的。孤立系统必然是绝热的 $dQ=0$。已知一个可逆过程，根据式（4-25），它的初终两态的熵变为

$$\Delta S=S_B-S_A=\int_A^B \frac{dQ}{T}$$

故

$$\Delta S=S_B-S_A=0$$

即对于可逆绝热过程，系统的熵将保持不变。因孤立系统与外界无任何相互作用，若孤立系统远离平衡态，就会产生自发过程，向平衡态过渡。只有在无限接近平衡态时，才有可能发生进行得无限缓慢的可逆过程。所以，孤立系统的可逆过程，实际上意味着系统无限接近平衡态。

综上所述，则

$$\Delta S \geqslant 0 \text{（孤立系统）} \tag{4-26}$$

式（4-26）中"＞"对应自发过程，"＝"对应平衡态。该式表明，孤立系统的自发过程总是向着

熵增大的方向进行，当熵达到最大时，孤立系统达到平衡，这一规律称为**熵增加原理**(principle of entropy increase)。它是热力学第二定律的另一种表述，式(4－26)是热力学第二定律的数学表达式。

熵增加原理说明，在孤立系统中，$\Delta S<0$ 的过程是不可能发生的。$\Delta S>0$ 的过程能自发进行，当熵达到最大，$\Delta S=0$ 时，自发过程停止，孤立系统达到平衡态。因此，可以根据孤立系统熵的变化，来判断孤立系统中过程进行的方向和所能达到的限度。熵增加原理的证明如下。

由卡诺定理知，在两个热源之间的不可逆循环，其效率小于卡诺循环的效率。

$$\eta=\frac{Q_1-|Q_2|}{Q_1}=\frac{Q_1+Q_2}{Q_1}<\frac{T_1-T_2}{T_1}$$

$$\frac{Q_1}{T_1}+\frac{Q_2}{T_2}<0$$

因此，不可逆循环中，有

$$\oint\frac{\mathrm{d}Q}{T}<0\ (\text{不可逆循环})$$

设图 4－11 中 AB 为不可逆过程。若用一可逆过程 BA 使系统由 B 回到状态 A，形成一个循环。由于在一个循环中，只要有一小段过程不可逆，整个循环就是不可逆的。因此，对于图 4－11 中的循环，有

$$\oint\frac{\mathrm{d}Q}{T}=\int_{\mathrm{A}\atop\text{不可逆}}^{\mathrm{B}}\frac{\mathrm{d}Q}{T}+\int_{\mathrm{B}\atop\text{可逆}}^{\mathrm{A}}\frac{\mathrm{d}Q}{T}<0$$

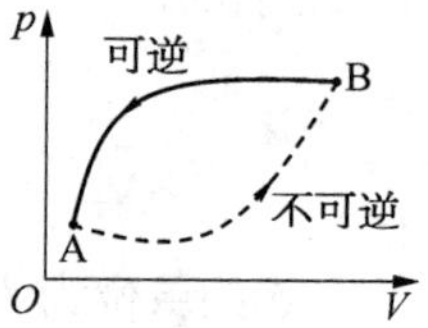

图 4－11
不可逆过程

而

$$\int_{\mathrm{B}\atop\text{可逆}}^{\mathrm{A}}\frac{\mathrm{d}Q}{T}=S_{\mathrm{A}}-S_{\mathrm{B}}$$

故

$$\Delta S=S_{\mathrm{B}}-S_{\mathrm{A}}>\int_{\mathrm{A}\atop\text{不可逆}}^{\mathrm{B}}\frac{\mathrm{d}Q}{T}$$

将上式和式(4－25)合并，得

$$\Delta S=S_{\mathrm{B}}-S_{\mathrm{A}}\geqslant\int_{\mathrm{A}}^{\mathrm{B}}\frac{\mathrm{d}Q}{T}\qquad(4-27)$$

式(4－27)中“>”对应不可逆过程，“=”对应可逆过程。式(4－27)是热力学第二定律数学表达式的一般形式。

对于孤立系统，$\mathrm{d}Q=0$，不可逆过程必为自发过程，可逆过程意味着无限接近平衡态。因此将式(4－27)应用于孤立系统，即得

$$\Delta S\geqslant 0\ (\text{孤立系统})$$

三、熵变的计算

计算熵变时，应注意以下两点：① 熵 S 是状态函数，ΔS 只与始末态有关，而与过程无关。因

此，无论实际经过什么过程由状态 A 变化到状态 B，都可以任意设想一个可逆过程连接始末态，并运用式(4-25)来计算 ΔS。② 由于热量 Q 与系统的量有关，故熵具有容量性质，系统总的熵变等于各组成部分熵变的总和。

例 4-3　2 mol 单原子理想气体由初态 A(300 K，3×10^{-2} m^3)变化到终态 B(400 K，2×10^{-2} m^3)，求 ΔS。

解　题中未说明气体是经什么过程由初态变化到终态的，但这并不影响 ΔS 的求解，因为熵是状态函数，ΔS 只取决于始末状态。

假设以图 4-12 中的等温可逆过程 AC 和等容可逆过程 CB 连接始末状态，则

$$\begin{aligned}\Delta S &= (\Delta S)_{AC} + (\Delta S)_{CB} \\ &= \frac{M}{\mu}R\ln\frac{V_C}{V_A} + \frac{M}{\mu}C_V\ln\frac{T_B}{T_C} \\ &= \left(2\times8.31\times\ln\frac{2\times10^{-2}}{3\times10^{-2}} + 2\times\frac{3}{2}\times8.31\times\ln\frac{400}{300}\right) \\ &= 0.43\ \mathrm{J\cdot K^{-1}}\end{aligned}$$

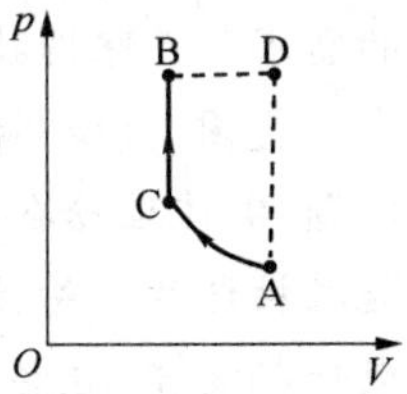

图 4-12　例 4-3

可逆过程是任意选取的，因此，选择不同的可逆路径连接始末态计算 ΔS，应得到相同结果。如图 4-12，上题也可通过等容可逆过程 AD 和等压可逆过程 DB 连接始末态，所得的结果与上面完全一致。

拓展阅读

熵、混沌与信息

熵是热力学的一个中心概念。1948 年香农(Claude Elwood Shannon)第一次将熵概念引入信息论，从此被广泛用于信息的度量。为了对系统组织化状态及其变化进行定量描述，人们正研究并试图建立熵-信息理论。新的宇宙观认为，宇宙由物质、能量和信息三部分构成，信息在宇宙进化中起着决定性作用。人类的发展由低级走向高级，从无序走向有序。人类社会的演化是在非平衡态下进行的，这个规律是在非平衡态和一定条件下发生的。耗散结构理论的创立者普里高津(Ilya Prigogine)就提出过“非平衡是有序之源”的观点。负熵是系统从无序到有序所发生的必然现象，而信息对宇宙的发展起着支配作用。量子力学的奠基人薛定谔(Erwin Schrodinger)指出：“一个生命有机体是赖负熵为生的。”非平衡态下，系统在一定条件下有演化到有序状态这种趋势，不可逆演化过程中熵会变化。近年来人们对非平衡态的有序结构已有一定的认识，但其规律还有待进一步发掘。纵观宇宙的发展，无不与信息的变化相关。因此，有必要从信息的角度对热力学系统、自组织过程及生物系统演化等进行进一步的认识和阐述。

热力学第二定律是熵增定律，断言一个孤立系统总是从有序状态走向无序状态。生物进化论描述的是自然界从无序趋向于有序的发展，两者的矛盾困惑着 19 世纪的人们。20 世纪，自组织理论为化解这一矛盾打开了缺口。第二定律只是局部地反映了不同运动形式的差异及其变化的自然趋势，对于自然界发展的普遍规律，可能还得从信息角度加以归纳和总结。

奥地利物理学家玻尔兹曼(Ludwig Boltzmann)对熵提出了一种精确的描述：一个系统在保持宏观特性不变的情况下,它所包含的粒子可能具有的所有不同微观状态数就是熵。熵是对无序的度量。这一定律的适用条件是孤立系统。这样的系统自发地向熵增大的方向演化,越来越无序。而生物系统的演化趋势与热力学第二定律描述的方向相反,是从无序到有序。这是因为自然界普遍存在的系统是开放系统,与外界有物质、能量和信息的交流。例如,生物系统在生存中不断吸取负熵,使它的器官和组织越来越精细有序,不断向更高级发展。

随着互联网爆发式的发展,在日常应用中,人们也逐渐倾向于使用图像、声音和视频等多媒体方式,尤其是进入大数据时代,多数情况下都需要通过网络实现数据共享,以便管理人员或者通信双方得到高效快捷的服务。随着宽带网络技术和5G业务的飞速发展,极大地满足了用户多方面的需求。互联网技术给全世界人民都带来极大便利的同时,关于互联网信息安全的问题也日益增多。美国"棱镜"计划曝光之后,网络信息安全已成为学术界、企业界和政府部门所共同关注的热点问题,混沌理论在安全领域的应用发展迅速。混沌信号对初始值非常敏感性和混沌序列有良好的随机性这两点特性与密码学密钥的不确定性要求相吻合;混沌轨道的混合特性与加密体制中的扩散性相吻合,这些理论特性上的关联性让两者的结合成为必然。因此混沌理论被认为是继相对论、量子力学后,人类认识世界和改造世界的最富有创造性科学领域的第三次大革命。

混沌是一种貌似无规则的运动,是在确定性非线性系统中不需附加任何随机因素就可以出现的类似随机的行为。在现代的物质世界中,混沌现象无处不在,存在于大气中、海洋湍流中、野生动植物种群的涨落中、风中飘拂的旗帜中、水流缭乱的漩涡中、心脏的跳动中、摆动的秋千中、气候的变化中等,大至宇宙,小至基本粒子,无不受混沌理论的支配。混沌的研究在数学、物理、化学、生物、哲学、经济学、社会学、音乐、体育各个学科中均有涉及。因此,在现代科学中普遍存在的混沌现象打破了不同科学间的界限,混沌科学是涉及系统总体本质的一门科学。

早在19～20世纪之交,法国数学家亨利·庞加莱(J. H. Poincarl)在研究天体力学中发现：能够解决地球绕太阳公转的二体问题的万有定律在处理三体问题时遇到了困难。他指出三体问题中,其解在一定范围内是随机的,实际上这是一种保守系统中的混沌。1963年,美国数学家洛伦兹(E. N. Lorenz)在气象预报的研究中,用计算机模拟天气情况发现了天气变化的非周期性和不可预言性之间的联系。同时,洛伦兹发现了天气演变对初值的敏感依赖性,并提出了一个形象的比喻："巴西的一只蝴蝶扇动几下翅膀,可能会改变三个月后美国德克萨斯州的气候。"这个比喻称为"蝴蝶效应",它形象表示了混沌系统中长期行为对初值的敏感依赖性。1971年法国物理学家芦厄勒(D. Ruelle)和荷兰数学家塔肯斯(F. Takens)为耗散系统引入了"奇异吸引子"这一概念,发现了混沌现象,并且提出了一个新的湍流发生机制,以揭示湍流的本质——混沌。

思考题

4-1 分析下列说法是否正确：(1) 物体的温度越高,则热量越多;(2) 物体的温度越高,则内能越大。

4-2 做功和传热是改变系统内能的两种不同方式,它们的本质区别是什么?

4-3 系统的内能是状态的单值函数,下面几种理解是否正确?(1) 系统处在一定状态,就具有一定的内能;(2) 系统处于某一状态时的内能是可以直接测定的;(3) 对应于一个状态,内能只有一个数值，不可能有两个或两个以上的数值；(4) 系统的状态改变时，内能一定改变。

4-4　绝热线为什么比等温线陡峭一些？

4-5　根据热力学第一定律 $Q=\Delta E+A$，讨论等压、等容、等温和绝热过程中 Q、A、ΔE 的正负。

4-6　热机效率是如何定义的？

4-7　热机效率公式 $\eta=\dfrac{Q_1-|Q_2|}{Q_1}$ 和 $\eta=\dfrac{T_1-T_2}{T_1}$ 之间有区别和联系吗？

4-8　根据热力学第二定律，评论下面两种说法是否正确？

(1) 功可以全部变为热，而热不能全部变为功；(2) 热量能从高温物体传到低温物体，而不能从低温物体传到高温物体。

4-9　准静态过程、循环过程、可逆过程这些概念，有何区别和联系？

4-10　一杯热水置于空气中冷却，最后与周围环境达到热平衡。在此过程中，水的熵下降。这是否违反熵增加原理？为什么？

习题

4-1　如图 4-13 所示，一定量的理想气体经历 AB 过程时气体对外做功为 1 000 J。则气体在 AB 与 ABCA 过程中，吸热分别为多少？

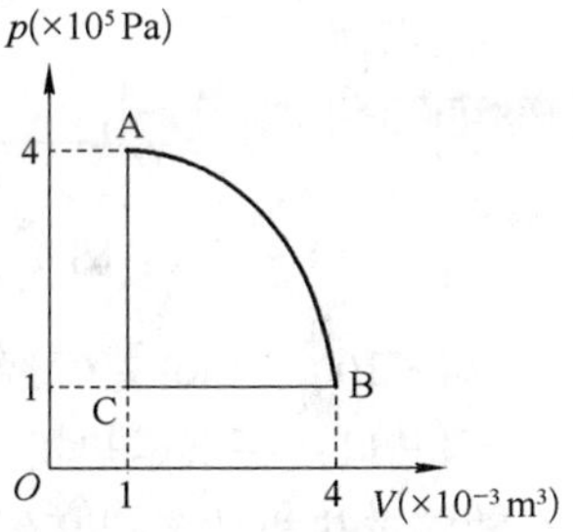

图 4-13　题 4-1

4-2　2 mol 的氦气开始时处在压强 $p_1=2$ atm、温度 $T_1=400$ K 的平衡态，经过一个等温过程，压强变为 $p_2=1$ atm。该气体在此过程中内能增量和吸收的热量各为多少？若气体经历的是等容过程，则气体吸收的热量与内能增量又为多少？

4-3　温度为 27℃、压强为 1 atm 的 1 mol 刚性双原子分子理想气体，分别经历等温过程与等压过程体积膨胀至原来的 2 倍。分别计算这两个过程中气体对外所做的功和吸收的热量。

4-4　温度为 0℃、压强为 1 atm 的 1 mol 刚性双原子分子理想气体，经历绝热过程体积膨胀为原来的 3 倍，那么气体对外做的功是多少？内能增量又是多少？

4-5　1 mol 氦气从状态 $(p_1,\ V_1)$ 沿如图 4-14 所示直线变化到状态 $(p_2,\ V_2)$，求：(1) 气体的内能增量；(2) 气体对外界所做的功；(3) 气体吸收的热量；(4) 此过程的摩尔热容。

(摩尔热容 $C_m=\Delta Q/\Delta T$，其中 ΔQ 表示 1 mol 物质在过程中温度升高 ΔT 时所吸收的热量。)

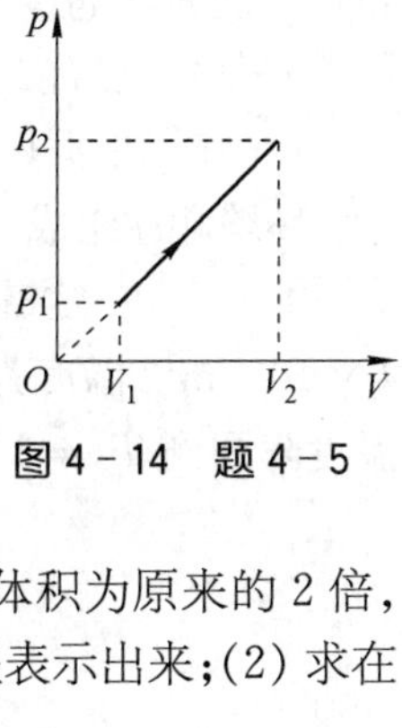

图 4-14　题 4-5

4-6　一定量的刚性双原子分子理想气体装在封闭的气缸里，此气缸有可活动的活塞(活塞与气缸壁之间无摩擦且无漏气)。已知气体的初始压强为 p_1，体积为 V_1，现将该气体等容加热到压强为原来的 2 倍，然后等压加热到体积为原来的 2 倍，最后做绝热膨胀，直到温度下降到初始温度为止。(1) 在 $p-V$ 图上将整个过程表示出来；(2) 求在整个过程中气体内能的改变、所吸收的热量和所做的功。

4 - 7　气体经历如图 4 - 15 所示的一个循环过程，在这个循环中，外界传给气体的净热量是多少？

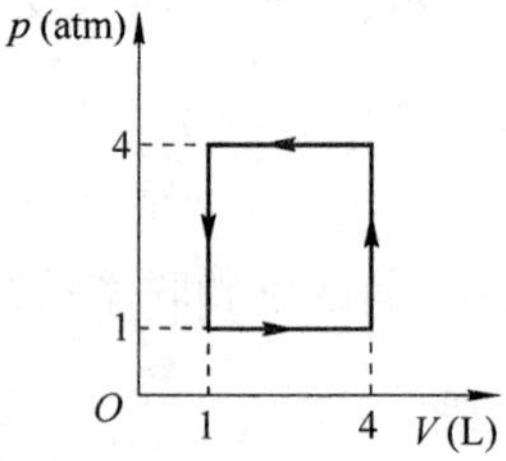

图 4 - 15　题 4 - 7

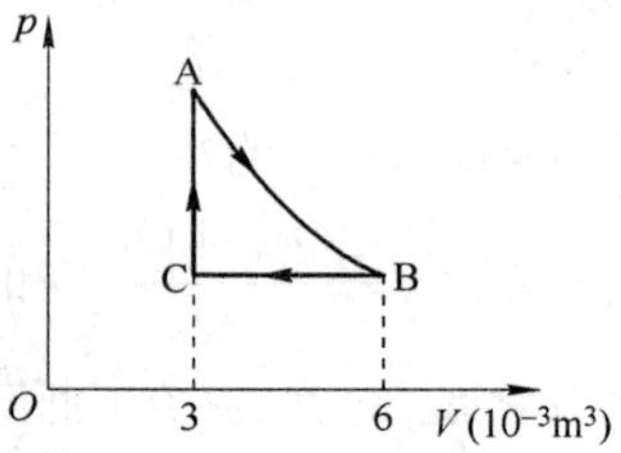

图 4 - 16　题 4 - 8

4 - 8　如图 4 - 16 所示为 1 mol 氮气所经历的循环过程，其中 AB 为等温线，求效率。

4 - 9　1 mol 的双原子理想气体做如图 4 - 17 所示的循环 ACBA，B→A 为绝热过程。已知 A 态的压强为 p_1、体积为 V_1，设 $V_2 = 2V_1$，求：(1) 该循环过程气体对外所做的总功；(2) 循环效率。

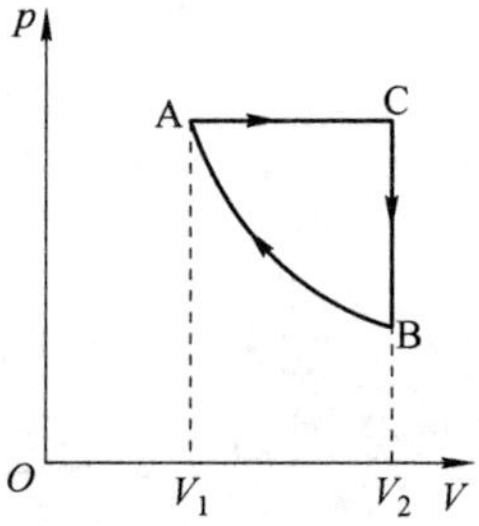

图 4 - 17　题 4 - 9

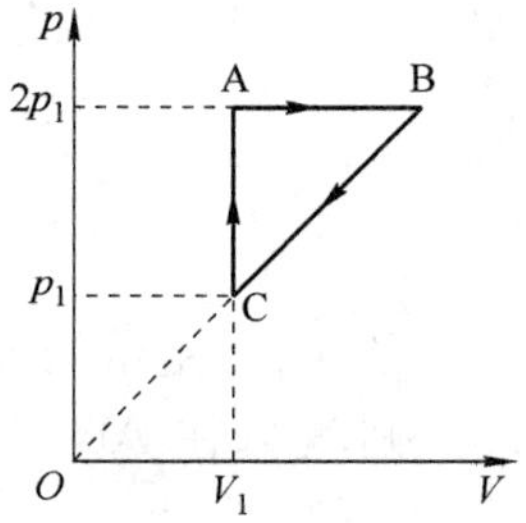

图 4 - 18　题 4 - 10

4 - 10　1 mol 氮气经历如图 4 - 18 所示的循环，求循环效率。

4 - 11　一卡诺热机，低温热源的温度为 27℃，热机效率为 40%，其高温热源的温度为多少？今欲将该热机效率提高到 50%，若低温热源的温度保持不变，则高温热源的温度应为多少？

4 - 12　一卡诺热机当热源温度为 100℃，冷却器温度为 0℃时，所做净功为 800 J。现要维持冷却器的温度不变，并提高热源的温度使净功增为 1.60×10^3 J，求：(1) 热源的温度是多少？(2) 效率增大到多少？(设两个循环均工作于相同的两绝热线之间，假定系统放出热量不变)

4 - 13　现有 1.20 kg 温度为 0℃的冰，吸热后融化并变为 10℃的水。求熵变，并对结果作简要讨论。已知冰的熔解热为 3.35×10^5 J·kg^{-1}[水的定压比热 $C_p = 4.18\times10^3$ J/(kg·k)]。

4 - 14　现有 10.6 mol 理想气体，在等温过程中体积膨胀到原来的 2 倍，求熵变。

4 - 15　根据熵增加原理说明，为什么 0℃的冰自发融化为 0℃的水的过程是不可逆过程？(提示：环境和冰组成一个孤立系统，冰融化时，环境温度至少略高于 0℃)

4 - 16　一定量的刚性双原子分子理想气体，开始时处于压强 $P_0 = 1.0\times10^5$ Pa，体积为 $V_0 = 4\times10^{-3}$ m^3，温度为 $T_0 = 300$ K 的初态，后经等压膨胀过程温度上升到 $T_1 = 450$ K，再经绝热过程温度降回到 $T_2 = 300$ K。求气体在整个过程中对外做的功。

第五章 静电场

导学

本章主要介绍静电场的基本概念、基本性质、电介质的极化现象、生物电现象和心电物理基础。

1. 掌握　静电场的电场强度、电场的叠加原理以及电势的定义；点电荷和点电荷系的电场强度计算；高斯定理及其应用；静电场的基本性质。

2. 理解　点电荷和点电荷系的电势计算；两种电介质的极化现象及其微观机制。

3. 了解　场强和电势的微分关系；电极化强度概念；能斯特方程及心电图波形成机制。

静电场是指相对于观察者静止的电荷在其周围空间所产生的电场，它是电磁场的一种特殊情形，静电也是人类对电的最早认识。生命现象之中有很多生物电现象，人体的生命活动和功能都与生物电有关。所以，探讨电磁现象和生物电现象的规律有助于人类更深入地认识物质世界和对生命微观本质的认识。

本章主要介绍描述静电场的两个基本物理量——电场强度和电势，反映静电场基本性质的场强环路定理和高斯定理。讨论静电场中电介质的极化现象，最后简单介绍生物电现象及心电的物理基础等知识。

第一节　库仑定律　电场强度

一、库仑定律

在电荷周围的空间中存在一种看不见的物质就是电磁场。相对于观察者静止的电荷所激发的电场即为**静电场**(electrostatic field)。电荷之间的相互作用是通过电场来实施的。法国物理学家**库仑**(Coulomb)在前人大量实验和理论的基础上，通过实验，于 1785 年总结出**库仑定律**(Coulomb's law)：**在真空中两个静止点电荷间的相互作用力，其方向沿两个点电荷的连线，同种电荷相斥，异种电荷相吸；其大小与两点电荷的电量 q_1 和 q_2 的乘积成正比，与它们之间距离的平方**

成反比。数学表达式为

$$\boldsymbol{F}=k\frac{q_1q_2}{r^2}\boldsymbol{r}_0 \tag{5-1}$$

式(5-1)中 $\boldsymbol{r}_0$ 为从 q_1 指向 q_2 的单位矢量，k 是比例系数，$k=\frac{1}{4\pi\varepsilon_0}$，大小为 $8.9875\times10^9(\mathrm{N}\cdot\mathrm{m}^2\cdot\mathrm{C}^{-2})$，其中 ε_0 为**真空介电常数**或**真空电容率**(permittivity vacuum)，大小为 $\varepsilon_0=\frac{1}{4\pi k}=8.8542\times10^{-12}(\mathrm{C}^2\cdot\mathrm{N}^{-1}\cdot\mathrm{m}^{-2})$。

当空间中有多个点电荷时，对于每两个点电荷间的库仑力，库仑定律仍是正确的。而作用于某个点电荷的总静电力应等于所有其他点电荷单独作用于该点电荷的静电力的矢量和，这一结论称为**静电力叠加原理**(superposition principle of electrostatic force)。

二、电场　电场强度

任何带电体在其周围空间都会激发出一种特殊物质，电荷间的相互作用就是通过这种特殊物质的作用来实现的，这种物质称为**电场**(electric field)。电场有两个最基本的性质：一是对处于其中的电荷有电场力的作用；二是当电荷在其中运动时，电场力要对电荷做功，这表明电场具有能量。由这两点特性可引入描述电场的两个基本概念——电场强度和电势。

为了研究静电场力的性质，引入试验电荷 q_0，试验电荷必须满足以下要求：① q_0 必须是点电荷；② q_0 的电量要小到它的引入不会引起原电场的分布改变。取试验电荷 q_0 带正电，实验证实，将 q_0 放在电场中的不同位置时，q_0 所受电场力 $\boldsymbol{F}$ 的大小和方向均不相同。同时，在静电场中的某点，q_0 所受电场力 $\boldsymbol{F}$ 的大小只与 q_0 成正比，但 $\boldsymbol{F}/q_0$ 的比值则是与 q_0 无关的一个不变的矢量，说明这个矢量只反映电场本身在该点的性质。所以，把这一矢量称为**电场强度**(electric field intensity)，简称场强。用符号 $\boldsymbol{E}$ 表示，有

$$\boldsymbol{E}=\frac{\boldsymbol{F}}{q_0} \tag{5-2}$$

式(5-2)为电场强度的定义式。所以，电场中某点的电场强度大小等于单位正电荷在该点所受电场力的大小，场强的方向为正电荷在该点所受电场力的方向。电场强度是空间位置的函数，是从电场力角度出发描述电场性质的物理量。场强的单位为 $\mathrm{N}\cdot\mathrm{C}^{-1}$ 或 $\mathrm{V}\cdot\mathrm{m}^{-1}$。当 q_0 为单位正电荷时，$\boldsymbol{E}$ 与 $\boldsymbol{F}$ 数值相等，方向相同。

(一) 点电荷电场的电场强度

在真空中引入场源点电荷 q，把试验电荷 q_0 置于距离 q 为 r 的 P 点，由库仑定律式(5-1)和电场强度定义式(5-2)可知，P 点的场强为

$$\boldsymbol{E}=\frac{1}{4\pi\varepsilon_0}\frac{q}{r^2}\boldsymbol{r}_0 \tag{5-3}$$

式(5-3)中 $\boldsymbol{r}_0$ 为场源电荷 q 到场点 P 点的单位矢量，式(5-3)就是真空中点电荷 q 所激发的电场在任意点 P 处的电场强度的表达式。若 q 为正电荷(即 $q>0$)，$\boldsymbol{E}$ 的方向与 $\boldsymbol{r}_0$ 的方向一致；若

q 为负电荷(即 $q<0$),$\boldsymbol{E}$ 的方向与 $\boldsymbol{r}_0$ 的方向相反,如图 5-1。

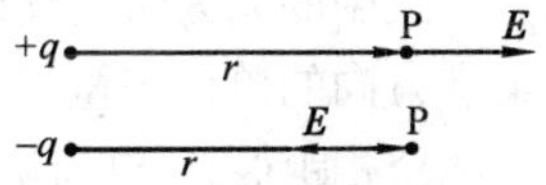

图 5-1 点电荷电场强度的方向

(二) 点电荷系电场的电场强度 电场强度叠加原理

假设真空中一静止点电荷系由 q_1, q_2, …, q_n 等多个点电荷组成,在电场中的任意一点 P 处放置试验电荷 q_0,由力的叠加原理可知作用在试验电荷 q_0 上的电场力为

$$\boldsymbol{F}=\boldsymbol{F}_1+\boldsymbol{F}_2+\cdots+\boldsymbol{F}_n$$

由式(5-2)可知 P 点处的电场强度为

$$\boldsymbol{E}=\frac{\boldsymbol{F}}{q_0}=\frac{\boldsymbol{F}_1}{q_0}+\frac{\boldsymbol{F}_2}{q_0}+\cdots+\frac{\boldsymbol{F}_n}{q_0}=\boldsymbol{E}_1+\boldsymbol{E}_2+\cdots\boldsymbol{E}_n$$

因此,**静止点电荷系所激发的电场中某点的电场强度等于各个点电荷单独存在时在该点所产生的电场强度的矢量和**,这就是**电场强度的叠加原理**(superposition principle of electric field),其数学表达式为

$$\boldsymbol{E}=\sum_{i=1}^{n}\boldsymbol{E}_i=\sum_{i=1}^{n}\frac{1}{4\pi\varepsilon_0}\frac{q_i}{r_i^2}\boldsymbol{r}_{i0} \tag{5-4}$$

式(5-4)中 $\boldsymbol{r}_{i0}$ 是第 i 个点电荷到 P 点方向上的单位矢量。

场强叠加原理不仅适用于点电荷系的电场,而且根据此原理可以计算任意带电体所产生的电场的场强。

(三) 任意带电体电场的电场强度

真空中,电场是由一体积为 V、电荷连续分布的任意带电体 q 所产生,计算电场中任意点 P 处的电场强度。首先把带电体分割成无限多个体积元 $\mathrm{d}V$,$\mathrm{d}V$ 所带电荷可看作电荷元 $\mathrm{d}q$,电荷体密度为 ρ,则 $\mathrm{d}q=\rho\mathrm{d}V$。可将电荷元 $\mathrm{d}q$ 作为一个点电荷来对待,于是 $\mathrm{d}q$ 在 P 点处产生的场强为

$$\mathrm{d}\boldsymbol{E}=\frac{1}{4\pi\varepsilon_0}\frac{\mathrm{d}q}{r^2}\boldsymbol{r}_0$$

式中 $\boldsymbol{r}_0$ 为从 $\mathrm{d}q$ 指向点 P 的单位矢量。根据场强叠加原理式(5-4)进行矢量积分,可得带电体 q 在 P 点产生的电场强度 $\boldsymbol{E}$ 为

$$\boldsymbol{E}=\int\mathrm{d}\boldsymbol{E}=\frac{1}{4\pi\varepsilon_0}\int\frac{\mathrm{d}q}{r^2}\boldsymbol{r}_0=\frac{1}{4\pi\varepsilon_0}\iiint_V\frac{\rho\mathrm{d}V}{r^2}\boldsymbol{r}_0 \tag{5-5a}$$

对于带电体是电荷连续分布的线带电体和面带电体,式(5-5a)中电荷元 $\mathrm{d}q$ 分别为 $\mathrm{d}q=\lambda\mathrm{d}l$ 和 $\mathrm{d}q=\sigma\mathrm{d}S$,其中 λ 是电荷线密度,场强积分为线积分;σ 是电荷面密度,场强积分为面积分;则由式(5-5a)可知它们的场强分别为

$$\boldsymbol{E}=\frac{1}{4\pi\varepsilon_0}\iint_S\frac{\sigma\mathrm{d}S}{r^2}\boldsymbol{r}_0 \tag{5-5b}$$

$$\boldsymbol{E}=\frac{1}{4\pi\varepsilon_0}\int_L\frac{\lambda\mathrm{d}l}{r^2}\boldsymbol{r}_0 \tag{5-5c}$$

上式中的 r 为带电体内各体积元 dV 或面积元 dS 或线段元 dl 到电场中某点距离，$\boldsymbol{r}_0$ 为它们到某点方向的单位矢量。

两个相距很近、电荷量相等而电性相反、相距为 l 的点电荷 $+q$ 和 $-q$ 所组成的系统为**电偶极子**(electric dipole)。连接两电荷的直线称为电偶极子的轴线，从 $-q$ 到 $+q$ 的矢径 $\boldsymbol{l}$ 的方向为轴线的正方向，$q\boldsymbol{l}$ 称为电偶极子的**电偶极矩**，简称**电矩**(electric moment)，电偶极矩是矢量，用 $\boldsymbol{p}$ 表示，有

$$\boldsymbol{p}=q\boldsymbol{l} \tag{5-6}$$

例 5-1 求电偶极子轴线的延长线上和轴线的中垂线上任意一点的电场强度。

解 (1) 电偶极子轴线延长线上任意一点的场强：设 M 为电偶极子轴线延长线上任意一点，如图 5-2(a)。它到电偶极子中心 O 的距离为 r，$+q$ 和 $-q$ 在 M 点所产生的场强大小分别为

$$E_+=\frac{1}{4\pi\varepsilon_0}\frac{q}{\left(r-\frac{l}{2}\right)^2}$$

$$E_-=\frac{1}{4\pi\varepsilon_0}\frac{q}{\left(r+\frac{l}{2}\right)^2}$$

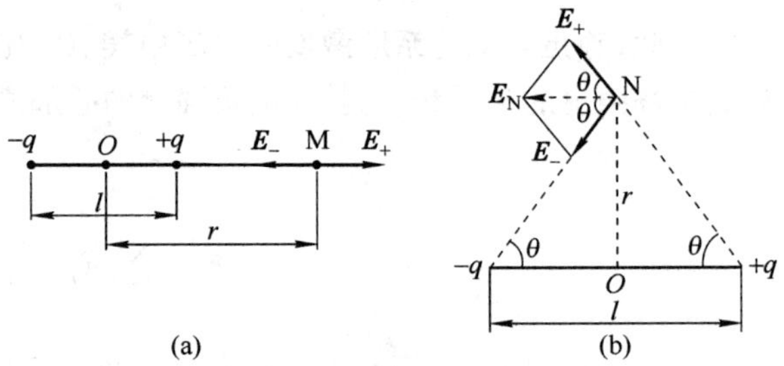

图 5-2 电偶极子的场强

$\boldsymbol{E}_+$ 的方向与轴线正方向相同，$\boldsymbol{E}_-$ 的方向与之相反，因此，电偶极子在 M 点的总场强大小为

$$E_M=E_+-E_-=\frac{q}{4\pi\varepsilon_0}\left[\frac{1}{\left(r-\frac{l}{2}\right)^2}-\frac{1}{\left(r+\frac{l}{2}\right)^2}\right]=\frac{q}{4\pi\varepsilon_0}\frac{2rl}{\left(r^2-\frac{l^2}{4}\right)^2}$$

若 $r\gg l$，则上式中 $\frac{l^2}{4}$ 与 r^2 相比可忽略不计，即

$$E_M=\frac{q}{4\pi\varepsilon_0}\frac{2l}{r^3}=\frac{1}{4\pi\varepsilon_0}\frac{2p}{r^3}$$

$\boldsymbol{E}_M$ 方向与 $\boldsymbol{p}$ 的方向相同。

(2) 电偶极子中垂线上任意一点的场强：设 N 为中垂线上的任意一点(N 到坐标原点的距离为 r)，见图 5-2(b)。$+q$ 和 $-q$ 在 N 点所产生的场强大小相等方向不同，即

$$\boldsymbol{E}_+=\frac{1}{4\pi\varepsilon_0}\frac{q}{r_+^2}\boldsymbol{r}_{+0}$$

$$\boldsymbol{E}_-=\frac{1}{4\pi\varepsilon_0}\frac{q}{r_-^2}\boldsymbol{r}_{-0}$$

式中 r_+ 和 r_- 分别是 $+q$ 和 $-q$ 与 N 点间的距离，$\boldsymbol{r}_{+0}$ 和 $\boldsymbol{r}_{-0}$ 分别是从 $+q$ 和 $-q$ 指向 N 点的单位矢量。由矢量合成法则可知 N 点的总场强

$$E_N=E_+\cos\theta+E_-\cos\theta=2E_+\cos\theta$$

θ 为$-q$ 或$+q$ 到 N 点的连线与电偶极子轴线间的夹角，由图可知 $\cos\theta=\dfrac{l/2}{\sqrt{r^2+\dfrac{l^2}{4}}}$，代入上式得

$$E_N=\frac{2}{4\pi\varepsilon_0}\frac{q}{r^2+\dfrac{l^2}{4}}\frac{\dfrac{l}{2}}{\sqrt{r^2+\dfrac{l^2}{4}}}=\frac{1}{4\pi\varepsilon_0}\frac{ql}{\left(r^2+\dfrac{l^2}{4}\right)^{\frac{3}{2}}}$$

当 $r\gg l$，$\dfrac{l^2}{4}$项可忽略不计，得

$$E_N=\frac{1}{4\pi\varepsilon_0}\frac{ql}{r^3}=\frac{1}{4\pi\varepsilon_0}\frac{p}{r^3}$$

$\boldsymbol{E}_N$ 方向与 $\boldsymbol{p}$ 的方向相反。

由上面的结果可知，$\boldsymbol{E}_M$ 与 $\boldsymbol{E}_N$ 都与 $\boldsymbol{p}$ 有关，说明电矩 $\boldsymbol{p}$ 是反映电偶极子特征的物理量。

例 5-2　半径为 R 均匀带正电的细圆环，所带电量为 q，电荷线密度为 λ，计算环轴线上距环心为 x 的任意点 P 处的场强。

解　建立如图 5-3 所示的坐标，在细圆环上取线段 Δl，其电荷元 $\Delta q=\lambda\Delta l$

$$\Delta q=\lambda\Delta l=\frac{q}{2\pi R}\Delta l$$

Δq 在 P 点产生的场强为

$$\Delta\boldsymbol{E}=k\frac{\Delta q}{r^2}\boldsymbol{r}_0=k\lambda\frac{\Delta l}{r^2}\boldsymbol{r}_0$$

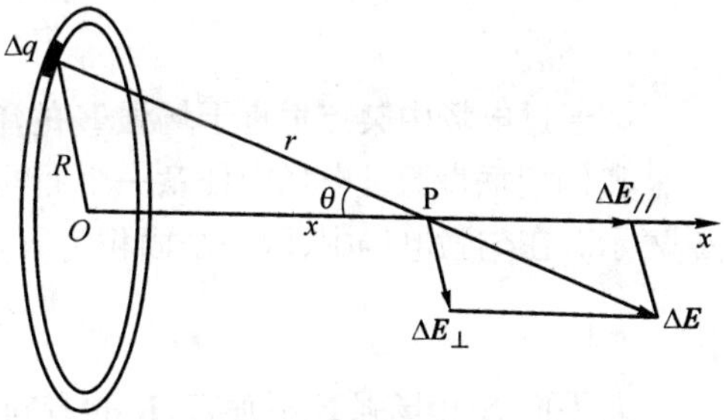

图 5-3　均匀带电圆环轴线上的场强

$\boldsymbol{r}_0$ 为 Δq 到场点 P 的单位矢量，由于电荷分布的对称性，圆环上各 Δq 在 P 点场强的分布也是对称的，故可将 $\Delta\boldsymbol{E}$ 分解为平行于 x 轴的分量 $\Delta E_{/\!/}$和垂直于 x 轴的分量 $\Delta E_{\perp}$。各个电荷元在 P 点的 $\Delta E_{\perp}$是相互抵消的，故有

$$\sum\Delta E_{\perp}=0$$

P 点的场强大小

$$E=\sum\Delta E_{/\!/}=\sum\Delta E\cos\theta=\frac{k\lambda\cos\theta}{r^2}\sum\Delta l=k\frac{q\cos\theta}{r^2}=k\frac{qx}{(x^2+R^2)^{3/2}}$$

E 的方向沿 x 轴方向。下面讨论几个特殊点的情况：① 若 $x\approx 0$，则 $E\approx 0$，表明环心处的场强为零；② 若 $x\gg R$，则 $E\approx\dfrac{1}{4\pi\varepsilon_0}\dfrac{q}{x^2}$，这时可把圆环看作点电荷，远离环心处的场强近似等于点电荷的场强。

第二节 静电场中的高斯定理

为了更形象地描述静电场，本节在介绍电场线和电场强度通量的基础上，导出描述静电场性质的基本定理——高斯定理(Gauss's law)，并利用高斯定理计算对称分布电场的场强。

一、电场线 电通量

在电场中画出一系列的有方向的曲线，要求曲线上的任一点的切线方向都与电场在该点的电场强度的方向一致；并且曲线密集的地方，电场强度大，曲线稀疏的地方，电场强度小，这些假想的曲线称为**电场线**(lines of electric field)。电场的分布和性质可用电场线直观、形象地加以描述。

为了让电场线的疏密可以定量反映电场强度的强弱，对电场线的密度做如下规定：在电场中的任一点，作一个与该点场强 $\boldsymbol{E}$ 垂直的面积元 $\mathrm{d}S$，由于 $\mathrm{d}S$ 很小，可以认为 $\mathrm{d}S$ 面上各点的 $\boldsymbol{E}$ 都相同，且通过这个面积元 $\mathrm{d}S$ 的电场线数为 $\mathrm{d}\Phi$，使之满足如下关系

$$E=\frac{\mathrm{d}\Phi}{\mathrm{d}S} \tag{5-7}$$

即通过电场中某点垂直于场强 $\boldsymbol{E}$ 的单位面积的电场线条数就等于该点处场强 $\boldsymbol{E}$ 的大小。

我们把垂直通过电场中任意一个面的电场线总条数，称为通过该面的**电通量**(electric flux)，用 Φ 表示。在匀强电场中，取一个面积为 S 和场强 $\boldsymbol{E}$ 垂直的平面，通过该面的电通量为

$$\Phi=ES \tag{5-8}$$

若平面 S 和场强 $\boldsymbol{E}$ 不垂直，$\boldsymbol{E}$ 的方向与该面单位法线矢量 $\boldsymbol{n}$ 的正方向的夹角为 θ；同时引入面积矢量 $\boldsymbol{S}$，规定其大小为 S，方向为该面单位法线矢量 $\boldsymbol{n}$ 的正方向，有 $\boldsymbol{S}=S\boldsymbol{n}$。如图 5-4(a)，则通过该平面 S 的电通量为

$$\Phi=ES\cos\theta=\boldsymbol{E}\cdot\boldsymbol{S} \tag{5-9a}$$

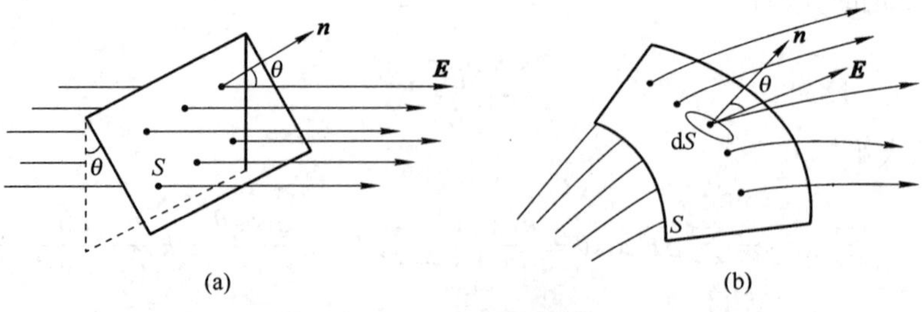

图 5-4 电通量的计算

如果要确定通过非匀强电场中任意曲面的电通量，则可把曲面分割成无限多个面积元矢量 $\mathrm{d}\boldsymbol{S}$，在每个面积元上场强是均匀的。假设 $\mathrm{d}\boldsymbol{S}$ 的法线 $\boldsymbol{n}$ 与该处场强 $\boldsymbol{E}$ 成 θ 角，见图 5-4(b)。

则通过面积元 $\mathrm{d}S$ 的电通量为

$$d\Phi = E\cos\theta dS = \boldsymbol{E}\cdot d\boldsymbol{S} \tag{5-9b}$$

所以通过任意曲面 S 的电场强度通量为

$$\Phi = \iint_S E\cos\theta dS = \iint_S \boldsymbol{E}\cdot d\boldsymbol{S} \tag{5-9c}$$

若 S 为闭合曲面，则有

$$\Phi = \oiint_S \boldsymbol{E}\cdot d\boldsymbol{S} \tag{5-9d}$$

电通量的单位是 $N\cdot m^2\cdot C^{-1}$。

一般来说，可任意选取曲面的法线正方向，但对闭合曲面来说，规定曲面上任意点的法线正方向取垂直指向曲面外部。依此规定，对于闭合曲面，当电场线从曲面内向外穿出时，θ 为锐角，$\cos\theta$ 为正，Φ 为正；电场线从外部穿进曲面内时，θ 为钝角，$\cos\theta$ 为负，Φ 亦为负；即穿出闭合面的电场线的条数为正，穿入闭合面的电场线的条数为负。所以，通过闭合曲面的电通量是穿进和穿出该曲面的所有电场线条数的代数和。

二、高斯定理及其应用

既然电荷激发的电场可以形象地用电场线描述，那么，对一定量的电荷，通过某一给定闭合曲面的电场线数(或者说电通量)也应该是一定的，这两者之间必有确定的关系，高斯定理就阐述了这个关系。下面就从讨论闭合曲面的电通量出发，应用库仑定律和场强叠加原理推导出高斯定理。

首先讨论通过包围一个正点电荷 q 的球面的电通量。以 q 为球心作一半径为 r 的球面，如图 5-5。

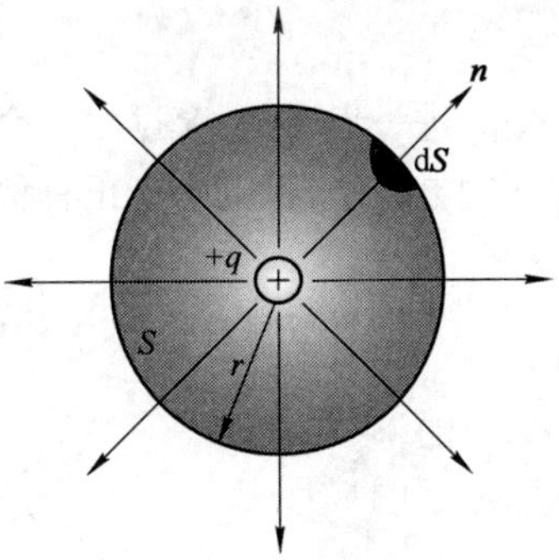

图 5-5 通过球面的电通量

由点电荷场强公式(5-3)可知，球面上各点场强 $\boldsymbol{E}$ 的大小均为

$$E = \frac{1}{4\pi\varepsilon_0}\frac{q}{r^2}$$

球面上各点场强方向都沿该点法线 $\boldsymbol{n}$ 的方向向外。在球面上任取一面积元 $d\boldsymbol{S}$，则其正法线 $\boldsymbol{n}$ 的方向和场强 $\boldsymbol{E}$ 的方向相同，即面积元 $d\boldsymbol{S}$ 与场强 $\boldsymbol{E}$ 垂直。根据式(5-9b)，通过 dS 的电通量为

$$d\Phi = \boldsymbol{E}\cdot d\boldsymbol{S} = EdS = \frac{1}{4\pi\varepsilon_0}\frac{q}{r^2}dS$$

那么通过整个球面的电通量为

$$\Phi = \oiint_S \frac{1}{4\pi\varepsilon_0}\frac{q}{r^2}dS = \frac{1}{4\pi\varepsilon_0}\frac{q}{r^2}\oiint_S dS = \frac{1}{4\pi\varepsilon_0}\frac{q}{r^2}4\pi r^2$$

故有

$$\Phi = \frac{q}{\varepsilon_0} \tag{5-10}$$

即通过整个球面的电通量等于闭合球面所包围的电荷量 q 和 ε_0 的比值，电通量为正，而与球

面半径无关;若球面内包围的是一个负点电荷,球面上各点场强方向与该处法线 $\boldsymbol{n}$ 方向相反,电通量为负值。

如果是任意形状的闭合曲面包围点电荷,如图 5-6(a)所示闭合曲面 S_1 的情况,仍能证明式(5-10)成立。这表明对于通过包围点电荷 q 的任意形状的闭合曲面的电通量与曲面特点无关,其大小都为 q/ε_0。

如果点电荷位于闭合曲面外,从图 5-6(b)中可看出,进入这个闭合曲面的电场线条数等于穿出这个闭合曲面的电场线条数,故通过该闭合曲面的电通量为零。由此可知,在电场中所选闭合曲面内没有电荷或所包围电荷的正负电量代数和为零(闭合曲面内没有净电荷)时,通过此闭合曲面的电通量必为零,仍能满足通过闭合曲面的电通量等于$\dfrac{q}{\varepsilon_0}$的结论。

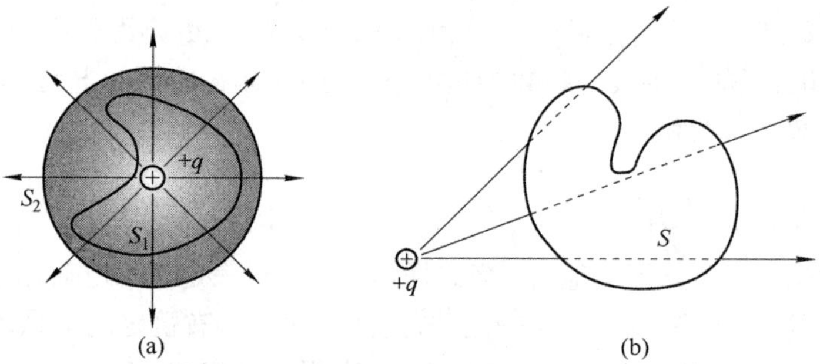

图 5-6 通过任意闭合曲面的电通量

进一步讨论,穿过由 n 个点电荷 q_1, q_2, …, q_n 组成的点电荷系所激发的电场内任意闭合曲面的电通量,且电荷有正有负。由场强叠加原理和上面的讨论可知,通过任意闭合曲面的电通量为

$$\Phi=\oint_S \boldsymbol{E}\cdot \mathrm{d}\boldsymbol{S}=\oint_S \boldsymbol{E}_1\cdot \mathrm{d}\boldsymbol{S}+\oint_S \boldsymbol{E}_2\cdot \mathrm{d}\boldsymbol{S}+\cdots+\oint_S \boldsymbol{E}_n\cdot \mathrm{d}\boldsymbol{S}=\frac{q_1}{\varepsilon_0}+\frac{q_2}{\varepsilon_0}+\cdots+\frac{q_n}{\varepsilon_0}$$

即

$$\Phi=\oint_S \boldsymbol{E}\cdot \mathrm{d}\boldsymbol{S}=\frac{1}{\varepsilon_0}\sum_{i=1}^{n} q_i \qquad (5-11)$$

式(5-11)中 q_i 根据电荷本身的正、负取正值或负值。它表明,**在真空静电场中,穿过任意闭合曲面的电通量等于该闭合曲面所包围的所有电荷电量的代数和除以 $\boldsymbol{\varepsilon_0}$**,这就是真空中静电场的**高斯定理**(Gauss's law)。高斯定理中选取的闭合曲面常称作高斯面。要说明的是公式中的 $\boldsymbol{E}$ 是高斯面内、外所有激发电场的场源电荷产生的场强的叠加,而 $\sum q_i$ 只是高斯面内的电荷电量的代数和(即高斯面内的净电荷),高斯面外的电荷对高斯面产生的电通量为零,但高斯面外的电荷仍是场源电荷的一部分;穿过任意高斯面的电通量只与高斯面内的电荷有关,与电荷分布情况及高斯面的形状均无关。

高斯定理不仅适用于点电荷或点电荷系,也适用于电荷连续分布的任意带电体,高斯定理可写成如下形式

$$\Phi=\oint_S \boldsymbol{E}\cdot \mathrm{d}\boldsymbol{S}=\frac{1}{\varepsilon_0}\iiint_V \rho \mathrm{d}V$$

V 是任意闭合曲面所包围的带电体的体积，ρ 为电荷体密度。

高斯定理反映了静电场是有源场的重要特征，它比库仑定律更深刻地揭示了场的物理实质。高斯定理为场强的确定提供了新的思路方法，利用高斯定理确定对称分布电荷所激发的具有一定对称性电场的场强，非常方便实用。在下面的例题中，首先进行电荷及电场分布的对称性分析，然后应用高斯定理确定场强。

特别指出的是，高斯定理虽然是在库仑定律的基础上得出的，但高斯定理要比库仑定律更基础，应用范围更广泛。库仑定律只适合于静电场，而高斯定理不但适合于静电场，在变化的电场中也成立，它也是电磁场理论的基本定理之一。

例 5-3　求距无限长均匀带正电、电荷面密度为 σ、半径为 R 的金属圆筒轴线为 r 处的电场强度 $\boldsymbol{E}$。

解　因为带电体的电荷分布是轴对称的，故激发的电场分布也具有轴对称性。场强的方向沿垂直于圆筒轴的径向向外，到圆筒轴线距离相等的各点场强大小相等。

任取一点 P，P 点到圆筒轴线的垂直距离为 r，如图 5-7 所示，以无限长圆筒的轴为轴、以 r 为半径作一高度为 l 的封闭圆柱面 S 为高斯面，高斯面上各点处的场强大小相同。

由于场强方向与高斯面 S 的上、下底面的法线方向垂直，故通过高斯面两底面的电通量为零；高斯面的侧面各点法线方向与该点场强方向相同，即 $\cos\theta=1$，且场强大小相等，通过侧面的电通量为

$$\Phi=ES\cos\theta=2\pi r l E$$

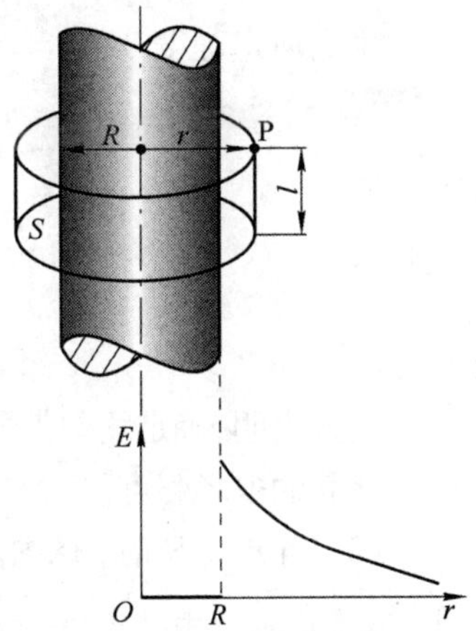

图 5-7　无限长均匀带正电金属圆筒的场强分布

这就是通过整个高斯面的电通量。

(1) 当 $r<R$ 时，即圆筒内的情况。

高斯面所包围的电量为零，由高斯定理得

$$\Phi=2\pi r l E=\frac{1}{\varepsilon_0}\sum_{i=1}^{n}q=0$$

所以　$$E=0$$

(2) 当 $r\geqslant R$ 时，即圆筒外的情况。

高斯面所包围的电量为 $\sigma 2\pi R l$，由高斯定理得

$$\Phi=\frac{q}{\varepsilon_0}$$

$$\Phi=2\pi r l E=\frac{\sigma 2\pi R l}{\varepsilon_0}$$

所以　$$E=\frac{\sigma R}{r\varepsilon_0}$$

若用 λ 表示圆筒每单位长度上的电量，则

$$\lambda=\frac{q}{l}=\frac{2\pi R l\sigma}{l}=2\pi R\sigma$$

则上式可写为

$$E=\frac{1}{2\pi\varepsilon_0}\frac{\lambda}{r}$$

由此可见,无限长均匀带电圆筒的内部场强为零;对圆筒外各点,就像其所带电荷全部集中均匀分布在其轴线上的线电荷一样。场强的大小随各点到带电圆筒轴线的距离 r 的变化关系见图 5-7。

例 5-4 已知一个半径为 R、均匀带正电量为 q 的球体,求球体内部和外部任意点的电场强度 $\boldsymbol{E}$。

解 因为均匀带电球体的电荷分布具有球对称性,故场强分布也一定是球对称的,即与带电球体同心的同一球面上各点的场强大小相等,场强的方向沿着球的半径指向外部。以 r 为半径,作带电球体的同心球面为高斯面,高斯面上各点处的场强大小相同。

(1) 当 $r\geqslant R$ 时,球体外的场强。

如图 5-8 所示,在高斯面上任取一点 A,高斯面内所包围的电荷为 q。由于高斯面上各点的场强大小相等,且任意一点的场强方向与该点的法线方向相同,即 $\cos\theta=1$, 所以通过高斯面的电通量为

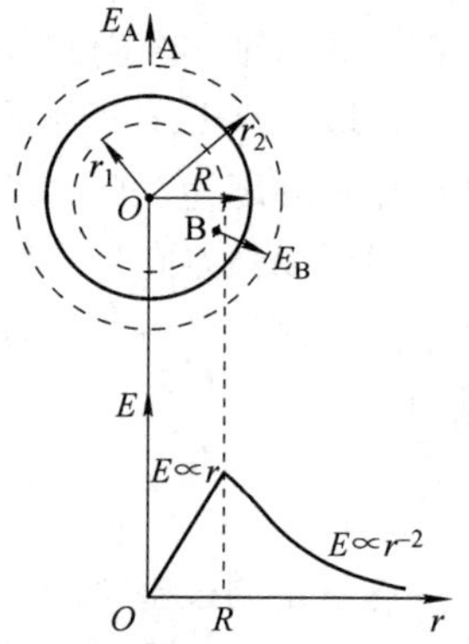

图 5-8 均匀带正电球体的场强分布

$$\Phi=\oiint_S \boldsymbol{E}_A\cdot d\boldsymbol{S}=E_A\oiint_S dS=E_A\cdot 4\pi r^2$$

由高斯定理得

$$E_A\cdot 4\pi r^2=\frac{q}{\varepsilon_0}$$

$$E_A=\frac{1}{4\pi\varepsilon_0}\frac{q}{r^2}$$

上式表明,确定均匀带电球体或球壳外的场强时,可以等同于带电体所带的电量集中在球心时所建立的电场强度。

(2) 当 $r<R$ 时, 球内场强分布如图 5-8 所示,在球内任取一点 B。高斯面所包围的电荷为 $\frac{4}{3}\pi r^3\rho$,其中 $\rho=\dfrac{q}{\frac{4}{3}\pi R^3}$

通过高斯面的电通量为

$$\Phi=\oiint_S \boldsymbol{E}_B\cdot d\boldsymbol{S}=E_B\oiint_S dS=E_B\cdot 4\pi r^2$$

由高斯定理可得

$$E_B\cdot 4\pi r^2=\frac{q}{\varepsilon_0}=\frac{\frac{4}{3}\pi r^3\rho}{\varepsilon_0}=\frac{1}{\varepsilon_0}\frac{\frac{4}{3}\pi r^3 q}{\frac{4}{3}\pi R^3}$$

所以

$$E_B = \frac{1}{4\pi\varepsilon_0}\frac{q}{R^3}r$$

均匀带正电球体的场强分布情况如图 5-8 的 $E-r$ 曲线所示。

从上面的例子可以看出，对于电荷分布具有一定对称性的，如球对称、轴对称、面对称以及导体表面附近等，保证选取的高斯面上的电场分布具有对称性或是均匀的，此时用高斯定理非常简洁地求得场强。

第三节 电势与电势差

电荷在电场中移动时电场力要对电荷做功，这说明电场具有能量，研究静电场力做功的特点，有助于深入了解静电场的性质。本节将从电场力做功出发，从能量的角度来定量地描述电场，并由此引入电势能和电势的概念。

一、电场力所做的功

真空中静止的点电荷$+q$，在其激发的电场中引入试验电荷 q_0，q_0 由 P_1 点经任一路径到达 P_2 点，如图 5-9 所示。在此过程中，电场力对 q_0 做功属于变力做功。为确定此功，我们可以把整个路径分成许多个元位移，任取一元位移 Δl，设 Δl 处的场强为 $\boldsymbol{E}$，两者的夹角为 θ，则静电力 $\boldsymbol{F}$ 在这一元位移上所做的元功为

$$\Delta A = \boldsymbol{F}\cdot\Delta\boldsymbol{l} = q_0 E\cos\theta\Delta l$$

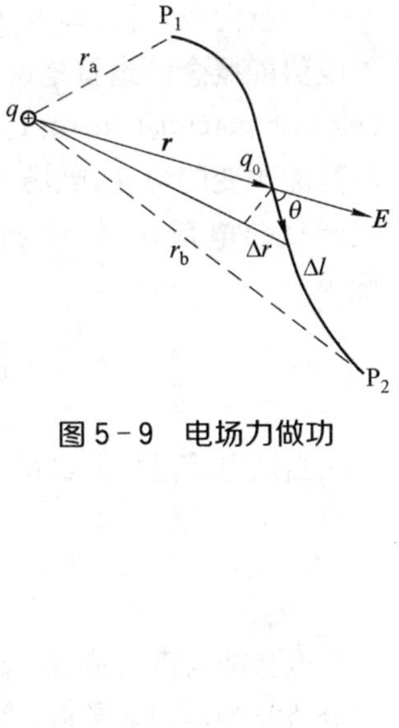

图 5-9 电场力做功

由于 $E = k\frac{q}{r^2}$，$\Delta r = \cos\theta\Delta l$，所以有

$$\Delta A = \frac{kq_0q}{r^2}\cos\theta\Delta l = \frac{kq_0q}{r^2}\Delta r$$

试验电荷 q_0 从 P_1 点移到 P_2 点的过程中，电场力所做的功为

$$A = \int_{P_1}^{P_2}\mathrm{d}A = q_0\int_{P_1}^{P_2}\boldsymbol{E}\cdot\mathrm{d}\boldsymbol{l} = \frac{qq_0}{4\pi\varepsilon_0}\int_{r_a}^{r_b}\frac{\mathrm{d}r}{r^2} = \frac{qq_0}{4\pi\varepsilon_0}\left(\frac{1}{r_a}-\frac{1}{r_b}\right) \tag{5-12}$$

式(5-12)中 r_a 和 r_b 分别是试验电荷 q_0 移动时的起点和终点距场源电荷$+q$ 的距离，说明试验电荷 q_0 从 P_1 点运动到 P_2 点的过程中，电场力对试验电荷 q_0 所做的功只取决于运动电荷的始末位置，而与路径无关。

这个结论可以推广到点电荷系和任意带电体所产生的电场，当试验电荷 q_0 在电场运动时，电场力对试验电荷 q_0 所做的功均与路径无关。由此得出如下结论：**试验电荷在静电场中移动时，静**

电场力对它所做的功仅与试验电荷 q_0 及起点和终点位置有关,而与试验电荷所经历的路径无关。这结论说明了静电场的一个重要特性,即**静电场的保守性**(conservatism in electrostatic field),它表明静电场力是保守力,静电场是保守力场。

如果试验电荷 q_0 在静电场中沿任一闭合路径 L 绕行一周,根据式(5-12)可知,电场力所做的功为零,即

$$A = q_0\oint_L \boldsymbol{E}\cdot \mathrm{d}\boldsymbol{l} = q_0\oint_L E\cos\theta\,\mathrm{d}l = 0$$

上式中试验电荷的电量 q_0 不为零,故公式成立的条件是

$$\oint_L \boldsymbol{E}\cdot \mathrm{d}\boldsymbol{l} = 0 \tag{5-13}$$

式(5-13)的左端是场强 $\boldsymbol{E}$ 沿闭合路径的线积分,称为场强 $\boldsymbol{E}$ 的环流。由此可见,在静电场中,场强 $\boldsymbol{E}$ 的环流等于零,这称为静电场场强环流定理。表明静电场是无旋场,电场线是不闭合的。

二、电势与电势差

(一) 电势能

与重力场一样,静电场是保守力场,也可像在重力场中引入重力势能一样,在静电场中可引入电势能概念。也就是说,电荷在电场中的任一位置都具有一定的势能,这个势能称作**电势能**(electric potential energy)。电势能是电荷之间的相互作用能,用符号 W 表示。电场力做功就是电势能改变的量度,电场力做了多少功,电势能就改变多少。在图 5-9 中,设 W_{P_1} 和 W_{P_2} 分别表示试验电荷 q_0 在 P_1 点和 P_2 点的电势能,q_0 在电场中从 P_1 点移到 P_2 点时,电势能的改变量为

$$W_{P_1} - W_{P_2} = A = q_0\int_{P_1}^{P_2} \boldsymbol{E}\cdot \mathrm{d}\boldsymbol{l} = q_0\int_{P_1}^{P_2} E\cos\theta\,\mathrm{d}l$$

当点电荷是场源电荷时,上式可写为

$$W_{P_1} - W_{P_2} = \frac{qq_0}{4\pi\varepsilon_0}\left(\frac{1}{r_a} - \frac{1}{r_b}\right) \tag{5-14}$$

电势能与重力势能一样,是一个相对量。要确定电荷在电场中某点电势能的大小,必须先选定电势能为零的参考点。零电势能点的选取是任意的,在场源电荷分布在有限区域内的情况下,常选取无穷远处的电势能为零,即 $W_\infty = 0$,在实际问题中常选取大地的电势能为零。在式(5-14)中,取无穷远处的电势能为零,把 P_2 点放在无穷远处,试验电荷 q_0 在电场中任意点 P_1 的电势能就可表示为

$$W_{P_1} = A_{P_1\infty} = q_0\int_{P_1}^{\infty} \boldsymbol{E}\cdot \mathrm{d}\boldsymbol{l} = q_0\int_{P_1}^{\infty} E\cos\theta\,\mathrm{d}l$$

即试验电荷 q_0 在电场中任意点 P_1 的电势能 W_{P_1} 在数值上等于将 q_0 从 P_1 点移到无穷远处电场力所做的功。当点电荷 q 是场源时,则有

$$W_{P_1}=\frac{qq_0}{4\pi\varepsilon_0 r_a} \tag{5-15}$$

电势能的单位是焦耳(J)。

(二) 电势

由式(5-15)可知，电场中某点电势能的大小，不仅与激发电场的场源和场点位置有关，还与试验电荷 q_0 有关，但比值$\frac{W_{P_1}}{q_0}$是与 q_0 无关的，只与电场本身在该场点的性质有关的量，就可用这一比值反映电场中给定点的性质，定义这个比值为**电势**(electric potential)，用符号 V 表示，这样电场中任意点 P_1 的电势为

$$V_{P_1}=\frac{W_{P_1}}{q_0}=\int_{P_1}^{\infty}\boldsymbol{E}\cdot \mathrm{d}\boldsymbol{l}=\int_{P_1}^{\infty}E\cos\theta\,\mathrm{d}l \tag{5-16}$$

由式(5-16)可知，静电场中某点的电势大小等于单位正电荷在该点所具有的电势能，或等于将单位正电荷从该点移到无穷远处的过程中电场力所做的功，与试验电荷是否存在无关。所以，我们说电势是从能量角度描述静电场性质的重要物理量。

电势是标量，单位为伏特(V)，$1\ \mathrm{V}=1\ \mathrm{J}\cdot\mathrm{C}^{-1}$。电势和电势能一样都是相对量，其零位置的选取方法与电势能相同。

(三) 电势差

电场中任意两点的电势之差称为**电势差**(potential difference)，又称**电压**(voltage)。由式(5-16)可知电场中任意两点 P_1 与 P_2 间的电势差为

$$V_{P_1P_2}=V_{P_1}-V_{P_2}=\frac{W_{P_1}-W_{P_2}}{q_0}=\frac{A_{P_1P_2}}{q_0}$$

$$V_{P_1P_2}=V_{P_1}-V_{P_2}=\int_{P_1}^{P_2}\boldsymbol{E}\cdot \mathrm{d}\boldsymbol{l} \tag{5-17}$$

即电场中任意两点 P_1 与 P_2 间的电势差，等于单位正电荷在 P_1 与 P_2 两点所具有的电势能之差，或者等于把单位正电荷从 P_1 点移到 P_2 点时电场力所做的功。

如果知道了 P_1、P_2 两点间的电势差，可以很方便地确定把电荷 q_0 从电场中的 P_1 点移到 P_2 点时，电场力所做的功为

$$A_{P_1P_2}=q_0V_{P_1P_2}=q_0(V_{P_1}-V_{P_2}) \tag{5-18}$$

电势差和电势的单位相同。

(四) 电势叠加原理

在点电荷系激发的电场中，某点的电势等于各个点电荷单独存在时在该点产生的电势的代数和，这一结论称作静电场的**电势叠加原理**(superposition principle of electric potential)。

(五) 电势的计算

有关电势的计算，就以下三种情况进行讨论。

1. **点电荷电场中的电势** 点电荷 q 激发的电场中,选取无穷远处为零电势点,任一点 P 到场源 q 的距离为 r_P,由式(5-15)和(5-16)可得点 P 的电势为

$$V_P=\frac{W_P}{q_0}=\frac{q}{4\pi\varepsilon_0 r_P} \tag{5-19}$$

由式(5-19)可知,当 $q>0$ 时,电场中各点的电势均为正值,随 r_P 的增加而减小;当 $q<0$ 时,电场中各点的电势均为负值,随 r_P 的增加而增大,无穷远处电势仍为零。

2. **点电荷系电场中的电势** 如果是由 n 个点电荷组成的点电荷系激发的电场,各电荷分别是 $q_1, q_2, \cdots, q_n$。选取无穷远处为零电势点,任一点 P 到场源 q_i 的距离为 r_{iP},根据电势叠加原理,P 点电势为

$$V_P=\frac{1}{4\pi\varepsilon_0}\sum_{i=1}^{n}\frac{q_i}{r_{iP}} \tag{5-20}$$

3. **电荷连续分布的任意带电体电场中的电势** 若场源是电荷连续分布的带电体,则把带电体分成无限多个电荷元 dq,每一个电荷元在电场中任一点 P 产生的电势(选取无穷远处为零电势点)为

$$\mathrm{d}V_P=\frac{\mathrm{d}q}{4\pi\varepsilon_0 r_P}$$

根据电势叠加原理,可得 P 点的电势则为所有电荷元在该点电势的叠加,即

$$V_P=\frac{1}{4\pi\varepsilon_0}\int_0^q\frac{\mathrm{d}q}{r} \tag{5-21}$$

式(5-21)中 r 为 P 点到 dq 的距离。若电荷元为线元,则 $\mathrm{d}q=\lambda\mathrm{d}l$, λ 是电荷线密度;若电荷元为面积元,则 $\mathrm{d}q=\sigma\mathrm{d}S$, σ 是电荷面密度;若电荷元为体积元,则 $\mathrm{d}q=\rho\mathrm{d}V$, ρ 为电荷体密度。

例 5-5 求电偶极子电场的电势分布。已知电偶极子中两点电荷 $+q$、$-q$ 间的距离为 l。

解 设场点 P 到 $+q$、$-q$ 的距离分别为 r_+、r_-, P 到电偶极子连线中点 O 的距离为 r,如图 5-10 所示。

选取无穷远处为零电势点,根据电势叠加原理,P 点的电势为

$$V=V_+ +V_- =k\left(\frac{q}{r_+}+\frac{-q}{r_-}\right)=kq\,\frac{(r_- - r_+)}{r_+ r_-}$$

因为 $r\gg l$,有

$$r_+ r_- \approx r^2,\ r_- - r_+ \approx l\cos\theta$$

θ 为 OP 连线与 l 之间的夹角,整理后可得

$$V=k\,\frac{ql\cos\theta}{r^2}=k\,\frac{p\cos\theta}{r^2} \tag{5-22}$$

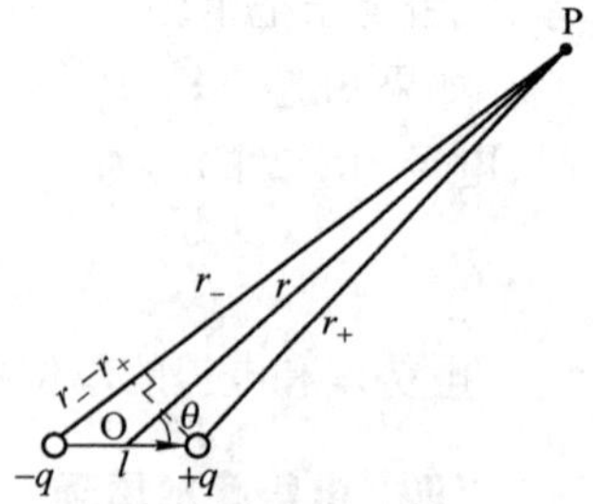

图 5-10 电偶极子电场中的电势

例 5-6 求例 5-2 中 P 点的电势。

解 如图 5-11 所示,以 x 表示从环心到 P 点的距离, dq 表示在圆环上任意选取的线段元 dl

上的电荷元。由式(5-21)可得P点的电势为

$$V_P=\frac{1}{4\pi\varepsilon_0}\int_0^q\frac{dq}{r}=\frac{1}{4\pi\varepsilon_0 r}\int_0^q dq=\frac{1}{4\pi\varepsilon_0}\frac{q}{\sqrt{x^2+R^2}}$$

当 $x\gg R$ 时，$\sqrt{x^2+R^2}\approx x$，则

$$V_P=\frac{1}{4\pi\varepsilon_0}\frac{q}{x}$$

由上述结果可知，在距圆环很远处，可以把整个带电圆环看成是一个电量集中在环心上的点电荷。

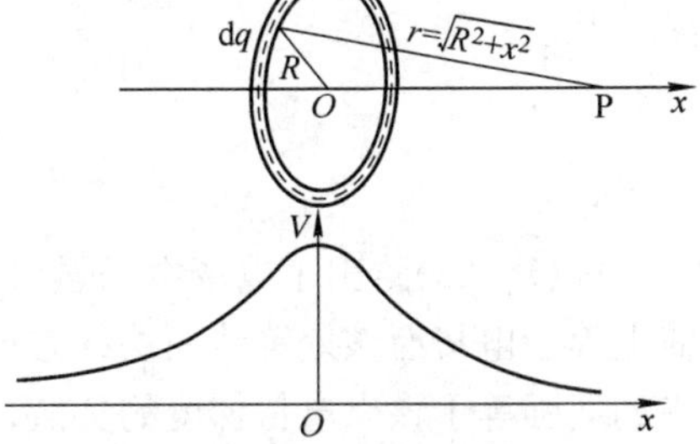

图5-11　均匀带电圆环轴线上的电势分布

三、电场强度与电势的关系

为了形象地描绘电场中电场强度的分布，我们引入了电场线的概念。现在为了直观形象地描述电场中电势的分布，引入等势面的概念。**等势面**(equipotential surface)是电场中电势相等的点所构成的面。在电场中，电荷沿等势面运动时，电场力对电荷不做功。

如图5-12所示，在静电场中选取两个靠得很近的等势面1和2，其电势分别为 V 和 $V+dV$，且 $dV>0$，a为等势面1上的一点，过a点作等势面1的法线 $\boldsymbol{n}$，$\boldsymbol{n}$ 和等势面2的交点是b，且法线 $\boldsymbol{n}$ 正方向指向电势升高的方向，用 $\boldsymbol{n}_0$ 表示法线方向的单位矢量，dn 表示1和2两等势面之间在a点处的法向距离ab。由于两等势面相距极近，可以认为 dn 段的场强 $\boldsymbol{E}$ 是不变的。现将一试验电荷 q_0 从等势面1上的a点沿任意位移方向移动 $d\boldsymbol{l}$ 到等势面2上的c点，则电场力所做的功为

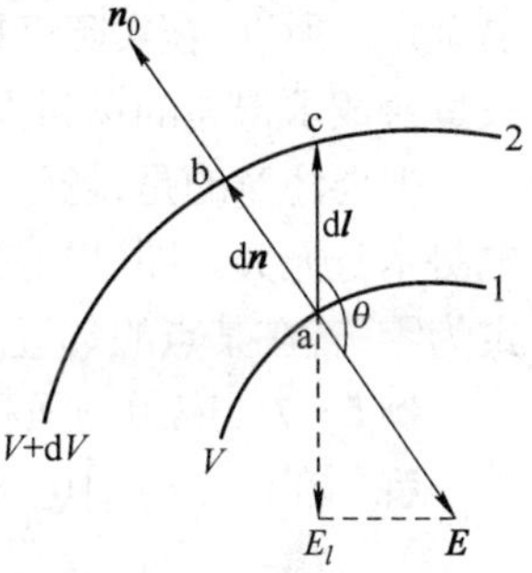

图5-12　电场强度与电势的关系

$$dA=q_0E\cos\theta dl$$

θ 是a点的场强 $\boldsymbol{E}$ 和 $d\boldsymbol{l}$ 的夹角，这个功也可以表示为

$$dA=q_0(V_a-V_c)=q_0[V-(V+dV)]=-q_0dV$$

由此得

$$q_0E\cos\theta dl=-q_0dV$$

$$E\cos\theta=E_l=-\frac{dV}{dl}$$

式中 E_l 表示场强 $\boldsymbol{E}$ 在 $d\boldsymbol{l}$ 方向上的分量，这个结果说明电场中给定点的场强沿某一方向上的分量等于电势在此点沿该方向变化率的负值。变化率 $\frac{dV}{dl}$ 又称为电势 V 沿 $d\boldsymbol{l}$ 方向的方向导数。显然，$\frac{dV}{dl}$ 的值随 $d\boldsymbol{l}$ 方向不同而变化。如果 $d\boldsymbol{l}$ 沿等势面的法线方向，由图5-12可见，从等势面1上的a点到等势面2上的任一点c的距离 dl 恒大于 dn，电势沿等势面法线方向上的变化率，较沿任何其他方向都大，这个变化率称为**电势梯度**(electric potential gradient)，其大小为 dV/dn，即电势 V 沿等势面正法线方向的导数，电势梯度是一个矢量，方向为法线 $\boldsymbol{n}$ 的方向。由等势面处处与电场

线正交的性质可知，场强 $\boldsymbol{E}$ 垂直于等势面，故 $\mathrm{d}V/\mathrm{d}n$ 就是场强 $\boldsymbol{E}$ 的大小，但方向与 $\boldsymbol{E}$ 的方向相反，即

$$\boldsymbol{E}=-\frac{\mathrm{d}V}{\mathrm{d}n}\boldsymbol{n}_0 \tag{5-23}$$

式(5－23)给出了电场中场强与电势之间的微分关系。它表明，电场中任意给定点的场强在数值上等于电势沿该处等势面法线方向的变化率，方向与法线方向相反。或者说，电场中任意给定点的场强等于该点电势梯度的负值，负号表示场强指向电势降落的方向。如果电荷分布均匀且具有一定对称性，即电场中某点的场强方向可以预先确定，只需再计算出电势在该方向上的微分值就可以了。但在一般情况下，需先选取适当的坐标系，求出电势梯度的各坐标分量，再求合矢量。对直角坐标系，由式(5－23)可得

$$E_x=-\frac{\partial V}{\partial x} \qquad E_y=-\frac{\partial V}{\partial y} \qquad E_z=-\frac{\partial V}{\partial z} \tag{5-24}$$

在实际应用中场强和电势间的关系非常重要。电势是标量，与场强是矢量相比，电势比较容易确定。所以，在实际问题中，一般是先计算电势，后根据式(5－24)求出场强的各个分量，最后由矢量合成求得总的场强大小和方向，这样可避免复杂的矢量运算。

但要注意的是，场强与电势的微分关系只说明某点场强与该点的电势变化率有关，而与该点电势本身无关。即已知某一点电势，但不足以确定该点的场强。例如，电势为零的点，其场强不一定为零；若在某点的邻近区域内电势是常数，则该点的场强一定为零。

例 5－7 应用场强和电势的关系，求例 5－2 中 P 点的场强。

解 在例 5－6 中已经得出例 5－2 中 P 点的电势的计算结果

$$V_{\mathrm{P}}=\frac{1}{4\pi\varepsilon_0}\int_0^q\frac{\mathrm{d}q}{r}=\frac{1}{4\pi\varepsilon_0 r}\int_0^q\mathrm{d}q=\frac{1}{4\pi\varepsilon_0}\frac{q}{\sqrt{x^2+R^2}}$$

根据对称性可知，场强 $\boldsymbol{E}$ 方向与 x 轴的正方向相同，从上式也可以看出轴线上电势 V 只是关于 x 的函数，$E_y=0$，$E_z=0$，所以有

$$E=E_x=-\frac{\partial V}{\partial x}=-\frac{\partial}{\partial x}\left(\frac{1}{4\pi\varepsilon_0}\frac{q}{\sqrt{x^2+R^2}}\right)$$
$$=\frac{1}{4\pi\varepsilon_0}\frac{qx}{(x^2+R^2)^{3/2}}$$

这个结果与例 5－2 所求结果完全相同。

第四节 静电场中的电介质

电介质即绝缘介质，如玻璃、琥珀、陶瓷等，它是非导体，其分子在电结构方面的特征是电子和

原子核间的引力相当大，两者结合得很紧密，电子处于束缚状态。但把电介质放到静电场中，在电场的作用下其电结构会发生变化，这种变化也会影响电场。本节讨论各向同性均匀电介质与外电场相互影响的规律。

一、电介质

任何分子都是一个复杂的带电系统，带有正电荷和负电荷，这些电荷分布在一个线度为 10^{-10} m(1 Å)的数量级的体积内，而不是集中在一点。但是，在离开分子的距离比分子本身线度大得多的地方，从效果上讲，可以认为分子中的正电荷集中于一点，这一点称为正电荷的"中心"。而负电荷也集中于另一点，这一点称为负电荷的"中心"。对于中性分子，由于其正电荷和负电荷的电量相等，故每个分子就可以看成是相隔一定距离的正、负点电荷"中心"所构成的电偶极子。电介质就是由大量的这种微小的电偶极子所构成的。

用 q 表示一个分子中的正电荷或负电荷的电量大小，用 $\boldsymbol{l}$ 表示从负电荷"中心"指到正电荷"中心"的长度矢量，则每个分子的电偶极矩为：$\boldsymbol{p}=q\boldsymbol{l}$。

按照电介质分子内部电结构的不同，可以把电介质分子分为两类。一类是**有极分子**(polar molecule)，如 SO_2、HCl、CO 等，在无外电场作用时，每个分子的正、负电荷的"中心"不重合。另一类是**无极分子**(nonpolar molecule)，如 He、H_2、O_2、CO_2 等，在无外电场作用时，每个分子的正、负电荷的"中心"重合。

二、电介质的极化　电极化强度

(一) 电介质的极化

在无外电场的情况下，由于无极分子的分子电矩为零，故无极分子电介质对外不显电性；而有极分子，虽然每个分子的电矩不为零，但由于大量分子不间歇地做无规则热运动，各个分子电矩的方向杂乱无章，因此对外也不显电性。

若把电介质放在外电场中，无论是有极分子还是无极分子都要产生电结构的变化，虽然对各向同性电介质，其内部无静电荷，但在电介质垂直外电场的两端表面上分别出现正、负电荷，这种电荷称为**极化电荷**(polarization charge)，又称**束缚电荷**(bound charge)。在外电场的作用下，电介质出现极化电荷的现象称为**电介质的极化**(electric polarization)。

1. *无极分子的极化*　无极分子组成的电介质，在外电场的作用下，无极分子的正、负电荷的"中心"向相反的方向产生一个微小的位移，如图 5-13 所示。这时，无极分子的正、负电荷的"中心"就不再重合，形成了一个电偶极子。对于整块电介质来说，由于每一个分子都形成了电偶极子，且电偶极子的电矩方向与外电场 $\boldsymbol{E}_0$ 的方向一致。这样就宏观看来，在电介质的表面上，一边出现了正电荷，另一边出现了负电荷。但是由于电子的质量比原子核小得多，故在外电场作用下，无极分子正、负电荷"中心"产生的相对位移主要是电子位移，因此，无极分子的极化常称作电子位移极化，简称为**位移极化**(displacement polarization)。

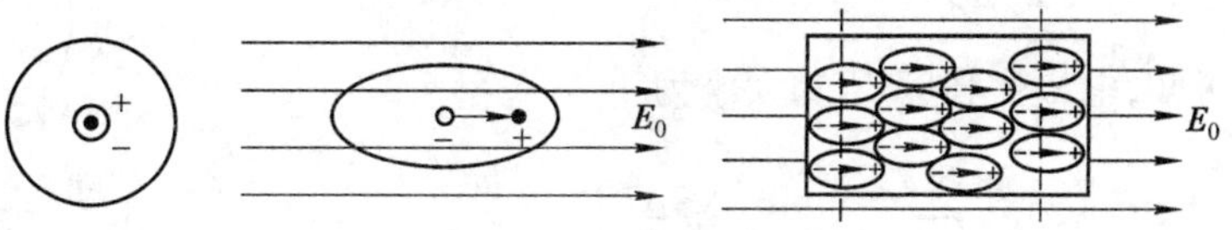

图 5-13　无极分子的极化

2. *有极分子的极化* 有极分子组成的电介质,在外电场的作用下,每个有极分子都要受到力矩的作用,如图 5-14 所示,这种作用使得分子电矩转向外电场方向,虽然由于分子无规则热运动的影响使得分子的电矩不能完全整齐地沿外电场方向排列起来,一般外电场越强则排列越整齐,但对整个电介质来说,其表面也产生了束缚电荷,发生了极化。有极分子的极化主要来自分子内部的电偶极矩方向的改变,所以,有极分子的这种极化称为**取向极化**(orientational polarization)。要说明的是,有极分子在取向极化的同时,也存在位移极化,但以取向极化为主。

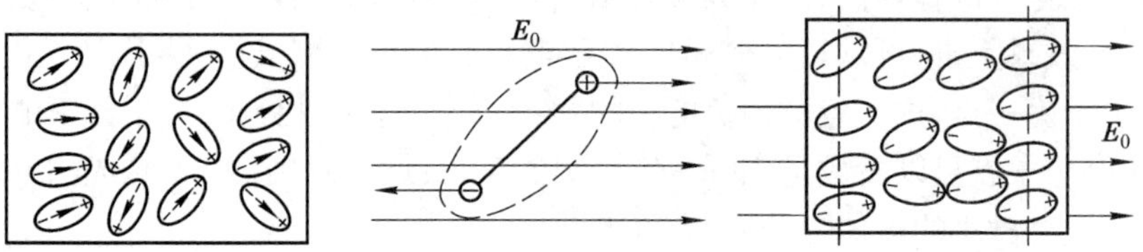

图 5-14 有极分子的极化

(二) 电极化强度

为了定量地描述电介质的极化程度,我们引入电极化强度矢量这个物理量。单位体积内分子电矩的矢量和定义为**电极化强度**(electric polarization),它是矢量,用 $\boldsymbol{P}$ 来表示,即

$$\boldsymbol{P}=\frac{\sum \boldsymbol{p}_{分子}}{\Delta V} \tag{5-25}$$

电极化强度的单位是 $C\cdot m^{-2}$。

电极化强度 $\boldsymbol{P}$ 除了与外电场有关,还与极化电荷所产生的电场有关。实验证明,对于大多数各向同性电介质,当电介质中的电场 $\boldsymbol{E}$ 不太强时,$\boldsymbol{P}$ 与场强 $\boldsymbol{E}$ 方向相同、大小成正比,这个关系可写为

$$\boldsymbol{P}=\chi\varepsilon_0\boldsymbol{E} \tag{5-26}$$

式(5-26)中比例系数 χ 称为电介质的**电极化率**(electric polarizability),在同样电场的作用下,不同的电介质 χ 值不同,表明不同电介质的极化程度不同,它反映了电介质材料属性,χ 是一个没有单位的纯数。对于真空,$\chi=0$,表示真空中无极化现象。

电介质的极化程度不同,产生的极化电荷多少也不同,因此,电介质的电极化强度与极化电荷之间一定存在关系。下面就来讨论这个问题。

在各向同性均匀的电介质中,取一圆柱体积元 ΔV,ΔV 的轴线与电极化强度 $\boldsymbol{P}$ 的方向一致,如图 5-15 所示。设小圆柱的长为 Δl,两底面的面积为 ΔS,两底面的极化电荷面密度为 $+\sigma'$ 和 $-\sigma'$,这样就可以把整个小圆柱看成一个大的电偶极子,其电矩大小为 $ql=\sigma'\Delta S\Delta l$。所以,$\Delta V$ 内所有分子的电矩矢量和的大小为

$$\left|\sum p\right|=\sigma'\Delta S\Delta l$$

由式(5-25)可知,电极化强度 P 的大小为

$$P=\frac{\left|\sum p\right|}{\Delta V}=\frac{\sigma'\Delta S\Delta l}{\Delta S\Delta l}$$

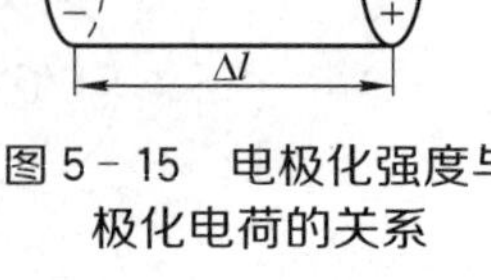

图 5-15 电极化强度与极化电荷的关系

即 $$P=\sigma' \tag{5-27}$$

式(5-27)表明,当各向同性均匀电介质处于极化状态时,在垂直于外电场的电介质两端面上所产生的极化电荷的面密度在数值上等于该处的电极化强度的大小。

三、电介质中的电场

在有外电场 $\boldsymbol{E}_0$ 的作用下,电介质将产生极化电荷,这些极化电荷也将在周围空间产生一个附加的电场 $\boldsymbol{E}'$,如图 5-16 所示。根据场强叠加原理,电介质内部某一点的总场强 $\boldsymbol{E}$ 应是外电场 $\boldsymbol{E}_0$ 和极化电荷产生的附加电场 $\boldsymbol{E}'$ 的矢量和,即

$$\boldsymbol{E}=\boldsymbol{E}_0+\boldsymbol{E}'$$

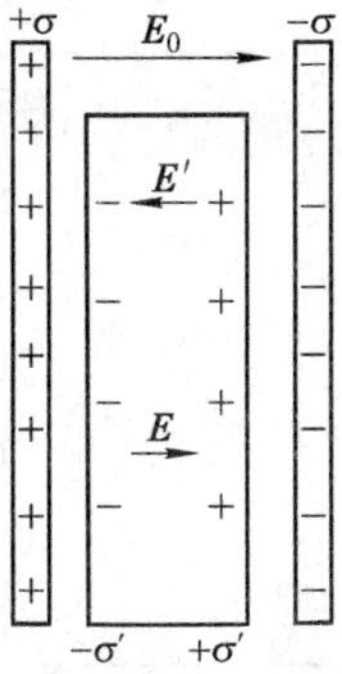

图 5-16
电介质中的电场

为了定量地描述电介质内部电场,在无限大平行板电容器电场中,充满各向同性均匀电介质。设电容器两极板上的电荷面密度分别为 $+\sigma$ 和 $-\sigma$,产生的场强为 $\boldsymbol{E}_0$。在外电场的作用下,电介质被极化,产生的极化电荷面密度为 $+\sigma'$ 和 $-\sigma'$,场强为 $\boldsymbol{E}'$。$\boldsymbol{E}'$ 与 $\boldsymbol{E}_0$ 的方向相反,如图 5-16 所示。因为

$$E'=\frac{\sigma'}{\varepsilon_0},\ P=\sigma'=\varepsilon_0\chi E$$

代入上式得

$$E=E_0-\frac{\chi\varepsilon_0 E}{\varepsilon_0}=E_0-\chi E$$

所以 $$E=\frac{E_0}{1+\chi}=\frac{E_0}{\varepsilon_r} \tag{5-28}$$

式(5-28)中,ε_r 称为电介质的**相对电容率**(relative permittivity),是一个没有量纲的纯数,其大小由电介质的性质决定,真空中 $\varepsilon_r=1$,其他任何电介质的 $\varepsilon_r>1$。式(5-28)表明,在各向同性均匀电介质充满整个电场的情况下,电介质中的场强是真空中产生的场强的 $\frac{1}{\varepsilon_r}$ 倍。

第五节　生物电现象

生物电现象是一切生物机体普遍具有的电现象,它与生命状态密切相关,是生命活动的基本过程之一。现代医学在临床上的许多常规检查如心电图(ECG)、脑电图(EEG)、肌电图(EMG)等,都是把记录到的不同形式的人体生物电现象作为判断各组织活动的生理或病理状态的重要指标。对生物电现象的探讨有助于我们认识生命的本质,本节介绍生物电的基础知识。

一、能斯特方程

细胞的电活动取决于细胞膜的离子行为,膜的主要功能是控制离子进出细胞,细胞膜电位取

决于细胞内外空间的不同离子组成和某些主要存在着的离子的选择通透性。细胞膜是一个半透膜，膜内外的电解液中存在着浓度不同的某些离子(表 5-1)，其中比较重要的是 K^+、Na^+ 和 Cl^-。细胞没有受到各种物理化学因素的刺激(如热、冷、光、气味等)作用而所处的状态称**静息状态**(resting state)，在静息状态下，细胞膜外带正电，膜内带负电；细胞膜外存在大量的 Na^+ 和 Cl^-，膜内有大量的 K^+。由于细胞膜内外的离子浓度差，造成细胞膜内外产生一定的电势差，这种电势差在生理学上称为**细胞跨膜电位差**，简称**膜电位**(membrane potential; resting potential)。生物膜电位是由于细胞膜内外离子浓度的不同而引起的，下面我们讨论反映膜电位的能斯特方程。

表 5-1 细胞内外的离子浓度(mol/L)

离子种类	细胞内浓度 C_1	细胞外浓度 C_2
Na^+	0.010	0.142
K^+	0.141	0.005
总 计	0.151	0.147
Cl^-	0.004	0.103
其他离子	0.147	0.044
总 计	0.151	0.147

如图 5-17(a)所示，用半透膜把某种电解质的浓溶液和稀溶液分隔开，设浓度 $C_1 > C_2$。假设半透膜只能容许正离子通过而负离子不能通过，那么，正离子将自浓度较高的左边向低浓度的右边扩散，但因受到左边过剩负离子的吸引，不能远离，结果使得正电荷在右侧逐渐积累，同时左侧出现过剩的负电荷，这样就形成了一个阻碍正离子继续扩散的电场 E，其场强随着正离子在右侧积累的增多而加强。当达到动态平衡时，在膜的两侧就形成了一定的电势差，称这个电势差为平衡电位，用 ε 表示，如图 5-17(b)所示。理论推导可得

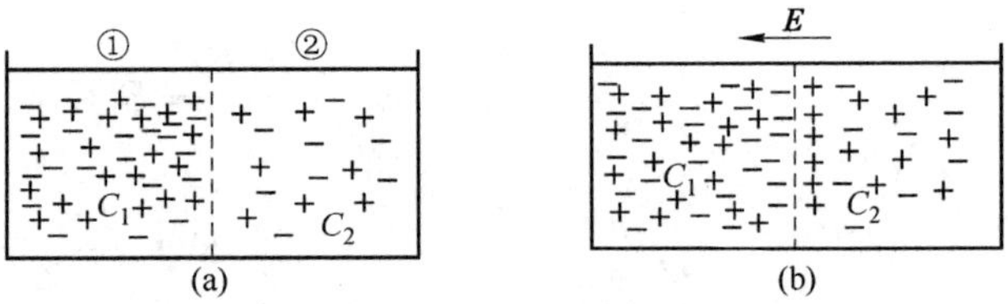

图 5-17 膜电位的产生

$$\varepsilon = \pm \frac{kT}{Ze} \ln \frac{C_1}{C_2} = \pm 2.3 \frac{kT}{Ze} \lg \frac{C_1}{C_2} (\mathrm{V}) \tag{5-29}$$

式(5-29)称为**能斯特方程**(Nernst's equation)，ε 又称**能斯特电位**(Nernst electric potential)。式中 k 是**玻耳兹曼常数**(Bolzmann constant)，T 是溶液的热力学温度，e 为电子电量，C_1 和 C_2 分别为半透膜两侧溶液的浓度。若是正离子迁移上式取负号，若负离子迁移则取正号。

若细胞是静息状态，当温度 $T=300$ K(27℃)时，将表 5-1 中 Na^+、K^+、Cl^- 的浓度和 k、T、e 等数据分别代入式(5-29)，可得三种离子产生的膜电位分别是：$\varepsilon_{K^+}=-89$ mV，$\varepsilon_{Na^+}=70$ mV，$\varepsilon_{Cl^-}=-86$ mV。

理论计算结果和实际测得的 Cl^- 离子膜电位 -85 mV 相比较，ε_{Cl^-} 正好处于平衡状态，即 Cl^- 通过细胞膜扩散出入的数目保持平衡。ε_{K^+} 的数值稍低于实际测得的值，说明仍有少量 K^+ 由膜内向膜外扩散；ε_{Na^+} 的数值和实际相差较多，这是因为在静息状态下细胞膜对 Na^+ 有少许的通透性。

所以，少量的 Na^+ 可以由浓度高的膜外向浓度低的膜内扩散。

二、静息电位 动作电位

细胞在不受外界干扰处于安静时，细胞膜内外两侧存在的电势差称为**静息电位**(resting potential)。一定类型的细胞，其静息电位值是一定的。静息电位的形成是由于细胞膜内外存在着离子浓度差、细胞膜对不同离子的通透性不同及钠泵的作用而引起的。

在静息状态下，K^+ 和 Cl^- 能通过细胞膜，而 Na^+ 的通透性很小。但是，细胞膜对 Na^+ 的通透性是会随着组织的兴奋性而改变的。当细胞受到刺激兴奋时，细胞膜对 Na^+ 通透性迅速增大。膜电位在静息电位的基础上发生一次迅速而短暂的、可向周围扩布的电位变化，这一电位变化称为**动作电位**(action potential)。动作电位可分为两个过程，**去极**(depolarization)过程和**复极**(repolarization)过程。

当细胞膜对 Na^+ 的通透性突然增大时，因为膜外 Na^+ 的浓度远高于膜内，且膜内的电位又比膜外低，结果就是 Na^+ 大量涌入细胞膜内，使得膜内正离子数迅速增多，膜内电位迅速升高。膜内电位的升高，反过来又阻碍了 Na^+ 由膜外向膜内的扩散运动，直至达到动态平衡时，膜内带正电，膜外带负电，膜的极化状态发生逆转，膜电位由原来的 −85 mV 迅速上升为 +60 mV 左右，这就是去极过程。此后细胞膜对 Na^+ 的通透性又恢复原状，同时随着膜电位的变化，K^+ 的通透性又突然升高，使大量 K^+ 向膜外扩散。这样，膜电位又从正值迅速下降为负值，直到恢复到原来的极化状态，这就是复极过程。动作电位与时间的关系，如图 5-18 所示。

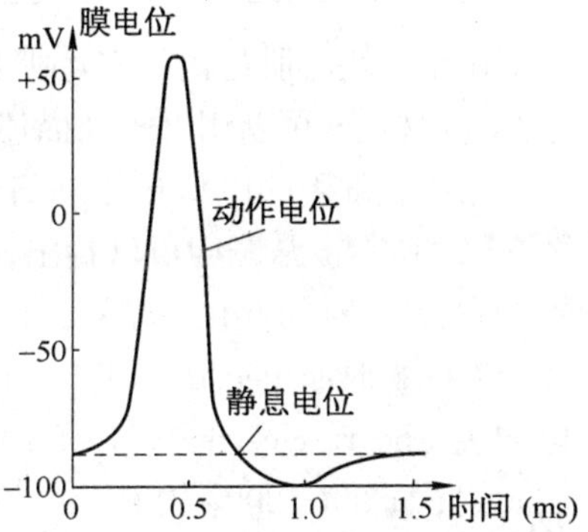

图 5-18 动作电位

细胞膜在受到刺激开始兴奋而产生动作电位的过程中，有大量的 Na^+ 从它的高浓度区扩散到低浓度区，即涌入膜内。但是，在静息状态下离子的浓度又保持不变。如何解释这一问题呢？人们提出了钠泵的假说，认为细胞膜存在一种类似于水泵工作的机制，称为**钠泵**(Na pump)，泵的作用是使 Na^+ 或 K^+ 逆着浓度差从低浓度区返回到高浓度区，以维持膜内外正常的离子分布。研究发现所谓钠泵就是镶嵌在膜脂质双分子层中的一种特殊蛋白质，它除了有对 Na^+、K^+ 的转运功能外，还具有三磷酸腺苷(ATP)酶的活性，可以分解 ATP 使之释放能量。

在正常生理情况下，每分解 1 个 ATP 分子，可以使 3 个 Na^+ 移出膜外，同时有 2 个 K^+ 移入膜内，从而产生流向膜外的电流，该电流又称动作电流或局部电流，它使细胞膜超极化，以维持细胞的静息电位。

第六节 心电的物理基础

一、心肌细胞的电偶极矩

心脏是由大量的形状细长的心肌细胞组成的，典型的心肌细胞长约 100 μm，宽约 15 μm，细胞膜厚度为 8～10 nm，是电的不良导体，膜内的细胞内液和膜外的细胞间液都是导电的电荷均匀分布的状态，这种状态称为**极化状态**(polarization state)，如图 5-19(a)所示，此时整个细胞对外不显示电性。当处于极化状态的心肌细胞，受到刺激而兴奋时，细胞膜对离子的通透性就会改变，从而产生动作电位，去极由兴奋处开始，沿着细胞向周围传播，如图 5-19(b)所示，由左向右传播，结果是膜内带正电，膜外带负电。在去极过程中，电荷分布不再均匀，整个心肌细胞相当于一个电偶极子，其电矩方向与去极的传播方向相同。去极是个极其短暂的过程，然后细胞又逐渐恢复到原来的内负外正的极化状态，这就是复极过程，如图 5-19(c)所示，此时细胞同样也相当于一个电偶极子，只是电矩方向与去极时的电矩方向相反。

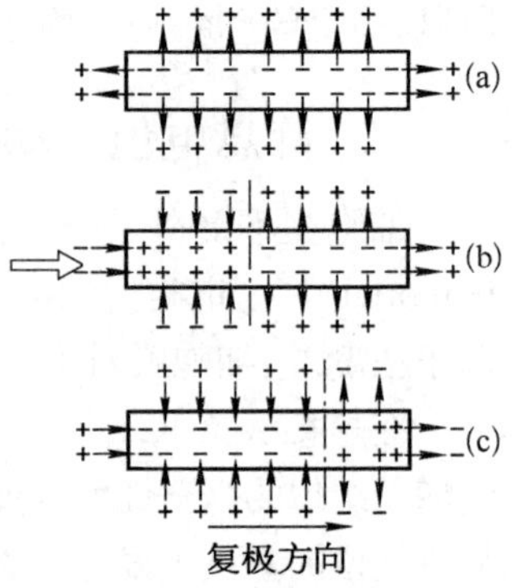

图 5-19　细胞的去极与复极

由此可见，在心肌细胞的去极和复极过程中，每个细胞相当于一个变化的电矩，会引起周围空间电势的变化。这一结论也是做心电分析的基础。

二、心电向量　心电向量环

由于一块心肌是由许多心肌细胞组成，每个心肌细胞相当于一个电偶极子，可以用电矩来描述。利用向量叠加的方法，可以把若干个心肌细胞的电偶极矩向量合成一个总的电偶极矩向量，如图 5-20 所示。从图中可以看出，各个小电偶的电矩大小和方向都不相同，且随时间变化，把这个电矩称为瞬时心电向量；把某一瞬间所有的瞬时心电向量的矢量和称为**瞬间综合心电向量**，简称**心电向量**(heart electricity vector)，又称**心电偶**(heart electricity couple)，如图 5-20 中的 $\boldsymbol{R}$。

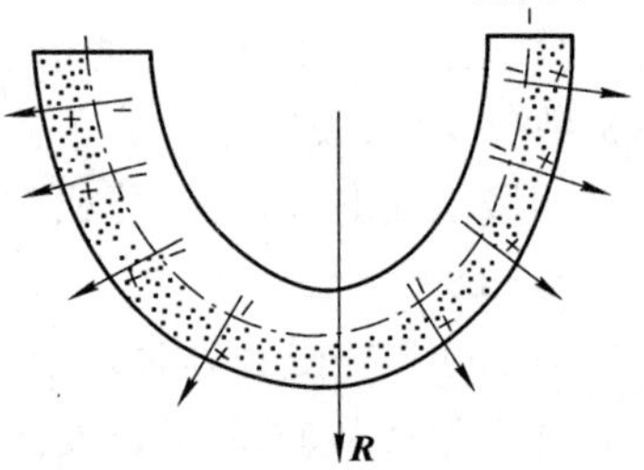

图 5-20　心肌去极面示意图

心脏是立体器官，心电向量的变化也是立体的。兴奋是连续和周期性在心脏中传播的，故心电向量的变化也是连续和周期性的。心电向量可用一定长度的带有箭头的线段来表示，箭头表示心电向量的方向。在整个心电周期中，连接所有瞬间综合心电向量的箭头所形成的环形轨迹，称作空间心电向量环即**心电向量环**(vectorcardiographic loop)。

临床上使用的心电向量诊断仪就可以测得心电向量环。心房去极过程中形成的向量环是 P 空间向量环，心室去极形成的向量环是 QRS 向量环，心室复极形成的向量环是 T 向量环。如图 5-21 所示。

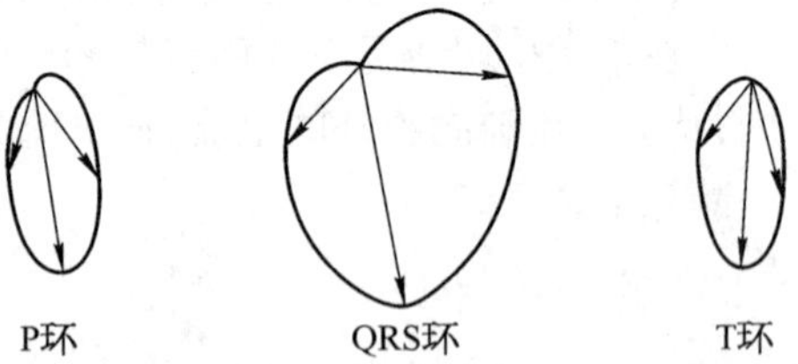

图 5-21　心电向量环

三、心电图波的形成

心肌兴奋时，每一瞬间都存在心电向量且随时间发生变化，这种变化会引起体表电位的改变。依据式(5-22)，体表电位的变化可表示为

$$V=k\frac{p\cos\theta}{r^2} \tag{5-30}$$

式(5－30)中，p 是瞬间综合心电向量(心电偶)的电矩，r 是电偶中心到探测点的距离，θ 是综合心电向量与导联轴的夹角。这种随心动周期而变化的体表电位，用 $V-t$ 曲线图表示出来，称为**心电图**(electrocardiogram，ECG)。如图 5－22 中，纵轴表示电位的大小，横轴表示时间，曲线显示出各瞬间的体表某点的电位大小。

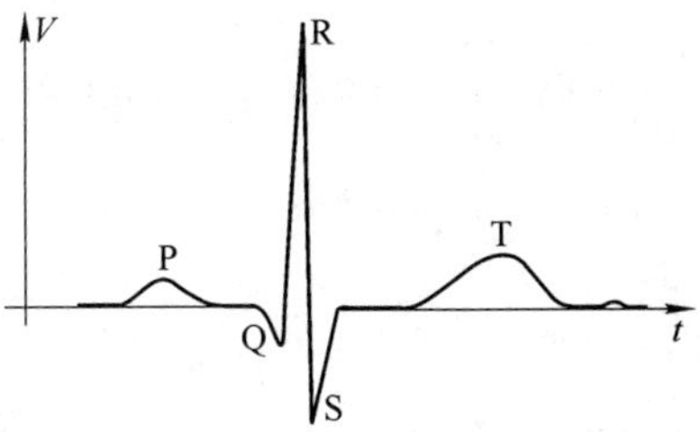

图 5－22　心电图波形

在临床上，心电图是一种检查心脏兴奋的产生、传播与恢复过程是否正常的重要方法，可用于诊断心脏疾病。

拓展阅读

静电在医药学中的应用

一、静电在药学中的应用

随着医学研究的进步和交叉学科的兴起，新材料作为药物载体的地位日益重要，20 世纪 90 年代兴起的静电纺丝合成纤维因在载药领域具有的独特优势引起了人们的关注。由于静电纺丝纤维直径小、表面积大、具有孔隙结构，可生物降解型聚合物所制备的电纺纤维还具有可生物降解性等特点，故被广泛应用于药物传输、组织工程、创伤敷料等领域。

静电纺丝以电流体动力学为基础合成纤维，多聚物溶液在强电场带电后，电场力克服液体表面张力，使针头液滴变为圆锥形"泰勒锥"，从毛细喷管口喷出，发射到接收板并聚集成丝。药物则通过溶解弥散于多聚物溶液后，以纤维包埋形式合成。

利用静电纺丝制得的高分子纳米纤维，作为一种良好的载药材料，其载药体系的优点是：可以通过调节药物释放速率而实现快速释放、延迟释放、缓慢释放或脉冲释放等目的；还可以通过改变载药纤维的孔隙率和亲水性等以改善药物溶出性能，从而提高药物的生物利用度，增加药物稳定性和减少给药次数等。目前，电纺载药纤维主要用在抗生素、抗癌、抗肿瘤、抗真菌类药物的释放上，此外还用于伤口护理、植入器材的包覆，以及手术后防止粘连和感染的纱布等。

二、静电在医学中的应用

目前被临床上广泛应用的电流离子透入法就是利用带电粒子在电场作用下产生迁移的原理，通过直流电把离子性药物经皮肤透入机体，这种方法具有药物和直流电的双重功效。例如，用两电极在机体中形成电场，阳极可把带正电的黄连素离子、普鲁卡因离子等透入人体内，阴极则可把带负电的碘离子、青霉素离子等透入体内。离子透入法可以直接把所需的离子药物作用于浅部病灶，对某些疾病有较好的疗效。表 5－2 列出几种离子透入药物的极性、适应证等。

离子透入疗法与针剂注射、一般口服药物等方法相比较，具有疗效高，能充分发挥药效，在体内作用的时间长，不会损伤皮肤，不会引起疼痛，不刺激胃肠道，易于被患者接受，具有药物和直流电的综合治疗作用等优点。

表 5-2 几种离子透入药物种类、极性、作用及适应证

作用物质	药液名称	浓度(%)	极性	主要作用	适应证
黄连素	黄连素液	0.5～1	+	对细菌有抑制和杀灭作用	化脓性感染、细菌性痢疾、前列腺炎、乳腺炎
五味子	五味子液	15～50	—	兴奋中枢神经系统，调节心血管功能，抑制杆菌	神经衰弱、嗜睡、盗汗、咳嗽、遗精、皮肤感染
川芎	川芎1号碱	0.8～3	+	使血管扩张	高血压病、冠心病
延胡索	延胡索液或其注射液	10 每次1～2 ml	+	有镇静作用	各种疼痛(神经痛、痛经、腰痛、头痛等)
虎杖	虎杖液	30	—	对杆、球菌有抑制作用	皮肤、黏膜及浅层组织感染、前列腺炎等
洋金花	洋金花总生物碱	0.5	+	扩张支气管平滑肌	支气管哮喘
氯霉素	氯霉素	0.25	+	抑菌作用	眼结膜、角膜炎、浅组织炎症
链霉素	硫酸链霉素	0.1	+	抗菌、杀菌作用	结核性疾病

现代医学临床检验也有静电知识的应用，如电泳。电泳是指电解质溶液中的带电微粒在外加电场作用下发生迁移的现象。人体内的组织液中除了有正负离子外，还有带电或不带电的胶体粒子，如果置在电场中，这些带电粒子都会产生迁移。这些溶解或悬浮在体液中的微粒可以是细胞、病毒、球蛋白分子或合成的粒子等，但不同的粒子有不同的分子量、体积、带电量，因此它们在电场作用下的迁移速度也各不相同，定量地研究它们在电场作用下的迁移速度，或者利用它们迁移速度不同来把样本中的不同成分分开，已经成为生物化学研究、制药以及临床检验的常用手段。例如，在临床医学检验中常用电泳的方法分清血清蛋白中所含的白蛋白和α、β、γ球蛋白的成分。

思考题

5-1 若把点电荷放在任一静电场中，由静止状态释放，点电荷是否一定沿着电场线运动？

5-2 若闭合曲面上的场强处处为零，则此闭合曲面内是否一定没有电荷？

5-3 当产生电场的全部电荷分布在有限区域内时，选无限远处的电势为零，说明下面几种情况下电势能的正负：(1) 正电荷(或负电荷)在正电荷的电场中；(2) 正电荷(或负电荷)在负电荷的电场中。

5-4 在均匀电场中，各点的电势是否相同？各点的电势梯度是否相同？

5-5 根据场强与电势梯度的关系，回答下面问题：(1) 场强为零处，电势是否一定为零？(2) 电势为零处，场强是否一定为零？(3) 在电势不变的区间内，场强是否为零？

5-6 简述产生静息电位的离子机制。

5-7 简述心电信号的产生过程。

习题

5-1　如图5-23所示，在直角三角形ABC的A点上有电荷$q'=1.8\times10^{-9}$ C，B点上有电荷$q''=-4.8\times10^{-9}$ C，且BC=0.040 m，AC=0.030 m，试求C点场强的大小和方向。

5-2　已知$r=8.0$ cm，$a=12$ cm，$q_1=q_2=\dfrac{1}{3}\times10^{-8}$ C，电荷$q_0=1.0\times10^{-9}$ C，见图5-24。求：(1) q_0从A移到B时电场力所做的功；(2) q_0从C移到D时电场力所做的功。

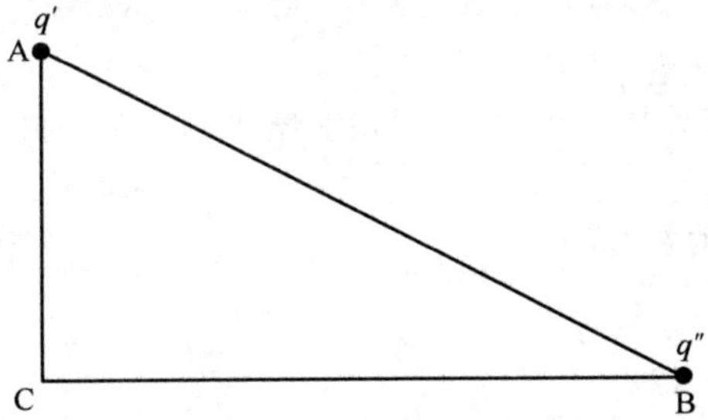

图5-23　习题5-1

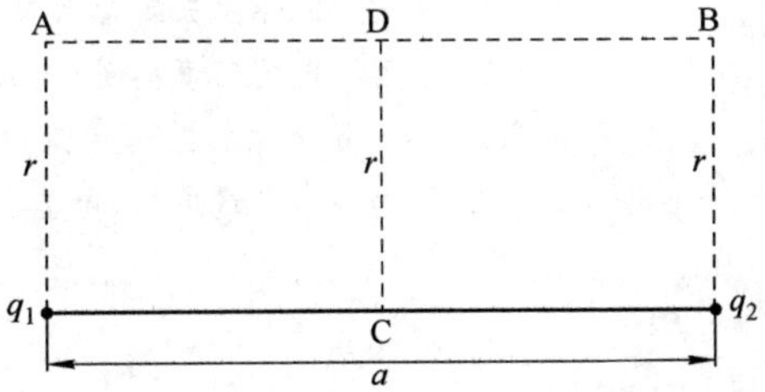

图5-24　习题5-2

5-3　半径为R的无限长直薄壁金属圆管，表面上均匀带正电，且单位长度带有电荷为λ，求离管轴垂直距离为r处的场强。

5-4　已知电荷面密度为σ、半径为R的均匀带正电球壳，试求球壳内、外电场强度和电势的分布规律。

5-5　两个半径分别为R_1和$R_2(R_2>R_1)$、带有等量异号电荷、单位长度上的电荷为λ的无限长同轴圆柱面，求离轴线垂直距离为r处的场强。

第六章　恒定电流与电路

导学

本章主要介绍恒定电流的基本概念、基本规律以及处理复杂电路的基本方法。

1. 掌握　基尔霍夫定律及其处理复杂电路的基本方法。

2. 理解　电流密度矢量、电流连续性原理及电流的恒定条件；电源电动势的概念；一段含源电路的欧姆定律。

3. 了解　惠斯通电桥、电泳、电疗的基本原理。

在生产和日常生活中，通常使用的电源有直流电源和交流电源两种。把这两种电源分别接在电路中，形成两种电路，即直流电路和交流电路。

第一节　电 流 密 度

一、电流强度

电荷在电场力的作用下做定向运动形成电流。电荷的携带者可以是不同的带电粒子，如金属导体中是自由电子，电解液中是正、负离子，导电的气体中是正、负离子和电子，半导体中是电子或空穴，这些带电粒子统称为载流子。电流的强弱用电流强度 I 来描述。单位时间内通过导体任一横截面的电量，称为**电流强度**(current intensity)。如果在 $\mathrm{d}t$ 时间内通过任一横截面的电量为 $\mathrm{d}Q$，则电流强度为

$$I=\frac{\mathrm{d}Q}{\mathrm{d}t} \tag{6-1}$$

习惯上把正电荷定向移动的方向规定为电流方向。如果导体中电流的方向不随时间而改变，称为**直流电**(direct current)；大小和方向都不随时间改变的电流称为**恒定电流**(steady current)。载有直流电的电路称为**直流电路**(DC circuits)。

电流强度的单位是安培(A)，除安培外还有毫安(mA)和微安(μA)。

二、电流密度

电流强度是一个标量,它决定于单位时间内通过导体任一横截面的电量。它只能描述导体中通过任一横截面电流的整体特征,但不能说明导体的各个截面内电流大小和方向的分布情况。为了更具体地了解导体中的电流分布,定量地研究导体中各点的电荷运动情况,我们引入电流密度这个物理量。设在通有电流的导体内某处取一微小的面积 ΔS,使 ΔS 与该处的场强 $\boldsymbol{E}$ 的方向垂直,如图 6-1 所示。则通过 ΔS 的电流强度 ΔI 与 ΔS 的比值,称为该处的**电流密度 $\boldsymbol{J}$**(current density),即

$$J=\frac{\Delta I}{\Delta S}$$

若把面积元 ΔS 取得无限小,则 $\boldsymbol{J}$ 的大小可以写成

$$J=\lim_{\Delta S\to 0}\frac{\Delta I}{\Delta S}=\frac{\mathrm{d}I}{\mathrm{d}S}\tag{6-2}$$

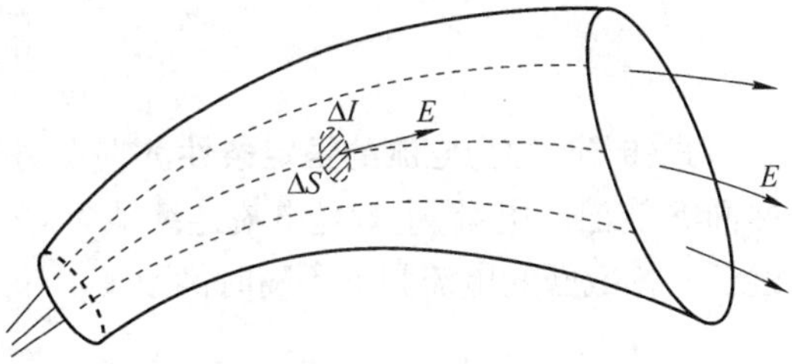

图 6-1　电流密度矢量

电流密度 $\boldsymbol{J}$ 在数值上等于通过该点单位垂直面积的电流强度,即单位时间内通过单位垂直面积的电量。电流密度是矢量,它的方向是在该点的正电荷运动方向,即该点的场强 $\boldsymbol{E}$ 方向。即

$$\boldsymbol{J}=\frac{\mathrm{d}I}{\mathrm{d}S}\boldsymbol{n}_0\tag{6-3}$$

式(6-3)中,$\boldsymbol{n}_0$ 表示某点处正电荷运动方向的单位矢量。

电流密度的单位是安·米$^{-2}$($\mathrm{A\cdot m^{-2}}$)。由上述定义可知流过某截面的电流强度为

$$I=\iint_S \boldsymbol{J}\cdot\mathrm{d}\boldsymbol{S}$$

式中 $\mathrm{d}\boldsymbol{S}$ 为在该点处的任一面积元。若面积元 $\mathrm{d}\boldsymbol{S}$ 的正法线与电流密度矢量方向之间的夹角为 θ,则上式可写成

$$I=\iint_S \boldsymbol{J}\cdot\mathrm{d}\boldsymbol{S}=\iint_S J\cos\theta\,\mathrm{d}S\tag{6-4}$$

由式(6-4)可知,电流强度 I 是对某一个导体截面而言,是一个标量;而电流密度 $\boldsymbol{J}$ 是对某一点而言,它是一个矢量,反映电流所在空间各点电荷流动的情况。也就是说,电流强度是电流密度的通量。

三、电流的恒定条件

设在导体内任意取一闭合曲面 S,规定闭合曲面的外法线方向为正。在没有分支电路时,如果通过的是恒定电流,那么通过导体中任意两个横截面的电流强度必定相等,即在单位时间内通过闭合曲面向外流出的电荷,应等于此闭合曲面内单位时间所减少的电荷。则有

$$I=\oiint_S \boldsymbol{J}\cdot\mathrm{d}\boldsymbol{S}=-\frac{\mathrm{d}Q}{\mathrm{d}t}\tag{6-5}$$

式(6－5)称为电流的**连续性原理**(principle of continuity)。

导体中产生恒定电流的必要条件是：① 导体内有可以移动的自由电荷；② 导体两端有恒定的电势差，即导体内部必须存在恒定不变的电场。电场在空间的分布与电荷在空间的分布情况有关，我们在导体中任意取一闭合曲面 S，如果此闭合曲面内电荷分布不随时间变化，即

$$\frac{dQ}{dt}=0$$

由式(6－5)可得

$$\oint\!\!\!\oint_S \boldsymbol{J}\cdot d\boldsymbol{S}=0 \tag{6-6}$$

式(6－6)称为**电流的恒定条件**。它表明在单位时间内通过闭合曲面 S 流入的电量等于从闭合曲面 S 流出的电量，也就是电流连续地穿过任一闭合曲面。所以，在恒定电流的情况下，导体内通过任一横截面的电流强度不随时间改变。

第二节 一段含源电路的欧姆定律

一、电源 电动势

我们知道要使导体中产生恒定的电流，就必须在导体内维持一个恒定不变的电场，即导体两端保持不变的电势差。但就一段导体而言，在电场力的作用下，原来电势高的一端，其正电荷在减少，而电势低的一端正电荷在增多。因此，仅有静电力的作用是不能形成恒定电流的。欲获得恒定电流，必须有另外一条通路连接导体两端，使得正电荷在静电力作用下从电势高的一端移动到电势低的一端的同时，等量正电荷在另一种非静电力的作用下从低电势端移动到高电势端，从而形成恒定电流。能够提供这种非静电力的装置称为**电源**(power source)。电源是一种把其他形式的能量转化为电能的装置。不同类型的电源中，非静电力的本质是不同的，常用的电源有化学电池、光电池等。

如图6－2所示，每一电源都有正负两个极。正电荷由正极流出，经过外电路流入负极，然后在电源内非静电力作用下，正电荷从负极经电源内部流到正极。电源内部的电路称为内电路，电源以外的部分电路称为外电路，内、外电路组成闭合电路。在电源的作用下，电荷在闭合电路中不断地流动，形成电流。

用 $\boldsymbol{E}_k$ 表示单位正电荷在电源中所受的非静电力，我们把通过电源内部将单位正电荷由负极移到正极时非静电力所做的功称为电源的**电动势**(electromotive force)，用符号 ε 表示。即

$$\varepsilon=\int \boldsymbol{E}_k\cdot d\boldsymbol{l} \tag{6-7}$$

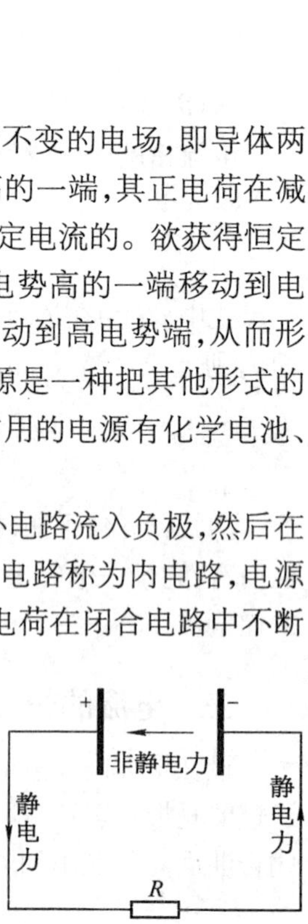

图6－2 电源

式(6－7)中 ε 是电动势，单位为伏特(V)。电动势是标量，为方便起

见，通常规定从电源负极经电源内部指向正极的方向为电动势方向。电源电动势的大小只取决于电源本身的性质。每个电源具有一定的电动势，而与外电路无关。

由于非静电力只存在于电源内部，将式(6-7)改写成绕闭合回路一周的环路积分，其积分值不变，即

$$\varepsilon=\oint_l \boldsymbol{E}_{\mathrm{k}}\cdot \mathrm{d}\boldsymbol{l} \tag{6-8}$$

它表示电源的电动势在数值上等于单位正电荷绕闭合回路一周时，非静电力所做的功。式(6-8)还表明 $\boldsymbol{E}_{\mathrm{k}}$ 沿闭合路径的环路积分不为零，这说明非静电力与静电力有本质的区别。

二、一段含源电路的欧姆定律

含有一个或几个电源的一段电路称为一段含源电路。在电路计算中，经常遇到需要计算一段含源电路的端电压的问题。图 6-3 中，ACB 就是一段含源电路。我们来讨论 A、B 两点的电势差，电流参考方向如图 6-3 所示，绕行方向由 A→B，然后用电路上电势变化的方法求 A、B 两点的电势差。即沿着选定的绕行方向(A→B)，当通过某一电路元件(电源或电阻)时发生电势降，则其电压值记为正；若为电势升，则其电压值为负，则图 6-3 中 A、B 两点的电势差为

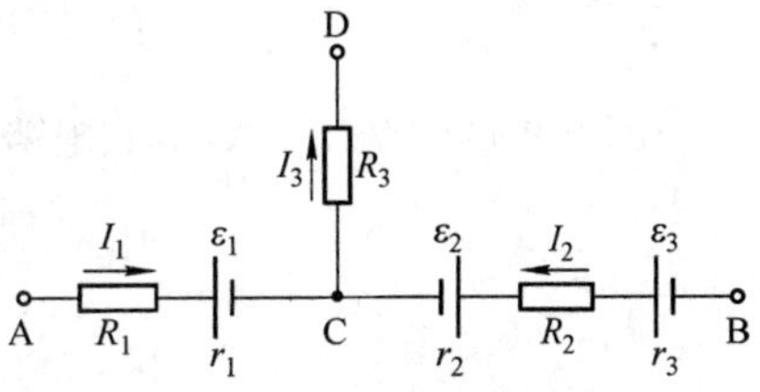

图 6-3　一段含源电路

$$U_{\mathrm{AB}}=V_{\mathrm{A}}-V_{\mathrm{B}}=I_1R_1+\varepsilon_1+I_1r_1-\varepsilon_2-I_2r_2-I_2R_2+\varepsilon_3-I_2r_3$$

即 $$U_{\mathrm{AB}}=(\varepsilon_1-\varepsilon_2+\varepsilon_3)+(I_1R_1+I_1r_1-I_2r_2-I_2R_2-I_2r_3)$$

写成普遍形式为

$$U_{\mathrm{AB}}=\sum\varepsilon+\sum IR \tag{6-9}$$

式(6-9)表明，**在含源电路中任意两点的电势差等于这两点间所有电源和电阻上的电势降落的代数和**，这就是**一段含源电路的欧姆定律**。在应用这一公式时，需注意 $\sum\varepsilon$ 和 $\sum IR$ 是按电势降落的约定来进行计算的。即当选定的绕行方向由电源的正极到负极时，则电源的电势降为正，记作 $+\varepsilon$，反之为 $-\varepsilon$；当选定的绕行方向与电阻的电流参考方向一致时，电阻的电势降为正，记作 $+IR$，反之为 $-IR$。电源内阻 r 的电势降处理方法与外电阻 R 完全相同。

例 6-1　在图 6-4 所示的电路中，电池电动势 $\varepsilon_1=2\ \mathrm{V}$，$\varepsilon_2=4\ \mathrm{V}$，电阻 $R_1=R_2=2\ \Omega$，$R_3=6\ \Omega$。求：(1) 电路中的电流强度 I 是多少？(2) A、B、C 相邻两点间的电势差是多少？

解　(1) ε_1 与 ε_2 的方向相反，且 $\varepsilon_1<\varepsilon_2$。设电路中电流方向为如图所示的逆时针方向。根据闭合电路欧姆定律，得

$$I=\frac{\varepsilon_2-\varepsilon_1}{R_1+R_2+R_3}=\frac{4-2}{2+2+6}=0.2\ \mathrm{A}$$

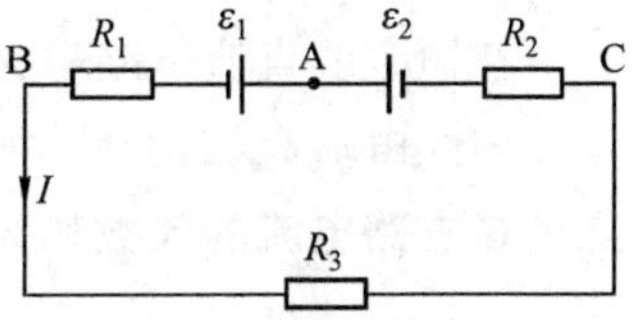

图 6-4　例 6-1 电路图

(2) 根据一段含源电路的欧姆定律，A 与 B 两点之间的电势差为

$$U_{AB}=V_A-V_B=\varepsilon_1+IR_1=2+0.2\times2=2.4\ \mathrm{V}$$

即A点的电势高于B点的电势。

若从ACB这一段电路来计算A、B两点的电势差，则有

$$U_{AB}=V_A-V_B=\varepsilon_2-IR_2-IR_3=4-0.2\times2-0.2\times6=2.4\ \mathrm{V}$$

其所得结果相同，但显然不如上种方法简单。在遇到实际问题时，要注意灵活应用，尽量做到简单方便。

同理A与C两点之间的电势差为

$$U_{AC}=V_A-V_C=\varepsilon_2-IR_2=4-0.2\times2=3.6\ \mathrm{V}$$

即A点的电势高于C点的电势。

B与C两点的电势差为

$$U_{BC}=V_B-V_C=IR_3=0.2\times6=1.2\ \mathrm{V}$$

即B点的电势高于C点的电势。

第三节 基尔霍夫定律

用欧姆定律只能处理一些简单的电路问题，而在许多实际电路中，经常需要解决一些比较复杂的电路问题，如图6-5所示是一个多回路电路也称分支电路。解决这类电路问题，如果应用基尔霍夫(Kirchhoff)定律计算，就比较方便。基尔霍夫定律由基尔霍夫第一定律和基尔霍夫第二定律组成。

一个复杂的直流电路通常是由多个电源和多个电阻连接而成，我们把由电源及电阻串联而成的无分支的通路称为**支路**(branch)，在同一支路中电流处处相等，图6-5电路中包含三条支路：BAFE、BE、BCDE。三条或更多支路的汇合点称为**节点**(node)，图中B点和E点为节点。两条或更多条支路构成的闭合通路称为**回路**(loop)，图中的支路组成三个回路：ABEFA、BEDCB及ABCDEFA。总之，在复杂电路中，相互连接的支路形成多个节点及多个回路。

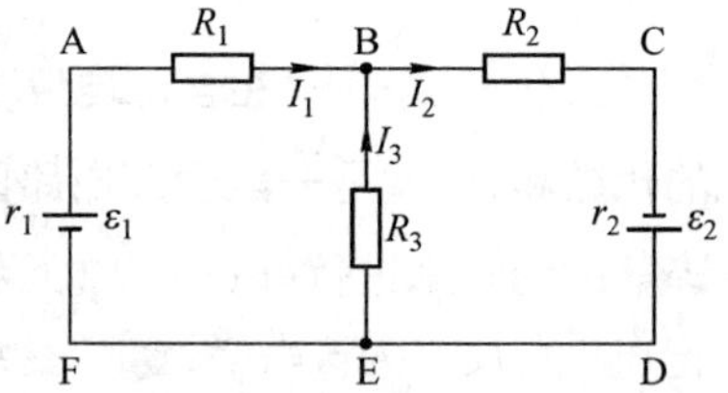

图6-5 分支电路

一、基尔霍夫第一定律

在恒定的直流电路中，根据电流的连续性原理，所有流进节点的电流之和应该与所有从该节点流出的电流之和相等。如果我们规定，**流进节点的电流为正，从节点流出的电流为负，则汇于节点的各支路电流的代数和为零**。若汇于节点的电流有 n 个，那么

$$\sum_{i=1}^{n}I_i=0 \qquad (6-10)$$

式(6-10)所表示的就是**基尔霍夫第一定律**(Kirchhoff first law)或**节点电流定律**(node current law)。

对于图6-5中B点,可以写出方程

$$I_1 - I_2 + I_3 = 0$$

对于E点可以写出方程

$$I_2 - I_1 - I_3 = 0$$

显然这两个方程中只有一个独立方程。一般说来,如果电路有 n 个节点,则可以写出 $(n-1)$ 个彼此独立的节点方程。

二、基尔霍夫第二定律

在直流电路中,每一点都有一个恒定的电势,并且不随时间变化。我们把关于一段含源电路的欧姆定律应用到闭合回路上,从电路中某点出发,沿回路绕行一周,再回到原点,则在绕行过程中各段电路电势差的代数和恒等于零。即A、B两点重合,$U_{AB}=0$,则有

$$\sum IR + \sum \varepsilon = 0 \tag{6-11}$$

式(6-11)表明,**绕任意闭合回路一周,电势降落的代数和等于零**。这就是**基尔霍夫第二定律**(Kirchhoff second law),也称**回路电压定律**(loop voltage law)。

在应用式(6-11)时,首先要选定回路的绕行方向,沿绕行方向确定各项前面的正负号。其符号规则与应用式(6-9)的规定相同。对于图6-5中的三个回路,选顺时针方向绕行可写出三个方程

$$-\varepsilon_1 + I_1R_1 + I_1r_1 - I_3R_3 = 0 \quad ①$$

$$-\varepsilon_2 + I_3R_3 + I_2R_2 + I_2r_2 = 0 \quad ②$$

$$-\varepsilon_1 - \varepsilon_2 + I_1R_1 + I_1r_1 + I_2R_2 + I_2r_2 = 0 \quad ③$$

显然将式①加式②可得到式③,式③不是独立的。因此,新选定的回路中,至少应有一段电路在已选回路中未曾出现过,这样列出的回路方程才是独立的。

基尔霍夫电压定律不仅应用于闭合回路,也可以推广应用于回路中的部分电路。应当注意的是,基尔霍夫两个定律具有普遍性,它们既适用于由各种不同元件所构成的电路,也适用于任一瞬时变化的电流和电压。

我们解分支电路的典型题目是已知全部电源及电阻的数据,求各支路的电流强度。因此,支路的条数即为未知电流个数。如果节点为 n,则根据基尔霍夫第一定律就可写出 $(n-1)$ 个独立节点方程。设未知电流数为 p,可适当选择 $(p-n+1)$ 个闭合回路,根据基尔霍夫第二定律列出回路方程。联立解此代数方程组就可以求出各支路的电流。

应用基尔霍夫定律解分支电路的步骤如下。① 假设汇于各节点的所有分支电路中的电流强度参考方向;② 对选定的闭合回路确定一个绕行方向,电路中 ε 和 IR 各项的符号按一段含源电路的欧姆定律的规定处理;③ 根据基尔霍夫第一、第二定律列出方程组,它们应是彼此独立的,其方程个数应与未知数个数相等,然后解方程组。

例6-2 求图6-6所示电路中的电流强度 I_1、I_2 和 I_3,以及A、D两点电势差 $V_A - V_D$。

解 假定的电流参考方向及沿闭合回路的绕行方向如图所示。应用基尔霍夫第一定律于B点，得到

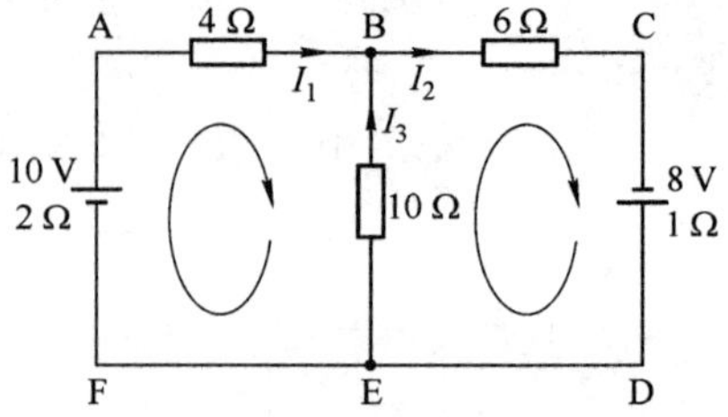

图 6-6 基尔霍夫定律的应用

$$I_1 - I_2 + I_3 = 0$$

应用基尔霍夫第二定律于闭合回路 ABEFA 和 EBCDE，得到

$$4I_1 - 10I_3 + 2I_1 - 10 = 0$$

$$10I_3 + 6I_2 + I_2 - 8 = 0$$

联立以上三个方程解得

$$I_1 = \frac{125}{86}\text{ A};I_2 = \frac{57}{43}\text{ A};I_3 = -\frac{11}{86}\text{ A}$$

在实际问题中，某些支路中电流的方向事先往往难于判断，可以暂时对每一支路的电流给一个假定的参考方向，但必须保证每一支路只有一个电流方向。如果某一支路中电流的计算结果为正值，说明事先假定的方向与电流的实际方向一致；如果算出某一支路的电流为负值，就说明事先假定的方向与电流的实际方向相反。在上面的结果中 I_3 带有负号，说明实际电流方向与图中原来假定的参考方向相反。

计算 $V_A - V_D$ 时，选取从 A 到 D 的走向可以是 ABCD 或 ABED 或 AFED。现在以走向 ABCD 为例。

$$\begin{aligned} V_A - V_D &= 4I_1 + 6I_2 + I_2 - 8 \\ &= 4 \times \frac{125}{86} + 6 \times \frac{57}{43} + \frac{57}{43} - 8 = \frac{305}{43}\text{ V} \end{aligned}$$

若以走向 ABED 来计算，可得同样结果。

$$V_A - V_D = 4I_1 - 10I_3 = 4 \times \frac{125}{86} - 10 \times \left(-\frac{11}{86}\right) = \frac{305}{43}\text{ V}$$

第四节 惠斯通电桥

惠斯通电桥(Wheatstone bridge)能够比较精确地测量电阻，是目前广泛使用的一种仪器，其结构如图 6-7 所示。

图中 R 为待测电阻，R_0 为已知电阻，AC 间是一根粗细均匀的电阻丝，其电阻值为 $R_1 + R_2$，R_g 是灵敏电流计 G 的内阻，D 是滑动触头，ε 为电源电动势，K 是开关。各支路电流方向如图所示。

电路中共有四个节点，应用基尔霍夫第一定律可写出三个电流方程，为第一组方程。

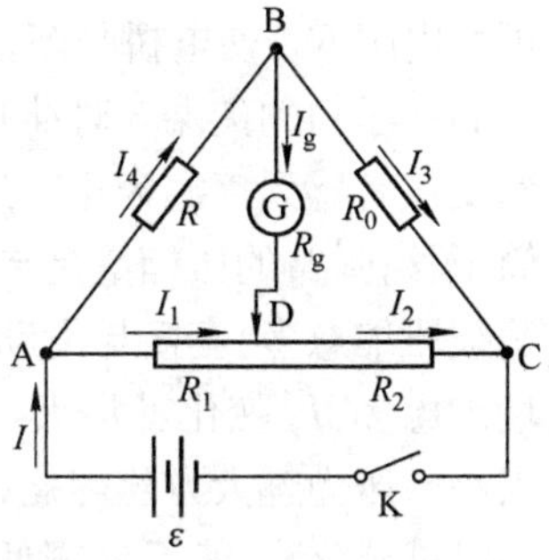

图 6-7　惠斯通电桥

对 A 点　　$I = I_1 + I_4$

对 B 点　　$I_4 = I_g + I_3$

对 D 点　　$I_g + I_1 = I_2$

此电桥电路中可取三个独立回路，应用基尔霍夫第二定律可建立三个回路电压方程，为第二组方程。回路均选取顺时针方向为绕行方向。

对 ABDA 回路　　$I_4R + I_gR_g - I_1R_1 = 0$

对 BCDB 回路　　$I_3R_0 - I_2R_2 - I_gR_g = 0$

对 ACεA 回路　　$I_1R_1 + I_2R_2 - \varepsilon = 0$

若已知电路中的电动势和各电阻之值，对于一般桥式电路，根据上述两组方程中的六个方程式，就可以解得各支路上电流的数值。R_g 的电流 I_g 为

$$I_g = \frac{(R_1R_0 - RR_2)\varepsilon}{RR_0(R_1+R_2) + R_1R_2(R+R_0) + R_g(R+R_0)(R_1+R_2)} \tag{6-12}$$

由式(6-12)可知，当 $R_1R_0 = RR_2$ 时，$I_g = 0$，此电桥称为**平衡电桥**(balance bridge)。利用它可测 R 的值，方法是先调节滑动触头 D 以改变 R_1 和 R_2 的比值，直到 $I_g = 0$。此时 $R_1R_0 = RR_2$，如果 R_0、R_1 与 R_2 为已知，则 R 就可用下式算出

$$R = R_0\frac{R_1}{R_2} \tag{6-13}$$

通常 AC 是一根粗细均匀的电阻丝，故 R_1/R_2 的比可以用相应的长度比 l_1/l_2 来代替，于是式(6-13)可写为

$$R = R_0\frac{l_1}{l_2}$$

当 $R_1R_0 > RR_2$ 时，$I_g > 0$，$V_B > V_D$，I_g 从 B 流向 D。当 $R_1R_0 < RR_2$ 时，$I_g < 0$，$V_B < V_D$，I_g 从 D 流向 B。只要 I_g 不为零，电桥称为不平衡电桥。不平衡电桥工作时，一般保持 R_1、R_2、R_0、R_g 及 ε 不变，只让 R 可变，则 I_g 只是随 R 的大小而变。在电流计的刻度盘上可以直接标明电阻值的大小。这样的不平衡电桥就可用来测量电阻，它不需要去调节平衡点和按公式去计算 R 的值。但是，在实际测量中，要想使 R_1、R_2、R_0、R_g、ε 都保持不变是非常困难的，故其精确度比平衡电桥差。

不平衡电桥常用来测量温度，可制成电阻温度计。通常用半导体材料制成珠状、片状等各种形式的电阻，这种电阻的特点是：当温度升高时，电阻值减小；温度降低时，电阻值增大，且反应非常灵敏，故称**热敏电阻**(thermistor)。若用热敏电阻代替电桥中的 R，并与被测温度的物体相接触，则当温度变化时，热敏电阻的阻值会随之变化，因而 I_g 的值也随之变化。不同的 I_g 值与不同的温度一一对应，我们就可以在电流计的表头上直接刻出相应的温度值。常用的半导体温度计就是根据不平衡电桥的原理制成的。此外，不平衡电桥还可用于其他测量和自动控制系统中。

弹簧压力测痛计是不平衡电桥的又一应用。其结构如图 6-8 所示，图中 OO′是绕在滑杆 1 上的电阻丝，电桥左臂的 a、b 两端分别与滑动触头 2 和 O 点连接。测痛前，先接通开关 K，然后调节

可变电阻 R_4,使电桥平衡,即灵敏电流计中的 $I_g=0$。再将对皮肤施加压力的尖端 3 对准测试部位,用手垂直压下外套筒 4,直到受试者感到疼痛为止。这时弹簧被压缩,滑动触头 2 便随套筒下移,弹簧的压缩量是与施加的压力成正比的,压力愈大,弹簧被压缩愈多,套筒与滑动触头下移也愈多,于是 ab 间的电阻增加愈多,I_g 变化就愈大。所以,I_g 的大小可用以衡量压力的大小。压力越大方感疼痛,表明被测试者的痛阈高;反之,压力小时就感疼痛,表示痛阈低。这种测痛计是研究中药或针刺麻醉效果的一种简易仪器,在用药或针刺前,先测出患者痛阈的高低;在用药或针刺后,再测其痛阈改变的程度,用数据来表明药物和针刺的镇痛作用,如此既直观又便于比较。

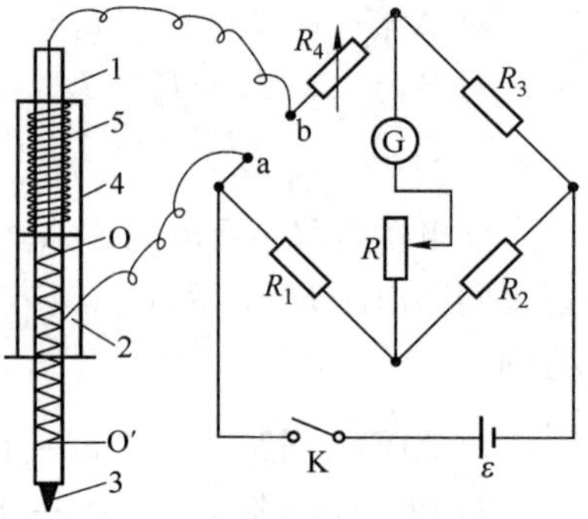

图 6-8 弹簧压力测痛计结构图

第五节 电泳 电疗

一、电泳

人体的细胞外液(组织液和血浆)中除了含有无机盐电解后的正、负离子外,还有带电或不带电的有机分子或悬浮胶粒,带电胶粒有细胞、病毒、球蛋白分子或合成粒子。在电场作用下,带电胶粒发生迁移的现象称为**电泳**(electrophoresis)。由于不同胶粒的分子量不同,体积不同,所带电量也不同,因此在电场作用下它们的迁移速度一般是不相同的。可以用电泳的方法将标本中的不同成分分开,这种方法已成为生物化学研究、制药及临床检验的常用手段。如血浆中包含有好几种蛋白质,有白蛋白、球蛋白、纤维蛋白原等。在电场作用下对血液进行电泳就可以把这一混合物的成分分开,并对它们进一步进行研究。较精细的电泳技术可以把人体血浆中多达 40 余种蛋白质分开。

图 6-9 是一种简单的电泳装置示意图,两个电极分别放在盛有缓冲液的两个容器内,把滤纸条的两端分别浸在缓冲液中,待滤纸全部被缓冲液润湿后将少量待测标本滴在滤纸上,然后将两电极与直流电源接通。在电场的作用下,标本中的带电胶粒开始泳动,由于不同胶粒的迁移速度不同,经过一段时间后,它们的距离就逐渐拉开。最后把滤纸烘干,进行染色。根据颜色的深浅来求得各种胶粒成分的浓度和所占的比例。例如,血清蛋白中含有白蛋白,α_1、α_2、β、γ 球蛋白等各种蛋白质,利用电泳技术就可以把这几种蛋白质分开,图 6-10、图 6-11 是正常血清电泳图谱和光密度扫描后电泳图谱。烘干滤纸后,进行染色,可见几条鲜明的色带。把色带一一剪下,并把它们分别溶于脱色剂中,再进行比色测定,就可求得各种蛋白质占蛋白质总量的百分率。正常参考值:Alb 为 57%～68%;α_1 为 1.0%～5.7%;α_2 为 4.9%～11.2%;β 为 7%～13%;γ 为 9.8%～

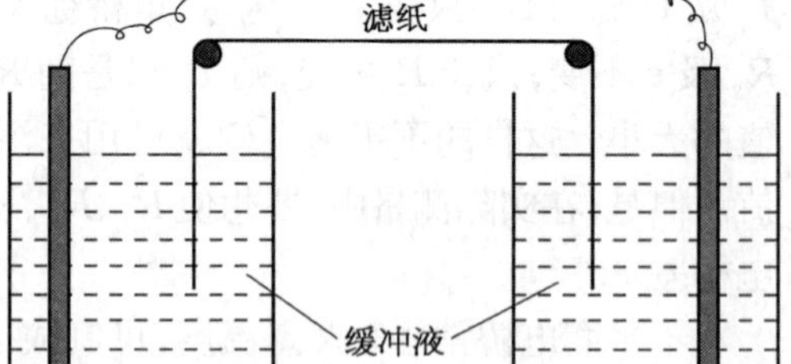

图 6-9 电泳装置

18.2%。

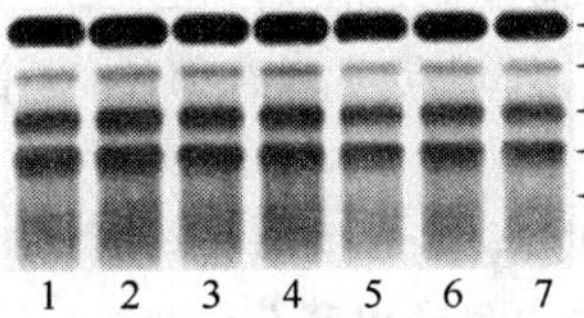

图6-10　正常血清电泳图谱

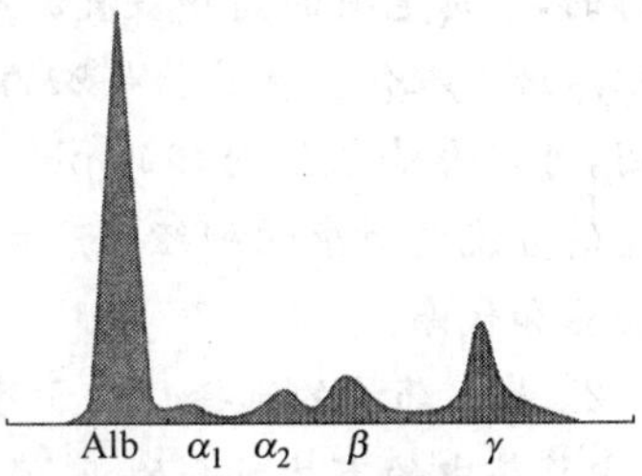

图6-11　光密度扫描后的正常血清电泳图谱

二、电疗

在临床上,利用直流电可以达到治疗某些疾病的作用,这种方法称为**电疗**(electrotherapy)。

(一) 直流电疗法

给机体通以较低电压的直流电来治疗疾病的方法称为直流电疗法。该疗法对静脉血栓有独特的作用,对骨愈合有显著疗效。其治疗作用主要有:扩张血管,促进局部血液循环;改变组织含水量;改善局部营养和代谢;调节自主神经或内脏功能;消炎镇痛作用;增强神经兴奋性;也能电解拔毛和除去皮肤赘生物等。

(二) 直流电离子导入疗法

利用直流电场将药物离子从皮肤引入机体的方法称为直流电离子导入疗法。这种方法兼有直流电和药物的双重治疗作用。具体的方法是:将欲引入人体的药物溶液浸湿滤纸或纱布衬垫,放在人体的相关部位,按照药物离子的极性,把药物衬垫放在相应的电极下。即阳离子药物衬垫必须放在阳极下,而阴离子药物衬垫则放在阴极下。另一不含药物的湿衬垫放在另一电极下。然后,通入直流电,便能使药物离子导入人体,经体液带至体内,达到治疗目的。

对药物的极性,一般可根据药物的化学结构式来分析,或用电泳法来测定。

离子导入疗法的特点是:可以使药物直接进入体表浅层部位,并在局部保持高的浓度,以增加疗效,特别是那些口服药物不易达到的部位。药物在皮肤内形成离子堆积,逐渐消散进入深部,因而在体内作用时间长。离子导入疗法不会损伤皮肤,不引起疼痛,不刺激胃肠道,具有电疗和药物的综合治疗作用。

拓展阅读

直流电中草药离子导入疗法

直流电药物离子导入疗法是一种西医疗法。近年来,在中西医结合治疗中,中草药直流电离子导入疗法得到了应用与推广。由于中草药离子导入疗效比较显著、无痛苦、安全、易操作,尤其在治疗骨科疾病上疗效突出,受到普遍关注。

1. 导入机制　直流电药物导入是利用直流电的电场作用和电荷同性相斥、异性相吸的特性来进行的，带负电荷的药物被直流电电场的负极推斥进入人体，带正电荷的药物被直流电电场的正极推斥进入人体。在药物导入的同时，直流电通过人体，在体内产生电解、电泳、电渗等一系列物理作用，可以影响组织内部的 pH、K^+、Na^+、Ca^+、Mg^{2+} 等的浓度，从而影响细胞膜的通透性。中小剂量的直流电对感觉神经会产生一定的镇痛作用，还能促使血管扩张，促进局部血液循环，改善局部营养和代谢。

2. 导入药液的选择　由于导入中草药液，是要通过离子导入仪的正、负两个电极进行的。因而，中草药中的有效成分的正、负极性也就变得重要了。下面介绍一些常用的中草药极性。

正极性药物：丹参、红花、三七、九里红、白屈菜、苦参、赤芍、地龙骨、吴茱萸、何首乌、黄连素、黄芩、黄柏、双钩藤、杜仲、田七、卤碱、川乌或草乌等。

负极性药物：毛冬青、鱼腥草、川芎、苍耳子、茅膏菜、淫羊藿、虎杖、陈醋、穿心莲、五味子、威灵仙、酸枣仁等。

3. 导入电极的选择　导入电极有铅板电极和导电橡胶电极，这两种电极各有优缺点。铅板电极的铅离子会与药物离子同时导入人体，铅进入人体后几乎再不能被排出体外，并对人体产生毒副作用。导电橡胶有弹性、不易与人体有效接触，且易老化，老化后变硬变脆，价格较高。目前使用的多是非金属电极，其价廉、无毒、可高温消毒、可随意弯折成各种形状、适应不同部位的需要。

4. 常用电流强度及波形的选择　中草药离子导入时，电流强度以作用极的衬垫面积计算。一般电流密度成人为 $0.04 \sim 0.1\ \mathrm{mA \cdot cm^{-2}}$，但因人因部位不同而不同，个别可达 $0.3\ \mathrm{mA \cdot cm^{-2}}$，最大不超过 $0.5\ \mathrm{mA \cdot cm^{-2}}$。电流强度的掌握，原则上以不引起刺痛、电灼伤为宜。

常用两种导入波形。① 平稳直流电药物导入法：这种方法采用平稳直流或恒定直流，在单位时间内，电流可以加得较大，因此导入药量较大，患者感觉很小，多在一些以药物离子导入为主要治疗手段时采用。② 脉冲直流电药物导入法：这种方法采用在平稳直流成分中，叠加一脉冲。由于脉冲直流的加入，在单位时间内，电流不能加得太大，否则，患者会有强烈电麻感觉，难以承受。因此，导入药量较前者相对要小。脉冲直流电对损伤肌肉有镇痛和按摩作用，在一些以按摩为主、导入为辅的治疗时常采用此法。

5. 操作方法　衬垫法为中医最常采用的方法，将渗透药液的药垫放在作用极缓冲垫上，而根据治疗目的不同分下列几种。

(1) 病灶衬垫法：即在病灶部位直接进行药物导入疗法。

(2) 穴位衬垫法：在皮肤穴位上进行中草药导入疗法。

(3) 反射法：常用的有领区药物导入法、短裤式药物导入法、乳房区药物导入法。

此外，还有水浴法、体腔法(包括阴道、耳腔、鼻腔等)和组织内导入法。

6. 中草药导入疗法应注意的问题

(1) 中草药一般是生药，用量一般在 10 g 左右，而每次导入体内的却远低于这一数值。要在一次电离子导入中导入 10 g 药量，那是不可能的。所以选药应选那些用量少的药物，如草乌等。

(2) 中草药成分比较复杂，因此最好将药物提纯或选用中药厂生产的专用电导药液。

(3) 导入中草药的极性应明确，采用多味药物进行治疗时，应选用同极性的药物。

(4) 药物离子导入治疗时，对于心区、孕妇腹部、皮肤外伤者应慎用，对于体内植有金属部件的患者禁止使用。同时，还应注意在导入时电极不得贴压项链、戒指等金属饰物。

思考题

6-1　材料相同横截面不同的两根导线串联在电路中，两端加上一定的电势差，两导线内的电场强度是否相同？

6-2　电流强度与电流密度有什么关系？

6-3　直流电对生物体的基本作用有哪些？

习题

6-1　一电路如图6-12所示，$\varepsilon_1=12\ \text{V}$，$\varepsilon_2=9\ \text{V}$，$\varepsilon_3=8\ \text{V}$，$r_1=r_2=r_3=1\ \Omega$，$R_1=R_2=R_3=R_4=R_5=2\ \Omega$，求：(1) A、B两点间的电势差；(2) C、D两点间的电势差；(3) 如果C、D两点短路，则A、B两点间的电势差又如何？

6-2　在图6-13所示的电路中，求电池1的电动势 ε_1。其中电池2、3的电动势和各电阻均已知，安培计A的读数为0.5 A，电流方向如图。(注意：当电源、安培计的电阻未指明时，可认为电源、安培计是理想的，即无内阻。)

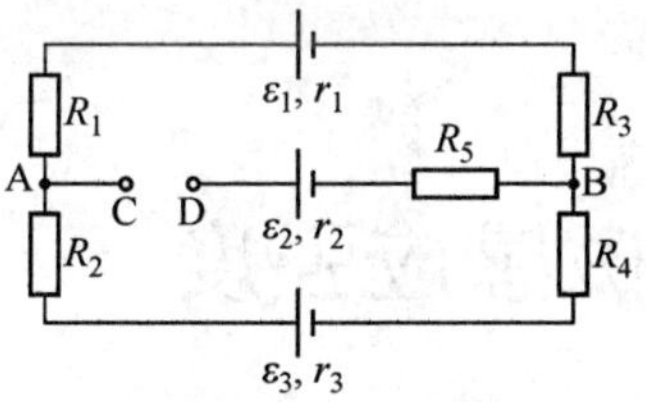

图6-12　习题6-1

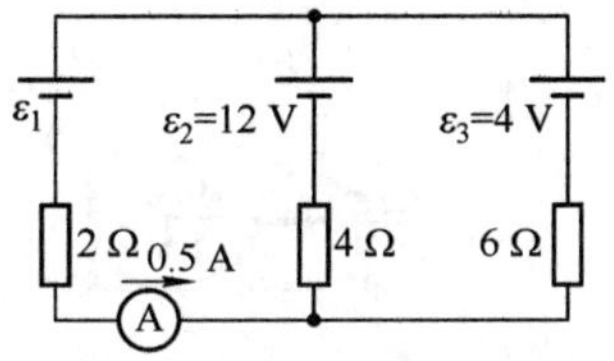

图6-13　习题6-2

6-3　在图6-14所示电路中，$\varepsilon_1=2\ \text{V}$，$\varepsilon_2=\varepsilon_3=4\ \text{V}$，$R_1=R_3=1\ \Omega$，$R_2=2\ \Omega$，$R_4=R_5=3\ \Omega$，求：(1) 各支路中的电流；(2) A、B两点间的电势差 U_{AB}。

6-4　五个电阻连接如图6-15所示，已知 $R_1=R_3=4\ \Omega$、$R_2=R_4=2\ \Omega$、$R_5=1\ \Omega$，求A、B间的电阻 R_{AB}；如果拆去 R_5，则 $R_{AB}=$？

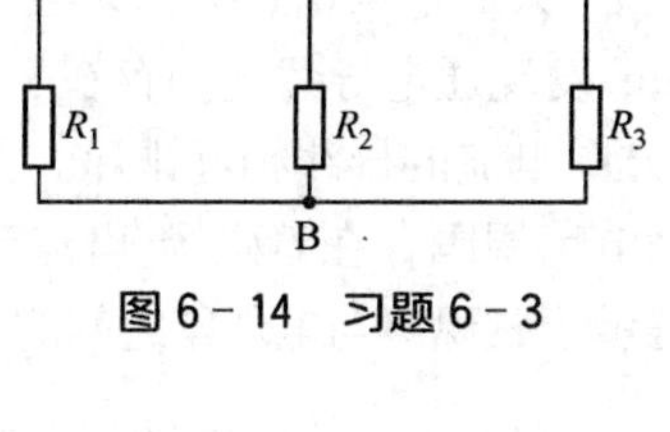

图6-14　习题6-3

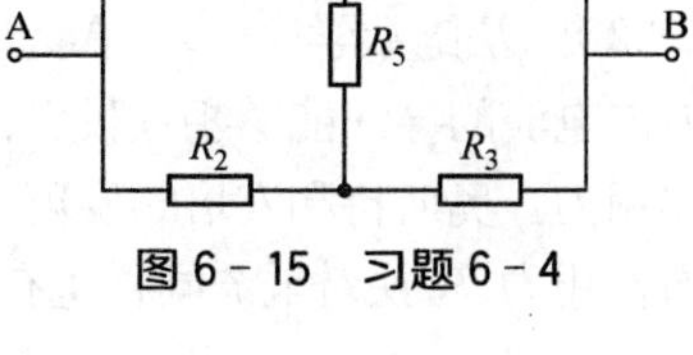

图6-15　习题6-4

第七章 电磁现象

导学

本章主要介绍磁场的性质，着重讨论安培环路定理、洛伦兹公式、安培定律等，最后对生物磁及磁疗等做一简单介绍。

1. 掌握　磁感应强度、磁场中的高斯定理、毕奥-萨伐尔定律、安培环路定理和磁场对运动电荷的作用规律及其应用。

2. 理解　霍尔效应、电流产生磁场的规律；磁场对电流的作用规律及其应用，电磁感应现象及其基本定律、感应电动势产生的本质。

3. 了解　生物磁效应。

第一节 磁场　磁感应强度

一、磁场

静止电荷在其周围产生静电场，静止电荷之间的相互作用是通过静电场传递的。运动电荷在其周围空间不仅存在电场，也存在一种特殊形式的物质——磁场。根据场的观点，运动电荷在其周围产生磁场，并通过磁场对处在其中的其他运动电荷施以力的作用，即运动电荷之间的相互作用是通过磁场传递的。运动电荷、传导电流和永磁体是产生磁场的来源。

在过去很长的一段时间里，人们认为磁现象和电现象是相互独立的现象，直到 1820 年，丹麦物理学家奥斯特(Hond Cristian Oersted)发现了电流的磁效应后，人们才意识到磁现象与电荷的运动有密切联系。1922 年，法国数学家安培(Aandre-Marie Ampere)发现通电导线之间存在着相互作用力，两根通有同方向电流的导线能够相互吸引，两根通有相反方向电流的导线相互排斥。安培还发现磁场对电流有作用力。奥斯特和安培的发现表明电流即运动电荷周围存在着磁场，电流产生的磁场对磁针及电流有作用力，磁铁对电流同样也有作用力，从而揭示了磁现象与电现象之间的本质联系。

二、磁感应强度

假定运动电荷在空间产生了磁场，如何对存在的磁场做定量的描述呢？磁场对处在其中的运动电荷有作用力。因此,可以从力的角度来研究磁场,引入磁感应强度 $\boldsymbol{B}$ 的概念来描述磁场的性质。

在磁场中放入一个电量足够小的正点电荷 q_0,这个电荷称为检验电荷,当检验电荷 q_0 以速度 $\boldsymbol{v}$ 经过磁场中任意点时,研究所受磁场力 $\boldsymbol{F}$ 与 q_0、$\boldsymbol{v}$ 及该点磁场的性质关系发现:

(1) 当电荷 q_0 沿某一特定方向或其相反方向运动时,所受磁场力为零,这个特定方向就是这一点的磁感应强度方向。

(2) 当电荷 q_0 沿不同方向运动时,它所受的磁场力大小不等,力的大小与它的速度方向和磁感应强度方向之间的夹角有关,当速度方向与磁感应强度的方向垂直时,运动电荷所受的磁场力最大。

(3) 电荷 q_0 所受到的最大磁场力 $\boldsymbol{F}_{\max}$ 与电量 q_0 和速度 $\boldsymbol{v}$ 成正比,但 $\dfrac{F_{\max}}{q_0 v}$ 仅与磁场中点的位置有关。

由此可见,$\dfrac{F_{\max}}{q_0 v}$ 代表了该场点处磁场的强弱,因此我们将其定义为该点磁感应强度的大小,即

$$B=\frac{F_{\max}}{q_0 v} \tag{7-1}$$

磁场中任意一点的磁感应强度等于单位运动电荷在该点所受磁场力的大小。B 的方向由右手螺旋法则确定,如图 7-1 所示,即右手四指顺着 $\boldsymbol{F}_{\max}$ 沿小于 180°的角度转向速度 $\boldsymbol{v}$ 的方向,则拇指的指向即为磁感应强度 $\boldsymbol{B}$ 的方向。

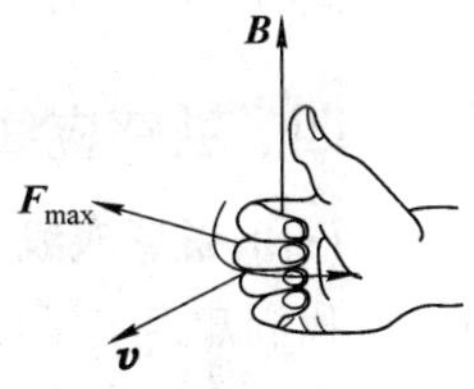

图 7-1
右手螺旋法则

磁感应强度的单位用特斯拉(T)表示。$1\ \mathrm{T}=1\ \mathrm{N}\cdot\mathrm{A}^{-1}\cdot\mathrm{m}^{-1}$。在实际应用中常使用较小的单位高斯(G),$1\ \mathrm{G}=10^{-4}\ \mathrm{T}$,如地磁场约为 0.5 G;人体的生物磁场为 $10^{-8}\sim10^{-6}$ G。

三、毕奥-萨伐尔定律

实验证明,与电场一样磁场也具有叠加性。在恒定电流的磁场中,计算磁感应强度的方法是找到一小段电流的磁场公式,再把整个电流分割成许多的小段电流,由这些小段电流磁场的叠加,求出载流系统的磁场。

在细长载流导线上截取一小段电流,作为电流元,电流在其周围空间任意点产生的磁场,磁感应强度等于组成该电流的所有电流元单独存在时在该点产生的磁感应强度的矢量和。这一结论称为磁感应强度叠加原理。

设电流元的截面积为 S,导体中载流子数密度为 n,电量为 $+q$ 的每个载流子都以漂移速度 $\boldsymbol{v}$ 运动,形成电流强度为 I 的电流。电流元内有 $\mathrm{d}N=n\mathrm{d}V=nS\mathrm{d}l$ 个载流子,每个载流子产生的磁场为

$$\boldsymbol{B}=\frac{\mu_0}{4\pi}\cdot\frac{q\,\boldsymbol{v}\times\boldsymbol{r}_0}{r^2} \tag{7-2}$$

所以电流元的磁场

$$\mathrm{d}\boldsymbol{B}=\mathrm{d}N\cdot\boldsymbol{B}=\frac{\mu_0}{4\pi}\cdot\frac{qnS\mathrm{d}l\,\boldsymbol{v}\times\boldsymbol{r}_0}{r^2} \tag{7-3}$$

由于 $qnS\mathrm{d}lv=I\mathrm{d}l$，将其代入式(7－3)，得到电流元的磁场公式

$$\mathrm{d}\boldsymbol{B}=\frac{\mu_0}{4\pi}\cdot\frac{I\mathrm{d}\boldsymbol{l}\times\boldsymbol{r}_0}{r^2} \tag{7-4}$$

式(7－4)中 μ_0 为真空磁导率；r 是场点到电流元 $I\mathrm{d}l$ 的距离，$\boldsymbol{r}_0$ 是从电流元到场点矢径 r 方向的单位矢量，称为**毕奥-萨伐尔定律**(Boit－Savart law)。

以 θ 表示电流元 $I\mathrm{d}l$ 与位置矢量 r_0 之间的夹角，则电流元磁感应强度的大小为

$$\mathrm{d}B=\frac{\mu_0}{4\pi}\cdot\frac{I\mathrm{d}l\sin\theta}{r^2} \tag{7-5}$$

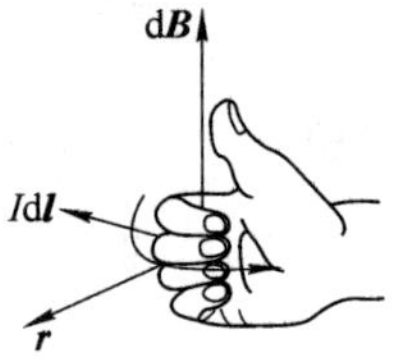

图 7－2
右手螺旋法则

d$\boldsymbol{B}$ 的方向由右手螺旋法则确定，如图 7－2 所示。

由毕奥-萨伐尔定律可得电流 I 产生的磁场中，任意点的磁感应强度为

$$\boldsymbol{B}=\int\mathrm{d}\boldsymbol{B}=\int\frac{\mu_0}{4\pi}\cdot\frac{I\mathrm{d}\boldsymbol{l}\times\boldsymbol{r}_0}{r^2} \tag{7-6}$$

式(7－6)是计算任意载流系统磁场的基本公式。

四、磁感应线　磁通量　磁场的高斯定理

（一）磁感应线

我们知道电场可以用电场线形象地描述，对于磁场，为了形象地描述磁场的空间分布情况，也可以引入磁感应线。磁感应线是一些有向曲线，曲线上任一点的切线表示该点磁感应强度的方向；任意场点，通过垂直于磁感应强度的单位面积上的磁感应线条数，等于该点磁感应强度的大小，即

$$B=\frac{\mathrm{d}\Phi}{\mathrm{d}S_\perp} \tag{7-7}$$

它的疏密也可以表征磁感应强度大小的分布。磁感应线较稀疏处磁感应强度较小、磁场较弱，磁感应线较密集处磁感应强度较大、磁场较强。

（二）磁通量

由于磁感应线的疏密可直观地反映各处磁场的强弱，我们把磁场中通过某一面积的磁感应线的条数称为通过该面积的磁通量，用 Φ 表示，单位是韦伯(Wb)，1 Wb＝1 T·m^2。

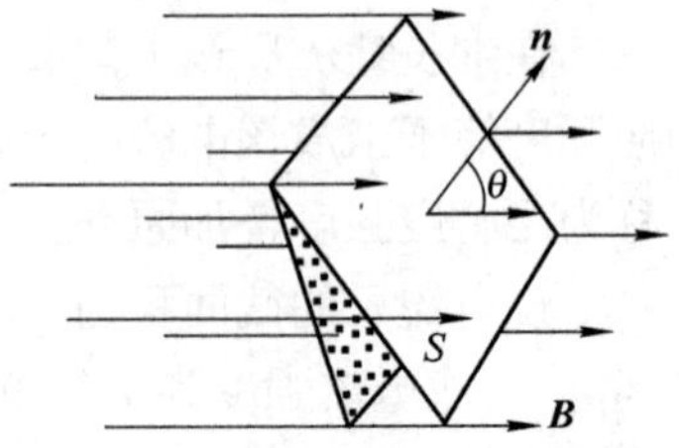

图 7－3　均匀磁场的磁通量

对于均匀磁场(图 7－3)，面积为 S 的平面，其法线 $\boldsymbol{n}$ 与磁感应强度 $\boldsymbol{B}$ 的夹角为 θ，则通过该面积的磁通量为

$$\Phi=BS\cos\theta \tag{7-8}$$

如果磁场为不均匀磁场(图 7－4)，在任一曲面 S 上任取一面积元 dS，dS 的方向与该处磁感应

强度的方向夹角为 θ，通过面积元的磁通量为

$$d\Phi = B\cos\theta dS \quad (7-9)$$

则通过任意曲面 S 的磁通量为

$$\Phi = \iint_S B\cos\theta dS \quad (7-10)$$

矢量式为

$$\Phi = \iint_S \boldsymbol{B} \cdot d\boldsymbol{S} \quad (7-11)$$

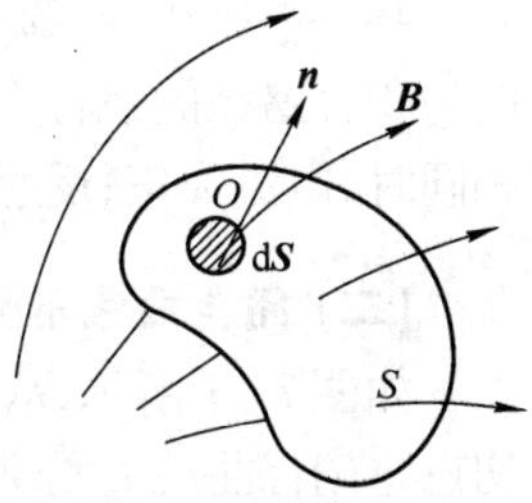

图 7-4　不均匀磁场的磁通量

(三) 磁场的高斯定理

由于恒定磁场的磁感应线是无头无尾的闭合曲线(图 7-5)，对于任意一封闭曲面来说，穿出和穿入的磁感应线的条数应该相同，穿出任意闭合曲面 S 的磁通量为正，穿入任意闭合曲面 S 的磁通量为负，磁通量正负抵消，即穿过任意闭合曲面 S 的磁通量

$$\oiint_S \boldsymbol{B} \cdot d\boldsymbol{S} = 0 \quad (7-12)$$

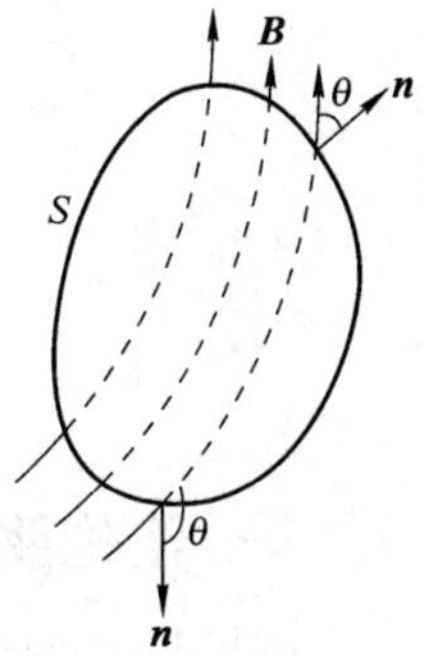

图 7-5　通过闭合曲面的磁通量

式(7-12)说明，**恒定磁场中，穿过磁场中任意闭合曲面的磁通量恒为零。**这一规律称为恒定磁场的**高斯定理**(Gauss's law)。

五、安培环路定理

静电场有个重要的特征，即静电场中的环路定理 $\oint_L \boldsymbol{E} \cdot d\boldsymbol{l} = 0$，这反映了静电场是保守力场的性质，那么恒定磁场中磁感应强度的环流 $\oint_L \boldsymbol{B} \cdot d\boldsymbol{l}$ 又是如何？

设真空中有一条通有电流 I 的"无限长"直导线，取一个与电流方向垂直的平面，平面与导线的交点为 O，在平面上选取一闭合曲线 L，现在来计算磁感应强度 $\boldsymbol{B}$ 沿闭合曲线的线积分。

(一) 闭合曲线围绕电流

如图 7-6 所示，在闭合曲线 L 上任一点 P 处取一线元 $d\boldsymbol{l}$，P 点处的磁感应强度 $\boldsymbol{B}$ 的大小为 $B = \dfrac{\mu_0 I}{2\pi r}$，则磁感应强度 $\boldsymbol{B}$ 沿半径为 r 的圆形环路 $d\boldsymbol{l}$ 方向的线积分为

$$\oint_L \boldsymbol{B} \cdot d\boldsymbol{l} = \oint_L \frac{\mu_0 I}{2\pi r} dl = \frac{\mu_0 I}{2\pi r} \times 2\pi r = \mu_0 I \quad (7-13)$$

如果闭合曲线围绕多个电流，根据磁场的叠加原理可得

$$\oint_L \boldsymbol{B} \cdot d\boldsymbol{l} = \mu_0 \sum I_i \quad (7-14)$$

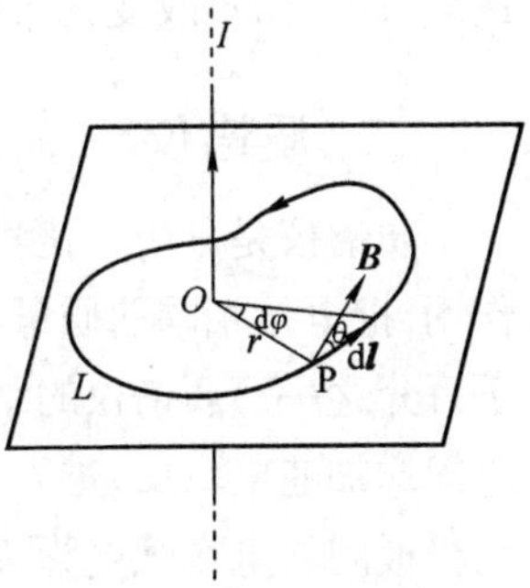

图 7-6　安培环路定理 Ⅰ

式(7-14)中，$\sum I_i$ 是闭合曲线所围绕的电流的代数和。电流的正负规定如下：如果电流方向与积分路径的绕行方向服从右手螺旋法则，电流方向与拇指方向相同时，电流为正；反之，电流为负。

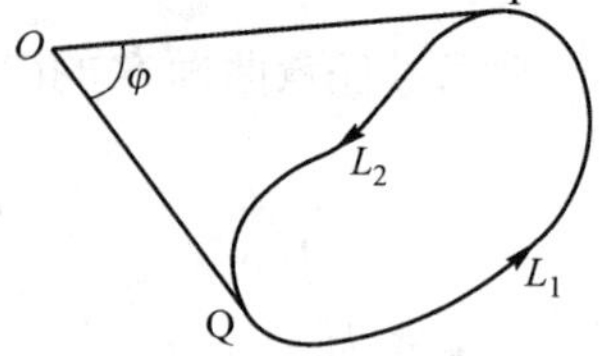

图 7-7　安培环路定理Ⅱ

（二）闭合曲线不围绕电流

如图 7-7 所示，从点 O 作闭合曲线 L 的切线，切点为 P 和 Q，两切点将闭合曲线 L 分割为 L_1 和 L_2 两部分，可以证明以下结果

$$\oint_L \boldsymbol{B}\cdot \mathrm{d}\boldsymbol{l}=\int_{L_1}\boldsymbol{B}\cdot \mathrm{d}\boldsymbol{l}+\int_{L_2}\boldsymbol{B}\cdot \mathrm{d}\boldsymbol{l}=0 \qquad (7-15)$$

第二节　磁场对运动电荷的作用

一、洛伦兹力

磁场对运动电荷的作用力称为**洛伦兹力**(Lorentz force)。如图 7-8 所示，电量为 q 的电荷以速度 $\boldsymbol{v}$ 在磁感应强度为 $\boldsymbol{B}$ 的磁场中运动，$\boldsymbol{v}$ 与 $\boldsymbol{B}$ 的夹角为 θ，实验表明，运动电荷所受的洛伦兹力 $\boldsymbol{f}$ 可以写成

$$\boldsymbol{f}=q\,\boldsymbol{v}\times\boldsymbol{B} \qquad (7-16)$$

洛伦兹力的大小为

$$f=qvB\sin\theta \qquad (7-17)$$

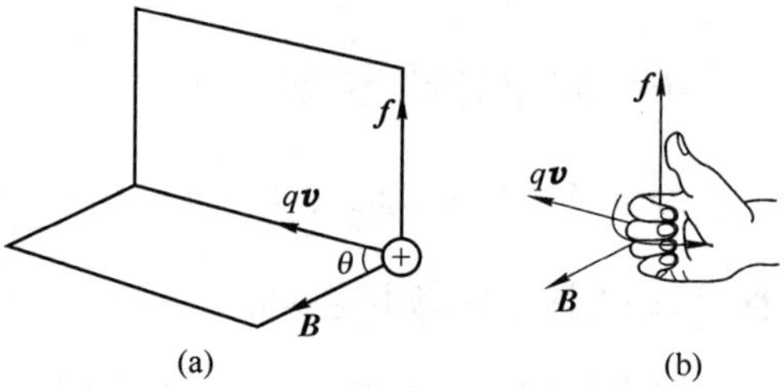

图 7-8　洛伦兹力的方向

$\boldsymbol{f}$、$\boldsymbol{v}$ 和 $\boldsymbol{B}$ 三个矢量的方向满足右手螺旋法则，所以，洛伦兹力的方向由右手螺旋法则确定，即以右手四指由 $\boldsymbol{v}$ 经小于 180°的角度转向 $\boldsymbol{B}$，这时拇指的指向就是运动电荷所受的洛伦兹力 $\boldsymbol{f}$ 的方向；若电荷为负，则受力方向相反。由式(7-17)可知，$\sin\theta=0$ 或 $v=0$ 时，$f=0$。洛伦兹力 $\boldsymbol{f}$ 总是垂直于 $\boldsymbol{v}$ 与 $\boldsymbol{B}$ 所在的平面，即洛伦兹力只能改变运动电荷的速度方向，而不改变其大小，洛伦兹力对运动电荷不做功。

二、质谱仪

质谱仪是分析各化学元素的同位素并测量其质量、含量的仪器。它是利用磁场对运动电荷的作用，把电量相同而质量不同的带电粒子分离的一种仪器。质谱仪测量同位素质量准确度可达到千万分之一。质谱仪的结构及工作原理如图 7-9 所示，从离子源中产生的正离子，经过狭缝 S_1、S_2 之间的加速电场后，进入到平行金属板 P_1 和 P_2 之间的空间，这个空间为电场和磁场共同存在，设两极板间的电场强度为 $\boldsymbol{E}$，垂直图面向里的匀强磁场的磁感应强度为 $\boldsymbol{B}_0$。当正离子受到的电场力 $\boldsymbol{f}_e=q\boldsymbol{E}$ 和磁场力 $\boldsymbol{f}=q\,\boldsymbol{v}\times\boldsymbol{B}_0$ 大小相等、方向相反时，即

$$qE = qvB_0 \qquad (7-18)$$

当离子速度 $v=\dfrac{E}{B_0}$ 时，离子无偏转地通过 P_1 和 P_2 之间的空间，并穿过狭缝 S_3，这个过程称为离子速度选择过程。经过速度选择的正离子穿过 S_3 后，进入匀强磁场 $\boldsymbol{B}$ 的区域，$\boldsymbol{B}$ 的方向为垂直图面向里，在这个区域里，离子在磁场力的作用下做半径为 R 的圆周运动，若离子的质量为 m，则有

$$R=\frac{mv}{qB}$$

即

$$R=\frac{mE}{qBB_0} \qquad (7-19)$$

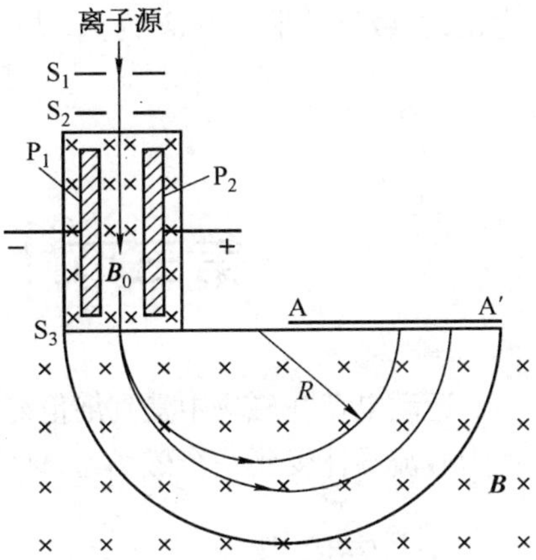

图 7-9 质谱仪的工作原理

因此，根据不同质量的正离子做圆周运动的半径不同，可以把同一元素的各种同位素分离出来，这个过程称为同位素的分离过程。

三、霍尔效应

1879 年，美国物理学家霍尔(Edmin H. Hall)发现，通电导体板处在与电流方向垂直的均匀磁场中时，导体板与磁场和电流都垂直的两端面之间出现电势差，这个现象称为**霍尔效应**(Hall effect)，相应的电势差称为霍尔电势差。

霍尔效应可以用电荷在磁场中受洛伦兹力作用发生偏转来解释，如图 7-10 所示，宽为 l、厚为 d 的导体板中自左向右通有电流 I，磁感应强度 $\boldsymbol{B}$ 向里与导体板中电流 I 的方向垂直，设导体板中的带电粒子(载流子)的数密度为 n(载流子浓度)、电量为 q、平均定向运动速度为 $\boldsymbol{v}$。

在洛伦兹力 $f=qvB$ 的作用下，导体的 P、Q 两端面分别聚集正电荷和负电荷，形成电场。电场作用于载流子的电场力方向与洛伦兹力的方向相反，大小为 $F_e=qE$。载流子同时受洛伦兹力 f 和电场力 F_e 的作用，随着电荷的聚集，电场不断加强，F_e 不断增大，当两力平衡 $f=F_e$ 时，有 $qE=qvB$，可得

$$E=vB$$

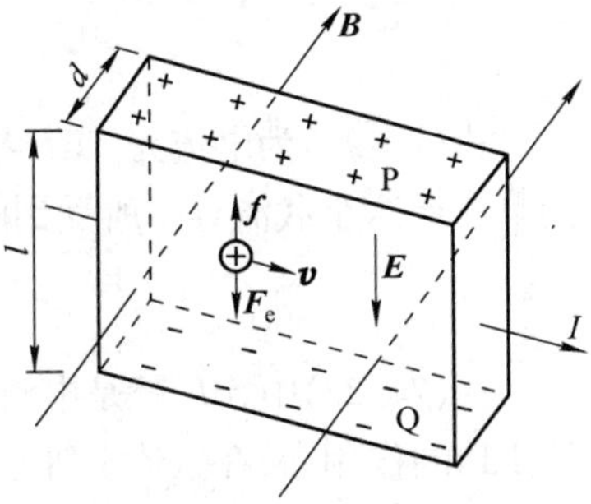

图 7-10 霍尔效应

此时，导体板 P、Q 两端面之间的电势差就是霍尔电势差，用 U 表示，$U=El$，将上式代入，可得

$$U=vBl$$

由 $I=nqldv$，可得 $v=\dfrac{I}{nqld}$。代入上式，霍尔电势差为

$$U=vBl=\frac{1}{nq}\frac{IB}{d}=k\frac{IB}{d} \qquad (7-20)$$

式(7-20)中 k 取决于导体材料，$k=\dfrac{1}{nq}$，称为导体的霍尔系数。实验表明，若载流子带正电，k

为正；若载流子带负电，k 为负，式(7－20)给出的结论与实验结论相符。

第三节 磁场对载流导体的作用

运动电荷在磁场中受到洛伦兹力，由于这些电荷受到导体的约束，而将这个力传递给导体，表现为载流导体受到一个磁场力，称为**安培力**(Ampere force)。

一、安培力

如图 7－11 所示，在均匀磁场中有一个电流强度为 I，横截面积为 S，长为 $\mathrm{d}l$ 的电流元 $I\mathrm{d}l$，则金属导体内每一定向运动的电子所受到的洛伦兹力为

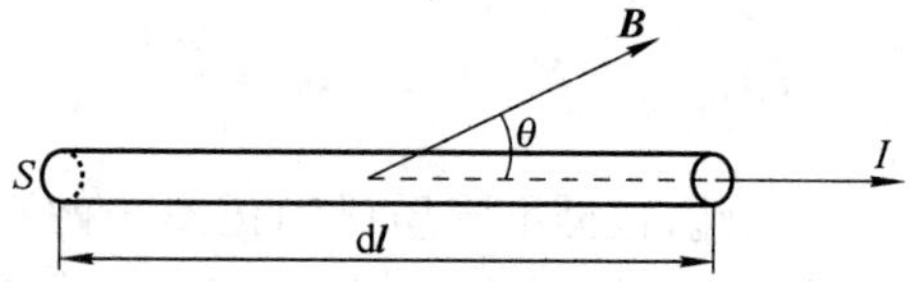

图 7－11 安培力的推导

$$\boldsymbol{f}=-e\,\boldsymbol{v}\times\boldsymbol{B}$$

式中，$\boldsymbol{v}$ 为电子定向漂移速度，与电流密度矢量 $\boldsymbol{J}$ 反向，即 $\boldsymbol{J}=-ne\,\boldsymbol{v}$，$n$ 为导体单位体积自由电子数，因而电流元内做定向运动的电子所受的合外力为

$$\mathrm{d}\boldsymbol{F}=N(-e\,\boldsymbol{v}\times\boldsymbol{B})=S\mathrm{d}l(-ne\,\boldsymbol{v}\times\boldsymbol{B})=S\mathrm{d}l(\boldsymbol{J}\times\boldsymbol{B})$$

在电流元的条件下，用 I 来表示其中电流密度的方向且有 $I=JS$，于是上式表示为

$$\mathrm{d}\boldsymbol{F}=I\mathrm{d}\boldsymbol{l}\times\boldsymbol{B} \tag{7-21}$$

式(7－21)为电流元 $I\mathrm{d}l$ 内定向运动的电子所受到的磁场力的合力，被传递给载流导体，表现为电流元这个载流导体所受到的磁场力。它的大小为

$$\mathrm{d}F=I\mathrm{d}lB\sin\theta \tag{7-22}$$

式(7－22)中，$\mathrm{d}F$ 就是电流元 $I\mathrm{d}l$ 在磁场中所受到的作用力，称为安培力。它表明磁场对电流元 $I\mathrm{d}l$ 的作用力，在数值上等于电流元的大小、电流元所处的磁感应强度的大小以及电流元 $I\mathrm{d}l$ 和磁感应强度 $\boldsymbol{B}$ 之间的夹角 θ 的正弦的乘积。

当载流导体处在均匀磁场中，电流 I 与磁感应强度 $\boldsymbol{B}$ 的夹角为 θ 时，长为 L 的载流直导线所受到的安培力的大小为

$$F=\int_L \mathrm{d}F=\int_L IB\sin\theta\mathrm{d}l=ILB\sin\theta$$

当载流导线是任意形状或处于非均匀磁场中，则各电流元受力的大小和方向都可能不同，则整条载流导线所受的合力为

$$\boldsymbol{F}=\int_L \mathrm{d}\boldsymbol{F}=\int_L I\mathrm{d}\boldsymbol{l}\times\boldsymbol{B} \tag{7-23}$$

此时必须把矢量积分表示为标量积分处理，把电流元 $I\mathrm{d}\boldsymbol{l}$ 所受的力 $\mathrm{d}\boldsymbol{F}$ 按坐标分解后，将各坐标分量求和，再计算合力(图 7－12)。

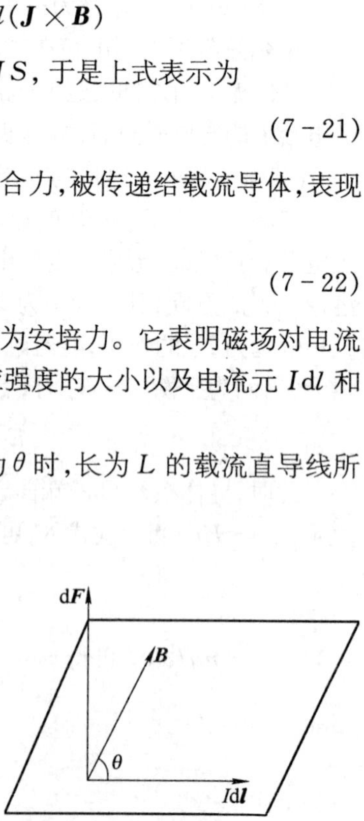

图 7－12 安培力的方向

二、磁场对载流线圈的作用

设在磁感应强度为 $\boldsymbol{B}$ 的匀强磁场中，有一刚性的矩形载流线圈，边长分别为 l_1 和 l_2，电流强度为 I，如图 7-13(a)所示，当线圈平面与 $\boldsymbol{B}$ 的方向成 θ 角时，与 $\boldsymbol{B}$ 垂直的导线 ab、cd 受到的安培力大小为

$$F_2=F_2'=BIl_2$$

而导线 bc 和 da 受到的安培力大小为

$$F_1=F_1'=BIl_1\sin\theta$$

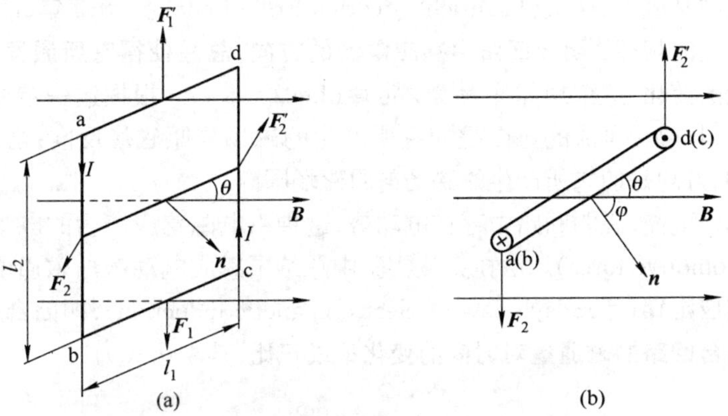

图 7-13　载流线圈在匀强磁场中受到的力矩

由图 7-13 可见，F_1 与 F_1'方向相反，并在同一直线上，其作用是使线圈受到张力，而 F_2 与F_2'方向相反，但不在同一直线上，形成力偶，力臂为 $l_1\cos\theta$。所以，安培力在线圈上产生的力矩的大小为

$$M=F_2l_1\cos\theta=BIl_1l_2\cos\theta=BIS\cos\theta=BIS\sin\varphi$$

式中，$S=l_1l_2$ 为线圈的面积。

如果线圈有 N 匝，则线圈所受磁力矩的大小

$$M=NBIS\sin\varphi=mB\sin\varphi \tag{7-24}$$

式中 $m=NIS$，称为磁矩，磁矩是矢量，它的方向为线圈平面正法线 $\boldsymbol{n}$ 的方向。

写成矢量式

$$\boldsymbol{M}=\boldsymbol{m}\times\boldsymbol{B} \tag{7-25}$$

由式(7-25)可知，当 $\varphi=\pi/2$，即线圈平面与 $\boldsymbol{B}$ 平行时，线圈受到磁力矩最大。当 $\varphi=0$，亦即线圈平面与 $\boldsymbol{B}$ 垂直，线圈磁矩 $\boldsymbol{m}$ 与 $\boldsymbol{B}$ 的方向相同时，线圈所受的磁力矩为零。所以，$\varphi=0$ 是线圈稳定平衡的位置，当 $\varphi=\pi$ 时，$\boldsymbol{m}$ 与 $\boldsymbol{B}$ 方向相反，虽然线圈受到的磁力矩也为零，但这个平衡位置是不稳定的。

第四节 电磁感应

一、电磁感应定律

法拉第(Michael Faraday)指出，当通过闭合回路所包围的面积内的磁通量发生变化时，在该回路中就产生电流。这个现象称为电磁感应现象，该电流称为感应电流。

在法拉第研究的基础上，楞次(Heinrich Friedrich Ernie Lenz)于1833年，通过实验总结出了一条判断感应电流方向的规律：**闭合回路中感应电流的方向，总是使得它所激发的磁场来阻碍引起感应电流的磁通量的变化**，这个规律称为**楞次定律**(Lenz's law)。根据这一定律，可以确定当线圈中的磁通量增加时，其感应电流的方向是使它所产生的磁场与原磁场反向；当线圈中的磁通量减少时，其感应电流的方向是使它所产生的磁场与原磁场同向。

回路中出现感应电流，说明回路中存在电动势，这种由电磁感应产生的电动势，称为**感应电动势**(induction electromotive force)。法拉第从实验中总结了感应电动势与磁通量变化之间的关系，称为**法拉第电磁感应定律**(Faraday's law of electromagnetic induction)，即**闭合回路中感应电动势的大小与穿过该闭合回路的磁通量对时间的变化率成正比**，其表达式为

$$\varepsilon_i = -k\frac{\mathrm{d}\Phi}{\mathrm{d}t}$$

式中，负号表明了感应电动势的方向。k 为比例系数，当其他量都取国际单位制，则 $k=1$，于是，上式可写成

$$\varepsilon_i = -\frac{\mathrm{d}\Phi}{\mathrm{d}t} \qquad (7-26)$$

应该注意的是，式(7-26)是针对单一回路，即单匝线圈而言的，如回路中有 N 匝线圈组成，当磁通量发生变化时每匝线圈都会有感应电动势产生，则 N 匝线圈总的感应电动势为

$$\varepsilon_i = -N\frac{\mathrm{d}\Phi}{\mathrm{d}t} \qquad (7-27)$$

表明：① 法拉第电磁感应定律中的"－"号是楞次定律的数学表述；② 楞次定律是能量守恒定律的反映。

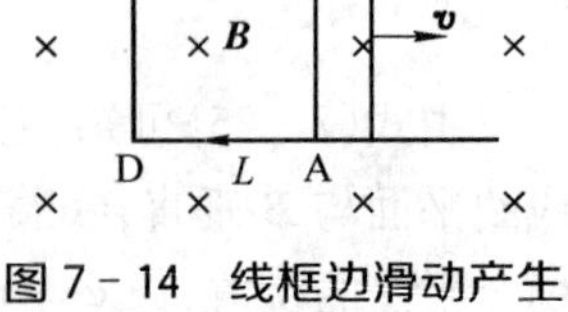

图 7-14 线框边滑动产生感应电动势

例 7-1 设有矩形回路放在均匀磁场中，如图 7-14 所示，AB边可以左右滑动，设以匀速度向右运动，求回路中感应电动势。

解 取回路顺时针方向绕行，$AB=l$，$AD=x$，

则通过线圈磁通量为

$$\Phi = \boldsymbol{B}\cdot\boldsymbol{S} = BS\cos 0^\circ = BS = Blx$$

由法拉第电磁感应定律有

$$\begin{aligned}\varepsilon_i &= -\frac{\mathrm{d}\Phi}{\mathrm{d}t} \\ &= -Bl\frac{\mathrm{d}x}{\mathrm{d}t} \\ &= -Blv \qquad \left(v=\frac{\mathrm{d}x}{\mathrm{d}t}>0\right)\end{aligned}$$

"—"说明：ε_i 与 l 绕行方向相反，即逆时针方向。由楞次定律知，ε_i 沿逆时针方向。

当① 如果回路为 N 匝，则 $\Phi=N\varphi$（φ 为单匝线圈磁通量）；② 设回路电阻为 R，感应电流 $I_i=\frac{\varepsilon_i}{R}=-\frac{1}{R}\frac{\mathrm{d}\Phi}{\mathrm{d}t}$，在 $t_1\sim t_2$ 内通过回路任一横截面的电量为

$$\begin{aligned}q &= \int_{t_1}^{t_2} I_i\,\mathrm{d}t \\ &= \int_{t_1}^{t_2} -\frac{1}{R}\frac{\mathrm{d}\Phi}{\mathrm{d}t}\mathrm{d}t \\ &= -\frac{1}{R}\int_{\Phi_1}^{\Phi_2}\mathrm{d}\Phi \\ &= -\frac{1}{R}[\Phi_2-\Phi_1]\end{aligned}$$

可知 q 与$(\Phi_2-\Phi_1)$成正比，与时间间隔无关。

例 7 - 1 中，只有一个边切割磁感应线，回路中电动势即为上述产生的电动势，可见该边就是回路电源。该电源的电动势是如何形成的？或者说产生它的非静电力是什么？从图 7 - 14 中可知，运动时，其上自由电子受洛伦兹力作用，从而 B 端有过剩的正电荷，A 端有过剩的负电荷，形成了 B 端是电源正极，A 端为负极，在洛伦兹力作用下，电子从正极移向负极，或等效地说正电荷从负极移向正极。可见，洛伦兹力正是产生电源电动势的非静电力。

二、电磁感应的本质

法拉第电磁感应定律表明，只要闭合回路中的磁通量发生变化就有感应电动势产生，但没有回答产生感应电动势的原因，我们知道，电动势起源于一种非静电力的作用，现在回路中存在感应电动势，表示回路中存在某种非静电力的作用。这种作用的来源，综合磁通量变化的各种不同情况，归纳起来有两种，一是磁场本身恒定不变，但导体回路或回路上的一部分导体在磁场中运动，引起磁通量的变化，产生感应电动势，称为**动生电动势**(motional electromotive force)；另一个是导体回路本身固定不动，但磁场发生变化，引起磁通量的变化，产生感应电动势，称为**感生电动势**(induced electromotive force)。

（一）动生电动势

1. *产生动生电动势的非静电力*　洛伦兹力。

2. *动生电动势 ε_i 公式的导出*　一个电子受洛伦兹力为

$$\boldsymbol{f}=(-e)\,\boldsymbol{v}\times\boldsymbol{B} \tag{7-28}$$

它是产生动生电动势的非静电力。单位正电荷受洛伦兹力为

$$\boldsymbol{K}=\frac{\boldsymbol{f}}{-e}=\boldsymbol{v}\times\boldsymbol{B} \tag{7-29}$$

由电动势定义,则动生电动势为

$$\varepsilon_i=\oint_l \boldsymbol{K}\cdot \mathrm{d}\boldsymbol{l}=\oint_l(\boldsymbol{v}\times\boldsymbol{B})\cdot \mathrm{d}\boldsymbol{l}$$

除 AB 边外其他没动(图 7-14),即 $\boldsymbol{v}=0$, 上式等于 $\varepsilon_i=\int_A^B(\boldsymbol{v}\times\boldsymbol{B})\cdot \mathrm{d}\boldsymbol{l}$

动生电动势公式

$$\varepsilon_i=\int_A^B(\boldsymbol{v}\times\boldsymbol{B})\cdot \mathrm{d}\boldsymbol{l} \tag{7-30}$$

表明: ① ε_i 的方向为沿($\boldsymbol{v}\times\boldsymbol{B}$)在 $\mathrm{d}\boldsymbol{l}$ 上分量的方向,当 $\varepsilon_i>0$,ε_i 沿 A→B 方向,B 点比 A 点电势高,当 $\varepsilon_i<0$,ε_i 沿 B→A 方向,B 点比 A 点电势低;② 用 $\varepsilon_i=\oint_l(\boldsymbol{v}\times\boldsymbol{B})\cdot \mathrm{d}\boldsymbol{l}$ 可求出运动回路电动势。

用 $\varepsilon_i=\int_A^B(\boldsymbol{v}\times\boldsymbol{B})\cdot \mathrm{d}\boldsymbol{l}$ 可求出非闭合回路运动的动生电动势。这时,AB 相当一个开路电源,其端电压与 ε_i 在数值上相等,但意义不同。U_B-U_A 是单位正电荷从 B 移到 A 时静电力做的功,ε_i 是单位正电荷从 A 移到 B 时非静电力(洛伦兹力)做的功。

(二) 感生电动势

1. 产生感生电动势的非静电力 导体在磁场中运动时,其内的自由电子也跟随运动,因此受到磁力的作用。我们已经知道,洛伦兹力是动生电动势产生的根源,即是产生动生电动势的非静电力。对于磁场随时间变化而线圈不动的情况,导体中电子不受洛伦兹力作用,但感生电动势和感应电流的出现都是实际事实。那么感生电动势对应的非静电力是什么呢? 麦克斯韦(James Clerk Maxwell)分析了这种情况以后提出了以下假说: 变化的磁场在它周围空间产生电场,这种电场与导体无关,即使无导体存在,只要磁场变化,就有这种场存在,该场称为**感生电场**(induced electric field)或**涡旋电场**(rotational electric field)。涡旋电场对电荷的作用力是产生感生电动势的非静电力(涡旋电场已被许多事实所证实,如电子感应加速器等)。

涡旋电场与静电场的相同点是两者对电荷均有作用力,不同点是: ① 涡旋电场是变化磁场产生的,电场线是闭合的,为非保守场 $\left(\oint_l \boldsymbol{E}_{涡}\cdot \mathrm{d}l\neq 0\right)$。② 静电场是由电荷产生的,电场线是闭合的,为保守场 $\left(\oint_l \boldsymbol{E}_{势}\cdot \mathrm{d}\boldsymbol{l}=0\right)$。

2. 感生电动势计算公式 由电动势定义知

$$\varepsilon_i=\oint_l \boldsymbol{E}_{涡}\cdot \mathrm{d}l \tag{7-31}$$

再根据法拉第电磁感应定律,可有

$$\varepsilon_i = \oint_l \boldsymbol{E}_{涡} \cdot \mathrm{d}\boldsymbol{l} = -\frac{\mathrm{d}\Phi}{\mathrm{d}t} \tag{7-32}$$

表明：法拉第建立的电磁感应定律的原始形式 $\varepsilon_i = -\frac{\mathrm{d}\Phi}{\mathrm{d}t}$ 只适用于导体构成的闭合回路情形；而麦克斯韦关于感生电场的假设所建立的电磁感应定律 $\varepsilon_i = \oint_l \boldsymbol{E}_{涡} \cdot \mathrm{d}\boldsymbol{l} = -\frac{\mathrm{d}\Phi}{\mathrm{d}t}$，则与闭合回路是否由导体组成无关，闭合回路是在真空中还是在介质中都适用。这就是说，只要通过某一闭合回路的磁通量发生变化，那么感生电场沿此闭合回路的环流总是满足 $\varepsilon_i = \oint_l \boldsymbol{E}_{涡} \cdot \mathrm{d}\boldsymbol{l} = -\frac{\mathrm{d}\Phi}{\mathrm{d}t}$。只不过，对导体回路来说，有电荷定向运动，而形成感应电流；而对于非导体回路虽然无感应电流，但感应电动势还是存在的。

（三）自感与互感现象

1. 自感现象

(1) 自感现象：当一回路中有电流时，必然要在自身回路中有磁通量，当磁通量变化时，由法拉第电磁感应定律可知，在回路中要产生感应电动势。由于回路中电流发生变化而在本身回路中引起感应电动势的现象称为**自感现象**(self-inductance)。该电动势称为**自感电动势**(self-induced electromotive force)。实际上，回路中电流不变，而形状改变，则也引起自感电动势。

(2) 自感系数

1) 定义：设通过回路电流为 I，由毕奥-萨伐尔定律可知，这电流在空间任意一点产生的 $\boldsymbol{B}$，其大小与 I 成正比，所以通过回路本身的磁通量与 I 成正比，即

$$\Phi = LI \tag{7-33}$$

式(7-33)中，L 定义为**自感系数**(coefficient of self-induction)或自感，L 与回路的大小、形状、磁介质有关(当回路无铁磁质时，L 与 I 无关)。L 单位为亨利(H)。

2) 自感电动势与 L 的意义：自感电动势记为 ε_L，则

$$\varepsilon_L = -\frac{\mathrm{d}\Phi}{\mathrm{d}t} = -\left(L\frac{\mathrm{d}I}{\mathrm{d}t} + I\frac{\mathrm{d}L}{\mathrm{d}t}\right)$$

当回路的形状、大小、磁介质不变时，

$$\varepsilon_L = -L\frac{\mathrm{d}I}{\mathrm{d}t} \tag{7-34}$$

当线圈有 N 匝时，$\Phi = N\varphi$，φ 为一匝线圈磁通量，即自感系数扩大 N 倍，$N\varphi$ 称为磁通链匝数。

说明：① 式(7-33)、式(7-34)均可看作 L 的定义式，它们是等效的。② L 的意义：由式(7-33)知，自感系数 L 在数值上等于回路中电流为一个单位时通过回路的磁通量。

2. 互感现象

(1) 互感现象：假设有两个邻近的线圈 1、2，如图 7-15 所示，它们通过电流分别为 I_1、I_2。I_1 产生的磁场，其部分磁感应线(实线)通过线圈 2，磁通量用 Φ_{21} 表示，当 I_1 变化时，在线圈 2 中要激

发感应电动势 ε_{21}。同理，I_2 变化时，它产生的磁场通过线圈 1 的磁通量 Φ_{12} 也变化，在线圈 1 中也要激发感应电动势 ε_{12}。如上所述，一个回路的电流发生变化时，在另外一个回路中激发感应电动势的现象称为**互感现象**(mutual inductance)，该电动势称为**互感电动势**(mutual induced EMF)。

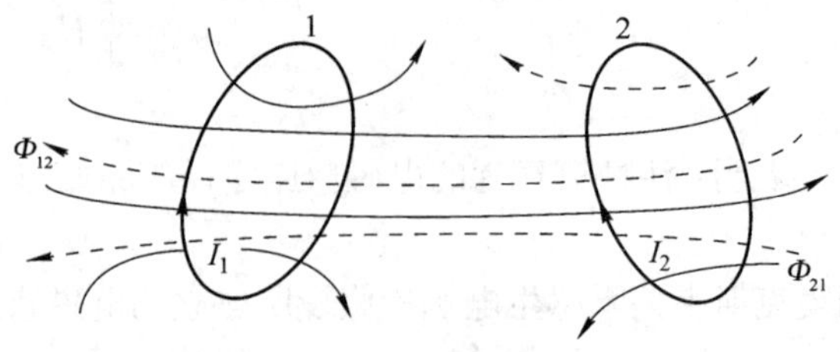

图 7-15 互感现象

(2) 互感系数

1) 定义：根据毕奥-萨伐尔定律，I_1 在空间任一点产生的磁感应强度大小与 I_1 成正比，故 I_1 产生的磁场通过线圈 2 的磁通量 Φ_{21} 也与 I_1 成正比，即

$$\Phi_{21} = M_{21} I_1$$

同理

$$\Phi_{12} = M_{12} I_2$$

理论和实际都证明，$M_{12} = M_{21} = M$

$$\left.\begin{aligned}\Phi_{21} &= MI_1 \\ \Phi_{12} &= MI_2\end{aligned}\right\} \tag{7-35}$$

式(7-35)中，M 定义为**互感系数**(coefficient of mutual inductance)，或互感，与回路的大小、形状、磁介质及两者相对位置有关。M 单位为亨利(H)。

2) 互感电动势与 M 意义

由法拉第电磁感应定律知，$\varepsilon_{21} = -\dfrac{d\Phi_{21}}{dt} = -\left(M\dfrac{dI_1}{dt} + I_1\dfrac{dM}{dt}\right)$

当回路大小、形状、磁介质、线圈相对位置不变时，M 是常数

$$\varepsilon_{21} = -M\frac{dI_1}{dt} \tag{7-36}$$

$$\varepsilon_{12} = -M\frac{dI_2}{dt} \tag{7-37}$$

当线圈 1、2 分别有 N_1、N_2 匝数，磁通匝链数分别为

$$\left.\begin{aligned}\Phi_{21} &= N_2\varphi_{21} \\ \Phi_{12} &= N_1\varphi_{12}\end{aligned}\right\} \quad (\varphi \text{是一个线圈磁通量})$$

M 的意义：① M 在数值上等于其中一个线圈通有一个单位电流时在另外一个线圈中通过的磁通量。② M 在数值上等于其中一个线圈中电流变化率为一个单位时在另一个线圈中产生互感电动势的大小。

第五节 生物磁效应

一、生物磁现象

如同任何生物都能产生生物电一样，任何生物都具有磁性，且在生命活动中会产生磁场。此外，在外界因素的刺激下，生物体的某些部位也会产生一定的诱发电位，同时产生一定的诱发磁场，在一般情况下，生物磁场非常微弱，远远低于地磁场和周围环境的磁干扰、磁噪声，故难以进行观测和研究。生物磁场的来源主要有：① 由生物电流产生的磁场。运动的电荷会产生磁场，在生物体内凡是能产生生物电现象的部位，必定同时产生磁场，如心磁场、脑磁场、肌磁场等均属于这一类。② 生物磁性材料(如 Fe_3O_4)产生的感应磁场。组成生物体组织的材料具有一定磁性，它们在外磁场的作用下产生感应磁场，如肝、脾等器官就属于这一类型的磁性物质。③ 生物体内强磁场物质产生的磁场。某些磁性物质的微粒被吸入肺部或随食物进入胃肠器官并沉积在里面，被外界磁场磁化后，它们就成为小磁石残留在体内，也会使生物体产生磁化，形成生物磁场，如肺磁场、腹部磁场均属于这一类。

生物磁场非常微弱，最强的肺磁场其强度也只有 $10^{-11}\sim10^{-8}$ T 数量级；心磁场强度约为 10^{-10} T 数量级；自发脑磁场更弱，约为 10^{-12} T 数量级；诱发脑磁场和视网膜磁场更弱。而周围环境磁干扰和磁噪声比这些要大得多，如地磁场强度约为 0.5×10^{-4} T 数量级；现代城市交通磁噪声高达 $10^{-8}\sim10^{-6}$ T 数量级。因此，生物磁信号测量较为困难。近年来，人们相继制造出各种磁学测量仪器，如超导量子干涉仪。这种系统分辨率很高，可达到 10^{-15} T 左右，几乎所有的人体磁场都可以用它来测量，是目前测量生物磁场的主要仪器。

二、磁场生物效应的医学应用

（一）磁诊断技术

人体磁场随时间变化的关系曲线，称为人体磁圈。与心电图相类似，通过异常和正常的磁图比较，可作为诊断疾病的一种根据。测量人体磁图的磁探头不与生物体接触，可以避免接触干扰；人体磁图测定仪，可以测量恒定和交变磁场以及不同方向的磁场分量，还可以改变磁探头的位置，获得人体磁场的三维空间分布，从而用计算机分析得到产生这一磁场的体内生物电流源的分布。

（二）磁场对血细胞和血流动力学的影响

应用磁感应强度 0.08～0.09 T 的旋磁作用于试管内的离体血液，分别作用于健康人离体血液 10、15、20、25、30 min，然后进行电镜观察，结果发现淋巴细胞、中性粒细胞和单核细胞在磁场作用 10、25、30 min 组细胞结构无明显变化。15、20 min 部分标本其细胞结构有一定变化，小淋巴细胞核缩小，位于一侧，并有崩溃；中性粒细胞核缩小，细胞膜不齐，胞质中出现空泡；单核细胞质内出现核糖聚集现象，呈团状，密度不均。红细胞在磁场作用 15 min 组可见体积明显增大，不规则形红细胞较多，而空旋无磁对照组的上述血细胞结构均属正常。这些部分受试者血细胞超微结构的改变，可能与个体差异有关。白细胞在磁场作用下，产生应激反应，使细胞代谢加强，部分细胞发生超微结构的改变，也可能是引起白细胞减少的原因之一。磁场使红细胞体积增大，携氧能力增加，有利于改善组织的供血供氧状态，促进代谢。

(三) 磁场对组织愈合的影响

为了观察静磁场对组织愈合的影响，通过对 25 例慢性小腿溃疡组织病理学与治疗效果的观察，表明静磁场有加速创面愈合作用。磁疗组贴敷直径 50 mm，磁感应强度 0.06～0.08 T 的磁片，N 极对准创面，磁疗组治疗 15 d 时，即出现小血管和毛细血管显著增生，血管扩张、充血和内皮细胞肿胀，但对照组 35 d 才出现近似现象。磁疗组 35 d 时，溃疡边缘表皮增生，与皮面平行，而对照组表皮增生不明显，说明静磁场能促进小血管与毛细血管增生，加速表皮生长，从而促进溃疡愈合，时间比一般疗法缩短 1/3 以上。

拓展阅读

磁性药物制剂的临床应用

磁性药物制剂是近年来国外竞相发展的一种新型药物制剂，药物与磁性物质一起包于载体中，应用于人体后，在体外用磁场加以引导，使药物在体内定向移动和定向集中，从而减少一些药物的毒副作用，提高药物疗效。目前，磁性药物制剂正在许多方面进行研究和应用。

(一) 磁性高分子

这是一种全新的治疗食管癌的方法，研究人员将铁粉与高分子化合物混合，制成直径为 0.8 mm 的颗粒，当这些颗粒通过食管癌区时，附着在局部食管壁，当又有新的高分子化合物附着在食管壁时，磁性颗粒可逐渐移动和扩展，使癌灶周围都积聚着抗癌高分子，并使局部达到永久磁性，这种磁性药物对人体其他脏器不会产生任何不良影响。

(二) 磁性微球

这是一种供注射用的磁性药物制剂。1979 年，美国制成了含超微磁粒子的盐酸多柔比星白蛋白微球剂。在体外磁场的引导下，这种磁性小球高度集中于肿瘤组织，定时定量释放出抗癌药物，对周围正常组织无伤害。当药物释放完以后，磁性小球便可定时安全地排出体外。

(三) 磁性片剂和磁性胶囊

这是供口服的两种磁性药物制剂，内含治疗药物和铁磁性物质，在体外磁场引导下固定于病变部位，常用于治疗消化道溃疡和肿瘤等疾病。

(四) 磁力手术

局部注射含铁磁性物质的硅酮微球后，在体外采用强大的超导电磁铁引导微球固定于肿瘤部位，使血管阻塞，从而导致肿瘤坏死。目前，主要用于治疗脑动脉瘤及血液供应特别丰富的脑瘤。

(五) 磁性造影剂

磁性造影剂克服了目前临床采用的水溶性有机碘类造影剂的一些缺点。铁磁性物质可以阻挡 X 射线进入人体内，使其集中于特定部位，供 X 射线造影，给局部定位带来了极大的方便。

(六) 免疫磁性载体磁性药物制剂

免疫磁性载体磁性药物制剂是一种靶向给药制剂，它将药物和铁磁性物质共包于或分散于载体中，应用于人体后，利用体外磁场的效应使药物在体内定向移动和定位集中。免疫磁性微球是将单克隆抗体偶联在磁性微球的表面，使其靶向性和专一性更强，从而制成高效、速效、低毒的新型药物制剂。

思考题

7-1　举例说明在一根磁感应线上，各点的磁感应强度是否一定是常矢量？

7-2　如图 7-16 所示，为相互垂直的两个电流元，它们之间的相互作用力是否等值、反向？

7-3　在电子设备中常把电流大小相等而方向相反的两根导线扭在一起来减少它们在远处产生的磁场，为什么？

7-4　电流分布如图 7-17 所示，图中有三个环路 1、2 和 3，磁感应强度沿其中每一个环路的线积分为多少？（环路的绕行方向从上往下看为逆时针方向）

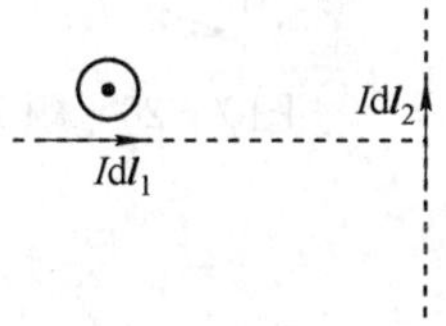

图 7-16　题 7-2

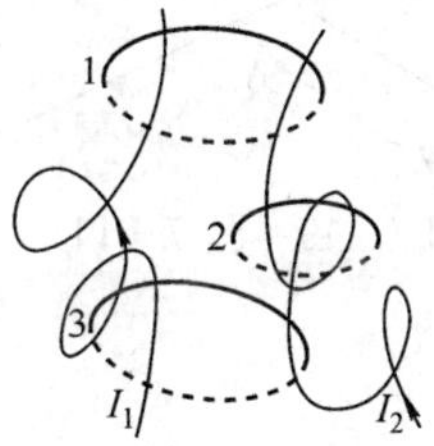

图 7-17　题 7-4

7-5　安培环路定理 $\oint_L \boldsymbol{B}\cdot d\boldsymbol{l}=\mu_0 I$ 中的磁感应强度 $\boldsymbol{B}$，是否只是穿过闭合回路内的电流激发的？它与环路外面的电流有无关系？计算时考虑了没有？表现在什么地方？

7-6　在不考虑重力作用的情况下，若有一带电粒子通过空间某一区域时不偏转，能否肯定该区域中没有磁场？如果发生偏转能否肯定该区域中存在磁场？

7-7　在均匀磁场中放置两个面积相等的而且通过相同电流的线圈，一个是三角形，另一个是矩形。问两者所受到的最大磁力矩是否相同？磁力的合力是否相同？

7-8　如图 7-18 所示，取一闭合回路 L，使三根载流导线穿过它所围成的面，下列情况下闭合回路积分值 $\oint_L \boldsymbol{B}\cdot d\boldsymbol{l}$ 是否改变？路径上各点 $\boldsymbol{B}$ 是否改变？

(1) 使某导线中的电流方向改变。

(2) 保持电流强度不变而使其中一根导线穿过面的角度发生变化。

(3) 改变三根导线之间的互相间隔，但不越过积分线路。

(4) 把其中一根导线移到闭合积分线路 L 之外。

图 7-18　题 7-8

7-9　怎样理解电磁感应定律 $\varepsilon_i=-\dfrac{d\Phi}{dt}$ 中负号的意义？你如何根据负

号来确定感应电动势的方向？

7-10 比较静电场与感生电场的相同与不同点。

7-11 如图 7-19 所示，一正电荷在磁场中运动到 A 点时，已知其速度 $\boldsymbol{v}$ 沿 x 轴方向，若它在磁场中所受的力为下列情况，试指出各种情况下磁感应强度 $\boldsymbol{B}$ 的方向。

(1) 电荷不受力。

(2) $\boldsymbol{f}$ 的方向沿 z 轴方向，且知此时力的数值为最大。

(3) $\boldsymbol{f}$ 的方向沿 $-z$ 轴方向，且知此时力的数值为最大值的一半。

7-12 如图 7-20 所示，均匀磁场 $\boldsymbol{B}$ 与矩形通电线框的法线成 θ 角，问线框的四个边所受力的大小与 θ 角有无关系？线框所受的合力与 θ 角有无关系？线框所受的合力矩与 θ 角有无关系？

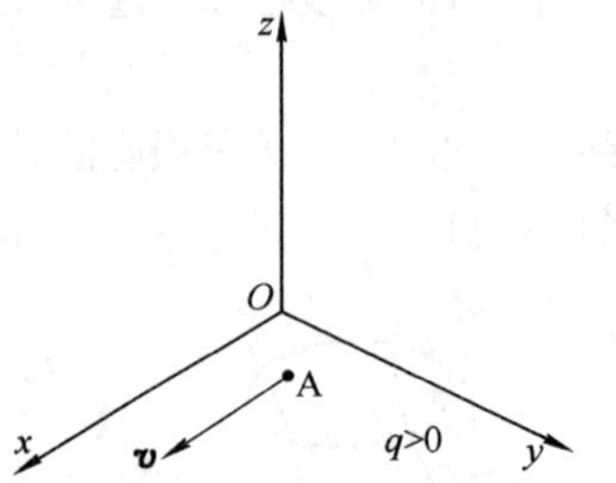

图 7-19 题 7-11

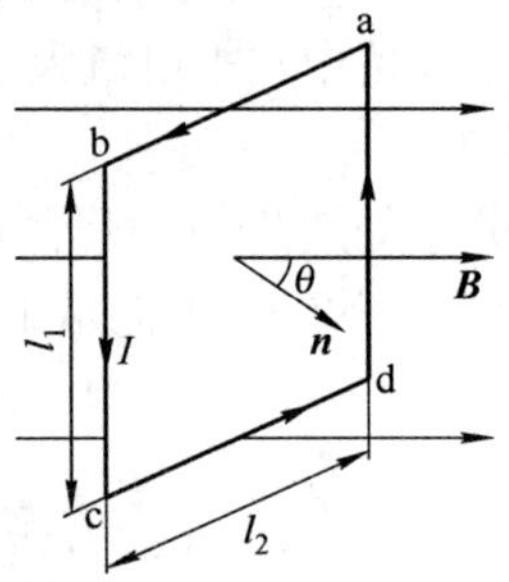

图 7-20 题 7-12

习题

7-1 求图 7-21 中 O 点的磁感应强度 $\boldsymbol{B}$ 的大小和方向。

7-2 把一个厚度为 1.0 mm 的铜片放在 $B=1.5$ T 的匀强磁场中，磁场垂直通过铜片，如果铜片载有 200 A 的电流，问铜片上、下两侧的霍尔电势有多大？(已知铜的电子数密度为 $8.4\times10^{28}\ \text{m}^{-3}$)。

7-3 两根导线被引到边长为 a 的金属三角形 ABC 的 A、C 点上，电流方向如图 7-22 所示，求三角形中心处的磁感应强度是多少？

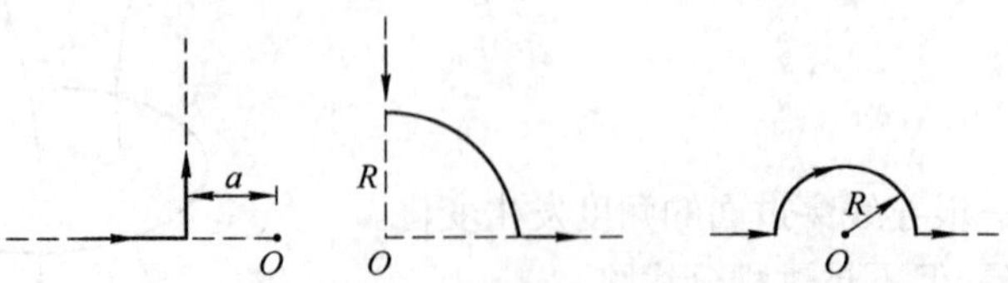

图 7-21 题 7-1

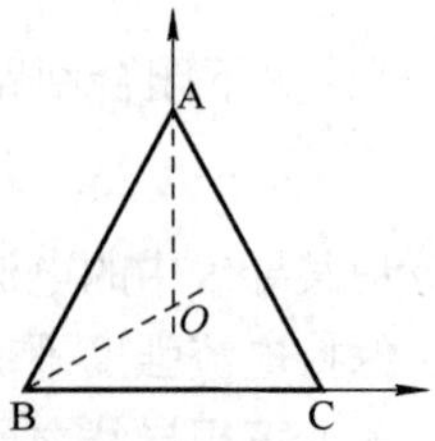

图 7-22 题 7-3

7-4 如图 7-23 中，通过一条绝缘长直导线的电流强度为 0.2 A，求距离导线 10 cm 处的磁感应强度是多少？方向如何？如果把该长直导线在中点处对折并绕在一起，其周围磁场如何？

7－5　一根长直导线上通有 100 A 的电流，把它放在 0.005 T 的匀强外磁场中，并使导线与外磁场正交，试求合磁场为零的点至导线的距离。

7－6　如图 7－24 所示，一根无限长直铜导线，轴线方向均匀通有电流 I，在导线内部作一平面 S，试计算通过每米导线内 S 平面的磁通量。

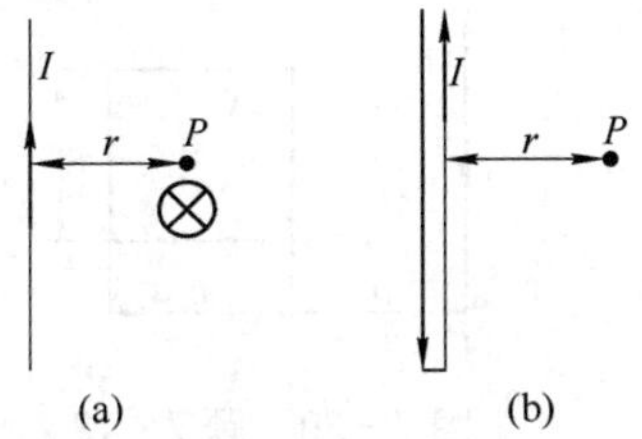

图 7－23　题 7－4

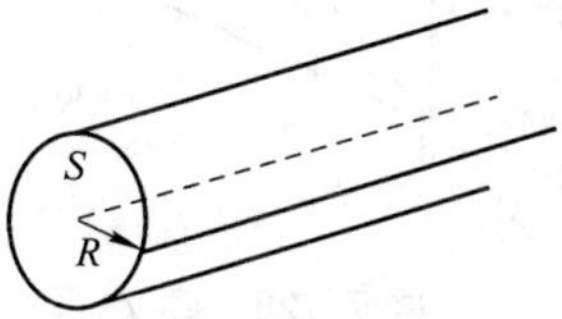

图 7－24　题 7－6

7－7　电荷 q 均匀地分布在半径为 R 的圆环上，圆环以匀角速度 ω 绕它的几何轴旋转。试求：(1) 轴线上离环心为 x 处的磁感应强度 $\boldsymbol{B}$；(2) 磁矩。

7－8　一块半导体样品的体积为 $a \times b \times c$，如图 7－25 所示。沿 x 方向有电流 I，在 z 方向加有均匀磁场 $\boldsymbol{B}$，这时实验得出数据为 $a = 0.10$ cm，$I = 1.0$ mA，$B = 3 \times 10^{-1}$ T，薄片两侧的电势差 $U_{AB} = 6.55$ mV。(1) 问这半导体是正电荷导电(P型)还是负电荷导电(N型)？(2) 设载流子的电荷量为 $q = 1.60 \times 10^{-19}$ C，求载流子浓度(即单位体积内参加导电的带电粒子数)。

7－9　如图 7－26 所示，一正离子的电量为 $q = 3.2 \times 10^{-19}$ C，经 $U = 5.0 \times 10^{6}$ V 的高压加速后由小孔 S 射入磁感应强度 $B = 0.5$ T 的匀强磁场中，沿半圆周运动后打在 P 点，测得 P 点与小孔 S 的距离 $l = 0.03$ m，试求该离子的质量？

7－10　一根长直导线载有电流为 I_1，一长方形回路和它在同一平面内，载有电流为 I_2，回路长为 a，宽为 b，靠近导线的一边距导线的距离为 c，如图 7－27 所示。求直导线电流的磁场作用在这回路上的合力。

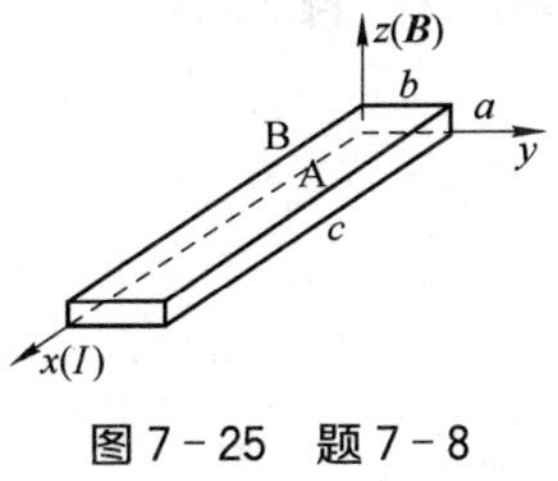

图 7－25　题 7－8

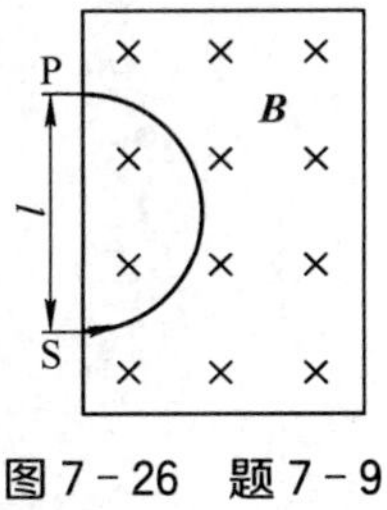

图 7－26　题 7－9

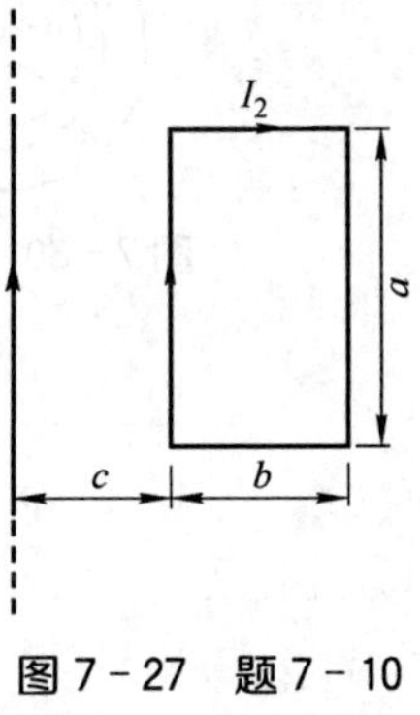

图 7－27　题 7－10

7－11　在磁感应强度 $B = 2.0$ T，方向沿 X 轴正方向的空间放一个尺寸如图 7－28 所示的棱镜小盒 abcdfe，求通过 abcd 面及整个闭合曲面的磁通量。

7－12　在一通有电流 I 的无限长载流直导线侧面有边长为 b 的正方形，与导线距离为 a，如图 7－29 所示，求通过该正方形的磁通量。

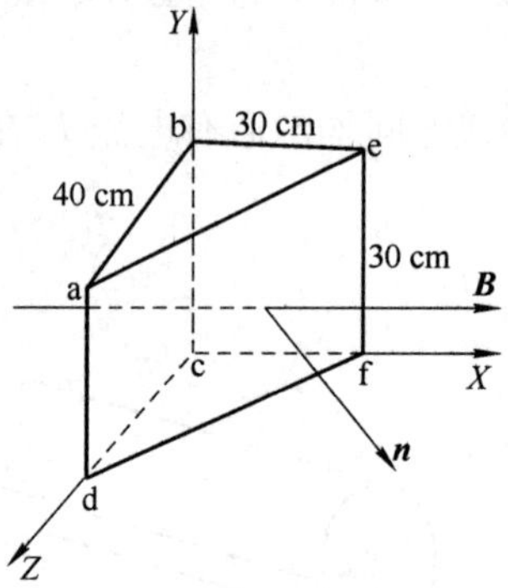

图 7-28 题 7-11

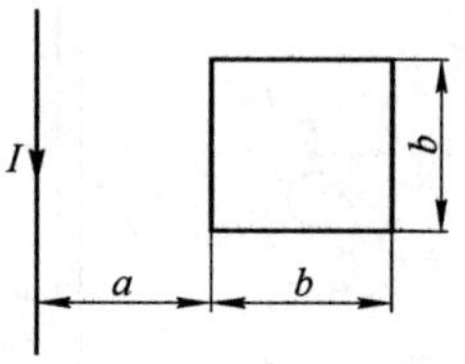

图 7-29 题 7-12

7-13 有一无限长半径为 R_1 的导体柱，外套有一同轴导体圆筒，筒的内、外半径分别为 R_2、R_3，稳恒电流 I 均匀地从导体柱流进，从外圆筒流出，如图 7-30 所示，试求空间的磁感应强度的分布。

7-14 一无限长载流直导线与另一载流直导线 AB 互相垂直放置，如图 7-31 所示，电流强度分别为 I_1 和 I_2，AB 长为 l，A 端和无限长直导线相距为 a，求证导线 AB 所受的力为

$$F_{AB}=\frac{\mu_0}{2\pi}I_1 I_2 \ln\left(1+\frac{l}{a}\right)。$$

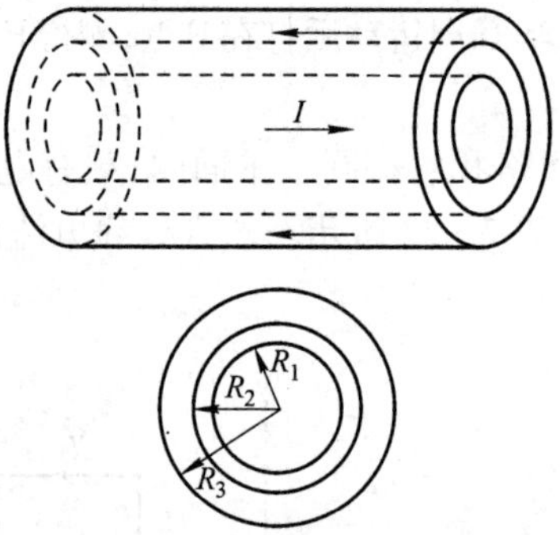

图 7-30 题 7-13

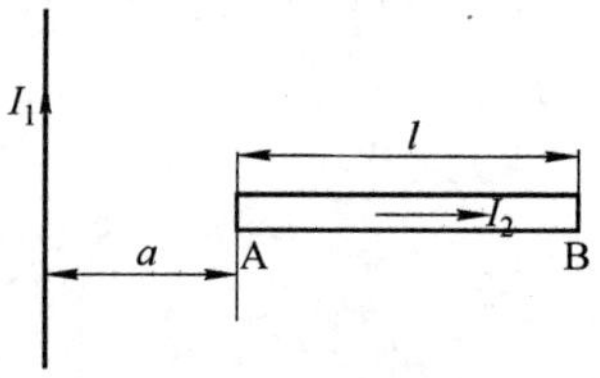

图 7-31 题 7-14

第八章　机械振动和机械波

导学

本章主要介绍机械振动和机械波的基本概念、特征和规律，特别是简谐振动和简谐波。讨论波的叠加与干涉、声波和超声波。

1. 掌握　简谐振动和波动方程的规律和意义；声压、声强、声强级、响度级这些描述声波的基本概念。

2. 理解　振动的合成、波的能量、波的强度以及波的干涉；听觉域、多普勒效应。

3. 了解　超声波的性质、超声波的生物效应以及超声波的医学应用。

振动(vibration)是自然界中最常见的运动形式之一。物体在平衡位置附近的往返运动称为**机械振动**(mechanical vibration)。琴弦、锣鼓、机械钟表的摆轮、高耸的烟囱、固体晶格点阵中的分子和原子、声带和耳膜等都在振动。振动并不局限于机械运动范围内，任何物理量在某个定值附近的周期性变化都可称为振动。例如，交流电路中电流与电压围绕着一定数值往复变化、电磁场中的电场强度和磁感应强度随时间周期性变化、人体的体温日夜变化等这一类具有时间周期性的运动都称为振动。广义而言，任何复杂的非周期性运动，也属于振动的研究范围。因为这种运动可以分解为频率连续分布的无限多个简谐振动的叠加。各种类型的振动尽管物理机制不同，但它们具有共同的物理特征，遵循着一些共同的规律，描写它们的数学形式也是相同的。

波动(wave)是振动在介质中的传播。在振动传播的同时，伴随着能量和动量的传递。声波(包括可闻声波、次声波及超声波)、水波、地震波、光波、电磁波等都是波，其中机械振动在弹性介质中的传播过程称为机械波，如声波、水波、地震波。而电磁场振动的传播则形成电磁波，如光波、无线电波、X射线等。

由于振动和波动是物理学各个不同领域的一种普遍而重要的运动形式，所以研究振动和波动的意义已超出力学的范围，它们的基本原理已成为声、光、电工、无线电及自动控制等专业技术领域的理论基础。

第一节　简谐振动

机械振动在自然界中是广泛存在的，在不同的振动现象中，简谐振动是最简单、最基本的振动。任何复杂的振动都可以看作是由若干个简谐振动叠加的结果。现在以弹簧振子为例,讨论简谐振动的动力学特征及运动学特征。

一、简谐振动和谐振动方程

质点在某一位置所受的合力(或沿运动方向受的力)等于零时的位置称为质点的**平衡位置**(equilibrium position)。若作用于质点的力总与质点相对于平衡位置的位移(线位移或角位移)成正比,且指向平衡位置,则此作用力称为**线性回复力**(linear reinstating force)。质点在线性回复力的作用下围绕平衡位置的运动称为**简谐振动**(simple harmonic vibration)。

将水平放置的轻弹簧一端固定,另一端与跨在气垫导轨上质量为 m 的滑块相连,此弹簧和滑块系统称为弹簧振子。将滑块处在弹簧原长时的位置称为平衡位置。在不计空气阻力和摩擦条件下,若弹簧被拉长或被压缩时会发生形变,此时会产生指向平衡位置的弹性力作用在滑块上,迫使其返回平衡位置。于是,在弹性力的作用下,滑块在其平衡位置附近做往复运动。将滑块看作是质点,滑块处在平衡位置时的位置为坐标原点,并建立坐标系 Ox,如图 8-1 所示。x 既表示质点的位置坐标,又等于质点相对于原点的位移,也是弹簧的伸长(压缩)量。x 较小时,弹性力 $\boldsymbol{F}$ 与位移 $\boldsymbol{x}$ 呈线性关系,即

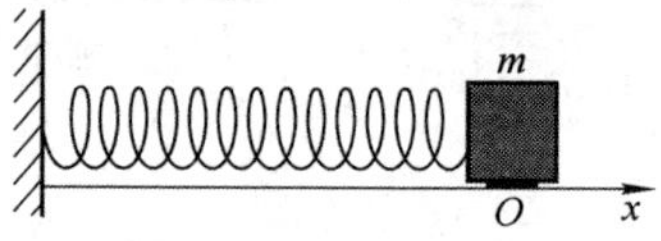

图 8-1 弹簧振子

$$\boldsymbol{F}=-k\boldsymbol{x}$$

式中 k 称为弹簧的**倔强系数**(stiffness),负号表示力 $\boldsymbol{F}$ 与位移 $\boldsymbol{x}$ 方向始终相反。可见弹簧的弹性力是线性回复力,弹簧振子在平衡位置 O 附近所做的往复周期性运动即为简谐振动。

根据牛顿第二定律

$$m\frac{\mathrm{d}^2x}{\mathrm{d}t^2}=-kx$$

令 $\dfrac{k}{m}=\omega^2$,可得简谐振动方程的微分形式

$$\frac{\mathrm{d}^2x}{\mathrm{d}t^2}+\omega^2x=0 \qquad (8-1)$$

式(8-1)称为简谐振动的动力学方程,其中 ω 决定于振动系统本身的性质。

该微分方程的解为

$$x=A\cos(\omega t+\varphi) \qquad (8-2)$$

式(8-2)称为**简谐振动的运动学方程**,简称**简谐振动方程**。其中 A 和 φ 是积分常数,由初始条件来决定。由于 $\cos(\omega t+\varphi)=\sin\left(\omega t+\varphi+\dfrac{\pi}{2}\right)$,令 $\varphi'=\varphi+\dfrac{\pi}{2}$,则有

$$x=A\sin(\omega t+\varphi') \qquad (8-3)$$

式(8-2)和式(8-3)表明,当物体做简谐振动时,位移是时间的余弦函数或正弦函数。

根据速度和加速度的定义,将式(8-2)对时间求一阶、二阶导数,可得物体做简谐振动时的速

度和加速度表达式

$$v=\frac{dx}{dt}=-A\omega\sin(\omega t+\varphi) \tag{8-4}$$

$$a=\frac{d^2x}{dt^2}=-A\omega^2\cos(\omega t+\varphi) \tag{8-5}$$

可见,做简谐振动的物体,其速度、加速度也随时间做周期性的变化。

二、简谐振动的特征量及矢量表示法

(一) 周期、频率和圆频率

物体做简谐振动时完全振动一次所需的时间称为简谐振动的**周期**(period),用 T 表示。由简谐振动方程知

$$A\cos(\omega t+\varphi)=A\cos[\omega(t+T)+\varphi]$$

因为余弦函数的最小正周期为 2π,所以满足此方程的 T 的最小值为 $\omega T=2\pi$, 则

$$T=\frac{2\pi}{\omega} \tag{8-6}$$

对于弹簧振子, $\omega^2=\frac{k}{m}$, 有 $$T=2\pi\sqrt{\frac{m}{k}} \tag{8-7}$$

单位时间内系统所做的完全振动的次数称为**频率**(frequency),用 ν 表示为

$$\nu=\frac{1}{T}=\frac{\omega}{2\pi} \tag{8-8}$$

或 $$\omega=2\pi\nu \tag{8-9}$$

ω 称为简谐振动的**角频率**(angular frequency)或**圆频率**(circular frequency),其值是频率 ν 的 2π 倍。由式(8-7)得知,角频率、频率和周期决定于质量和倔强系数这两个标志振动系统特征的物理量,质量 m 反映了振动系统本身的惯性,倔强系数 k 反映了线性回复力的特征。所以,简谐振动的角频率、频率和周期是由振动系统本身的性质决定的,常把频率称为固有频率或本征频率,称圆频率为固有(本征)圆频率。

(二) 振幅

简谐振动方程中的 A 是物体离开平衡位置最大位移的绝对值,称为简谐振动的**振幅**(amplitude)。由简谐振动的位移和速度的表达式(8-2)和式(8-4)及运动的初始条件 $t=0$ 时 $x=x_0$, $v=v_0$, 可得

$$x_0=A\cos\varphi$$
$$v_0=-A\omega\sin\varphi \tag{8-10}$$

所以 $$A=\sqrt{x_0^2+\frac{v_0^2}{\omega^2}} \tag{8-11}$$

（三）相位和初相位

由式(8-2)和式(8-4)得知，对于角频率和振幅已知的简谐振动，振动系统在任意瞬时的位移和速度由$(\omega t+\varphi)$决定。所以，只有A、ω、φ才能完全决定系统的运动状态。$(\omega t+\varphi)$称为简谐振动的**相位**(phase)。由于简谐振动的位移和速度是余弦、正弦函数，在物体振动的一个周期内，每一瞬时的运动状态都不相同，对应的相位则在$0\sim2\pi$间依次变化，因此不同的相位表达了物体不同的运动状态。

两个简谐振动的相位之差$\Delta\varphi=\varphi_2-\varphi_1$，称为相位差。当两个振动的相位差为零或$\pi$的偶数倍时，称这两个简谐振动为相位相同或同相位；当两个振动的相位差为π的奇数倍时，称这两个简谐振动为相位相反或反相位。

由$(\omega t+\varphi)$知$t=0$时的相位为φ，称为**初相位**(initial phase)，它描述了简谐振动物体的初始状态，由振动的初始条件决定。根据式(8-10)，有

$$\cos\varphi=\frac{x_0}{A},\ \sin\varphi=-\frac{v_0}{\omega A} \tag{8-12}$$

故

$$\tan\varphi=-\frac{v_0}{\omega x_0} \tag{8-13}$$

综上所述，振动系统在各个瞬时的运动状态由振幅A、角频率ω及初相位φ决定。

（四）简谐振动的矢量表示法

简谐振动可以用矢量的投影来表示，采用这种方法可以很方便地讨论振动的合成问题。如图8-2所示，取坐标轴Ox，由原点O引出一矢量$\boldsymbol{OM}$，其长度保持不变等于简谐振动的振幅A，矢量$\boldsymbol{OM}$以角速度ω绕原点O逆时针方向匀速转动，ω与简谐振动的角频率相等。$t=0$时，矢量$\boldsymbol{OM}$与x轴的夹角等于简谐振动的初相位φ，则任意时刻t，矢量$\boldsymbol{OM}$在x轴上的投影$\overline{OP}$即为

$$x=A\cos(\omega t+\varphi)$$

将其与式(8-2)比较可知，匀速旋转矢量在坐标轴上的投影正是物体沿x轴做简谐振动时的位移表达式，即简谐振动的运动学方程，所以可用匀速旋转矢量的投影来描述简谐振动。当旋转矢量$\boldsymbol{OM}$转一周时，矢端M绕圆周匀速转动一圈，即端点M在x轴上的投影P完成一次简谐振动，相当于物体在x轴上做完一次全振动。

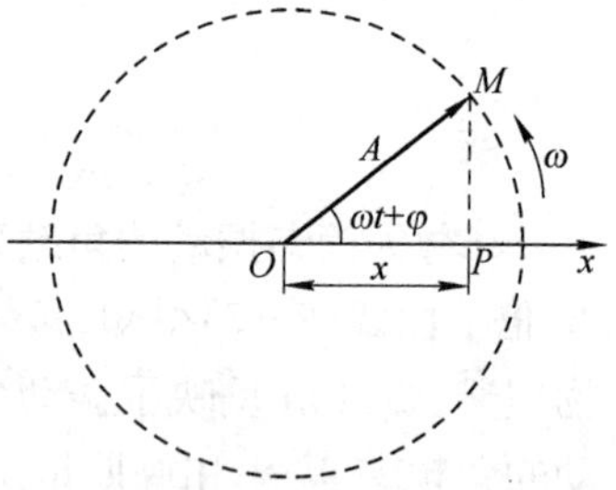

图8-2 简谐振动的矢量表示法

三、简谐振动的能量

现仍以图8-1所示的弹簧振子为例，利用简谐振动方程和速度方程，讨论做简谐振动的系统在任意时刻的弹性势能、动能及其随时间的变化规律和总机械能。

若取振子的平衡位置为弹性势能零点，由于振动系统的动能为$E_k=\frac{1}{2}mv^2$，势能为$E_p=\frac{1}{2}kx^2$，将式(8-2)和式(8-4)代入，则有

$$E_k = \frac{1}{2}mv^2 = \frac{1}{2}mA^2\omega^2\sin^2(\omega t + \varphi) \tag{8-14}$$

$$E_p = \frac{1}{2}kx^2 = \frac{1}{2}kA^2\cos^2(\omega t + \varphi) \tag{8-15}$$

两式相加,并考虑到 $\omega^2 = \frac{k}{m}$,可得

$$E = E_k + E_p = \frac{1}{2}kA^2 = \frac{1}{2}mA^2\omega^2 \tag{8-16}$$

式(8-14)、式(8-15)和式(8-16)表明,弹簧振子在运动中的动能和弹性势能都随时间做周期性的变化,当振子位移为最大时,其速度为零,势能具有最大值 $\frac{1}{2}kA^2$,动能为零最小;在平衡位置时振子的瞬时速度为最大,势能为零最小,动能具有最大值 $\frac{1}{2}mA^2\omega^2$。在简谐振动过程中,系统的动能和势能相互转换,两种能量的总和保持不变,即系统的总机械能守恒。由式(8-16)知,简谐振动的总能量决定于弹簧的倔强系数和振幅。

四、简谐振动的合成

在讨论实际振动问题时,经常遇到一个系统同时参与两个或两个以上振动的情况。若有两列波同时在介质空间中传播,当两列波相遇时,在相遇点或相遇区域内的介质内各个体元就同时参与两个振动。根据运动叠加原理,在相遇点或相遇区域内的各体元的实际运动即是这两列波在该处引起振动的合成。

我们知道任何复杂的振动都可以看作是由若干个不同频率的简谐振动叠加而成。一般而言,振动的合成比较复杂,这里仅分析几种简单情况。

(一) 两个同方向同频率简谐振动的合成

设质点参与在同一直线(x 轴)上进行的两个独立的同频率简谐振动(即同方向、同频率的两个简谐振动),其振幅分别为 A_1、A_2,角频率均为 ω,初相位分别为 φ_1、φ_2,则这两个振动的位移分别为

$$x_1 = A_1\cos(\omega t + \varphi_1)$$

$$x_2 = A_2\cos(\omega t + \varphi_2)$$

因两个分振动在同一方向上进行,故质点合位移 x 等于两个分位移 x_1 和 x_2 的代数和

$$x = x_1 + x_2$$

应用旋转矢量法可以很容易地得到合振动方程。如图 8-3 所示,两个分振动的旋转矢量分别为 $\boldsymbol{A}_1$ 和 $\boldsymbol{A}_2$。$t=0$ 时,它们与 x 轴的夹角分别为 φ_1 和 φ_2,$\boldsymbol{A}$ 为 $\boldsymbol{A}_1$ 和 $\boldsymbol{A}_2$ 的矢量和。由于 $\boldsymbol{A}_1$ 和 $\boldsymbol{A}_2$ 大小不变,且以相同的角速度 ω 绕 O

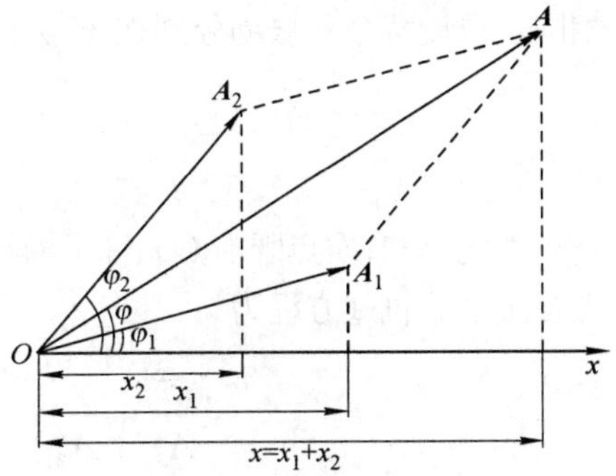

图 8-3　简谐振动的合成

点逆时针方向旋转，$\boldsymbol{A}_1$ 和 $\boldsymbol{A}_2$ 间的夹角($\varphi_2-\varphi_1$)保持恒定，所以在旋转过程中，矢量合成的平行四边形形状不变，合矢量 $\boldsymbol{A}$ 的大小也保持恒定，且以同一角速度 ω 随 $\boldsymbol{A}_1$ 和 $\boldsymbol{A}_2$ 绕 O 点逆时针方向转动。由图 8-3 知，任一时刻合矢量 $\boldsymbol{A}$ 在 x 轴上的投影为两分矢量 $\boldsymbol{A}_1$ 和 $\boldsymbol{A}_2$ 在 x 轴上投影的代数和。因此，合矢量 $\boldsymbol{A}$ 就是 $t=0$ 时合振动对应的旋转矢量，合振动的位移等于 t 时刻 $\boldsymbol{A}$ 在坐标轴上的投影。设合振动的振动方程为

$$x=A\cos(\omega t+\varphi) \tag{8-17}$$

式(8-17)中，A 是合矢量的长度，φ 是 $t=0$ 时合矢量 $\boldsymbol{A}$ 和 x 轴的夹角，由图 8-3 中的几何关系可知，合振动的振幅 A 与初相位 φ 和分振动的振幅 A_1、A_2 及初相位 φ_1、φ_2 的关系为

$$A=\sqrt{A_1^2+A_2^2+2A_1A_2\cos(\varphi_2-\varphi_1)} \tag{8-18}$$

$$\varphi=\tan^{-1}\frac{A_1\sin\varphi_1+A_2\sin\varphi_2}{A_1\cos\varphi_1+A_2\cos\varphi_2} \tag{8-19}$$

由式(8-17)、式(8-18)、式(8-19)可见，同方向、同频率的两个简谐振动的合成仍为简谐运动，合振动的角频率与分振动的角频率相同，合振动的振幅和初相位由两个分振动的振幅和初相位决定。

合振动的振幅 A 与分振动的振幅 A_1 和 A_2 及相位差 $\Delta\varphi=\varphi_2-\varphi_1$ 之间的关系是

(1) 相位差 $\Delta\varphi=\varphi_2-\varphi_1=2k\pi\ (k=0,\ \pm1,\ \pm2,\ \cdots)$，即两个分振动的相位相同时，有

$$A=\sqrt{A_1^2+A_2^2+2A_1A_2}=A_1+A_2$$

合振动的振幅有最大值，等于两个分振动的振幅之和，合成结果为互相加强。

(2) 相位差 $\Delta\varphi=\varphi_2-\varphi_1=(2k+1)\pi\ (k=0,\ \pm1,\ \pm2,\ \cdots)$，即两个分振动的相位相反时，有

$$A=\sqrt{A_1^2+A_2^2-2A_1A_2}=|A_1-A_2|$$

合振动的振幅有最小值，等于两个分振动的振幅之差的绝对值，合成结果为互相削弱。

在一般情况下，$\Delta\varphi$ 并不是 π 的整数倍，合振动的振幅 A 的值在 A_1+A_2 和 $|A_1-A_2|$ 之间。

（二）两个相互垂直同频率简谐振动的合成

1. 一般情况　当一质点同时参与两个相互垂直方向的简谐振动时，质点的合位移是这两个分振动位移的矢量和。在一般情形下，两个互相垂直、频率相同的简谐振动其位移和初相位不一定相同。现设两个分振动分别在 x、y 轴上进行，分振动的运动学方程为

$$x=A_1\cos(\omega t+\varphi_1)$$
$$y=A_2\cos(\omega t+\varphi_2)$$

由此可知，质点既沿 Ox 轴又沿 Oy 轴运动，即在 Oxy 平面上运动，消去两式中的参数 t，得质点合振动的轨迹方程为

$$\frac{x^2}{A_1^2}+\frac{y^2}{A_2^2}-\frac{2xy}{A_1A_2}\cos(\varphi_2-\varphi_1)=\sin^2(\varphi_2-\varphi_1) \tag{8-20}$$

式(8-20)所表示的是一个以坐标原点为中心的椭圆轨迹方程，物体运动轨迹的形状大小及长

短轴的方位由两个分振动的振幅 A_1、A_2 和初相位差($\varphi_2-\varphi_1$)决定。

2. 特殊情况

(1) 若 $\varphi_2-\varphi_1=0$ 或为 π 的偶数倍，即两分振动相位相同，此时两分振动的步调一致，它们同时达到正最大，同时达到负最大，则式(8-20)变为

$$y=\frac{A_2}{A_1}x$$

表明合振动的运动轨迹是通过坐标原点的直线，其斜率为 A_2/A_1。

(2) 若 $\varphi_2-\varphi_1=\pi$ 或为 π 的奇数倍，即两分振动相位相反，此时两分振动虽同时通过原点，但其中一个分振动的位移达到正最大，另一分振动位移为负最大，则式(8-20)变为

$$y=-\frac{A_2}{A_1}x$$

即合振动的轨迹仍是通过坐标原点的直线，其斜率为 $-\frac{A_2}{A_1}$。

综上可知，两分振动相位相同或相位相反时，合振动轨迹退化为直线。

(3) 若 $\varphi_2-\varphi_1=\pm\frac{\pi}{2}$，则式(8-20)变为

$$\frac{x^2}{A_1^2}+\frac{y^2}{A_2^2}=1$$

表明合振动的轨迹是一个以 x 和 y 坐标轴为主轴的椭圆；当 $A_2=A_1$ 时，两个频率相同而相位差为 $\frac{\pi}{2}$ 的、沿互相垂直方向的简谐振动合成的结果为圆周运动。

如果相位差 $\varphi_2-\varphi_1$ 为其他值时，合振动的运动轨迹一般呈现为取向与形状各不相同的椭圆，其形状和运动方向由分振动的振幅和相位决定。图 8-4 给出了相位差 $\varphi_2-\varphi_1$ 为某些值时合振动的轨迹。

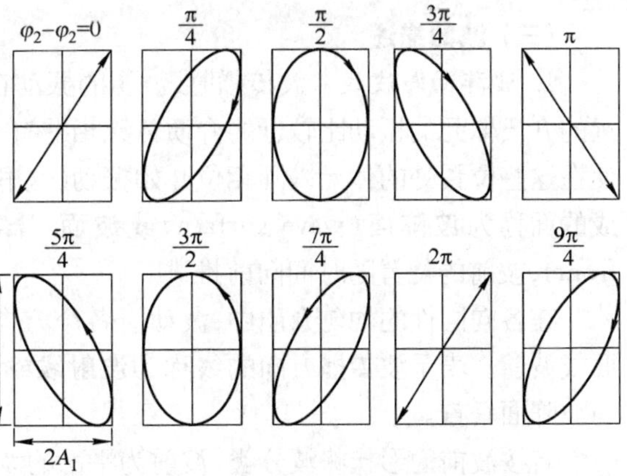

图 8-4　两个相互垂直的同频率不同相位差的简谐振动的合成

第二节　波动学基础

一、机械波

由振动状态的传播形成的波动是一种传递能量和动量的过程，我们把机械振动在介质中的传

播称为**机械波**(mechanical wave)。

(一)机械波的产生与传播

在弹性介质内部,各质元间的相互作用表现为弹性力。若某个体元因外界扰动而离开平衡位置,邻近的体元将对它施加弹性力,使其回到平衡位置从而引起振动。由于各体元间存在着弹性联系,所以在该体元离开平衡位置的同时,周围的体元也受到该体元施加的弹性力作用而离开各自的平衡位置,并在各自的平衡位置附近振动起来,同时对与其邻近的外围体元施加弹性力的作用,从而使外围体元在平衡位置附近振动,这样,振动就以一定的速度由近及远地向各个方向传播开来,形成波动。由前述可知,机械波的产生,首先要有做机械振动的物体,称为**波源**(wave source),其次要有介质来传播这种机械振动。在波的传播过程中,传播的只是振动状态,传播的同时伴随有能量的传播。介质内部的体元并不随波前进,仅以周期性变化的速度在各自的平衡位置附近振动,振动的频率与波源频率相同。

(二)横波与纵波

波可以按照多种方式进行分类。若按照振动方向与传播方向之间的关系分类,有横波(如沿弦的波)、纵波(如声波)和混合波(如水波及地震波)。在波动中,介质中各体元的振动方向与波传播方向垂直的波,称为**横波**(transverse wave);介质中各体元的振动方向与波传播方向平行的波,称为**纵波**(longitudinal wave)。简谐振动的传播称为**简谐波**(simple harmonic wave)。简谐波是一种最简单、最基本的波动形式,其他复杂的波可以看作是由一系列简谐波叠加而成。

(三)波的描述

1. 波阵面与波线 波传播时,波源的振动在弹性介质中激发的波沿各个方向传播,离波源较远的介质体元的振动比较近的介质体元相继有一定的相位落后。若经一定时间后波到达某些点,使在这些位置处的体元以同相位开始振动(这里同相位指相位差为零),这些同相位振动的点所组成的面称为**波阵面**(wave surface)或**波面**。离波源最远亦即最前面的波阵面称为**波前**(wave front),波前的位置随时间向前推进。

在各向同性的均匀介质中,波动沿各个方向的传播速度均相同,且波的传播方向垂直于波阵面或波前。表示波传播方向的线称为**波射线或波线**(wave ray)。在各向同性的均匀介质中,波线与波阵面垂直。

若按波前的形状将波分类,波前为平面的波称为**平面波**(plane wave),平面波的波射线是互相平行的直线,如图 8-5(a)所示。若波源为各点振动状态相同的平面,则在讨论离波源不远处波的传播时,可将波视为平面波;波前为球面的波称为**球面波**(spherical wave),点波源在各向同性的均匀介质中所产生的波阵面是一个不断扩大的球面即球面波,球面波的波射线是相交于点波源的直线,如图 8-5(b)所示。若观察离波源较远处的波动且无障碍物存在,则可将波源视为点波

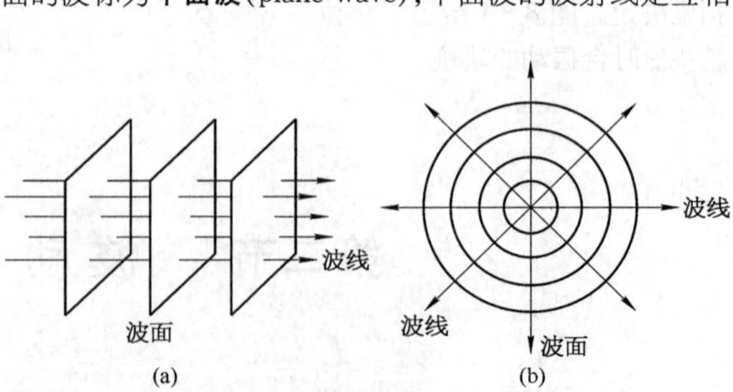

图 8-5 波线与波阵面

(a) 平面波 (b) 球面波

源,并将波视为球面波,故平面波和球面波是真实波动的理想近似。由图 8-5 知,利用波射线和波阵面的概念,可以描绘出波在空间的传播图像。

2. *波长与波速*　简谐波传播时,同一波射线上相邻的振动状态相同的两点之间的距离,即沿波传播方向相邻同相位两点间的距离,对应一个完整波形的长度称为简谐波的**波长**(wave length),用 λ 表示。波长描述了波的空间周期性。相距为 λ 的两点是同相位,意味着它们的相位差为 2π。

振动状态传播的速度(即波的传播速度)称为**波速**(wave speed),用 u 表示。由于波动的特点是沿波传播方向各体元的相位不同即相继有一定的相位落后,而振动状态是由相位决定的,振动状态的传播即是相位的传播,所以波速也称为**相速**(phase velocity)。机械波的波速决定于介质的特性,在不同的介质中波速一般是不同的。

3. *波的周期和频率*　介质中平衡位置在某处的体元振动的时间周期性可以用周期和频率来表示。一个完整的波通过波线上某点所需的时间,称为波的**周期**(period),用 T 表示;周期的倒数称为波的**频率**(frequency),用 ν 表示。频率表示单位时间内通过波线上某点的完整波的数目。因为体元做一次全振动,波沿波线向前传播的距离为一个完整波形的长度。1 s 内体元振动了 ν 次,波向前移动了 ν 个波长,所以波的频率等于波源振动的频率,也等于介质中各体元振动的频率。由于在一个周期内,波前进了一个波长的距离,故波速为

$$u=\frac{\lambda}{T}=\lambda\nu \tag{8-21}$$

研究表明,波速的大小由介质的特性决定,而波的频率由波源振动的频率决定,所以由式(8-21)可知,同一频率的波在不同介质中传播时,波长随介质的不同而变化。

二、平面简谐波波动方程

波源做简谐振动时,在均匀介质中将产生简谐波。当平面波传播时,若介质中的各体元均按余弦(或正弦)规律运动,则称其为**平面简谐波**。在有平面简谐波传播的介质中,虽然各体元均按余弦(或正弦)规律运动,但同一时刻各体元的运动状态并不相同,所以就必须找出与波面垂直的任意一条波射线上各体元振动的位移和时间的函数关系。只有定量地描述出介质中每个体元的运动状态,平面简谐波的运动学问题方能得以解决。

如图 8-6 所示,设一平面简谐波以波速 u 在均匀介质中无衰减地沿 x 轴正方向传播,这里所说的 x 轴正方向即是前述的与波面垂直的任意一条波射线的方向。在波线上取点 O 为坐标原点($x=0$),则位于坐标原点处的体元在任意时刻 t 的位移为

$$y_0=A\cos(\omega t+\varphi)$$

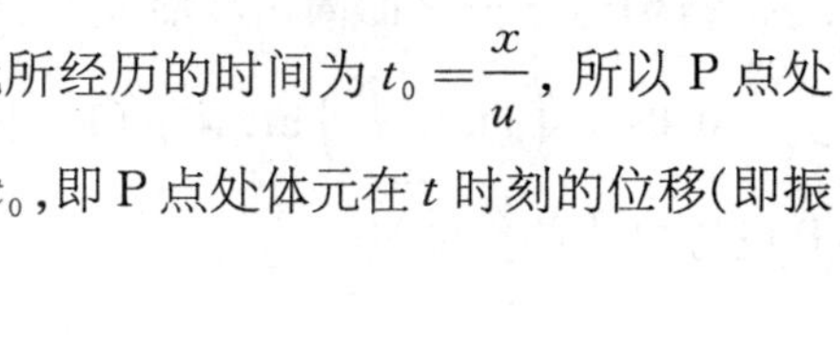

图 8-6　某时刻各体元的位移分布

其中 y 为体元相对平衡位置的位移,A 为振幅,ω 为角频率,φ 为该体元的初相位($t=0$ 时的相位)。为了描述波的传播过程,现考察 x 轴上的任意一点 P 处体元的运动情况。波是振动状态的传播,由图 8-6 得知,由于 P 点距 O 点为 x,位于原点 O 处体元的振动传播到位于 P 点处的体元所经历的时间为 $t_0=\dfrac{x}{u}$,所以 P 点处体元的振动较之 O 点处体元的振动推迟或落后了一段时间 t_0,即 P 点处体元在 t 时刻的位移(即振

动状态)与原点 O 处体元在 $(t-t_0)$ 时刻的位移(振动状态)相同。因此,波线上位于 P 点处体元在任一时刻 t 的位移为

$$y=A\cos\left[\omega\left(t-\frac{x}{u}\right)+\varphi\right] \tag{8-22}$$

因为 x 是沿波传播方向任一体元的平衡位置的坐标,故式(8-22)给出平面简谐波沿 x 轴正方向传播时介质内任意体元的运动学方程,称为平面简谐波的**波动方程**(wave equation)或运动学方程。

根据 $\omega=2\pi\nu=2\pi/T$, $u=\lambda/T=\lambda\nu$ 可将式(8-22)改写成

$$y=A\cos\left[2\pi\left(\frac{t}{T}-\frac{x}{\lambda}\right)+\varphi\right] \tag{8-23}$$

或

$$y=A\cos\left[2\pi\left(\nu t-\frac{x}{\lambda}\right)+\varphi\right] \tag{8-24}$$

从式(8-22)可以看出,在平面简谐波的运动学方程中含有空间位置 x 和时间 t 两个变量,表明 y 是 x 和 t 的函数。为了全面理解波动方程的物理意义,我们分三种情况进行讨论。

(1) 当 x 一定(假定为 x_0)时,位于波线上该点处体元的位移 y 仅是时间 t 的函数,式(8-22)是描述该点处体元的位移 y 随时间 t 的变化规律。

(2) 当 t 一定(假定为 t_0)时,波线上各体元的位移 y 仅是空间位置 x 的函数,式(8-22)表示该特定时刻波线上各不同体元的位移,即 t_0 时刻各体元的位移分布情况或波在该时刻的**波形**(wave shape),表明各体元位移的分布具有空间周期性。此时,不同 x 处体元的位移分布为

$$y=A\cos\left[\omega\left(t_0-\frac{x}{u}\right)+\varphi\right] \tag{8-25}$$

(3) 当 x、t 都在变化时,式(8-22)表示波线上各不同体元在不同时刻的位移。由于不同的时刻对应着不同的波形,故平面简谐波的波动方程式(8-22)形象地反映了波形的传播特性。

如果波动沿 x 轴负方向传播,则图 8-6 中位于 P 点处的体元比位于 O 点处体元早振动一段时间 $t_0=\dfrac{x}{u}$,即 P 点处体元在 t 时刻的位移与原点 O 处体元在 $(t+t_0)$ 时刻的位移相同,因此,波动方程为

$$y=A\cos\left[\omega\left(t+\frac{x}{u}\right)+\varphi\right] \tag{8-26}$$

综上有平面简谐波的波动方程为

$$y=A\cos\left[\omega\left(t\mp\frac{x}{u}\right)+\varphi\right] \tag{8-27}$$

例 8-1 一平面简谐波沿 x 轴正方向以 $3\ \mathrm{m\cdot s^{-1}}$ 的速度传播,已知波源 O 的振动方程为 $y_0=0.04\cos\left(3\pi t+\dfrac{\pi}{3}\right)\ \mathrm{m}$,求:(1) 平面简谐波波动方程;(2) 距波源 1 m 处 P 点的振动方程;(3) P 点与 O 点的相位差。

解　由 $y_0=0.04\cos\left(3\pi t+\dfrac{\pi}{3}\right)$ m 知，$A=0.04$ m，$\omega=3\pi$，$\varphi=\dfrac{\pi}{3}$，$u=3\ \text{m}\cdot\text{s}^{-1}$

(1) 将上述数据代入式(8-22)得所求平面简谐波波动方程为

$$y=0.04\cos\left[3\pi\left(t-\frac{x}{3}\right)+\frac{\pi}{3}\right]\ \text{m}$$

(2) 将 $x=1$ m 代入上述波动方程得 P 点的振动方程为

$$y_{\text{p}}=0.04\cos\left[3\pi\left(t-\frac{1}{3}\right)+\frac{\pi}{3}\right]=0.04\cos\left(3\pi t-\frac{2\pi}{3}\right)\ \text{m}$$

(3) P 点落后于 O 点的相位为

$$\varphi_{\text{o}}-\varphi_{\text{p}}=\frac{\pi}{3}-\left(-\frac{2\pi}{3}\right)=\pi$$

三、波的能量

(一) 波的能量

当波在弹性介质中传播时，介质中各体元都在自己的平衡位置附近振动，因而具有动能。同时，由于各体元相对于平衡位置发生位移，引起介质体元发生形变，从而又具有弹性势能。因此在波动传播的过程中，介质中各体元不仅具有动能和弹性势能，且动能、弹性势能及总能量都在变化，即波动传播的过程中伴随着能量的传播。现以平面简谐纵波在弹性细棒中的传播为例，讨论某体元的动能、弹性势能及总能量的变化规律。

设一平面简谐波沿 x 轴正方向以速度 u 在弹性细长棒中传播，其波动方程为

$$y=A\cos\left[\omega\left(t-\frac{x}{u}\right)+\varphi\right]$$

在棒中任取一体积为 $\mathrm{d}V$ 的微小体元，设棒的密度为 ρ，则该体元的质量为 $\mathrm{d}m=\rho\mathrm{d}V$。当波传播到该体元处时，由波动方程可求出其振动速度为

$$v=-\omega A\sin\left[\omega\left(t-\frac{x}{u}\right)+\varphi\right]$$

则该体元的动能为

$$\mathrm{d}E_{\text{k}}=\frac{1}{2}(\mathrm{d}m)v^2=\frac{1}{2}(\rho\mathrm{d}V)A^2\omega^2\sin^2\left[\omega\left(t-\frac{x}{u}\right)+\varphi\right]\tag{8-28}$$

理论证明，该体元因形变而产生的弹性势能为

$$\mathrm{d}E_{\text{p}}=\frac{1}{2}(\rho\,\mathrm{d}V)A^2\omega^2\sin^2\left[\omega\left(t-\frac{x}{u}\right)+\varphi\right]\tag{8-29}$$

式(8-28)和式(8-29)表明，在波传播的过程中，某一体积元在同一时刻的动能和势能具有相同的数值，并且随时间同步地做周期性变化，同时达到最大和最小。

在波动中介质体元势能的大小和体元的形变量$\frac{\partial y}{\partial x}$(称为切应变)有关。形变量$\frac{\partial y}{\partial x}$值越大,则形变越严重,体元的势能值就越大。图 8-7 所示的波形曲线直观地显示出体元的动能、势能以及总能量的变化规律。体元通过平衡位置(如 b 点)时,振动速度最大,在该处体元的形变也最甚,所以对应的动能和弹性势能都达到最大值。体元达到最大位移(如波峰 a 点和波谷 c 点)时,振动速度最小(为零),体元形变为零即不发生形变,此时对应的动能和弹性势能都为零。

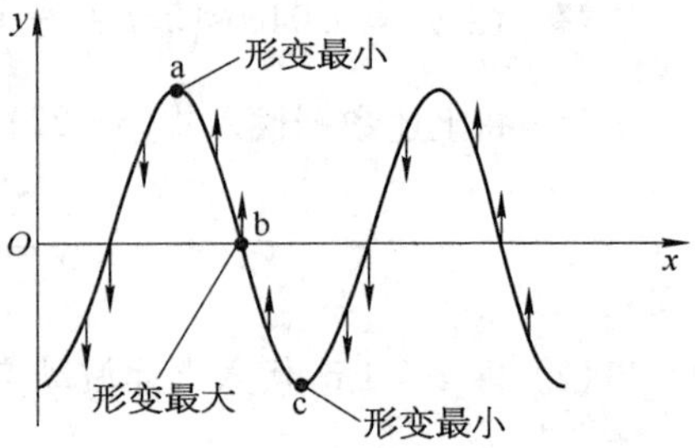

图 8-7 体积元的形变与振动速度

体元 dV 的总机械能为

$$\mathrm{d}E=\mathrm{d}E_{\mathrm{k}}+\mathrm{d}E_{\mathrm{p}}=(\rho\mathrm{d}V)A^2\omega^2\sin^2\left[\omega\left(t-\frac{x}{u}\right)+\varphi\right] \tag{8-30}$$

由式(8-30)可以看出,体元的总机械能是时间和空间的函数。介质中某确定体元的总机械能并不守恒,其值随时间做周期性变化,大小在零和幅值$(\rho\,\mathrm{d}V)A^2\omega^2$之间周期地变化,表明该体元不断地从离波源较近的体元接收能量,同时又不断地向离波源较远的体元传递能量。在波传播的过程中,这个能量的传播同时在周期性地进行,这就是波动传递能量的机制。

单位体积的介质所具有的能量称为波的**能量密度**(Energy density),用 w 表示,则

$$w=\frac{\mathrm{d}E}{\mathrm{d}V}=\rho A^2\omega^2\sin^2\left[\omega\left(t-\frac{x}{u}\right)+\varphi\right] \tag{8-31}$$

能量密度描述了介质中的能量分布情况。由式(8-31)得知波的能量密度随时间而变化,已知能量密度的分布情况,可得在确定时刻介质中能量随各体元平衡位置 x 的周期分布,或介质中某确定体元的能量随时间 t 的变化情况。通常取能量密度在一个周期内的平均值即**平均能量密度**描述介质中波的能量分布,则

$$\bar{w}=\frac{1}{T}\int_0^T w\,\mathrm{d}t=\frac{1}{2}\rho A^2\omega^2 \tag{8-32}$$

(二) 波的强度

由前述可知,体元的能量由振动状态决定,而振动状态以波速传播,故能量也以波速传播。为了反映波在传播过程中能量传递的特征,引入能流的概念。我们把单位时间内通过介质中某截面的能量称为通过该截面的**能流**(energy flux)。现在考虑单位时间内通过垂直于波动传播方向的某截面 S 的平均能量,为此,在某一波面上取一面积 S,如图 8-8 所示,则在 t 时间内流过面积 S 的平均能量为 $\bar{w}\cdot ut\cdot S$,此部分能量所占据的空间体积为 $ut\cdot S$。于是,通过面积 S 的平均能流为

$$\overline{P}=\bar{w}uS=\frac{1}{2}\rho uA^2\omega^2 S$$

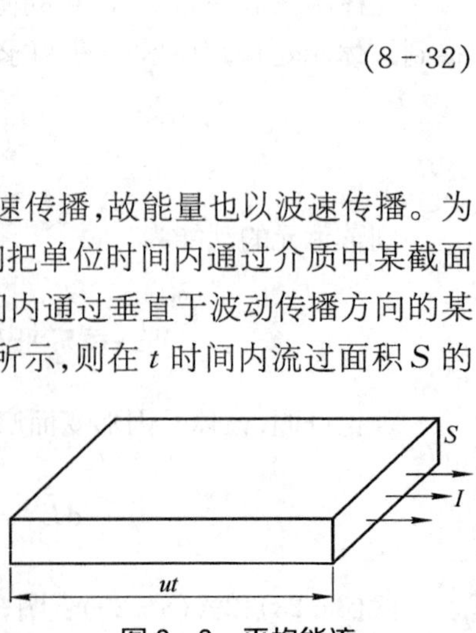

图 8-8 平均能流

我们把通过与波传播方向垂直的单位面积的平均能流称

为**平均能流密度**(average energy flux density)或**波的强度**(intensity of wave),用 I 表示,则

$$I=\frac{\overline{P}}{S}=\frac{1}{2}\rho u A^2\omega^2 \tag{8-33}$$

式(8-33)表明,波的强度与振幅的平方、频率的平方、介质的密度及波速成正比。波的强度的单位是瓦·米$^{-2}$($W\cdot m^{-2}$)。

例 8-2　用聚焦的方法可以在水中产生强度为 $I=120\ kW\cdot cm^{-2}$ 的超声波,设超声波频率为 $\nu=500\ kHz$,水的密度为 $\rho=1\,000\ kg\cdot m^{-3}$,此超声波在水中的声速为 $u=1\,500\ m\cdot s^{-1}$,求水中超声波引起振动的振幅 A 有多大?

解　根据式(8-33)及 $\omega=\frac{2\pi}{T}=2\pi\nu$ 可得

$$A=\frac{1}{\omega}\sqrt{\frac{2I}{\rho u}}=\frac{1}{2\pi\nu}\sqrt{\frac{2I}{\rho u}}$$

$$=\frac{1}{2\times 3.14\times 500\times 10^3}\sqrt{\frac{2\times 120\times 10^7}{1\,000\times 1\,500}}=1.27\times 10^{-5}\ m$$

四、波的吸收

机械波在介质中传播时,波的强度随着传播距离的增加而减弱,振幅也随之减小,这种现象称为波的衰减。造成波衰减的主要原因是

1. *介质对波的吸收*　由于介质的黏滞性(即内摩擦)、导热性等原因导致波在传播过程中其部分能量逐渐地被介质吸收而转化为其他形式的能量,如介质的热运动能量。

2. *扩散衰减*　球面波在传播过程中因波束(即波射线)发散使得波面的面积不断增大,波整体的能量虽不变,但有限能流在越来越大的面积上分布,亦即单位面积通过的波的能量减小,因而波的强度及振幅减小。

3. *散射衰减*　由于波的散射现象使波在原传播方向上的强度减弱。

现讨论介质对波的吸收规律和球面波的扩散衰减问题。波在介质中传播时,波的能量被介质吸收的多少,与介质的性质和波传播的距离有关。设波在介质边界的初始强度为 I_0,通过厚度为 x 的介质后其强度为 I,理论和实验得出

$$I=I_0 e^{-\mu x} \tag{8-34}$$

式(8-34)表明,波在介质中传播时,其强度按指数规律衰减。其中 μ 称为介质的吸收系数,与介质的性质和波的频率有关。声波在空气中的吸收系数比在水中大很多,故声波在空气中的衰减比在水中快得多。

对于在均匀介质中传播的球面波,若不计介质对波的吸收,那么波的强度减小是由于球面波的波面不断扩大而引起的。

考虑以点波源为中心的球面波,设球面波半径为 r_1 和 r_2 的两波面上波的强度分别为 I_1 和 I_2,振幅分别为 A_1 和 A_2,若不计介质对能量的吸收,则单位时间通过两波面的能量必然相等

$$4\pi r_1^2 I_1 = 4\pi r_2^2 I_2$$

$$\frac{I_1}{I_2} = \frac{r_2^2}{r_1^2} \tag{8-35}$$

式(8－35)表明球面波的强度和离开波源距离的平方成反比，称为球面波的反平方定律。

因为波的强度与振幅的平方成正比，所以有

$$\frac{A_1}{A_2} = \frac{r_2}{r_1}$$

即球面波各体元的振幅与其离开波源的距离成反比。

若设离开波源的距离为单位长度处的振幅值为 a，由上式知，离波源为 r 处体元的振幅为 $A = \frac{a}{r}$，则球面波的波动方程为

$$y = \frac{a}{r}\cos\left[\omega\left(t - \frac{r}{u}\right) + \varphi\right] \tag{8-36}$$

第三节 波的干涉

一、惠更斯原理

波动起源于波源的振动，波的传播是由于介质中体元之间的相互作用。在波动传播的过程中，介质中任一体元的振动都将引起邻近其他体元的振动，故介质中任一振动的体元都可以看作是新的波源。例如，水面波在传播时，遇到障碍物上的一个小孔，小孔的线度小于波长 λ 时，则穿过小孔的水面波是圆形的，说明小孔可以看作是新的波源。

荷兰物理学家惠更斯(Christian Huygens)以此现象为基础提出：**波在传播过程中，波动传播到的每一点，即波前上的每一点都可以看作是向各个方向发射次级子波的新波源。在其后的任一时刻，这些子波的包络面，就是该时刻的新波前**。这一结论称为**惠更斯原理**(Huygens' principle)。

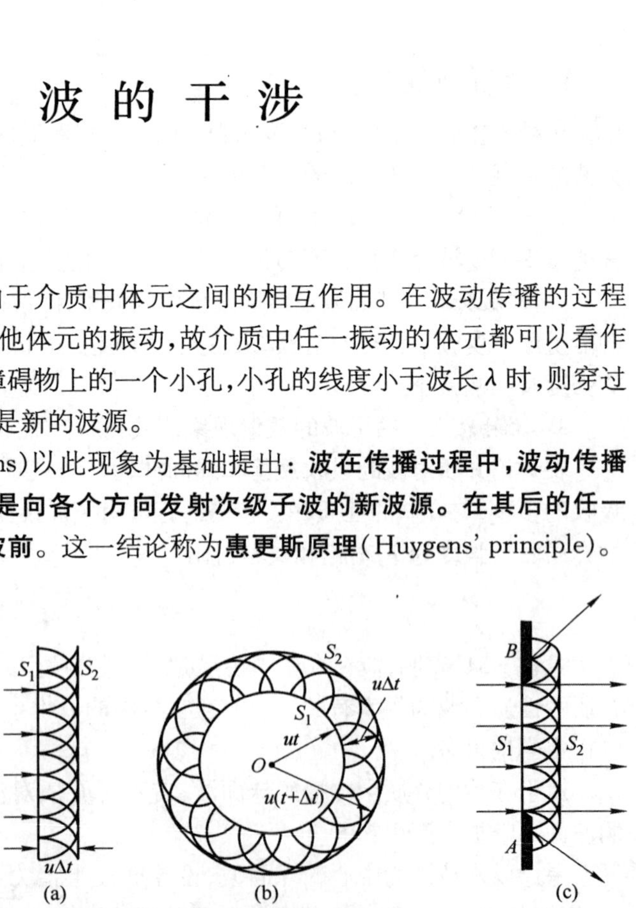

图 8－9 惠更斯原理

惠更斯原理反映了波的传播规律。根据这一原理，若已知某一时刻的波前 S_1，就可以用几何作图的方法确定下一时刻的波前 S_2，从而解决波的传播问题。如图 8－9(a)所示为平面波传播时的情况，前一时刻的波前是 S_1，Δt 时间后的新波前是 S_2。其间 S_1 上的每一点在 t 时刻发出的球面子波，经时间 Δt 后形成半径为 $u\Delta t$ 的球面，在波传播方向上这些子波的

包络即 $t+\Delta t$ 时刻的新波阵面 S_2,图 8-9(b)为球面波传播时的情况。图 8-9(c)为平面波传播过程中遇到狭缝时的情况,可以看出,新波前中央部分仍为平面,但靠近狭缝边缘部分却发生弯曲。因为波线垂直于波阵面,故边缘的波射线改变了原来的方向。波在传播过程中能绕过障碍物的边缘而前进,即传播方向可以发生偏转的现象称为波的**衍射**(diffraction)。

二、波的干涉

(一) 波的叠加原理

几列来自不同波源的波同时在某一介质中传播,当它们在介质空间中的某些点处相遇时,将保持各自原有的频率、波长、振动方向等特性,并且继续沿原来的传播方向传播。也就是说,不管它们是否相遇,都各自以原有的振幅、频率和波长独立传播,彼此互不影响,这一性质称为波传播的独立性。**几列波互相独立的传播时,在它们相遇区域内的任一点处,体元的振动位移为各列波单独传播时在该点处所引起的位移矢量之和**。这一规律称为波的**叠加原理**(superposition principle of wave),它是由实验和观察得到的结论。

(二) 波的干涉

当振幅、频率、相位都不同的几列波在介质中传播且相遇时,相遇处体元的位移为各列波在此处引起的位移的矢量和。一般而言,在相遇处引起的合振动情况很复杂。当两个频率相同、振动方向相同、初相位相同或相位差恒定的波源所发出的波在空间相遇的区域内叠加,由于介质中不同的点对应的两个分振动的恒定相位差不同,因而不同的点有不同的恒定合振幅,某些点合振幅最大、振动始终加强,而另一些点合振幅最小、振动始终减弱甚至完全抵消,结果使得空间各点振动的强弱具有确定的分布,这种现象称为**波的干涉**(interference of wave)。能产生干涉现象的波称为**相干波**(coherent wave),相应的波源称为**相干波源**(coherent sources)。而两列波具有相同的振动方向和相同的频率,并在空间每一点引起的分振动都具有固定的相位差亦即在各空间点保持固定的相位差,这是形成波的干涉现象的条件,称为**相干条件**(coherent condition)。

现讨论两列相干波在相遇区域内干涉加强和减弱的具体情况。如图 8-10 所示,O_1 和 O_2 分别为两个相干波源,其振动方程分别为

$$y_{O_1}=A_1\cos(\omega t+\varphi_1)$$

$$y_{O_2}=A_2\cos(\omega t+\varphi_2)$$

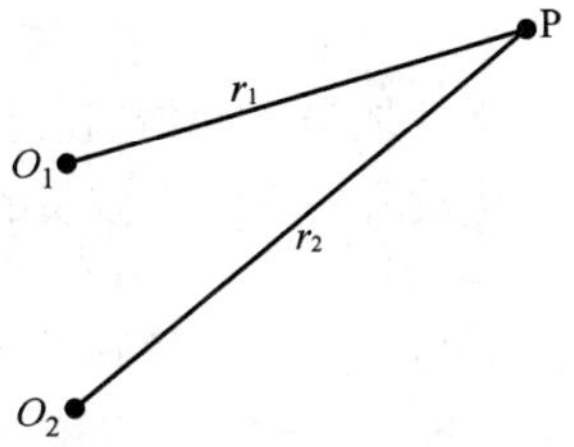

图 8-10　两相干波在空间相遇

设 P 点是该区域中的任意一点,它到两波源的距离分别为 r_1 和 r_2。不计介质对波能量的吸收,则由式(8-24)及 $\omega=2\pi\nu=2\pi/T$ 可得两列波在 P 点的振动方程分别为

$$y_1=A_1\cos\left(\omega t+\varphi_1-2\pi\frac{r_1}{\lambda}\right)$$

$$y_2=A_2\cos\left(\omega t+\varphi_2-2\pi\frac{r_2}{\lambda}\right)$$

在两波相遇处发生振动的合成,合振动的振动方程为

$$y = y_1 + y_2 = A\cos(\omega t + \varphi)$$

其中 A 为合振动的振幅，φ 为合振动的初相位，且

$$A = \sqrt{A_1^2 + A_2^2 + 2A_1A_2\cos\left(\varphi_2 - \varphi_1 - 2\pi\frac{r_2 - r_1}{\lambda}\right)} \tag{8-37}$$

$$\varphi = \arctan\frac{A_1\sin\left(\varphi_1 - 2\pi\frac{r_1}{\lambda}\right) + A_2\sin\left(\varphi_2 - 2\pi\frac{r_2}{\lambda}\right)}{A_1\cos\left(\varphi_1 - 2\pi\frac{r_1}{\lambda}\right) + A_2\cos\left(\varphi_2 - 2\pi\frac{r_2}{\lambda}\right)} \tag{8-38}$$

由此可知，P 点合振动振幅 A 的大小与两分振动的相位差 $\Delta\varphi = \varphi_2 - \varphi_1 - 2\pi\frac{r_2 - r_1}{\lambda}$ 有关，由于两相干波在空间任一点 P 所引起的分振动的相位差 $\Delta\varphi$ 固定，所以 P 点的合振幅也是恒定的。但对空间各不同点而言，各点位置的改变(即 $r_2 - r_1$ 的不同)导致空间各点的合振幅也不同。

当 $\Delta\varphi$ 为 π 的偶数倍时，即

$$\Delta\varphi = 2k\pi \quad k = 0, \pm 1, \pm 2, \cdots$$

合振幅为最大，$A = A_1 + A_2$，振动最强。

当 $\Delta\varphi$ 为 π 的奇数倍时，即

$$\Delta\varphi = (2k+1)\pi \quad k = 0, \pm 1, \pm 2, \cdots$$

合振幅最小，$A = |A_1 - A_2|$，振动最弱。

其他各点体元振动的合振幅 A 在 $A_1 + A_2$ 和 $|A_1 - A_2|$ 之间。

如果两相干波源初相位相同，即 $\varphi_1 = \varphi_2$，有 $\Delta\varphi = -\frac{2\pi(r_2 - r_1)}{\lambda}$，则 $\Delta\varphi$ 只与 P 点到两波源的波程差 $\delta = r_2 - r_1$ 有关。此时，干涉加强和减弱的条件可简化为

当波程差等于波长的整数倍(或半波长的偶数倍)时，即

$$\delta = k\lambda = 2k\frac{\lambda}{2} \quad k = 0, \pm 1, \pm 2, \cdots$$

干涉加强，合振幅最大。

当波程差等于半波长的奇数倍时，即

$$\delta = (2k+1)\frac{\lambda}{2} \quad k = 0, \pm 1, \pm 2, \cdots$$

干涉减弱，合振幅最小。

图 8-11 表示 O_1 和 O_2 两相干波源产生干涉的情形，图中的圆弧实线和圆弧虚线分别表示某一时刻的波峰和波谷。波峰与波峰或波谷与波谷相遇的点振动始终加强，波峰与波谷相遇的点振动始终减弱，从而形成了波的干涉图样。

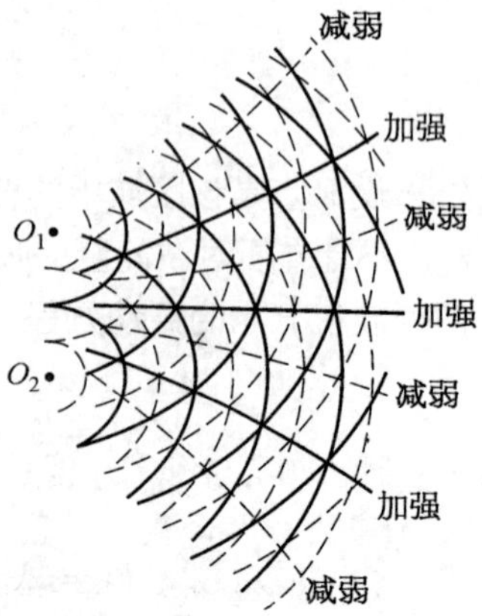

图 8-11 波的干涉现象

例 8-3　O_1 和 O_2 为两个同方向、同频率、同相位、同振幅的波源。它们在介质中产生波的波长为 λ，两波源之间的距离为 2λ，P 是 O_1 和 O_2 连线上 O_2 外侧的任意一点。求：两波源发出的波到达 P 点时的相位差？P 点合振动的振幅如何？

解　由题意可知 $\varphi_1=\varphi_2$，则 P 点处的两分振动的相位差为

$$\Delta\varphi=\varphi_2-\varphi_1-2\pi\frac{r_2-r_1}{\lambda}=2\pi\frac{2\lambda}{\lambda}=4\pi$$

相位差为 π 的偶数倍，P 点干涉加强，合振幅为两分振动振幅之和。

（三）驻波

当两列振幅相同的相干波沿同一直线相向传播时，合成波的波形不随时间变化，这样的两列简谐相干波叠加得到的振动称为**驻波**（standing wave）。驻波是干涉波的特例。

设两列波分别沿 x 轴的正方向和负方向传播，选取共同的坐标原点和计时起点，并设在坐标原点 O 处它们的相位相同，则由式(8-24)得两列波的波动方程分别为

$$y_1=A\cos 2\pi\left(\nu t-\frac{x}{\lambda}\right)$$

$$y_2=A\cos 2\pi\left(\nu t+\frac{x}{\lambda}\right)$$

在两列波相遇处各体元的位移为它们各自引起位移的叠加，即

$$y=y_1+y_2=A\cos 2\pi\left(\nu t-\frac{x}{\lambda}\right)+A\cos 2\pi\left(\nu t+\frac{x}{\lambda}\right)$$

利用三角函数和差化积计算公式，上式可改成

$$y=2A\cos 2\pi\frac{x}{\lambda}\cos 2\pi\nu t \qquad (8-39)$$

式(8-39)即为驻波波动方程。式中因子 $\cos 2\pi\nu t$ 表明，形成驻波时，各体元都以 $\left|2A\cos 2\pi\frac{x}{\lambda}\right|$ 为振幅、ν 为频率按余弦规律振动。因子绝对值 $\left|2A\cos 2\pi\frac{x}{\lambda}\right|$ 表明各体元的振幅随着 x 的变化而不同，且随 x 做周期性的变化。图 8-12 给出了几个不同时刻的驻波波形图。

振动的振幅为零的那些点始终静止不动，称为**波节**（wave node），振动的振幅最大的那些点，振动最强，称为**波腹**（wave loop）。

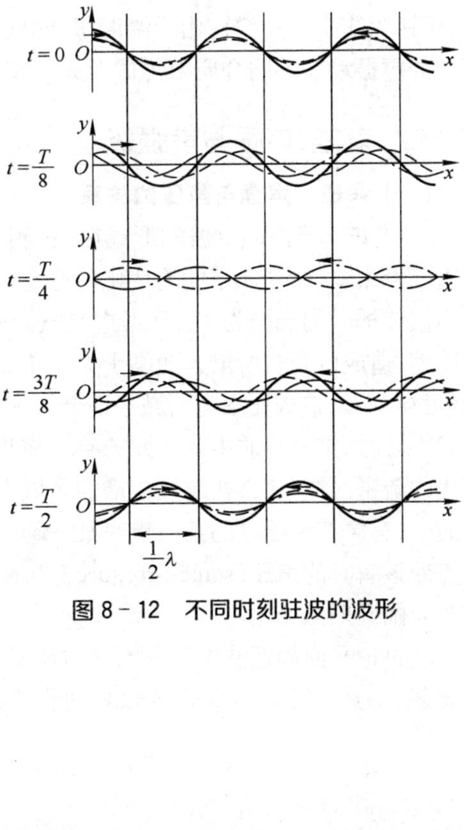

图 8-12　不同时刻驻波的波形

第四节 声波 超声波

一、声波

声波是一种可以在气体、液体和固体内传播的机械波。频率在 20～20 000 Hz 范围内的机械振动，在弹性介质中形成纵波，可以引起人耳的听觉，这一频率范围内的弹性纵波称为可闻**声波**(sound wave)。频率低于 20 Hz 的机械波称为**次声波**(infrasonic wave)，频率高于 20 000 Hz 的称为**超声波**(ultrasonic wave)，超声波和次声波都不能引起人耳的听觉。许多动物的听觉很敏感，如犬可听到 35 000 Hz 的声音。

声波是机械波，具有机械波的所有特性，并遵循机械波的运动规律。声波的频率 ν、波长 λ 和波速 u 之间满足式(8－21)所给出的关系

$$u=\frac{\lambda}{T}=\lambda\nu$$

同样，声波的频率 ν 决定于声源的频率。在声源和观察者没有相对运动的情况下，人耳听到声音的频率就是声源的频率。声波的速度 u 主要取决于所在介质的弹性模量和密度，声波在固体中传播的速度最快，在液体中次之，气体中最低。此外，声波在介质中传播时，伴随着介质的压缩膨胀，会引起温度的变化，故声速还与温度有关，温度越高，则声速越大。例如，在标准状态下的空气中，声速为 $331\ \mathrm{m\cdot s^{-1}}$。由于温度每升高(或降低)1℃，声速约增加(或减少)$0.6\ \mathrm{m\cdot s^{-1}}$，因而同一声源的声振动在不同介质中传播形成声波的波长 λ 是各不相同的。

二、声压、声强与声强级

(一) 声压　声强与声压的关系

1. *声压*　声波以纵波的形式在空气中传播，此时空气介质中的各体元时而密集、时而稀疏，介质密度发生变化，介质密度的变化使得空气介质中各点的压强也随之发生变化。设空气介质中没有声波传播时的压强为 p_0，现考虑空气介质中的任一个体元 ΔV，当空气体元密集时该体元 ΔV 受到压缩，造成压强有所增大而高于大气压 p_0，即实际压强 $p=p_0+\Delta p$；当空气体元稀疏时该体元 ΔV 发生膨胀，造成压强有所减小而低于大气压 p_0。由此可见，周期性的声振动在空气介质中传播形成声波时，空气介质中各体元的空气密度随体元的振动做周期性变化，在介质中形成一些交替变化的疏密区域，使得在声波传播的区域内，空气压强发生周期性的变化，时而增大，时而减小。在介质中，有声波传播时的某一点在某一瞬时的压强 p 与没有声波传播时的静压强 p_0 的差值，称为该点处该瞬时的**声压**(sonic pressure 或 pressure of sound)，用 Δp 表示，且 $\Delta p=p-p_0$，显然声压随时间做周期性变化。

现讨论平面简谐波中声压的分布情况。设声波为平面简谐波，在均匀液体或气体中无衰减地沿 x 轴正方向传播，则由式(8－22)可得声波的波动方程为

$$y=A\cos\left[\omega\left(t-\frac{x}{u}\right)+\varphi\right]$$

取此式对时间的偏微分,得声场中体元的振动速度为

$$v=\omega A\cos\left[\omega\left(t-\frac{x}{u}\right)+\varphi+\frac{\pi}{2}\right] \tag{8-40}$$

理论上可以证明,声波在介质中沿 x 轴传播时,某点声压的变化规律为

$$p=\rho u\omega A\cos\left[\omega\left(t-\frac{x}{u}\right)+\varphi+\frac{\pi}{2}\right] \tag{8-41}$$

式(8-40)、式(8-41)中,u 为声波的传播速度即声速,ρ 为介质的密度。比较两式可得

$$p=\rho uv \tag{8-42}$$

式(8-41)及式(8-42)给出了声压与体元速度的关系,称为声压波动方程。在经典力学中,运动状态用物理量描述,故把位移的变化在空间的传播称为位移波。当气体中传播声波时,各部分气体压强将发生变化,于是将出现压强变化的传播,称为压强波。由式(8-22)及式(8-41)可见,声波既可以用机械波的波动方程表示为位移波,也可以用声压波动方程表示为压强波,两者之间的相位差为 $\pi/2$。$p_m=\rho u\omega A=\rho uv_m$ 为声压幅值,简称声幅。我们通常所说的声压大多指的是声压的有效值,即有效声压 p_e

$$p_e=\frac{p_m}{\sqrt{2}}$$

2. **声阻抗** 在声学中,介质的力学特征是用声压和声场中介质的振动速度之比来表示的,称作介质的**声阻抗**(acoustic impedance)。其定义式为

$$Z=\frac{p}{v}=\frac{p_m}{v_m}=\rho u \tag{8-43}$$

声阻抗的单位是千克·米$^{-2}$·秒$^{-1}$($\mathrm{kg\cdot m^{-2}\cdot s^{-1}}$)或牛·米$^{-3}$·秒($\mathrm{N\cdot m^{-3}\cdot s}$)。声阻抗表征介质传播声波的能力即表征介质的声学特性,在超声医学中,它是超声成像的基本理论依据之一。引入声阻后,声压波动方程可表示为

$$p=Zv \tag{8-44}$$

表 8-1 列出了几种不同介质的声速、密度和声阻抗。

表 8-1 几种不同介质的声速、密度和声阻抗

介 质	声速 $u(\mathrm{m\cdot s^{-1}})$	密度 $\rho(\mathrm{kg\cdot m^{-3}})$	声阻抗 $\rho u(\mathrm{kg\cdot m^{-2}\cdot s^{-1}})$
空 气	3.32×10^2(0℃)	1.29	4.28×10^2
	3.44×10^2(20℃)	1.21	4.16×10^2
水	1.48×10^2(20℃)	988.2	1.48×10^6

续 表

介 质	声速 u(m·s^{-1})	密度 ρ(kg·m^{-3})	声阻抗 ρu(kg·m^{-2}·s^{-1})
脂 肪	14.0×10^2	970	1.36×10^6
脑	15.3×10^2	1 020	1.56×10^6
肌 肉	15.7×10^2	1 040	1.63×10^6
密质骨	36.0×10^2	1 700	6.12×10^6
钢	50.5×10^2	7 800	39.4×10^6

3. ***声强*** 根据波的强度定义，单位时间内通过垂直于声波传播方向的单位面积的声波能量，即声波平均能流密度的大小，称为**声强**(intensity of sound)。由波的强度表达式(8－33)，可得声强与声压的关系为

$$I=\frac{1}{2}\rho u\omega^2A^2=\frac{1}{2}Zv_m^2=\frac{p_m^2}{2Z}=\frac{p_e^2}{Z} \tag{8-45}$$

式(8－45)表明，声强与声幅的平方成正比，与声阻抗成反比。

(二) 声波的反射和透射

当声波在空间传播过程中遇到两种声阻抗不同的介质交界面时，将会在界面处形成声波的反射和透射。为了描述反射和透射现象，将反射波的强度与入射波的强度之比，称为强度反射系数，用 α_{ir} 表示。透射波的强度与入射波的强度之比，称为强度透射系数，用 α_{it} 表示。α_{ir} 和 α_{it} 均与入射角和两种介质的声阻抗 Z_1、Z_2 有关。对于波垂直于界面入射的情况，理论上给出

$$\alpha_{ir}=\frac{I_r}{I_i}=\left(\frac{Z_2-Z_1}{Z_2+Z_1}\right)^2 \tag{8-46}$$

$$\alpha_{it}=\frac{I_t}{I_i}=1-\alpha_{ir}=\frac{4Z_1Z_2}{(Z_2+Z_1)^2} \tag{8-47}$$

可见，当两种介质声阻抗相差较大时，反射较强，透射较弱；声阻抗相近时，透射较强，反射较弱。因人体各部分组织的声阻抗不同，导致超声波入射到各组织界面时要产生部分反射和部分透射，这是超声波用于临床诊断的物理基础。

例 8－4 超声检查时，医师需要在受检者的皮肤和超声探头之间涂抹一层耦合剂。涂抹耦合剂的目的是什么?

解 在超声检查中，如果超声波经由空气传入人体，则反射系数为

$$\alpha_{ir}=\frac{I_r}{I_i}=\left(\frac{Z_2-Z_1}{Z_2+Z_1}\right)^2=\left(\frac{0.000\,4\times10^6-1.63\times10^6}{0.000\,4\times10^6+1.63\times10^6}\right)^2=0.999$$

说明进入人体的超声波强度只为入射强度的 0.001，即 0.1%，超声波几乎没有进入人体。

如果经蓖麻油(声阻抗为 1.36×10^6 kg·m^{-2}·s^{-1})传入人体，此时，

$$\alpha_{ir}=\frac{I_r}{I_i}=\left(\frac{Z_2-Z_1}{Z_2+Z_1}\right)^2=\left(\frac{1.36\times10^6-1.63\times10^6}{1.36\times10^6+1.63\times10^6}\right)^2=0.018$$

说明进入人体的超声波强度为入射强度的 0.982，即 98.2%。超声波几乎全都进入人体。

由于空气与液体、固体的声阻抗相差很大，反射系数很大，超声波很难从空气进入液体或固体。因此，在做超声检查时，要在探头表面与人体体表之间涂抹油类物质或液体等耦合剂，排除探头与体表间的空气，使超声波尽量透射入人体内。

（三）听觉域和声强级

1. *听阈　痛阈　听觉域*　当声波在介质中传播抵达人耳时，人耳的生理功能将由声波引起的压强变化转变为听到的某种声响。实验表明，能引起人耳听觉的声波，具有一定的频率范围和强度范围。对于在声波的可闻频率范围内的每一个频率，声强都有上下两个限值。其中下限值是能够引起听觉的最小声强，称为**听阈或闻阈**（threshold of hearing）。低于下限值的声强，都不能引起听觉。不同频率的声波对应的听阈值不同，说明人耳对不同频率声波的灵敏度不同。在图 8－13 中，最下方的一条曲线表示正常情况下人的听阈随声波频率的变化关系，称为听阈曲线。当声强增大到一定值时，将引起人耳耳膜的压迫痛感，故声强的上限值是人耳能忍受的最高声强，称为**痛阈**（threshold of feeling）。高于上限值的声强，只能产生痛觉而不会引起听觉。图 8－13 中，最上方的一条曲线表示正常情况下人的痛阈随声波频率的变化关系，称为痛阈曲线。在听阈曲线和痛阈曲线之间，频率在 20～20 000 Hz 范围内所围成的区域称为**听觉域**（auditory region），只有在听觉域内的声波才能引起人耳的听觉。

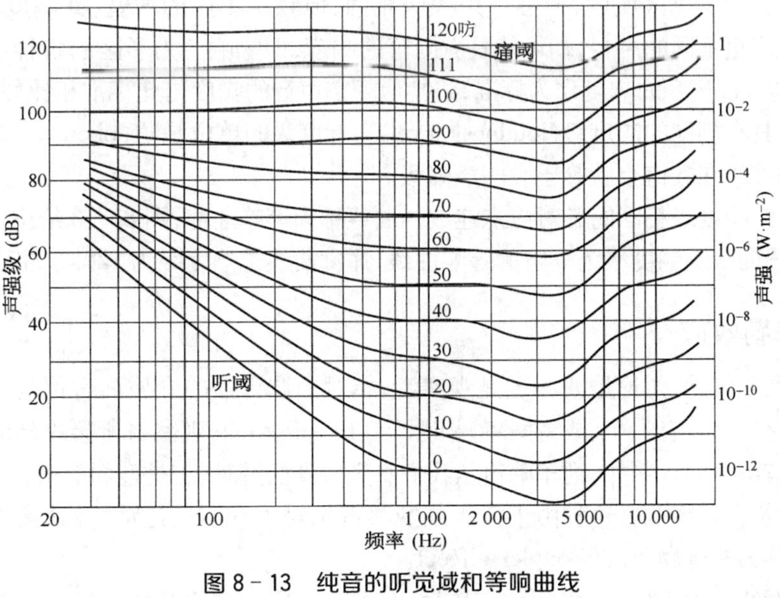

图 8－13　纯音的听觉域和等响曲线

2. *声强级*　由图 8－13 知，频率不同时，听阈值可以相差很大。人耳的生理结构使得人耳最敏感的声波频率为 1 000～5 000 Hz。在这一频率范围内，听阈和痛阈的值相差很大。以 1 000 Hz 的声波为例，听阈和痛阈的声强相差约为 10^{12} 倍，可见人耳对声强变化的适应范围十分宽广。但人耳并不能把这一范围内的声音由弱到强地分辨出 10^{12} 个等级来。研究表明，人耳对同频率不同声强的声音所产生的响度感觉近似地与声强的对数成正比。于是在声学中通常采用对数标度来表示声强的等级，称为**声强级**（intensity level of sound），单位是贝尔（B）、分贝（dB）。1 B＝10 dB。通常取 1 000 Hz 声音的听阈值 $I_0=10^{-12}\ W \cdot m^{-2}$ 作为标准声强，任一声波的声强 I 与标准声强

I_0 之比的对数,即为该声波的声强级,用 L 表示为

$$L = \lg \frac{I}{I_0} (\mathrm{B}) = 10\lg \frac{I}{I_0} (\mathrm{dB}) \tag{8-48}$$

例 8-5 某种马达开动时产生噪声的声强为 $10^{-7}\ \mathrm{W \cdot m^{-2}}$,求其声强级为多少分贝?若同时开动同类马达两台,此时噪声的声强级又是多少分贝?

解 开动一台马达时,噪声的声强级为

$$L_1 = 10\lg \frac{I}{I_0} = 10\lg \frac{10^{-7}}{10^{-12}} = 50\ \mathrm{dB}$$

同时开动两台同样的马达时,噪声的声强级为

$$L_2 = 10\lg \frac{2I}{I_0} = 10\lg 2 + 10\lg \frac{10^{-7}}{10^{-12}} = 3 + 50 = 53\ \mathrm{dB}$$

可见多个声源发声时,总声强等于各声波声强之和,但声强级不等于它们的声强级之和。

3. *响度 响度级* 声强、声强级是描述声波能量的物理量,它并不能完全反映人耳所感觉到的声音的强弱,即不能反映人耳听到声音的响度等级。人耳对声音强弱的主观感觉称为**响度**(loudness)。在人的听觉区域内,声强或声强级相同,但频率不同的声音,其响度可能相差很大。而频率不同、强度也不同的声音,却可能具有同等的响度,即等响。为了区别各种不同声音响度的大小,选用 1 000 Hz 声音的响度作为标准,将其他频率声音的响度与此标准相比较,只要它们的响度相同,它们就具有相同的**响度级**(loudness level)。响度级的单位是昉(phon)。显然,对 1 000 Hz 的声音来说,响度级在数值上就等于它的声强级。

由频率不同、响度级相同的各对应点连成的曲线称为等响曲线,图 8-13 给出了不同响度级的等响曲线。听阈曲线是响度级为 0 昉的等响曲线,痛阈曲线是响度级为 120 昉的等响曲线。

三、多普勒效应

前面所涉及的波动,无论是波源还是观察者,相对于波传播的介质而言都是静止的。当波源和观察者两者之中至少有一个(或者两者)相对于介质是运动的,观察者所接收到的频率与波源发出的频率就会有所不同。例如,列车鸣笛从我们身旁疾驶而过时,若是迎面而来,汽笛音调升高;若是背离而去,汽笛音调降低。这种由于波源或观察者相对于介质而运动,导致接收频率与波源频率不同的现象称为**多普勒效应**(Doppler effect)。

以下分别就波源和观察者相对于各向同性的均匀介质运动的几种可能情形进行讨论。为简单起见,先讨论波源和观察者的连线以及两者的速度矢量在同一条直线上的情况。

(一) 波源静止而观察者运动($v_S = 0$)

如图 8-14 所示,S 点表示点波源,同心圆表示波面,图中任一波面上各点的相位与相邻波面上各点的相位差均为 2π,则任意两相邻波面的距离(两同心圆半径之差)为 λ。若在 t 时刻某一波面抵达观察者所在的位置 O,则 1 s 后该波面向前移动的距离为 u。设波在静止介质中的传播速率即波速为 u,波源振动的频率为 ν_0,则有

$$\nu_0=\frac{1}{T}=\frac{u}{\lambda} \tag{8-49}$$

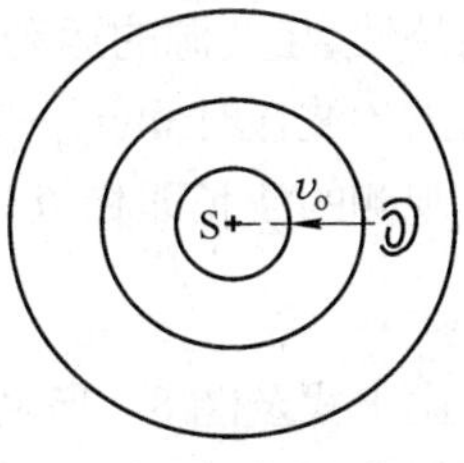

图 8-14　波源静止而观察者运动的多普勒效应

设观察者观测到的波速为 u'、波长为 λ'，则单位时间内通过观测仪器(观察者)的完整波的数目，即在距离 u' 内包含的波长的数目就是观察者接收到的波频率 ν，且

$$\nu=\frac{u'}{\lambda'}$$

1. **波源和观察者都相对于介质静止($v_S=0$, $v_O=0$)**　此时，观察者观测到的波速就是介质中的波速，即 $u'=u$，故有

$$\nu=\frac{u}{\lambda}=\nu_0 \tag{8-50}$$

2. **波源静止，观察者以速率 v_O 相对于介质运动($v_S=0$, $v_O\neq 0$)**　设观察者相对于介质以速率 v_O 接近波源 S，如图 8-14 所示。由于不考虑相对论效应，在不同参考系中测量同一物体的长度结果是相同的，故以速率 v_O 运动的观察者测得波源发出的球面波的波长不变，即 $\lambda'=\lambda$。此外，由于观察者所在位置处的波面在 1 s 内向前移动的距离即波速为 u，在此期间观察者朝着波源移动的距离即速率为 v_O，故其观测到的波速为 $u'=u+v_O$，接收到的频率为

$$\nu=\frac{u'}{\lambda'}=\frac{(u+v_O)}{\lambda}=\frac{(u+v_O)}{\dfrac{u}{\nu_0}}=\left(1+\frac{v_O}{u}\right)\nu_0 \tag{8-51}$$

若观察者背离波源运动，则观测到的波速为 $u'=u-v_O$，接收的频率与波源频率的关系为

$$\nu=\frac{u'}{\lambda'}=\frac{(u-v_O)}{\lambda}=\left(1-\frac{v_O}{u}\right)\nu_0 \tag{8-52}$$

两式合并，可写为

$$\nu=\frac{(u\pm v_O)}{\lambda}=\left(1\pm\frac{v_O}{u}\right)\nu_0 \tag{8-53}$$

可见，当观察者接近(或背离)波源运动时，观测到的频率高于(或低于)波源频率。

(二) 观察者静止而波源运动($v_S\neq 0$, $v_O=0$)

如图 8-15 所示，设观察者静止，且 $t=0$ 时点波源位于 S 点。当波源静止不动时，波源在 $t=0$ 及一个周期后即 $t=T$ 时的振动状态在 $t=t'$ 时分别传到大圆和虚线圆处。显然，两波面上各对应点的相位相差 2π，两波面的半径之差为波长 λ，且 $\lambda=uT$。现波源相对于介质以速率 v_S 接近观察者，则 $t=0$ 时点波源发出的波在 $t=t'$ 时的波前仍为大圆所代表的波面。在 $t=T$ 时，波源由于运动发生位移 v_ST 而到达 S_1 处，此时波源发出的波在 $t=t'$ 时的波前为小实线圆所表示的波面。同样，这两个波面的相位差也是 2π。由于介质中的波速决定于介

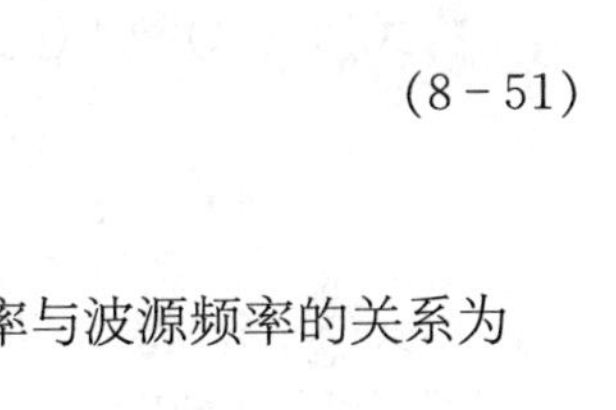

图 8-15　波源运动而观察者静止的多普勒效应

质的特性，与波源的运动无关，故波源在 $t=0$ 时发出的波在时间 t' 内传播的距离为 ut'，在 $t=T$ 时发出的波在时间 $(t'-T)$ 内传播的距离为 $u(t'-T)$。而波源在一个周期内的位移为 $v_S T$，故观察者观测的波长即相位差为 2π 的相邻两波面间的距离为

$$\lambda'=ut'-u(t'-T)-v_S T=(u-v_S)T<\lambda$$

由上式及图 8-15 可知，波源运动时相位之差为 2π 的波面已不是同心圆，表明波源的运动导致介质中振动状态的分布与波源静止时相比发生变化，即波长由 λ 变为 λ'。

由于观察者相对于介质是静止的，故 $u'=u$，则观察者接收的频率为

$$\nu=\frac{u'}{\lambda'}=\frac{u}{(u-v_S)T}=\frac{u}{(u-v_S)}\nu_0 \tag{8-54}$$

可见，观测频率高于波源频率，$\nu>\nu_0$。

若波源以速率 v_S 离开观察者，$v_S<0$，则相位差为 2π 的相邻两波面间的距离即波长，为

$$\lambda'=ut'+v_S T-u(t'-T)=(u+v_S)T>\lambda$$

则观测频率为

$$\nu=\frac{u'}{\lambda'}=\frac{u}{(u+v_S)T}=\frac{u}{(u+v_S)}\nu_0 \tag{8-55}$$

可见，观测频率低于波源频率，$\nu<\nu_0$。

将式(8-54)和式(8-55)合并，得

$$\nu=\frac{u'}{\lambda'}=\frac{u}{(u\mp v_S)T}=\frac{u}{(u\mp v_S)}\nu_0 \tag{8-56}$$

由式(8-56)得知，当波源接近相对于介质而静止的观察者时，观测到的频率高于波源频率，反之则低于波源频率。

（三）观察者和波源分别以速率 v_O 和 v_S 相对于介质运动($v_O\neq0$, $v_S\neq0$)

根据以上讨论，可以求得观察者和波源均在运动时的观测频率为

$$\nu=\frac{u'}{\lambda'}=\frac{u\pm v_O}{(u\mp v_S)T}=\frac{u\pm v_O}{(u\mp v_S)}\nu_0 \tag{8-57}$$

（四）观察者和波源分别以速度 v_O 和 v_S 相对于介质运动($v_O\neq0$, $v_S\neq0$)，且波源和观察者的连线以及两者的速度 v_O 和 v_S 不在同一条直线上

一般情形下波源与观察者的运动并不沿它们的连线方向，即波源与观察者的连线以及 v_O 和 v_S 不在同一条直线上。如图 8-16 所示，设波源以速度 v_S 相对于介质运动，观察者以速度 v_O 相对于介质运动，波源振动的频率仍为 ν_0。当波源速度 v_S 和观察者速度 v_O 的方向与它们之间连线的夹角分别为 φ_1、φ_2 时，可证明，观察者所接收到的声波频率 ν 为

$$\nu=\frac{u\pm v_O\cos\varphi_2}{u\mp v_S\cos\varphi_1}\nu_0 \tag{8-58}$$

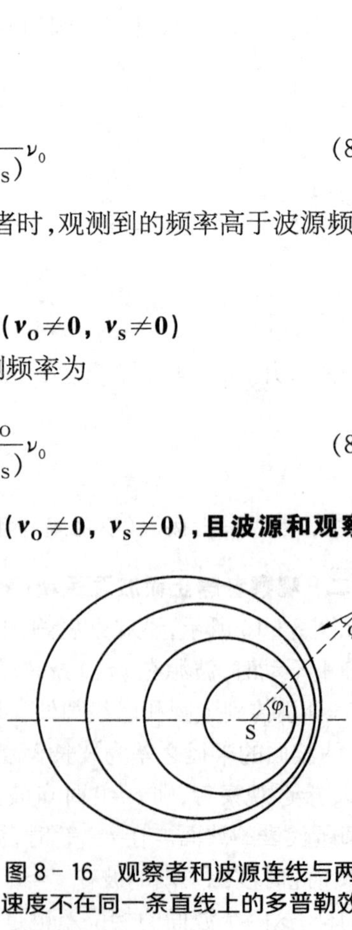

图 8-16 观察者和波源连线与两者速度不在同一条直线上的多普勒效应

式(8－58)中 u 为介质中的波速。式(8－54)、式(8－56)和式(8－57)可看作是式(8－58)的特例。当波源与观察者相向运动时，$\varphi_1=\varphi_2=0$；当波源与观察者相背运动时，$\varphi_1=\varphi_2=\pi$。通常规定：观察者向着波源运动时，v_O 取正号，背离时 v_O 取负号；波源向着观察者运动时 v_S 取负号，背离时 v_S 取正号。

由多普勒效应引起的频率的变化，即接收频率和发出频率之差 $\Delta\nu=|\nu-\nu_0|$ 称为多普勒频移。多普勒效应是波动所共有的现象，利用这一现象可以准确地确定物体的运动速度，在医学上可以用来测量血液的流动速度。

例 8－6　图 8－17 是超声多普勒血流仪(ultrasound Doppler flowmeter, UDF)测量血流速度(即血球速度)的原理图。图中 v 是血流速度，θ 是超声波传播方向与血流方向之间的夹角。探头由发射和接收超声波的两块晶片所组成，称为换能器。换能器发射超声波射于红细胞，并接收反射波。试研究如何用此仪器测出红细胞速度的大小。

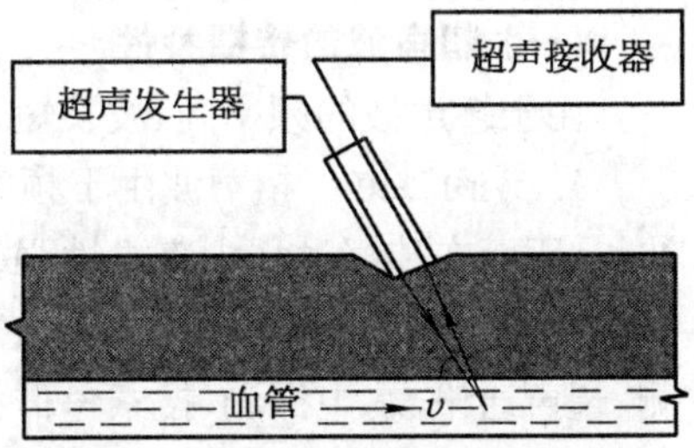

图 8－17　超声多普勒血流仪原理

解　设作为静止声源的探头(换能器)发射超声波的频率为 ν，此波从换能器射向红细胞，换能器和红细胞分别为静止波源和运动的观察者。根据式(8－58)可得血管中随血流以速率 v 运动着的红细胞接收到的频率 ν' 为

$$\nu'=\frac{u+v\cos\theta}{u}\nu \tag{8-59}$$

式(8－59)中，u 为超声波在人体(即静止介质)内的传播速度，v 是血流速率，θ 是超声波传播方向与血流方向之间的夹角，即换能器和红细胞连线与红细胞速度的夹角，ν 为超声波发射频率。

对于红细胞将反射波送至换能器的过程，由红细胞反射回来的超声波被静止的探头接收，这些红细胞相当于以 v 运动着的波源，换能器则相当于静止的观察者，换能器探头接收到的频率 ν''

$$\nu''=\frac{u}{u-v\cos\theta}\nu' \tag{8-60}$$

由式(8－59)和式(8－60)得

$$\nu''=\frac{u+v\cos\theta}{u-v\cos\theta}\nu \tag{8-61}$$

探头发出的超声波频率与接收的回波频率之差，即多普勒频移 $\Delta\nu$ 为

$$\Delta\nu=\nu''-\nu=\frac{2v\cos\theta}{u-v\cos\theta}\nu \tag{8-62}$$

考虑到 $u\gg v$，即 $u\gg v\cos\theta$，故可略去此因子，有

$$\Delta\nu=\frac{2v\cos\theta}{u}\nu \tag{8-63}$$

或

$$v=\frac{u}{2\nu\cos\theta}\Delta\nu \tag{8-64}$$

根据式(8－64),利用仪器测出多普勒频移,即可求得血管中血液的流动速率即红细胞速率。

超声多普勒法分为**连续多普勒**(continual wave Doppler)和**脉冲多普勒**(pulse wave Doppler)两种类型。前者的缺点是没有距离分辨能力,在超声束方向上的所有多普勒信号总是重叠在一起;后者具有距离分辨能力,能够检测出某特定深度的多普勒信号,可用于心腔内部和大血管血流信号的检测。

四、超声波

超声波一般指频率介于 $2\times10^4\sim5\times10^9$ Hz 的机械波。产生超声波的方法虽然各有不同,但有两个条件是不可或缺的,这就是高频声源和传播超声波的介质。

(一) 超声波的传播特性

由于超声波的频率高、波长短,因而超声波除了具有声波的通性之外,还具有如下重要的特性。

1. *方向性好* 超声波由于频率高于可闻声波,其波长远小于在同一种介质中传播的可闻声波波长,因而在传播过程中直进性强,衍射现象不明显,具有类似光波那样的沿直线传播的性质,具有很好的方向性,应用时易得到定向且集中的超声波束。超声波良好的方向性能使其在医学探测、超声通讯、水中探测、搜索鱼群和军事侦察等领域的(目标)定位上得到充分的利用。类似于光波,采用一定的方法可以将超声波会聚或发散。

2. *强度高,对液体和固体的穿透本领强* 由式(8－45)得知,波的强度与频率的平方成正比,故在振幅相同时,超声波所具有的能量远高于普通的可闻声波,亦即超声波的强度或功率高于普通声波。近代的超声技术可以产生功率为数千瓦的超声波,其声压的振幅达数千个大气压。

式(8－34)表明,介质对超声波能量吸收的强弱程度,决定了超声波透入介质的深度。介质对声波能量的吸收作用与许多因素有关,如内摩擦、热传导、介质温度、密度和超声波频率的高低等。一般而言,超声波在介质中传播时,其强度的衰减(吸收系数)与声阻抗及超声波的频率有关,与前者成负相关,与后者成正相关。由于固体、液体的吸收系数较小,超声波易穿透固体和液体,强度衰减得比较慢,故超声波对固体和液体具有很强的穿透力;而在气体中,声波的吸收系数比在水中大很多,故声波在空气中的衰减比在水中快得多,即强度的衰减很快,因而超声波对气体的穿透力较弱。例如,在人体中,超声波容易穿透吸收系数比较小的水、脂肪和软组织,而不易穿透吸收系数较大的空气、骨骼和肺组织。超声波的这一特点通常用作通讯和侦察手段来探测水中的沉船、鱼群、潜艇和暗礁等。由于介质对声波的吸收随着频率的增加而增大,因此,当超声波的频率提高时,虽有助于提高分辨率,但穿透本领下降。

3. *遇到不同介质的分界面时能形成明显的反射* 声波在遇到不同介质的分界面时会产生部分反射,称为**回声**(echo)。只有当反射体或反射界面的几何线度数倍于波长时,才能在不同介质的界面上形成显著的反射现象。由于超声波的波长短,即使是较小的反射体,如钢件中的气泡、人体组织中的病变,都能引起明显的反射,形成回声。超声诊断就是利用这种回声形成超声图像供临床诊断之用。

超声波所具有的这些特性,成为诊断、定位、探伤等技术的一个重要工具。

(二) 超声波与介质作用时的特性(超声波的生物效应)

1. *机械效应* 为超声最基本的原发效应。超声波在介质内传播时,介质内的各个粒子分别做高频受迫振动,使介质体元的位移、速度、加速度以及介质中的应力分布等物理量的数值分别达到一定的数量级。液体中体元振动的加速度可达重力加速度的数十万倍甚至数百万倍。如此剧烈的机械振动足以破坏物质的力学结构,从而导致一系列超声效应的发生。例如,高强度的超声波在人体中传播时形成的高频振动和压力,将会产生极大的剪切应力,使人体细胞和组织结构遭到破坏,这种效应称为超声波的机械效应或机械作用。超声机械作用在医学上可用于超声碎石和牙齿清洗,在药学上可用于制备乳剂,在工业上可对宝石、陶瓷、玻璃等材料进行钻孔、切割和研磨等。

2. *空化效应*　超声波以纵波形式传播时,其声压的周期变化将引起组织密度在很小的空间里大幅度的改变(如 $I=2\ \mathrm{W\cdot cm^{-2}}$, $\nu=5\ \mathrm{MHz}$, $u=1\,500\ \mathrm{m\cdot s^{-1}}$ 的超声波在软组织中传播所引起的声压变化为 $\Delta p\approx 5\times 10^5\ \mathrm{Pa}$)。这是因为当一定强度的高频超声波在液体中传播时,液体中各体元在同一瞬间的位移不同使得介质内不同处出现膨胀或压缩的疏密变化。介质的压缩或膨胀近似于绝热过程,于是,稠密区(声密区)受到挤压,压强增大。稀疏区(声疏区)受到拉伸,压强减小。由于液体承受拉力的能力很弱,在受到拉伸时,稀疏区的液体(特别是在含有杂质和气泡处)将被拉裂,形成许多微小的空腔。而高频率的超声使空腔存在的时间很短暂,当受到压缩时,空腔迅速闭合,同时产生局部高压(可达几千至几万个大气压)、高温和放电现象,称之为**空化效应**(cavitations effect)。空化效应产生的温度升高或施加的机械力会影响生物系统,因此在大多数超声诊断和治疗过程中,生物组织内会不同程度地产生因空化作用而引起的各种生物效应。

3. *热效应*　当超声波在介质中传播时,部分能量将被介质吸收而转化为热量,引起介质温度升高的现象,称为热效应或热作用。超声作用于人体组织时产生的热效应是一种内生热,其形成机制有三个方面:因能量转换而生热;在疏密交换的压力中生热;在不同组织界面上,因超声波的反射与入射波发生干涉而形成驻波,引起质点的摩擦而生热。

热效应的强弱取决于介质的吸收系数、超声波的强度及其照射时间。超声热效应一方面可以使吸收超声能量的分子可逆转性地增加其振动能量和转动能量,导致介质温度的上升;另一方面可以使吸收超声能量的分子永久性地改变其结构,从而产生一系列的生物效应。例如,超声波在生物组织中传播时,大部分损耗掉的能量是由生物大分子蛋白质经各种弛豫过程所吸收的,结果引起组织温度上升。

4. *弥散效应*　超声的弥散效应能增加半透膜的渗透作用,使生物体的代谢加快,有利于药物进入病菌体内。

5. *触变效应*　超声波在生物体内的传播可引起生物组织物理或化学性质改变,如血液黏度降低、血浆变稀等,称为触变效应。

6. *声流效应*　发生声流效应时,溶液中的细胞处于不均匀的声场中,细胞将受到切向力的作用,导致细胞聚集或散开,从而使细胞拉伸、扭曲、损伤或破裂,甚至引起组织撕裂。

超声与物质的作用所产生的各种效应已广泛应用于医药领域,如医学上的超声碎石和牙齿清洗、药学上的制备乳剂、临床理疗和治疗、清洗和杀菌,在生物医学的研究上有利用超声进行细胞或亚细胞水平的研究等许多应用,如超声照射血液后会出现红细胞缗钱状排列的聚集体、异型及大小不等的红细胞增加而淋巴细胞及嗜酸性粒细胞减少等现象。

超声在分子水平的生物学效应包括对 DNA 的解聚作用等,超声可以分裂各种多糖和单糖、核酸,使氨基酸脱胺和分裂氮氢键。超声还能改变维生素、酶和激素的活力及功能。

(三) 超声波的产生

常用的医用超声波发生器主要由高频脉冲发生器和压电换能器两部分组成,如图 8-18 所示。

医用的压电换能器是利用某些晶体(石英、钛酸钡、酒石酸钾钠及锆钛酸铅压电陶瓷等)所具有的压电效应制成的。所谓压电效应是指压力场与电场之间的相互转换效应。当压电晶体在特定方向上相对的两个表面受到拉力或压力作用,厚度发生变化时,晶体的这两个表面上将出现等量且极性相反的电荷。在一定范围内,晶体受力越大,所产生的电荷越多。当晶体受到变化的压力和张力交替作用时,晶体两表面上的电荷量及其极性随之交替变化,即产生同样规律的电压变化,这种现象称为**正压电效应**(piezoelectric effect)。当在晶体的两表面加上变化的电压时,晶体的厚度将随电场方向的改变而增加或减少,这一现象称为**逆压电效应**(inverse piezoelectric effect)或**电致伸缩**(electrostriction)。

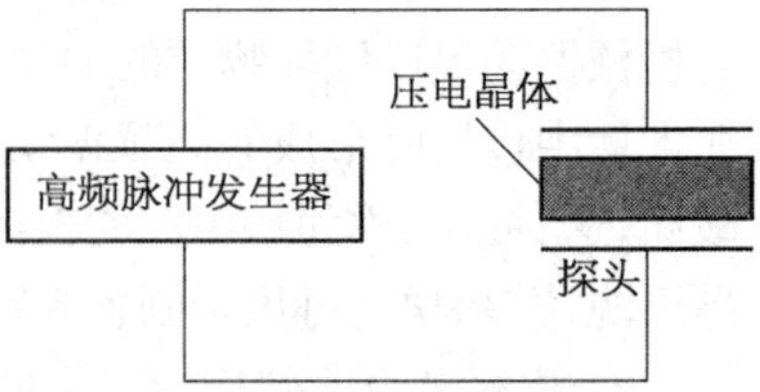

图 8-18 超声波发生器

将超声频电振荡加在压电晶片相对的两表面上,则由于逆压电效应晶片(即探头)的厚度将发生高频增减变化,致使晶片作超声波频段的机械振动并向外传播,形成超声波。如果把超声波作用在晶片相对的两表面上,则由于正压电效应晶片两表面间将出现超声频电压信号,经放大处理后便可以接收和检测超声波。将压电晶片相对的两表面镀上薄银层,焊上导线作为电极,就构成了一个简单的探头,既可以发射超声波,也可以接收超声波。

拓展阅读

超声技术在医药学上的应用

1. 超声技术在医学中的应用　超声波广泛应用于临床的诊断和治疗,尤其是超声诊断,它是将超声技术、电子技术和计算机技术或全息技术相结合而应用于临床医学的一种诊断方法。自1950年J. J. Wild等人采用反射脉冲示波法发明超声诊断技术以来,超声诊断得到快速发展,目前已有多种超声诊断仪应用于临床。

在现代医学影像学中,超声诊断与CT、X线、核医学、磁共振技术并驾齐驱,互为补充。超声诊断以强度低、频率高、对人体无损伤、无痛苦、显示方法多样而著称,尤其对人体软组织的探测和心血管脏器的血流动力学观察有其独到之处,具有操作方便、安全、无损伤等优点。

超声诊断学所依据的脉冲回波检测技术是检测在传播路线上遇到不同介质界面的反射信号,并对其放大、处理和显示的一种技术。其基本原理是:超声在人体内传播时,由于人体各种组织具有声学方面的特性差异,超声波在两种不同组织界面处将产生反射、折射、散射、绕射、衰减等物理现象,当声源与接收器相对运动时还会呈现多普勒频移等物理特性。应用不同类型的超声诊断仪,采用各种扫查方法,接收这些反射信号和散射信号,显示各种组织及其病变的形态,从而形成**声像图**(sonogram)。再结合病理学及临床观察,分析、总结不同的反射规律,对病变部位、病变的性质和功能障碍程度作出诊断。超声诊断的物理基础是:超声波在人体内传播时,遇到声阻抗不同(声阻抗差大于0.1%)的两种不同组织界面(界面线度明显大于波长)会产生反射声波。超声波能量的一部分在界面处反射,另一部分在界面上折射(即透射)继续传播。当遇到下一个界面时再产生反射和折射(透射),直至声能耗尽。由于人体组织和脏器因特性不同而具有不同的声阻抗,超声波在界面上形成不同的反射声波即回波。脏器发生形变或有异物时,由于形状、位置和声阻抗的变化，回波的位置和强弱也发生相应的改变。根据脉冲到达界面及返回所经历的往返路程与声速的关系，可知声源至界面的距离为 $L=ut/2$。依据不同界面的回波时间 t，可以求出各界面与换能器间的距离，这就是脉冲回波测距的理论基础，临床上可以根据超声图像进行诊断。

超声治疗往往是利用超声的多种生物效应同时作用来治疗某一种疾病，图 8-19 给出了各种生物效应在超声治疗中的应用范围，下面重点介绍超声的机械效应、空化效应和热效应在临床上的一些应用。

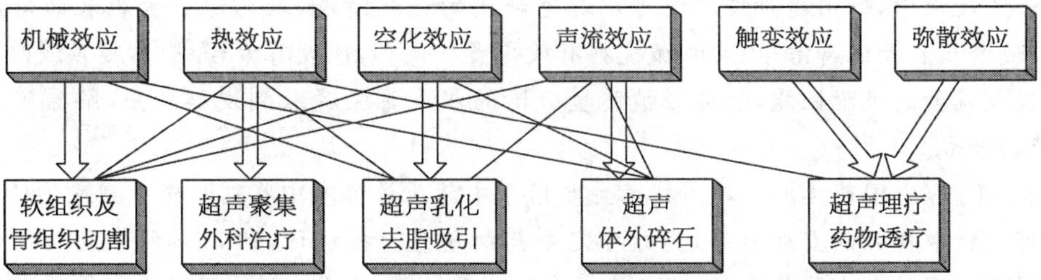

图 8-19　超声的生物效应在治疗中的应用示意图

利用超声的机械效应和空化效应可进行生物组织切割。超声白内障乳化是利用超声波的机械效应和空化效应，将白内障乳化后吸出，再将软性折叠式人工晶体经切口植入眼球内，也可将硬性常规人工晶体由切口植入。超声白内障乳化手术与常规白内障摘除手术相比较的优点主要体现在无须晶体成熟，手术时间短，仅几分钟，手术中无出血，切口小，并且为自封闭形成的，能保持正常眼压，术中对虹膜的拉动小，术后炎症和散光少，视力可早期恢复。

超声的热效应在临床上被用作物理治疗的一种手段，除常规的理疗之外，还可用来治疗癌症。研究表明癌细胞被加热到 42～43℃，保持 10 h 以上，癌细胞会失去活性，其生存率显著下降。

高强度聚焦超声（high intensity focused ultrasound, HIFU）是 20 世纪 90 年代后逐渐发展起来的一项新技术，实质上也是利用超声的热效应。HIFU 的基本原理是将超声能量聚焦在靶组织上，靶组织吸收高强度的超声能量，在几秒内升到一定的温度而使病变坏死，如图 8-20 所示。这种技术可用于神经外科的深部肿瘤治疗，眼科的青光眼、泪腺癌的治疗，泌尿外科的前列腺摘除等。HIFU 技术在医学影像技术的配合之下，可将多束超声准确地聚焦在靶组织之上，强度可达 1 500～2 000 $W \cdot cm^{-2}$。由于肿瘤组织的血流量低，不易散热；照射 0.5～3 s，局部温升即可达 70～100℃，造成蛋白质固化，组织坏死，从而达到治疗的目的。

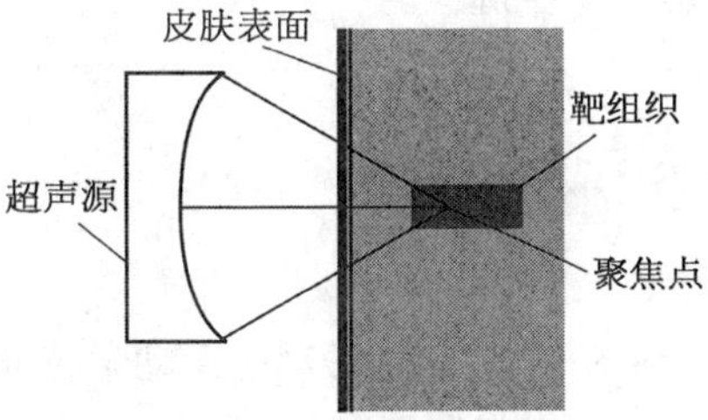

图 8-20　HIFU 治疗原理示意图

2. 超声技术在药学中的应用　超声技术在制剂工艺上的应用主要体现在两大部分：乳化制剂及雾化制剂。由于超声波传播时具有强烈的振动和击碎作用，可破坏物质的力学结构，能把物体打成细小颗粒。几种互不浸润的液体经超声处理可成乳化状态，制成乳剂。例如，治疗心脏病的樟脑油不溶于水，故不能直接给患者注射，可制成超声乳化樟脑油直接用于患者注射。此外，利用超声技术还可使药液雾化成细粒，供吸入治疗，提高疗效。例如，复方麻黄喷雾液，采用超声波雾化器对儿童呼吸道感染（包括急性支气管炎、支气管肺炎）进行超声雾化治疗，均得到了显著疗效。

超声技术在药物成分的提取中也应用较为广泛。由于超声波有很强的穿透性，能增大物质分子运动的频率和速度，提高药物成分的溶出速度和溶出数量，大大缩短提取时间。例如，我们将超声波提取法用于当归流浸膏的提取工艺中，同时进行了渗漉法和超声提取法工艺的对比。经含量测定比较，用超声波提取的提取液中阿魏酸含量和总固体物的含量均有增加。又如，用超声浸提颠茄叶中的生物碱，可将原来渗漉法所需的48 h缩短为3 h。实践证明，超声技术用于药物成分的提取，既可以提高药物浸出效率，又可以缩短生产周期。

超声技术在药物的合成应用中也发挥了显著效应。首先，由于超声波具有空穴效应，可以产生短暂高能环境，其释放的能量可以打开化学键，促进化合物反应的进行。其次，在有金属离子参加的药物合成反应中，使用超声技术还可以避免金属的预先清洗，及时除去金属表面形成的产物和中间体，使金属表面保持洁净，比机械搅拌有效得多。例如，庆大霉素合成中，超声波改变了菌丝体胞壁对庆大霉素的吸附性能，使部分被胞壁吸附的庆大霉素释放到发酵液中，解除胞内产物抑制，促进产物合成。

在1995年版《中国药典》中，超声技术主要用于中药质量标准中鉴别和含量测定预处理。利用超声技术可以提取样品的有效成分，高效鉴定中药材质量。据统计，约86%的中药材经超声提取即可用于鉴别。同时，《中国药典》还将超声提取技术和冷浸、热浸、重复间歇提取等操作优化组合应用，以增加效果。例如，天麻的鉴别采用先超声提取30 min，静置24 h后，再超声提取15 min；穿心莲则是先冷浸30 min，再超声提取30 min；黄连则采用60℃水浴加热后，利用超声提取15 min，取出，再加热超声提取30 min，然后室温放置过夜。可见基于超声技术的鉴定优化组合应用，为中药材的鉴别提供了更加高效快捷的方法。

综上所述，我们看到超声技术已经广泛运用于药学各个领域，如制剂工艺、药物的提取、药物的合成及中药材成分的鉴定。由于超声技术操作方便，使用安全，已经在医药学界形成了较为广泛的应用。而伴随其普及发展，超声技术的噪声污染等问题也日益突出，它的生产设计有待于进一步提高。然而，我们相信随着超声技术的不断发展和完善，它也会在我们生活中的各个领域发挥重要作用。

思考题

8-1 简谐振动的运动学特征及动力学特征是什么？物体受到一个使它返回平衡位置的力，它是否一定做简谐振动？

8-2 振动与人体健康的关系如何？

8-3 为什么用相位来表示做简谐振动物体的运动状态？

8-4 机械振动和机械波有何区别和联系？产生机械波的条件是什么？波动方程的物理意义是什么？

8-5 声波有哪些物理特性？

8-6 声音有哪些基本特征？为何用不同的乐器奏同一个调子，听起来的韵味不同？

8-7 叩诊和听诊作为临床物理诊断的基本方法，在实际使用时可能存在的问题是什么？

8-8 超声波是如何产生和传播的？超声波有哪些主要特性？

8-9 超声诊断的物理基础是什么？超声诊断的优点有哪些？

8-10 超声诊断有两个相干波源，在它们连线的垂直平分线上的各点，两波叠加后的合振动是否一定加强？为什么？

8-11　有人说 30 dB 的声音一定比 10 dB 的声音听起来要响,你认为怎样?

习题

8-1　一质点做简谐振动,初始状态的位移 $x_0=A/2$,初始速度 $v_0>0$,求该振动的初相位 φ_0。

8-2　有一质点沿 x 轴做简谐振动,振动方程用余弦函数表示,试确定下述各种状态的初相位。$t=0$ 时质点的运动状态分别为:(1) 过平衡位置,向 x 轴正方向运动;(2) 过平衡位置,向 x 轴负方向运动;(3) $x=A/2$,向 x 轴正方向运动;(4) $x=A$。

8-3　一质点做简谐运动,$t=0$ 时质点的位移为 6 cm,速度为 0,振动的周期是 2 s,求简谐运动的位移、速度及加速度的表示式。

8-4　简谐振动系统的总能量为 E,振幅为 A,试求:(1) 当位移为振幅的一半时,系统的动能和势能各为多少?(2) 要使动能和势能各占一半,位移为多大?

8-5　两个同方向、同频率的简谐振动表达式为:

$$x_1=0.3\cos\left(2\pi t+\frac{\pi}{3}\right)\ \text{m}$$

$$x_2=0.4\cos\left(2\pi t-\frac{\pi}{6}\right)\ \text{m}$$

试求它们合振动的振幅。

8-6　一横波沿绳传播时的波动方程为 $y=0.05\cos(10\pi t-4\pi x)$,式中 x,y 的单位为 m,t 的单位为 s。求:(1) 此波的振幅、波速、频率和波长;(2) 绳子上各质点振动的最大速度和最大加速度;(3) $x=0.2$ m 处的质点在 $t=1$ s 时的相位,它是原点处质点在哪一时刻的相位?

8-7　平面余弦波沿 x 轴正方向传播,当 $t=\frac{1}{3}$ s 时的波形如图 8-21 所示,周期 $T=2$ s,试求:(1) 该波的波动方程;(2) P 点到 O 点的距离。

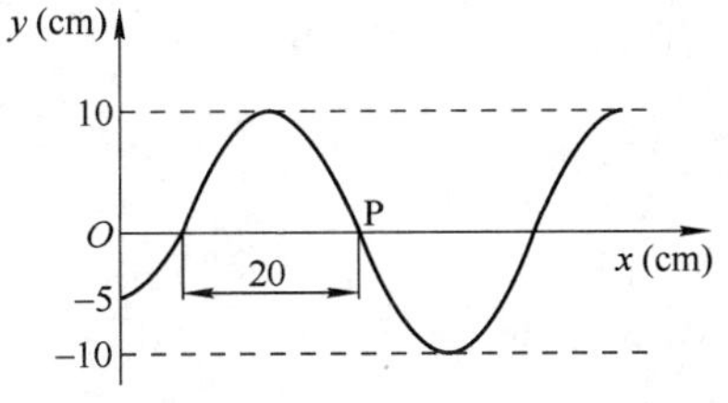

图 8-21　习题 8-7

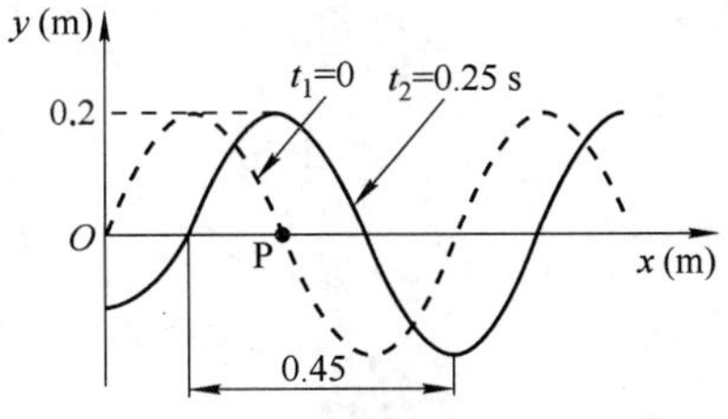

图 8-22　习题 8-8

8-8　一列沿 x 轴正方向传播的简谐波,已知 $t_1=0$ 和 $t_2=0.25$ s ($t_2<T$)时的波形如图 8-22 所示。试求:(1) P 点的振动表达式;(2) 此波的波动方程;(3) 画出 O 点的振动曲线。

8-9　一平面简谐声波的频率为 500 Hz,在空气中以速度 $u=340\ \text{m}\cdot\text{s}^{-1}$ 传播。到达人耳时振幅 $A=10^{-4}$ cm,试求人耳接收到声波的平均能量密度和声强(已知空气的密度 $\rho=1.29\ \text{kg}\cdot\text{m}^{-3}$)。

8-10　功率为 4 W 的点波源,在各向同性介质中发射球面波,试求离波源 2.0 m 处波的强度

(不考虑介质对波的吸收)。

8-11 O_1、O_2 为两个波长均为 λ 的相干波源，相距 $\frac{\lambda}{4}$，强度均为 I_0，且 O_2 的相位比 O_1 超前 $\frac{\pi}{2}$，试求：O_1 和 O_2 的连线上，在它们外侧各点叠加波的强度分别为多少？

8-12 天线 P、Q 为两个以同相位、同频率、同振幅振动的相干波源，它们在同一介质中。设频率为 ν，波长为 λ，P、Q 间距离为 1.5λ，R 为 PQ 延长线上离 Q 很远的一点，两波在该点的振幅可视为相等。试求：(1) 自 P 发出的波在 R 点的振动与自 Q 发出的波在 R 点的振动的相位差；(2) R 点的合振动的振幅。

8-13 两个音叉在空气中产生同振幅的声波。一个频率是 256 Hz，另一个频率是 512 Hz，问哪一个音叉发出的声波强度大些？

8-14 在 0℃的空气中，振幅分别是 1.1×10^{-5} m 和 1.1×10^{-11} m 的 1 000 Hz 声波的强度各是多少？

8-15 在病房内有四个人，每一个人说话的声强为 10^{-7} W·m^{-2}，试问四个人同时说话时的声强和声强级是多少？四个人同时说话时的声强级是一个人说话时的声强级的多少倍？

8-16 在 20℃空气中，声强级为 120 dB 的声波的声压幅值是多少？它施于面积为 0.55×10^{-4} m^2 的耳鼓膜上的力是多少？

8-17 两种声音的声强级相差 1 dB，求它们的强度之比。

8-18 20℃时空气和肌肉的声阻抗分别为 4.16×10^2 kg·m^{-2}·s^{-1} 和 1.63×10^6 kg·m^{-2}·s^{-1}。计算声波由空气垂直入射于肌肉时的反射系数和透射系数。

8-19 用多普勒效应来测量心脏运动时，以 5 MHz 的超声波直射心脏壁($\theta=0$)，测出接收与发出超声波的频差 500 Hz。已知声波在软组织中的速度为 1 500 m·s^{-1}，求此时心壁的运动速度。

第九章 波动光学

导学

本章以光的波动性质为基础，主要介绍光的干涉、衍射、偏振等现象，进而讨论这些现象的规律及其应用。

1. 掌握　杨氏双缝干涉、薄膜干涉的实验规律及明暗条纹位置的计算；夫琅禾费单缝衍射、圆孔衍射和衍射光栅的实验规律及条纹位置的计算；马吕斯定律和光的吸收定律的应用。

2. 理解　光程和光程差的概念；惠更斯-菲涅耳原理。

3. 了解　光的偏振、双折射现象和物质的旋光性。

光是电磁波，可见光的波长在 400～760 nm，在这个范围内不同波长的光能给人不同的颜色感觉。光在传播过程中，遵循波动传播的一般规律，可以观察到光的干涉、衍射、偏振等现象，并可以从波动的观点出发得到解释，这些现象和其规律不但在理论上有重要意义，而且在现代科学技术中也有广泛的应用。

第一节 光的干涉

干涉现象是波动所共有的特征之一，满足一定条件的两束光叠加时，在叠加区域光的强度(明暗)有稳定的分布规律，这种现象称为**光的干涉**(interference)。干涉所形成的明暗相间的条纹称为**干涉条纹**(interference fringe)。

一、光的相干性

波动理论指出，两列波在传播时，如果在某点相遇，则相遇点的振动应是这两列波在此点所引起振动的合成。若这两列波的频率相同、振动方向相同、有固定的相位差，则在两列波的叠加区域将产生稳定的干涉现象：有些地方振动恒定较强，有些地方的振动恒定较弱。满足这样条件的波称为**相干波**，这些条件称为**相干条件**。机械波的干涉现象是比较容易观察到的，如两个频率相同的音叉同时振动时，我们可以测量到空间某些点的声振动始终很强，而另一些点的振动始终很弱。但对于光来说，相干波却不那么容易获得，即使两个光源的形状、大小、所发出光的强度等完全相同，仍不能在叠加区域产生稳定的、可用肉眼观察到的干涉现象。这与光源的发光机制有关，普通光源发出的光是由大量原子发出的一系列有限长的波列组成的，各原子发出的各个波列是相互独立、互不相关的，即各个波列的频率和振动方向都可能不同，且它们每次何时发射是完全不确定的，故普通光源发出的光是由许多频率、振动方向、传播方向和初相均相互独立的波列所组成。尽管单色光源发出的波列的频率基本相同，但是两个相同的光源或者同一个光源的两部分发出的光相互叠加时，在叠加区域这些波列的振动方向还是不可能相同，相位差也不可能保持恒定，因此合振幅不能稳定，也就不可能产生光的强度有一个稳定分布的现象。

要产生光的干涉现象，必须用**相干光源**(coherent source)。我们可以用人工的方法把从同一光源、同一点发出的光分成两束，使它们沿不同的路径传播，然后再使这两束光相遇，这样这两束光实际上是来自同一发光原子的同一次发光，满足振动方向相同、频率相同、相位差恒定的相干条件，因而它们是**相干光**(coherent light)，这样的光源称为相干光源。利用同一光源获得相干光一般有两种方法，一是分波阵面的方法，如杨氏双缝干涉；二是分振幅的方法，如薄膜干涉。

二、光程　光程差

光振动在传播时，其相位沿着传播方向逐点落后。设有一单色光，频率为 ν，在真空中的波长为 λ，光速为 c。当它在折射率为 n 的介质中传播时，传播速度为 $u=\dfrac{c}{n}$，波长为 $\lambda'=\dfrac{u}{\nu}=\dfrac{c}{n\nu}=\dfrac{\lambda}{n}$。光传播一个波长距离时，相位变化为 2π，若光在介质中传播的几何路程为 r，则光振动相位的落后值为

$$\Delta\varphi=2\pi\frac{r}{\lambda'}=2\pi\frac{nr}{\lambda} \tag{9-1}$$

式(9-1)表明，光波在介质中传播时，其相位的变化不但与光波在介质中的几何路程和光在真空中的波长有关，而且还与介质的折射率有关。

同一频率的光在折射率为 n 的介质中通过距离 r 时引起的相位落后和光在真空中通过距离 nr 时所引起的相位落后相同，因此将 nr 称为与几何路程 r 相应的**光程**(optical path)。光程实际上是把光在介质中通过的路程按照相同相位变化折合到真空中的路程，这样折合的优势就在于可以统一用光在真空中的波长来计算光振动相位的变化。如图 9-1 所示，S_1 和 S_2 发出的相位相同的两束相干光波，分别通过折射率为 n_1 和 n_2 的两种介质，在距 S_1 和 S_2 分别为 r_1 和 r_2 的 P 点相遇，它们的**光程差**(optical path difference)为

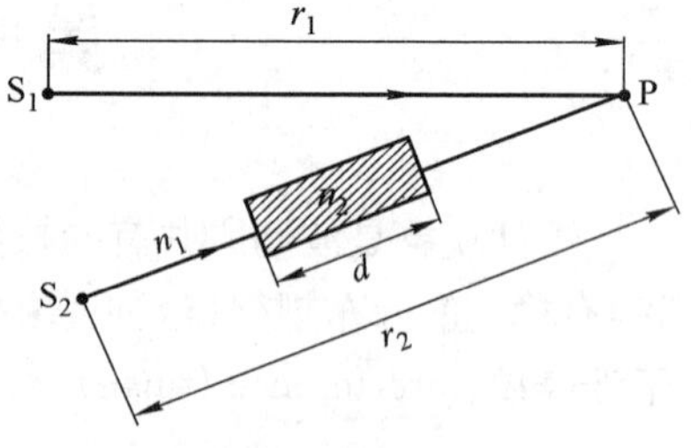

图 9-1　光程差的计算

$$\delta=n_1(r_2-d)+n_2d-n_1r_1 \tag{9-2}$$

以 λ 表示光在真空中的波长，则由此光程差引起的**相位差**(phase difference)为

$$\Delta\varphi=\frac{2\pi}{\lambda}[n_1(r_2-d)+n_2d-n_1r] \tag{9-3}$$

要产生稳定、明显的干涉现象，除了要满足相干条件外，还要保证两列光的光程差不能太大。若光程差太大，则一列波中的某波列已经通过媒质中的某点，而另一列波中相应的波列还未到达，

两波列不能在此相遇，也就不能产生干涉现象。我们把这个能产生干涉的最长的光程差称为**相干长度**(coherent length)。

光在被反射过程中，如果入射光在光疏媒质中前进，遇到光密媒质界面时，在掠射或垂直入射的情况下，反射光在离开反射点时的振动方向与入射光到达入射点时的振动方向恰好相反。从波动理论知道，波的振动方向相反相当于波多走(或少走)了半个波长的光程，这种现象称为**半波损失**(half-wave loss)。如果入射光在光密媒质中前进，遇到光疏媒质的界面时，不论是掠射或垂直入射，都不发生半波损失。

三、杨氏双缝干涉——分波阵面干涉

1802 年英国医生杨氏(Thomas Young)首先完成了光的干涉实验，其实验的装置如图 9－2 所示，在普通单色光源(如钠光灯)前面，先放置一个有狭缝 S 的挡板，再放置一个有两个平行于 S 的相距很近的狭缝 S_1 和 S_2 的挡板。按照惠更斯原理，当单色光照射狭缝 S 时，S 作为新波源向各个方向发射子波，S_1 和 S_2 是其波阵面上的子波源，无论光源 S 发出的光在振动方向和相位上发生了什么变化，它们都会发生同样的变化。S_1 和 S_2 是两个相干光源，它们发出的光为相干光，在屏幕上叠加就能形成稳定的、明暗相间的**干涉条纹**(interference fringe)，这就是**双缝干涉**(double-slit interference)现象。

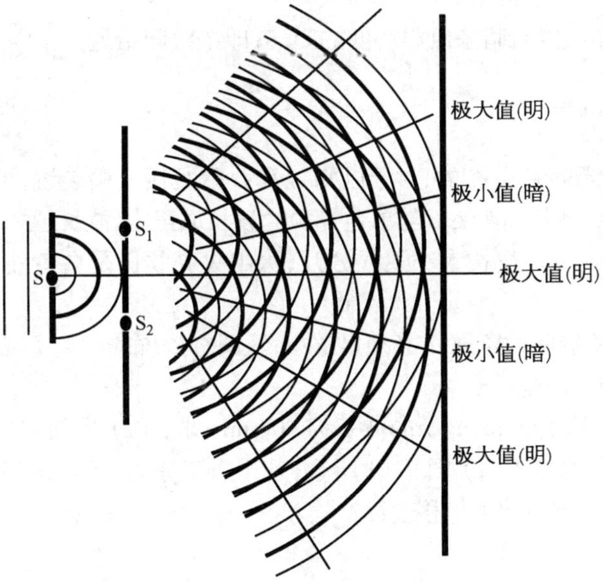

图 9－2　杨氏双缝干涉

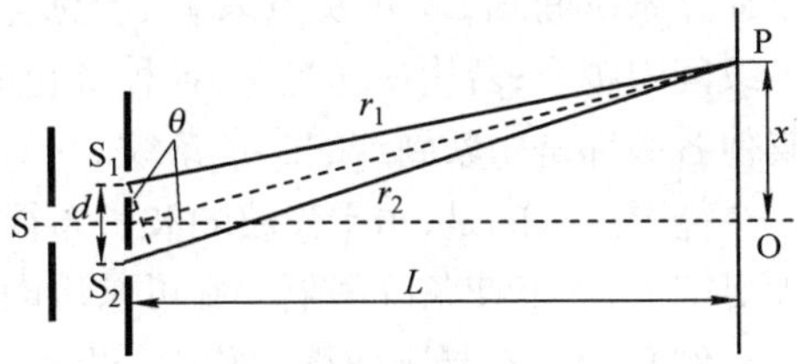

图 9－3　干涉条纹的推导

下面我们根据波的干涉条件，对双缝干涉的干涉条纹进行定量分析。如图 9－3 所示，设 S_1 和 S_2 相距为 d，到屏的距离为 L；S_1 和 S_2 对于缝 S 对称放置，则从两缝发出的光的初相位始终相同；光源发出波长为 λ 的单色光，在同一媒质空气中传播，即 $n_1=n_2=1$；当两缝到屏的距离 L 远大于两缝间的距离 d 时，两列光波到达 P 点时的光程差 δ 只取决于 S_1 和 S_2 到 P 点的距离 r_1 和 r_2。即

$$\delta=n_2r_2-n_1r_1=r_2-r_1\approx d\sin\theta\approx d\,\frac{x}{L}$$

根据波动理论,两光波在P点振动加强,光强为极大,P点处出现明条纹时,光程差满足

$$\delta = d\,\frac{x}{L} = \pm k\lambda \quad k=0,\ 1,\ 2,\ \cdots \tag{9-4}$$

明条纹的位置为

$$x = \pm k\,\frac{L}{d}\lambda \quad k=0,\ 1,\ 2,\ \cdots \tag{9-5}$$

式(9-5)中k为干涉的级数,当$k=0$时,$x=0$(即为O点处),出现明条纹,称为中央明纹或者零级明条纹。与$k=1,\ 2,\ \cdots$对应的明纹分别称为第一级,第二级……明条纹,式中的正负号表示条纹在中央明条纹两侧对称分布。

同理,两光波在P点相互削弱,光强为极小,出现暗条纹时,光程差满足

$$\delta = d\,\frac{x}{L} = \pm\frac{2k-1}{2}\lambda \quad k=1,\ 2,\ \cdots \tag{9-6}$$

暗条纹的位置为

$$x = \pm\frac{2k-1}{2}\cdot\frac{L}{d}\lambda \quad k=1,\ 2,\ \cdots \tag{9-7}$$

与$k=1,\ 2,\ \cdots$对应的暗条纹分别称为第一级,第二级……暗条纹。

由式(9-5)和式(9-7)可计算出相邻明条纹或者暗条纹中心间的距离,即条纹间距为

$$\Delta x = \frac{L}{d}\lambda \tag{9-8}$$

式(9-8)表明,Δx与k无关,干涉条纹是等间距分布的,对于已知d和L的杨氏实验装置,可以通过条纹间隔Δx的测量来确定光波波长λ;条纹间距Δx与单色光源的波长成正比,波长越短,条纹间隔越小;若用白光光源,各种颜色的亮纹将按波长大小逐级分开,除中央亮纹仍是白色外,其他各级都是由紫到红的彩色条纹。

需要注意的是,由于光波的波长λ很小,两缝间的距离d必须足够小,从两缝到屏的距离L必须足够大,才能使条纹间隔大到可以用肉眼分辨清楚。

例 9-1 在杨氏双缝实验中,双缝间距为0.40 mm,光源的波长为600 nm,求:(1) 要使屏幕上干涉条纹间距为3.0 mm,屏幕应该距离双缝多远?(2) 图9-4所示,若用折射率为$n=1.5$、厚度为6.0 μm的薄玻璃片遮盖狭缝S_2,中央亮条纹将向下平移多远?

解 (1) 干涉条纹间距为

$$\Delta x = \frac{L}{d}\lambda$$

则屏幕与双缝的距离为

$$L = \frac{d\Delta x}{\lambda}$$

$$= \frac{0.40\times10^{-3}\times3.0\times10^{-3}}{600\times10^{-9}} = 2\ \text{m}$$

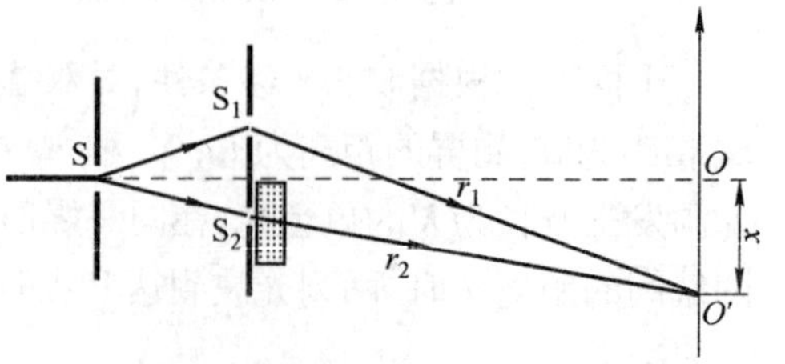

图9-4 例9-1

(2) 在 S_2 未被玻璃片遮盖时，中央明纹的中心应处于 $x=0$ 的地方，此时 $\delta=r_2-r_1=0$。S_2 被玻璃片遮盖后，中央明纹下移至图 9-4 所示的 O'处。若设薄玻璃片的厚度为 e，这时的中央明纹波程差应表示为

$$\delta=ne+r_2-e-r_1=e(n-1)+(r_2-r_1)=e(n-1)+\frac{d}{L}x=0$$

解出干涉条纹向下平移的距离 x 为

$$x=-\frac{e(n-1)L}{d}$$

$$=-\frac{6.0\times10^{-6}\times(1.5-1)\times2}{0.40\times10^{-3}}=-1.5\times10^{-2}\ \mathrm{m}$$

这表示中央明纹向下平移了 1.5 cm，干涉条纹整体向下平移同样距离。

用分波阵面的方法获得相干光，从而实现光的干涉的实验还有菲涅耳双面镜实验、劳埃镜实验等。

四、薄膜干涉——分振幅干涉

当一束光投射到两种透明媒质的分界面上，光能一部分反射，另一部分折射，得到两束相干光，两束光各自的光强比先前小了，故也可以说是振幅被分割了，这方法称为分振幅法。最简单的分振幅干涉装置是薄膜，它是利用透明薄膜的上下表面对入射光依次反射，由这些反射光波在空间相遇而形成干涉现象。由于薄膜的上下表面的反射光来自同一入射光的两部分，只是经历不同的路径而有恒定的相位差，因此是相干光，相遇时会发生干涉现象，称为**薄膜干涉**(film interference)。另一种重要的分振幅干涉装置是迈克耳孙干涉仪。

图 9-5 为研究平行平面薄膜反射光干涉的示意图，设面光源 S 发出波长为 λ 的单色光，照射到折射率为 n_2、厚度为 d 的均匀透明薄膜上，薄膜的上下面之外都是折射率为 n_1 的介质，且 $n_2>n_1$。在薄膜上表面的 A 点入射光分为反射光 a 和折射光，其中部分折射光在下表面 B 点反射后经上表面 C 点再折射成光线 b。由反射和折射定理我们知道 a、b 两条光线平行，将在无限远处叠加发生干涉。若用会聚透镜，干涉条纹将呈现在透镜的焦平面上。在相遇处光振动的振幅取决于 a、b 两条光线的光程差。由图 9-5 可知，C、D 两点到达会聚点的光程差相等，因此 a、b 两条光线的光程差就是 AD 的光程与 AB、BC 的光程之差。在上表面反射的 a 光线有半波损失；在下表面反射的 b 光没有半波损失，故 a、b 两条光线的光程差为

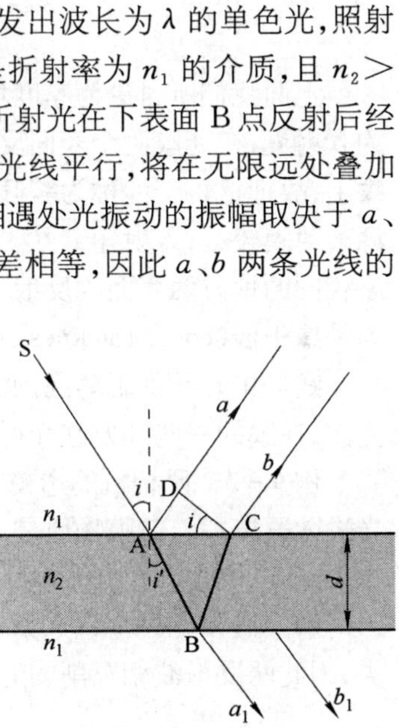

图 9-5　薄膜干涉

$$\delta=n_2(\overline{AB}+\overline{BC})-\left(n_1\overline{AD}-\frac{\lambda}{2}\right)$$

图 9-5 中，i 和 i'分别为入射角和折射角，由几何关系可得

$$\overline{AB}=\overline{BC}=\frac{d}{\cos i'},\ \overline{AD}=\overline{AC}\sin i=2d\tan i'\sin i$$

再由折射定律 $n_1\sin i=n_2\sin i'$ 可得

$$\delta=\frac{2n_2 d}{\cos i'}-\frac{2n_2 d\sin^2 i'}{\cos i'}+\frac{\lambda}{2}=2n_2 d\cos i'+\frac{\lambda}{2}$$

上式用入射角 i 表示则有

$$\delta=2d\sqrt{n_2^2-n_1^2\sin^2 i}+\frac{\lambda}{2}$$

于是,平行平面薄膜反射光干涉的明纹条件为

$$\delta=2d\sqrt{n_2^2-n_1^2\sin^2 i}+\frac{\lambda}{2}=k\lambda \quad k=1,\ 2,\ \cdots \tag{9-9}$$

暗纹条件为

$$\delta=2d\sqrt{n_2^2-n_1^2\sin^2 i}+\frac{\lambda}{2}=(2k-1)\frac{\lambda}{2} \quad k=1,\ 2,\ \cdots \tag{9-10}$$

若 $i=0$,即光线垂直入射,则

$$\delta=2n_2 d+\frac{\lambda}{2}$$

明纹条件是

$$\delta=k\lambda \text{ 或 } d=\frac{(2k-1)\lambda}{4n_2} \quad k=1,\ 2,\ 3,\ \cdots \tag{9-11}$$

暗纹条件是

$$\delta=(2k+1)\frac{\lambda}{2} \text{ 或 } d=\frac{k\lambda}{2n_2} \quad k=0,\ 1,\ 2,\ 3,\ \cdots \tag{9-12}$$

上面我们所讨论为厚度均匀的薄膜干涉,光程差只取决薄膜表面的入射角 i。具有相同倾角的入射光,在薄膜两个表面反射与折射到达相遇点的光程差相同,因而它们必定处于同一干涉条纹上,故把这种干涉称为**等倾干涉**(equal inclination interference)。如果薄膜的厚度不均匀,同时光源离薄膜较远,入射角 i 可认为不变,则上、下两表面反射光的光程差只取决于薄膜的厚度,薄膜厚度相同的地方两表面的反射光在相遇点处的光程差相同,必定处在同一条纹上,故把这种干涉称为**等厚干涉**(equal thickness interference)。

我们平时看到肥皂泡、油膜所呈现的彩色,就是一种薄膜干涉现象。太阳光中有各种波长的光波,在膜的一些地方红光得到加强,在另一些地方绿光得到加强……膜便呈现出彩色条纹。

例 9-2 照相机的透镜常镀上一层透明薄膜,利用薄膜干涉使更多的光进入透镜。若镀膜物质是 MgF_2,其折射率为 $n=1.38$,为了使可见光谱中 $\lambda=550$ nm 的光有最小反射,问膜的最小厚度为多少?

解 假设光线垂直入射,如图 9-6 所示。由于两次反射都有半波损失,因此两反射波相互削弱的条件是

$$2nd=(2k+1)\frac{\lambda}{2} \text{ 或 } d=\frac{(2k+1)\lambda}{4n}$$

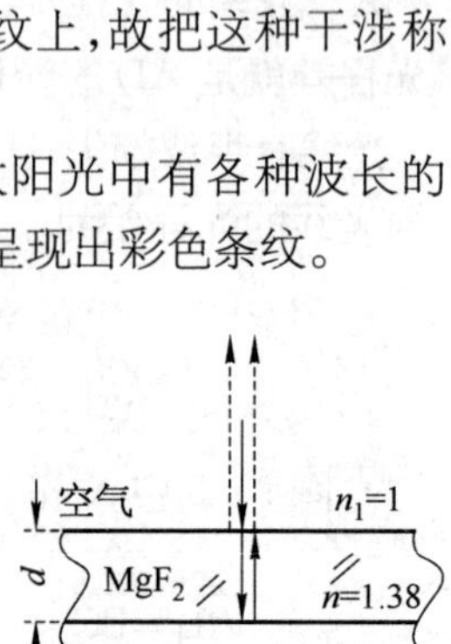

图 9-6 增透膜

按题意要求，膜的厚度最小，取 $k=0$，则有

$$d=\frac{\lambda}{4n}=\frac{550}{4\times 1.38}=99.6\ \text{nm}$$

第二节　光的衍射

一、光的衍射现象

通常光在均匀介质中沿直线传播，当平行光通过一般的狭缝、圆孔或其他形状的障碍物到达光屏时，在光屏上就会呈现清晰的几何投影。但是，当光线经过尺寸与波长相当的障碍物时，能够绕过障碍物的边缘传播，在本该形成的阴影内，形成明暗相间的条纹。这种光改变原来的传播方向，绕过障碍物的现象称为**光的衍射**(diffraction of light)，衍射所形成的图样称为衍射图样。衍射是波动的又一基本特征。

衍射系统通常包括光源、衍射屏、接收屏三部分。按此三部分相互间距离的大小，通常将衍射分为两类：**菲涅耳衍射**(Fresnel diffraction)和**夫琅禾费衍射**(Fraunhofer diffraction)。菲涅耳衍射是指衍射屏与光源或接收屏的距离为有限远时的衍射；夫琅禾费衍射是指衍射屏与光源和接收屏的距离都为无穷远时的衍射，即照射到衍射屏上的入射光和离开衍射屏的衍射光都是平行光的衍射。

实际上，我们观察夫琅禾费衍射是利用一个会聚透镜使经过物体衍射的光线在其焦平面上成像，这样既可增加衍射图样的亮度，又可保持衍射图样不变，便于观察。我们下面讨论的衍射如无特殊说明都是指夫琅禾费衍射。

二、惠更斯-菲涅耳原理

惠更斯原理是荷兰科学家惠更斯(Christiaan Huygens)在 1690 年提出的：光波自发出后在空间传播的波阵面上每一个点都可以看成是一个新的波源，这些新的波源向外发射次级子波，次级子波形成的包络面就是下一时刻的波阵面。惠更斯原理从几何学角度确定了光的传播方向，却不能解释光的衍射问题。1815 年，菲涅耳用子波相干叠加的概念发展了惠更斯原理，他保留了惠更斯原理中关于子波的概念，同时认为波动对空间某一点所起的作用，是某一时刻各子波作用的合成。

惠更斯-菲涅耳原理(Huygens-Fresnel principle)指出，**波空间传播的波阵面上每一个点都可以看成是一个新的波源，这些新的波源向外发射球面子波，空间任一点的光振动是所有这些子波的相干叠加**。惠更斯-菲涅耳原理为衍射理论奠定了基础，可以很好地解释并描述光的衍射现象、衍射的条纹分布和条纹的强度等问题。

三、单缝衍射

单缝衍射是夫琅禾费衍射，即平行光的衍射，在实验中可借助于两个透镜来实现。装置如图 9-7 所示，透镜 L_1 把光源 S 发出的光变成平行光，垂直于入射光线的平板上有一条长直狭缝 AB，

宽度为 a，缝的方向与纸面垂直，当光波到达狭缝时，根据惠更斯原理，波阵面上各点都是新的波源，向各个方向发射子波，图中画出两束光线：一束是各个子波源发出衍射角为 θ 的平行光，经透镜 L_2 会聚后成像于光屏的 P 处；一束是各个子波源发出的沿原入射方向的平行光，经透镜 L_2 会聚后成像于光屏的 P_0 处。对于单色光来说，衍射图样正对狭缝的是中央亮带，左右对称分布着各级明暗条纹。图 9－8 所表示的是单缝衍射的强度分布，图中的曲线表示光强的分布，光强的极大值与极小值同各级明暗条纹的中心相对应。

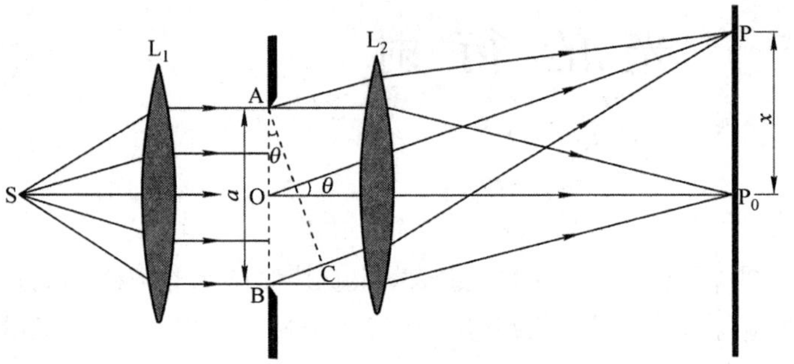

图 9－7　单缝衍射

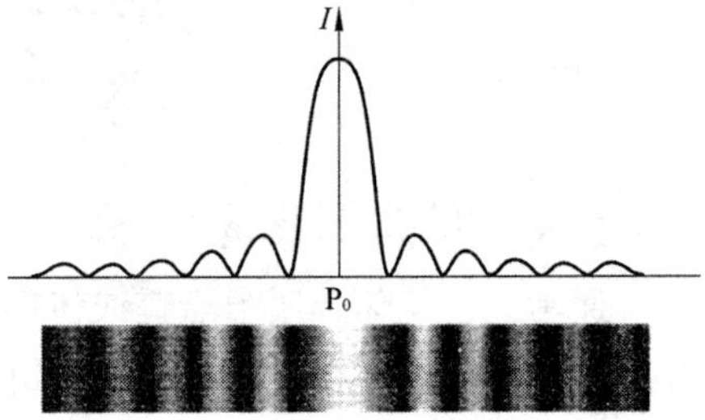

图 9－8　单缝衍射的光强分布

下面用半波带理论分析衍射图样的分布规律。

沿入射光的方向，衍射角 $\theta=0$，从 AB 上各点出发的子波在出发时是同相位的，根据透镜的等光程原理，这些光线经过透镜后，并不能产生光程差，它们会聚于 P_0 点仍是同相位，故相遇后干涉加强，在正对狭缝中心处，屏上出现平行于狭缝的中央亮带。

当衍射角 θ 不为零时，在同一束平行光中，从狭缝上各点发出的光到达屏上的光程是不等的，光强取决于所有这些子波的相干叠加。如图 9－9 所示，从 A 点出发，作与平行光垂直的面 AC，从 AC 上各点出发的光线到会聚点的光程是相等的，而从狭缝 AB 到 AC 各点的光程则不等，最大光程差为 $\delta=\overline{BC}=a\sin\theta$。我们用一系列平行于 AC、间距为 $\dfrac{\lambda}{2}$ 的平面切割 BC，将其分为相等的若干部分，同样狭缝 AB 也被分为宽度相等的若干条带，称为半波带，相邻两条半波带上的对应点（如每条带上的最下点或者最上点）发出的光在 P 点的光程差为半个波长。

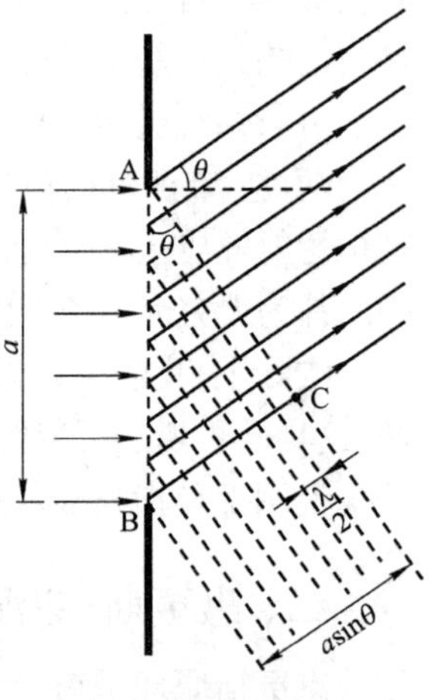

图 9－9　单缝衍射条纹的计算

当衍射角 θ 的取值使得狭缝 AB 的波阵面等分成偶数 $2k$ 个半波带时，相邻半波带发出的光在屏上 P 点一一互相抵消，P 点处即为第 k 级暗纹的中心，其衍射角服从下式

$$a\sin\theta=\pm k\lambda \text{ 或 } \theta=\pm\sin^{-1}\frac{k\lambda}{a}\quad k=1,\ 2,\ 3,\ \cdots \tag{9-13}$$

反之，当衍射角 θ 的取值使得狭缝 AB 的波阵面等分成奇数 $(2k+1)$ 个半波带，其中 $2k$ 个半波带发出的光在屏上 P 点都互相抵消，只剩下一个半波带发出的光干涉叠加形成第 k 级明纹，其衍射角服从下式

$$a\sin\theta=\pm(2k+1)\frac{\lambda}{2} \text{ 或 } \theta=\pm\sin^{-1}\frac{(2k+1)}{2}\frac{\lambda}{a}\quad k=1,\ 2,\ 3,\ \cdots \tag{9-14}$$

随着级数 k 的增大,衍射明纹的强度迅速减弱。

对于任意衍射角 θ,若狭缝 AB 不能分为整数个半波带,则屏幕上对应点将介于明暗之间。

在衍射角很小时,θ 和透镜焦距 f 以及条纹在屏上距中心 P_0 的距离 x 之间的关系满足

$$\theta \approx \sin\theta \approx \tan\theta = \frac{x}{f}$$

屏上各级暗纹的坐标可为

$$x = \pm\frac{k\lambda}{a}f \quad k = 1,\ 2,\ 3,\ \cdots \tag{9-15}$$

屏上各级明纹的坐标可为

$$x = \pm\frac{(2k+1)\lambda}{2a}f \quad k = 1,\ 2,\ 3,\ \cdots \tag{9-16}$$

相邻暗纹间隔(即一个明纹的宽度)为

$$\Delta x = \frac{\lambda}{a}f \tag{9-17}$$

中央明纹的宽度为其他各级明条纹宽度的两倍,即

$$\Delta x_0 = \frac{2\lambda}{a}f \tag{9-18}$$

夫琅禾费单缝衍射条纹具有以下特点:

(1) 衍射图样是一组明暗相间、平行于单缝的条纹,屏上具有相同衍射角的各点亮度相同;

(2) 中央明纹 ($\theta = 0$) 的光强最大,这是因为整个 AB 波面发出的所有子波在中央明纹处都同相,都干涉相加;

(3) 中央明纹的宽度为其他各级明条纹宽度的两倍。中央明纹中心最亮,其光强自中心向两侧连续递减,直到第一级暗纹。常用第一级暗纹的衍射角 θ 表示中央亮带的半角宽度,即

$$\theta = \sin^{-1}\frac{\lambda}{a}$$

(4) 明纹宽度反比于单缝宽度 a,单缝越窄,条纹越宽,衍射越显著;单缝越宽,衍射越不明显。当单缝宽 $a \gg \lambda$ 时,各级衍射条纹都密集于中央明条纹附近而无法分辨,只显出单一的亮纹,实际上它就是单缝的像,这时认为光是沿直线传播的。

(5) 当缝宽 a 一定时,入射光波长 λ 越大,对应于确定明暗纹的衍射角也越大,因此若用白光照射,因各色光对 $\theta = 0$ 时都加强,中央明条纹仍是白色的,而在其两侧将出现一系列由紫到红的彩色条纹。

四、圆孔衍射

把图 9-7 中的狭缝改为半径为 a 的小圆孔,则构成了夫琅禾费圆孔衍射装置,在光屏上得到**圆孔衍射**(circular hole diffraction)图样,如图 9-10 所示。衍射图样的中央为一明亮的圆斑,称为**艾里斑**(Airy disk),它集中了光强的绝大部分(84%),中心是几何光学像点,艾里斑之外为一组明暗相间的

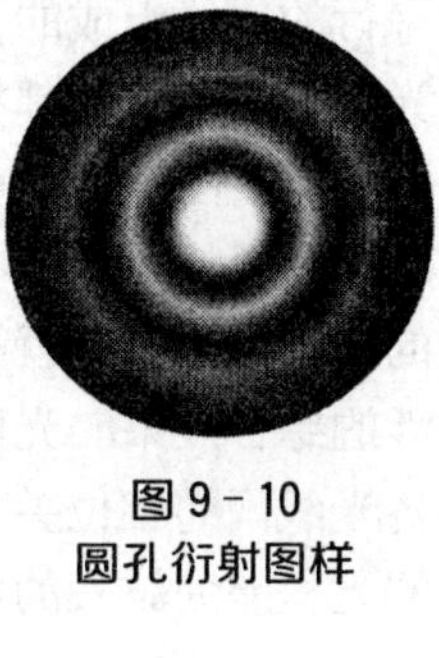

图 9-10
圆孔衍射图样

同心圆环,理论上可计算得第一暗环的衍射角 θ(艾里斑的半角宽度)为

$$\theta=\sin^{-1}1.22\frac{\lambda}{D}\approx 1.22\frac{\lambda}{D} \tag{9-19}$$

式(9-19)中,$D=2a$ 是圆孔直径。此式常用来表示中央亮圆的半角宽度。

若透镜的焦距为 f,则艾里斑的半径为

$$r=f\theta=1.22\frac{f\lambda}{D} \tag{9-20}$$

可见,艾里斑的大小和衍射孔的孔径 a 成反比。

圆孔衍射是许多光学仪器中不可避免的现象,它直接影响仪器的成像质量。对于光学仪器而言,总是希望得到清晰的像,即一个物点通过光学元件成为一个像点。而光通过光学系统中的光阑、透镜等限制光波传播的光学元件时要发生衍射,因而点物不能成点像,而是在点像处成一衍射图样,主要是艾里斑。两个点物或同一物体上的两个发光点的光通过这些孔成像时,由于衍射会形成两个艾里斑,它们的像就是这两个艾里斑的非相干叠加,如果两个艾里斑的距离过近,或者艾里斑过大,那么两个点物或同一物体上的两个点的像就不能分辨,像就不清晰了。所以,光学仪器不仅要有一定的放大倍数,还要有足够的分辨本领,才能把物体放大到清晰可见的程度。这就要求艾里斑要尽量小,方法之一就是尽可能地增大光学仪器的孔径。

五、光栅衍射

理论上利用单缝衍射图样可以测定光的波长,但测量结果的准确性很差,因为在单缝衍射中,若缝较宽,明条纹亮度较强,则条纹间隔却很窄;若缝较窄,虽可获得间隔较宽的条纹,但因亮度减少,条纹不够清楚,因而利用单缝衍射不能精确测定光波波长。在光学测量中,我们用**衍射光栅**(diffraction grating)来获得亮度很大、分得很开而条纹本身宽度又很窄的衍射条纹,可以更准确地测量光的波长。

具有周期性空间结构光学性能(如透射率,折射率)的衍射屏,统称为**光栅**(grating)。光栅的种类很多,有透射光栅和反射光栅,有平面光栅和凹面光栅,有一维光栅、二维光栅和三维光栅等。例如,在一块不透明的障板上刻出一系列等间隔的平行狭缝就是一种简单的一维平面透射光栅,下面我们以它为例来进行讨论。

如图 9-11 是光栅衍射原理图,从光源发出的光经透镜后变成平行光,垂直照射到光栅上,如前所述,在单缝夫琅禾费衍射中,凡是衍射角 θ 相同的平行光,都将会聚在接收屏幕上相同的点 P。透射光栅是由一簇平行的狭缝组成的,它们排布在垂直于光轴的方向上。于是,光栅的每条狭缝都将在接收屏幕上的同一位置产生单缝夫琅禾费衍射图样。而各条狭缝所发出的光都满足相干条件,故各条狭缝的衍射光将在接收屏幕上相干叠加,从而产生光栅的衍射图样。也就是说,光栅衍射图样是单缝衍射和多缝干涉的综合效果。光屏上任一点 P 的明暗取决于从狭缝发出的各光线间的相位关系,当从各狭缝发出的光线在 P 点会聚时的光程差为波长的整数倍时,在 P 点干涉加强,出现亮条纹。

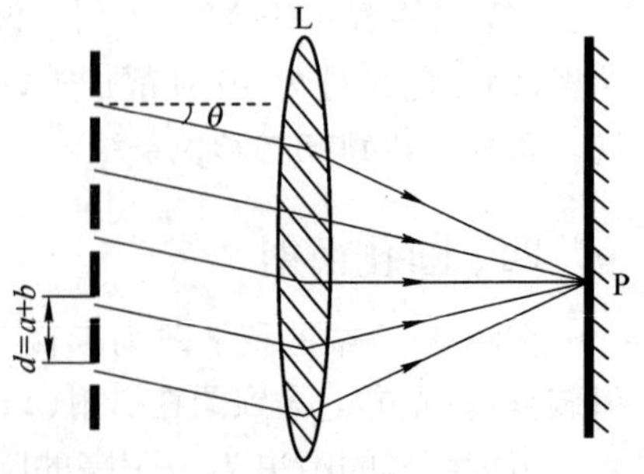

图 9-11 光栅衍射

设光栅每条狭缝的缝宽都是 a，缝间隔都是 b，相邻狭缝对应点之间的距离 $d=a+b$，称为**光栅常数**(grating constant)。相邻狭缝沿 θ 角方向的衍射光线之间的光程差为 $\delta=d\sin\theta$。只有当这个光程差等于波长的整数倍时，经透镜会聚在屏上才能同相位相遇，彼此加强为明条纹，其位置取决于

$$d\sin\theta=\pm k\lambda \quad k=0,\ 1,\ 2,\ \cdots \tag{9-21}$$

式(9-21)称为**光栅方程**(grating equation)。式中 k 为明条纹的级数，$k=0$ 时为中央明条纹，当 $k=1,\ 2,\ \cdots$时分别为第一级、第二级……明条纹。

需要指出的是，若某一方向虽然符合式(9-21)，但同时恰好满足单缝衍射暗纹条件式(9-13)，则光栅的这一级像不会出现，称为光栅的**缺级**(missing order)。

由光栅方程 $d\sin\theta=\pm k\lambda$ 可知，当光栅常量 d 一定时，同一级明条纹对应的衍射角 θ 随着波长 λ 的增长而增大。可以看出：① 光栅常数越小，各级明条纹的衍射角就越大，各级明条纹分得越开；② 如果是白光入射，由于不同波长的光的衍射角不同，除中央明条纹外，其他各级明条纹都按波长不同分开，在中央明条纹两侧会出现由紫到红的彩色条纹，形成光栅光谱。

光栅是现代光学中的一种非常重要的光学器件。由于光照到物质时，物质会吸收和反射一定波长的光，通过光栅光谱可分析物质的组成及所占百分比，因此关于物质的发射光谱和吸收光谱的研究已成为研究物质结构的重要手段之一，而光栅是光谱分析的核心部件。分光光度计、生化分析仪和酶标仪等许多医学检验仪器中都有光栅在使用。

例 9-3　某光栅的构成是每毫米 500 条缝，一束单色平行光垂直入射，所成二级明纹与原入射方向成 30°角，求该单色光的波长。

解　由已知条件可得光栅常数　$d=\dfrac{1}{500}\times10^{-3}\ \text{m}$

因为　$d\sin\theta=k\lambda$

所以

$$\lambda=\frac{d\sin\theta}{k}=\frac{1\times10^{-3}\times\sin30^\circ}{500\times2}=5\times10^{-7}\ \text{m}=500\ \text{nm}$$

第三节　光的偏振

光是电磁波，电磁波是横波，电场强度矢量和磁感应强度矢量的振动方向与光传播方向垂直且两者相互垂直。引起视觉和其他光学现象的主要是电场强度矢量，故我们就以电场强度矢量的方向表示光振动方向，称为**光矢量**(light vector)。光的横波性表明光矢量与光的传播方向垂直，在与传播方向垂直的二维空间里光矢量还可能有各式各样的振动状态，称之为光的偏振态。

一、自然光　偏振光

光是由光源中大量原子或分子发出的一系列彼此独立的间歇波列组成，在普通光源中各原子

或分子发出的波列不仅初位相彼此无关联,振动方向也是随机的,在与光的传播方向垂直的平面内可取所有可能的方向,从宏观看起来,在各个方向上的振动次数和振幅大小均等,对于光的传播方向形成轴对称分布,没有哪个方向的振动比其他方向占优势。具有这种特点的光称为**自然光**(natural light),用图 9-12(a)表示。根据矢量理论,任何一个方向的振动都可以分解成两个相互垂直的分量,因此可以认为自然光是由两个相互垂直的光振动组成,如图 9-12(b)所示。我们用图 9-12(c)来表示自然光的光线,图中点和竖线表示光的振动方向,它们的数量相等表示两个方向的振动等量。

如果光矢量在一个固定平面内只沿一个固定方向振动,此光称为**线偏振光**(linear polarized light)或完全偏振光。我们用图 9-13 来表示线偏振光的光线。由偏振光的光矢量振动方向和传播方向所构成的平面称为**振动面**(vibration plane)。

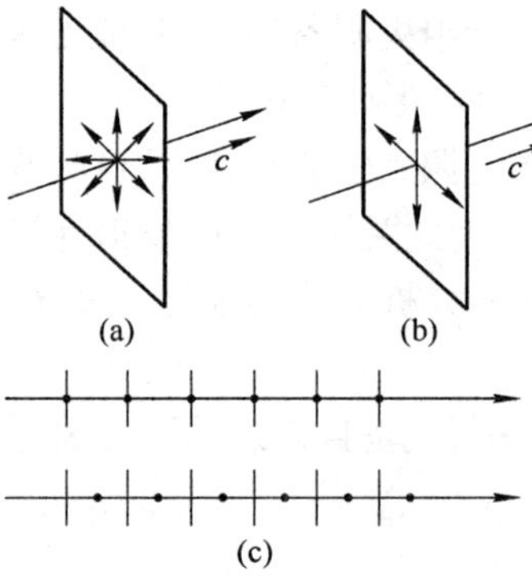

图 9-12 自然光

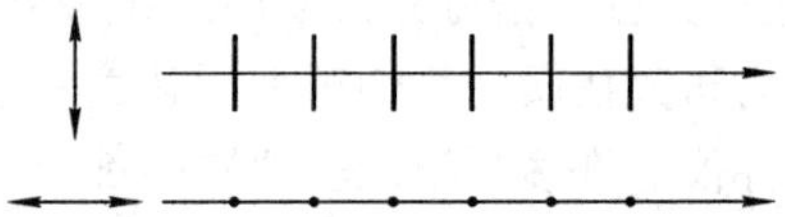

图 9-13 线偏振光

经常遇到的光,除了自然光和线偏振光外,还有一种偏振状态介于两者之间的光,称为**部分偏振光**(partially polarized light),其特点是虽然具有各种可能的振动方向,但有一个方向振动较强,其他方向的振动较弱。

二、起偏器 检偏器

有些晶体对不同方向的电磁振动具有选择吸收的性质,当可见光射向这种晶体时,其作用是只让自然光中某一方向上的光振动通过,而其他方向上的光振动全部被滤掉,利用这一性质可以制成**偏振片**(polariod),我们把能透过光振动的方向称为偏振片的透振方向或偏振化方向。

能够把自然光变为偏振光的装置称为**起偏器**(polarizer),偏振片可以作为起偏器,允许通过的光振动方向称为起偏器的透射轴方向或偏振化方向。自然光通过起偏器,只有平行于透射轴方向的光振动得以通过,其余方向的光振动被吸收掉,光强度减弱一半成为线偏振光。图 9-14 的前半部分表示了用透振方向为 P_1 的偏振片来产生线偏振光。

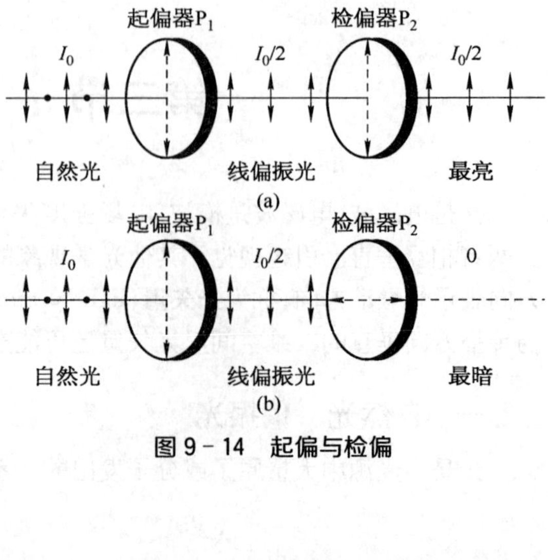

图 9-14 起偏与检偏

用来检验一束光是否为偏振光的装置称为**检偏器**(analyzer)。偏振片又可以作为检偏器。图 9-14 的后半部分中用透振方向为 P_2 的偏振片用来检验线偏振光。当 P_1 平行于 P_2 时,如图 9-14(a),能够通过起偏器 P_1 的光线也就能通过检偏器 P_2,故在 P_2 后就能看到与 P_1 后强度相等的光;但当 P_1 垂直于 P_2 时,如图 9-14(b),光振动沿 P_1 方向的线偏振光入射到检偏器后完全被它吸收,出现消光现象。如果以光线传播方向为轴旋转偏振片 P_2,则每转 90°就交替出现透射光强极大和光强为零的现象。

三、马吕斯定律

如果起偏器和检偏器透射轴的方向既不垂直又不平行,而是成一个角度 α,则通过起偏器 P_1 的光线只有一部分能通过检偏器 P_2,如图 9-15 所示。我们把通过起偏器后的偏振光矢量 $\boldsymbol{A}_0$ 分解成沿检偏器 P_2 的透射轴方向的分量 A_1 和垂直于检偏器透射轴方向的分量 A_2,显然只有 $A_1=A_0\cos\alpha$ 能通过 P_2,而 A_2 则全部被阻挡。由于光的强度 I 正比于振幅的平方,即

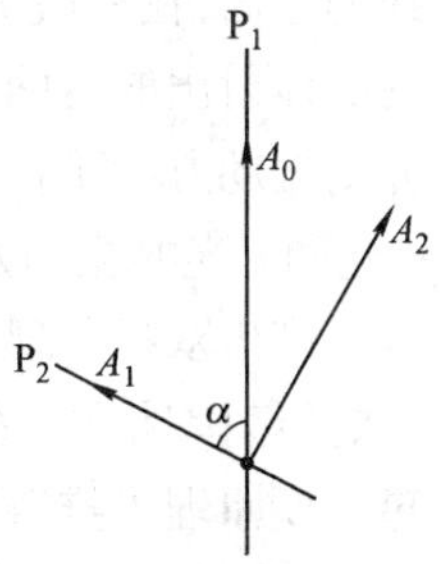

图 9-15
马吕斯定律

$$\frac{I}{I_0}=\frac{A^2}{A_0^2}=\frac{A_0^2\cos^2\alpha}{A_0^2}$$

可得

$$I=I_0\cos^2\alpha \tag{9-22}$$

式(9-22)称为**马吕斯定律**(Malus law),它表明,通过检偏器的偏振光强度与检偏器的透射轴的方向有关,当 $\alpha=0°$ 或者 180°时,$I=I_0$,光强最大;当 $\alpha=90°$ 或者 270°时,光强 $I=0$,此时没有光从检偏器射出,这就是两个消光位置。当 α 为其他值时,光强介于 0 和 I_0 之间。

例 9-4 两块偏振片的透射轴互相垂直,在它们之间再插入两块偏振片,使相邻两个偏振片透射轴的夹角均为 30°。如果入射的自然光强度为 I_0,求通过所有偏振片后光的强度。

解 设入射的自然光强度为 I_0,通过第一个偏振片后光的强度为 I_1,通过第二、第三、第四个偏振片后的光强分别为 I_2、I_3、I_4,且 $\theta=30°$,则

$$I_1=\frac{1}{2}I_0,\ I_2=I_1\cos^2 30°,\ I_3=I_2\cos^2 30°,\ I_4=I_3\cos^2 30°$$

所以

$$I_4=\frac{1}{2}I_0\cos^2 30°\cos^2 30°\cos^2 30°=\frac{1}{2}I_0\times\frac{3}{4}\times\frac{3}{4}\times\frac{3}{4}=\frac{27}{128}I_0\approx 0.21I_0$$

四、光的双折射现象

光学介质分为各向同性介质和各向异性介质,一束光线在两种各向同性介质的分界面上发生折射时,只有一束折射光,其方向由折射定律给出。但当一束光线射向各向异性介质时,会产生两束不同方向的折射光线,这种现象称为**双折射**(birefringence)现象。例如,当透过方解石晶体观察书上的字迹时,可以看到字迹的双象。这表明,一束光在这种晶体内分成了两束,它们的折射程度不同,其中一束遵守折射定律,称之为**寻常光**(ordinary light),简称 o 光。另一束则不服从一般的折射定律,不一定在入射面内,称之为**非常光**(extraordinary light),简称 e 光,如图 9-16 所示。

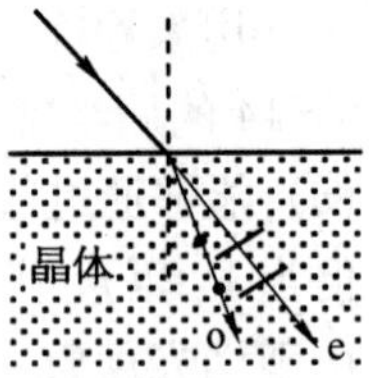

图 9 - 16
o 光和 e 光

在入射角等于零时，o 光的折射角为零，沿原方向传播，但 e 光一般不沿原方向传播，此时若以光的入射方向为轴转动晶体，o 光不动，e 光则随着晶体的转动而转动。研究发现，在晶体内部存在着一些特殊的方向，光沿着这个方向传播时，不发生双折射。这个特殊的方向称为晶体的光轴。光轴是一个方向不限于一条特定的直线。只有一个光轴的晶体称为单轴晶体，如红宝石、石英、方解石等。在单轴晶体中，一条光线的传播方向和光轴的方向所决定的平面称为该光线的主面，在一般情况下，o 光和 e 光各有其主面。利用检偏器可以检验，从双折射晶体射出的这两束光都是线偏振光，o 光的振动方向垂直于 o 光的主面，而 e 光的振动方向平行于 e 光的主面，在一般情况下，o 光和 e 光的主面不重合而有一个小的角度，因此 o 光和 e 光的振动方向不一定相互垂直。

产生双折射现象的原因是因为晶体对 o 光和 e 光具有不同的折射率，o 光在晶体内各个方向上的折射率相同，传播速度也就相等，而 e 光在晶体内各个方向上的折射率不同，传播速度不等，由惠更斯原理可推得，在相同入射角的情况下，两光将沿不同的方向传播。

利用晶体的双折射现象，研制出了许多精巧的复合棱镜，以获得偏振光。

某些晶体对 o 光和 e 光有不同的吸收本领。我们把晶体的这种对相互垂直的两个分振动具有选择性吸收的性质称为二向色性。例如，电气石晶体对 o 光的吸收能力比较强，在 1 mm 厚的电气石晶体内，o 光几乎全部被吸收，利用晶体的二向色性可以制成起偏器或检偏器，从而产生和检验偏振光。

五、物质的旋光性

当平面偏振光通过某些物质(糖类、石英等)时，它的振动面将沿光的传播方向发生旋转，这种偏振光通过物质时发生振动面旋转的现象，称为**旋光现象**(rota-optical phenomena)。能够使振动面旋转的物质称为旋光物质，物质的这种性质称为**旋光性**(optical activity)。实验证明，不同的旋光物质可以使光的偏振面发生不同方向的旋转，当观察者迎着光线看时，若振动面是顺时针方向旋转的称为右旋物质，如葡萄糖、右旋糖酐；若振动面是逆时针方向旋转的称为左旋物质，如果糖、左旋糖苷。

对于晶体物质或者某些液态化合物来说，振动面旋转的角度 θ 与光通过的长度 l 成正比，即

$$\theta=\alpha l \tag{9-23}$$

式(9-23)中，比例系数 α 称为物质的**旋光率**(specific rotation)，它由物质的性质决定，与物质的温度和入射光的波长有关，一般用$[\alpha]_\lambda^t$ 表示，t 指温度，λ 指入射光的波长。在实际应用中，取 $\lambda=589.3$ nm，相当于太阳光谱中的 D 线；温度取 $t=20$℃，于是旋光率可表示为$[\alpha]_D^{20}$。固体物质的旋光率的单位为度·米^2·千克$^{-1}$(°·m^2·kg^{-1})。

对于有旋光性的溶液来说，偏振光的振动面的旋转角度 θ(旋光度)不仅与偏振光在溶液中通过的厚度 l 有关，而且还正比于溶液的浓度 c，即

$$\theta=[\alpha]_D^{20}cl \tag{9-24}$$

式(9-24)中，一般 c 的单位为 g·cm^{-3}；l 的单位为 dm。该公式常用来测量旋光溶液的浓度。并以“+”表示**右旋**(right-handed)，以“-”表示**左旋**(left-handed)。

溶液的旋光性在制糖、制药和化工等方面有很广泛的应用,如测定糖溶液浓度的糖量计,就是根据糖溶液的旋光性而设计的一种仪器。其原理如图 9-17 所示。图中 P 为起偏器,A 为检偏器,T 为盛放待测溶液的透明器皿,由单色光源发出的光经过起偏器后变为完全线偏振光,在放入待测溶液前先调整检偏器 A,使 A 与 P 的偏振化方向垂直,此时视场最暗。放入待测溶液后,由于其旋光作用,视场变亮,旋转检偏器 A 使视场重新变到最暗,此时检偏器 A 旋转过的角度就是偏振面旋转的角度 θ,这样可以从式(9-24)求出溶液的浓度。这种测量方法可靠、迅速,在生物化学和临床医学检验、药物鉴定方面和商检部门有着广泛的应用,樟脑、可卡因、尼古丁和糖等的浓度都可以用此方法测定,临床上曾用测定尿的旋光性来确定糖尿病患者尿中糖的含量。

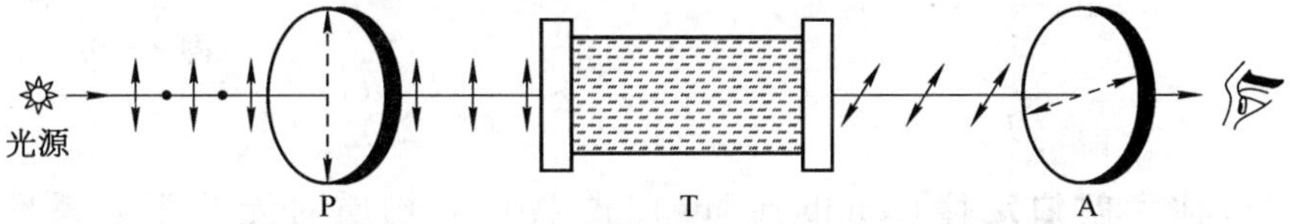

图 9-17 糖量计原理

物质的旋光现象可以利用分子结构的各向异性来解释,与物质分子的不对称有关。生物体中几乎所有的大分子都具有不对称性,因此对旋光现象的研究,为了解生物分子的结构和功能提供了很多重要的信息。

第四节 光的吸收

一、光的吸收

当光照射并通过物质时,通常光的颜色会发生变化,沿原传播方向的强度也逐渐减弱,这种现象称为**光的吸收**(absorption of light)。这是由于光通过介质时,一部分能量被介质吸收,另一部分能量被散射。物质对光的吸收具有选择性,物体的颜色就是物质对光的选择性吸收的结果。当白色光照射到物体上时,一部分光被物质吸收或透射,另一部分则被反射,物体的颜色就是由它反射光的颜色或透射光的颜色决定的。如果物体对全部的光几乎都反射而不吸收,物体就呈现白色;如果物体对光的吸收很少,各种颜色的光大部分都能通过,物体就是无色透明的;如果物体对各种颜色的光几乎全部吸收,则物体呈现黑色;如果物体对各种颜色的光都吸收,但又不强烈,则呈现灰色;如果物体有选择地吸收某些颜色的光,反射另外一些颜色的光,物体就呈现反射光的颜色。物质对光的吸收,除了与波长有关外,还与物质本身的性质有关,本节仅讨论光通过光学性质均匀的介质时光能被组成介质的微观粒子吸收而导致光强不断衰减的情况。

二、吸收定律 朗伯-比尔定律

当单色光在某种均匀介质中传播时,由于物质的吸收,其强度将不断地减小,减小的程度与物质本身的性质和光通过的物质厚度有关。如图 9-18 所示,设一束平面单色光在均匀介质中沿 x

轴正方向传播，在 $x=0$ 处，强度为 I_0；在 x 处，强度为 I。取一薄的介质层 dx，光通过 dx 后强度减为 $I-dI$。显然，强度减少量与介质层厚度成正比，即

$$-dI=\mu I dx$$

$$\frac{dI}{I}=-\mu dx$$

对上式积分

$$\int_{I_0}^{I}\frac{dI}{I}=-\int_0^x \mu dx,\quad \ln\frac{I}{I_0}=-\mu x$$

于是得

$$I=I_0 e^{-\mu x} \tag{9-25}$$

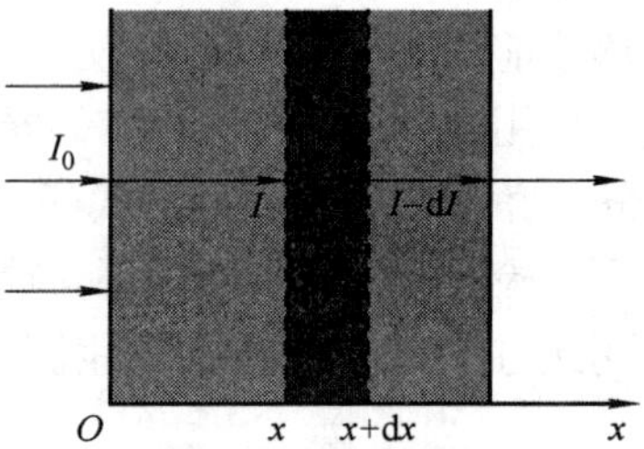

图 9-18　光的吸收

式(9-25)称为**朗伯定律**(Lambert law)，式中 μ 为物质对光的**吸收系数**(absorption coefficient)。吸收系数由物质的性质决定，并与光的波长有关，μ 愈大，物质对光的吸收愈强烈，光强减弱得愈迅速，表现为物质对光的透明性降低。

当把这一定律用于溶液对光的吸收时，μ 与溶液的浓度 c 成正比，即

$$\mu=\beta c$$

由此，朗伯定律写为

$$I=I_0 e^{-\beta c x} \tag{9-26}$$

式(9-26)称为**朗伯-比尔定律**(Lambert-Beer law)。式中 β 与溶液浓度 c 无关，由吸收物质决定，也与光的波长有关。

朗伯-比尔定律只适用于单色光入射、物质分子的吸收不受邻近分子影响的稀溶液；当溶液浓度很大时，由于溶液的分子相互干扰，该定律不再成立。

在某一给定波长范围内，若物质对光的吸收很少且吸收系数几乎不变，这种吸收称为一般吸收；若物质对某些波长的光吸收得很强烈，且吸收系数随波长急剧变化，这种吸收称为选择吸收。任何物质都存在这两种吸收。在可见光范围内，对一般吸收来说，光通过物质后只有光强的衰减，但颜色不变；而对选择吸收来说，光通过物质后既有光强的衰减，也有颜色的变化。

拓展阅读

全 息 技 术

随着时代的发展，人们对光学的理解与认识更加透彻，光学的各种技术发展越来越快，全息技术便是其中之一。

全息技术是利用干涉原理记录物体的光波信息，一部分激光照射到拍摄物体上形成漫射式的物光束，另一部分激光作为参考光束射到全息底片上，参考光束和物光束叠加产生干涉。物体光波上各点的相位和振幅转换成在空间上变化的强度，从而利用干涉条纹间的反差和间隔将物体光

波的全部信息记录下来。记录着干涉条纹的底片经过显影、定影等处理程序后，便成为一张全息图。然后利用衍射原理再现物体光波信息，这是成像过程。全息图犹如一个复杂的光栅，在相干激光照射下，一张线性记录的正弦型全息图的衍射光波一般可给出两个像，即原始像(又称初始像)和共轭像。再现的图像立体感强，具有真实的视觉效应。全息图的每一部分都记录了物体上各点的光信息，故原则上它的每一部分都能再现原物的整个图像，通过多次曝光还可以在同一张底片上记录多个不同的图像，而且能互不干扰地分别显示出来。

全息技术的应用日益广泛，全息防伪技术就是应用激光全息技术发展起来的一种新型防伪技术，又称激光防伪。此技术应用早期，确实起到了一定的防伪作用，但是随着时间的推移，激光全息图像制作技术迅速扩散，如今已被造假者多方攻破。现多采用改进型激光全息图像防伪技术，改进后的技术主要有三种：一是应用计算机图像处理技术改进全息图像；二是透明激光全息图像防伪技术；三是反射激光全息图像防伪技术。

应用计算机图像处理技术改进激光全息图像经历了两个发展形态，第一形态是计算机合成全息技术，这种技术是将普通二维图像经光学成像后，按照全息图像的成像原理进行处理后记录在一张全息记录材料上，从而形成计算机像素全息图像。观察这种像素全息图像时，可在不同的视角看到不同的三维图像，其图形和色彩都具有异常灵活多变的动态效应，并且不受再现光线方向的限制。第二形态是计算机控制直接曝光技术，与普通全息成像不同，这种技术不需要拍摄对象，所需图形完全由计算机生成，通过计算机控制两束相干光束以像素为单位逐点生成全部图案，对不同点可改变双光束之间的夹角，从而制成具有特殊效果的三维全息图。

普通的激光全息图像一般是用镀铝的聚酯膜经过模压(也可以先用聚酯薄膜经过模压再镀铝)而成，镀铝的作用是增加反射光的强度使再现图像更加明亮，照明光和观察方向都在观察者这一侧，这样的激光彩虹模压全息图是不透明的。透明激光全息图像实际上就是取消了镀铝层，将全息图像直接模压在透明的聚酯薄膜上。1996 年我国公安部将透明激光全息图像应用在居民身份证上，将身份证用透明膜整体覆盖，在光线下观察身份证正面时，不但能看清证件内容，还能看到透明膜上显现出来的二维、三维彩虹全息图像(“长城”及“中国”的中英文字样)。

反射激光全息图像成像原理是将入射激光射到透明的全息乳胶介质上，一部分光作为参考光，另一部分光透过介质照亮物体，再由物体散射回介质作为物光，物光和参考光相互干涉，在介质内部生成多层干涉条纹面，介质底片经处理后在介质内部生成多层半透明反射面(如 6 μm 厚的乳胶层里可以有 20 多个反射面)，用白光点光源照射全息图，介质内部生成的多层半透明反射面将光反射回来，迎着反射光可以看到原物的虚像，因而称为反射激光全息图。

全息投影技术在医学上的应用改变了医疗诊断和治疗方式，从而减轻患者在诊断与治疗上的痛苦，全息投影技术可以用于测量血压、照 X 光，直接用眼镜就能看到患者体内的病变情况，从而帮助医生分析与治疗；全息投影还可以通过图片处理与立体制作展现 4D 的全息图像，将人体信息全部呈现出来，真实性更高，同时此图片不仅可以保存，多次播放便于医生仔细观察，而且对于某些较小部位不易观察的地方可以通过放大、旋转、倒置等措施进行清晰放大，更易于观察；全息投影技术也可以应用在牙科技术上，把此技术镶嵌在检查笔内，然后把笔放在口腔中全体扫描、记录，再把此图像呈现在电脑上便可清晰观察牙齿的排列情况，从而选用合适的牙套进行牙齿的矫正。

互动多媒体全息投影技术还可用于舞台美术虚拟设计，它创新型的应用与设计，正逐渐改变着人们的视听感受，改变着人们对事物的欣赏态度。美轮美奂的布景，引人入胜的转场，灯光迷离的光效，给人们极大的视觉体验。全息投影技术不仅可以产生立体的空中幻象，还可以使幻象与表演者产生互动，一起完成表演，产生令人震撼的演出效果。在互动多媒体全息投影技术与影视片段创新性的融合与协同科技中，舞台艺术与电影片断在同一空间出现了非凡的融合，给观众展示了世界多媒体艺术最新的创新成果。全息投影技术在舞美中的应用，提升的不仅仅是一种观赏视觉，更是一种自我满足式的体验化消费，人们在一种光影和科技幻化出的虚拟视界里面，既惊叹于现代科技手段的神奇，也会被丰富多彩的内容所吸引。

全息技术因其独特的信息摄取和储存功能广泛应用于生活中的各个领域。

思考题

9-1 在杨氏实验中，如果光源 S 到两缝 S_1 和 S_2 的距离不等，对实验结果有何影响？

9-2 什么是光的衍射？它分为哪两类？有何区别？

9-3 夫琅禾费单缝衍射图像和杨氏双缝干涉图像亮暗条纹的形成，以及分布的均匀性有什么区别？

9-4 试解释在白光照射下，肥皂薄膜呈彩色，当膜上出现黑色斑纹时，就预示着膜即将破裂。

9-5 光栅形成的光谱线随波长展开，它与棱镜的色散有什么不同？

9-6 什么叫偏振光、物质的旋光性？振动面在旋光物质中的左旋和右旋是怎样规定的？

习题

9-1 在杨氏双缝实验中，两缝相距为 0.3 mm，要使波长为 600 nm 的光通过后在屏上产生间隔为 2 mm 的干涉条纹，问屏到缝的距离有多远？

9-2 在空气中用波长为 λ 的单色光进行双缝干涉实验时，观察到干涉图样中相邻条纹间距为 2.66 mm，当把实验装置放在水中时（水的折射率 $n=1.33$），试求相邻明条纹的间距变为多少？

9-3 波长 500 nm 的光波垂直射入厚度为 1 μm 的薄膜，膜的折射率为 1.375，膜的两侧为空气。求：(1) 光在膜中的波长？(2) 在膜上表面反射的光波与经膜底反射后重出膜上表面的光波的相位差。(3) 两光干涉情况如何？

9-4 以钠黄光（$\lambda=589.3$ nm）垂直照射一狭缝，在距透镜 0.8 m 的光屏上，中央亮带宽度为 2 mm，求狭缝的宽度。

9-5 已知单缝宽度 $d=1.0\times10^{-4}$ m，透镜焦距为 0.5 m，分别用 $\lambda_1=400$ nm 和 $\lambda_2=760$ nm 的单色平行光垂直照射此单缝。试求：(1) 这两种光的第一级亮纹离屏中心的距离；(2) 这两条亮纹间的距离。

9-6 一束单色光垂直照射到每厘米 2 500 条刻痕的光栅上，所形成的第四级明纹与入射光方向夹角为 30°，求该单色光的波长。

9-7 透过两个偏振化方向成 30°角的偏振片观察某一光源，透过偏振化方向成 60°角的两偏振片观察另一光源，两次观察的透射光强度相同，试求两光源的光强度之比。

9-8　使自然光通过两个偏振化方向成60°角的偏振片，测得透射光强为I_1，今在这两个偏振片之间插入另一偏振片，它的偏振化方向与前两个偏振片均成30°角，问透射光强为多少？

9-9　将5 g含杂质的糖溶解于纯水中，制成100 cm^3 的糖溶液，然后将此溶液装入长15 cm的玻璃管中，使完全线偏振光垂直于管的端面并沿管轴通过，测得通过前后偏振面旋转了30°。已知这种纯糖的旋光率为54.4 $°cm^2 \cdot g^{-1}$，计算此糖的含纯糖百分比(即纯度)。

第十章 几何光学

导学

本章主要介绍几何光学的一些基础知识，并阐明放大镜、显微镜等一些与医学密切相关的光学仪器的基本原理。

1. 掌握　单球面与共轴球面系统的成像公式；薄透镜成像公式。

2. 理解　几何光学的有关定律和原理；焦点、焦度的概念；放大镜、显微镜的基本原理；放大镜的角放大率；显微镜的角放大率和分辨限度。

3. 了解　眼球的构造、视角和视力的概念、非正视眼的矫正方法；医用内镜的构造与原理。

几何光学(geometrical optics)是一门以光的直线传播为基础，研究光在透明介质中传播规律的学科。在日常生活中，光的波长与它所遇到的障碍物或孔隙的大小相比往往是非常小的，近似地认为光沿直线传播，即认为光是以光线的形式传播的。几何光学的理论基础是光的直线传播定律、光的独立传播定律及光的反射和折射定律。

第一节　球面折射　透镜

一、单球面折射

设有折射率为 n_1 和 n_2 的两种介质，其分界面是球面的一部分，如图 10-1 所示。球面的曲率中心为 C，通过 C 点的轴线 OPI 称为折射面的**主光轴**(principal optical axis)。从主光轴上一物体 O 发出的光线沿主光轴进入第二介质后，它的方向不会改变。沿 OM 方向的光线投射到分界面上的 M 点，折射后，在第二介质中沿 MI 方向前进，与主光轴交于 I 点。I 点的位置可按下面方法求得：

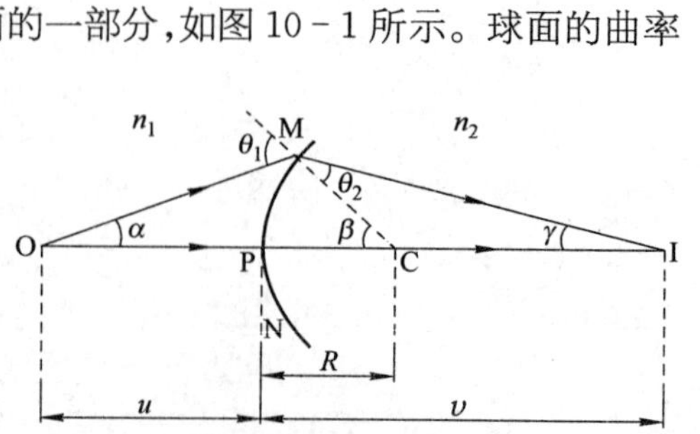

图 10-1　单球面折射

为叙述方便起见，令 $\overline{OP}=u$，$\overline{IP}=v$，$\overline{CP}=R$，$\overline{OM}=l_1$，$\overline{MI}=l_2$。

在△OMC中，按正弦定律可得

$$\frac{\sin\theta_1}{\sin\beta}=\frac{\overline{OC}}{\overline{OM}}=\frac{u+R}{l_1} \tag{10-1}$$

同理，在△MCI中

$$\frac{\sin\theta_2}{\sin\beta}=\frac{\overline{CI}}{\overline{MI}}=\frac{v-R}{l_2} \tag{10-2}$$

根据折射定律得

$$\frac{\sin\theta_1}{\sin\theta_2}=\frac{n_2}{n_1} \tag{10-3}$$

联立上面三式得

$$\frac{n_2}{n_1}=\frac{u+R}{v-R}\cdot\frac{l_2}{l_1} \tag{10-4}$$

显然I点的位置将随 l_1 的长短，即倾斜角 α 的大小而定。自O点发出的许多光线，其倾斜角各不相同，故折射后并不会聚于一点。但是，对于倾斜角 α 甚小的近轴光线，则 $l_1\approx u$，$l_2\approx v$，公式可简化为

$$\frac{n_1}{u}+\frac{n_2}{v}=\frac{n_2-n_1}{R} \tag{10-5}$$

式(10-5)称为近轴光线的单球面折射公式，简称单球面折射公式。可见，只有在倾斜角 α 很小的范围内，自物体O点发出的一束近轴光线，v 的值与倾斜角无关。就是说，这束光线经球面折射后将会聚于I点。因此，I点就是O点的像，v 是像距，而 u 则为物距。

式(10-5)虽由凸球面导出，但可以证明，该式也适用于凹球面的折射，只要遵守下列符号规则：① u、v：实正虚负；即实物、实像取正值，虚物虚像取负值。② R：凸正凹负；即凸球面对着入射光线 R 取正值，反之 R 取负值。

设有一点光源放在主光轴上某一点 F_1 时，如果它所发出的入射光线经过球面的折射后，成为一束与主光轴平行的光线，则把 F_1 称为凸球面的**第一焦点**(first focus)；它与球面顶点A的距离 $\overline{F_1A}=f_1$ 称为**第一焦距**(first focus length)。如图10-2，在这种情况下，$u=f_1$，$v=\infty$，应用式(10-5)得出

$$f_1=\frac{n_1}{n_2-n_1}R \tag{10-6}$$

与此相反，从远处发光点发出的平行光线入射到球面经折射后会聚于主光轴上的 F_2 点，则把 F_2 称为**第二焦点**(second focus)，AF_2 称为**第二焦距**，用 f_2 表示，见图10-2。在这种情况下：$u=\infty$，$v=f_2$，应用式(10-5)可得

$$f_2=\frac{n_2}{n_2-n_1}R \tag{10-7}$$

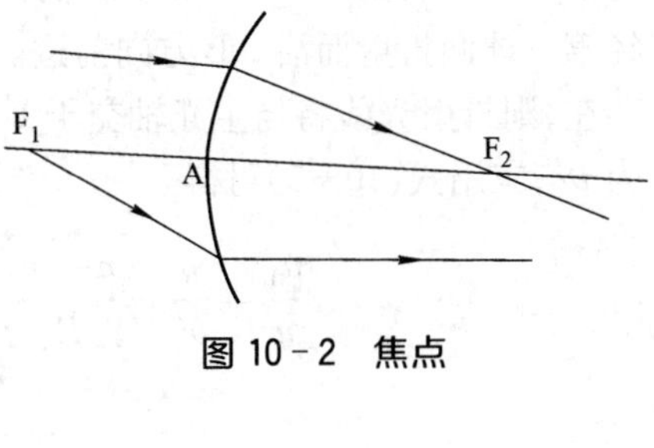

图10-2 焦点

比较式(10-6)和(10-7)可得

$$\frac{n_1}{f_1}=\frac{n_2}{f_2}=\frac{n_2-n_1}{R}=\Phi \tag{10-8}$$

用介质的折射率与相应焦距的比值衡量折射面的屈光本领,称为折射面的**焦度**(focal power),用 Φ 表示。对于一定的介质,折射率一定,则折射面的曲率半径 R 愈小,焦距 f 愈短,焦度 Φ 就愈大,这意味着折射面的屈光本领愈强。反之,R 越大,Φ 就越小,屈光本领越弱。如果焦距用米为单位,那么焦度 Φ 的单位为屈光度,习惯上用 D 表示。

例 10-1 设空气($n_1=1.0$)与玻璃($n_2=1.5$)的分界面为一半径为 4.0 cm 的凸球面,物体放在球面顶点前 10 cm 处的主光轴上。求:(1) 凸球面的两个焦距;(2) 像距;(3) 折射面的焦度。

解 (1) 根据式(10-6)得第一焦距为 $f_1=\frac{1.0\times4.0}{1.5-1.0}=8.0\ \text{cm}$

根据式(10-7)得第二焦距为 $f_2=\frac{1.5\times4.0}{1.5-1.0}=12.0\ \text{cm}$

(2) 根据式(10-5)得像距为

$$v=\frac{n_2uR}{n_2u-n_1u-n_1R}=\frac{1.5\times10\times4.0}{1.5\times10-1.0\times10-1.0\times4.0}=60.0\ \text{cm}$$

(3) 根据式(10-8)得折射面的焦度为

$$\Phi=\frac{n_2-n_1}{R}=\frac{1.5-1.0}{4.0\times10^{-2}}=12.5\ \text{D}$$

二、共轴球面系统

如有若干个球面的中心位于同一直线上,则构成了**共轴球面系统**(coaxial system),这一直线就是系统的主光轴。显然从物体发出的光线通过第一球面的折射所成的"像",充当第二球面的"物"……依此类推,可以求出共轴球面系统最后所成的像。透镜是一个最简单的共轴球面系统,它仅有两个共轴的折射球面。依其厚度的不同,透镜可分为厚透镜和薄透镜两类。所谓厚度是指透镜的两个球面在其主光轴上的距离。与透镜的焦距相比,厚度不能忽略者称为**厚透镜**(thick lens),可忽略者称为**薄透镜**(thin lens)。

三、薄透镜

设透镜的厚度为 d,折射率为 n,两侧的介质相同,其折射率等于 n_1。两球面的曲率半径分别为 R_1 和 R_2,如图 10-3 所示。物体 O 发出的光线 OA 经第一球面折射而沿 AB 方向前进。如果没有第二球面存在,则折射光线将与主光轴交于 I′点而成一实像,像距为 v',应用式(10-5)可得

$$\frac{n_1}{u}+\frac{n}{v'}=\frac{n-n_1}{R_1} \tag{10-9}$$

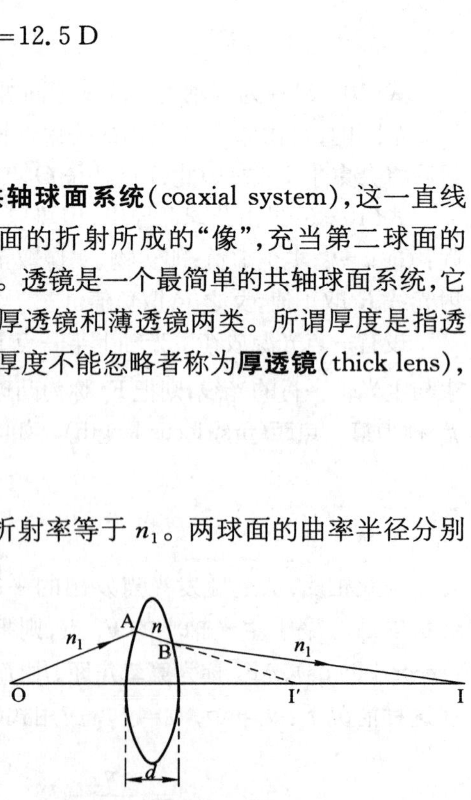

图 10-3 透镜成像

由于第二球面的存在，第一球面所成的实像 I′，充当第二球面的“物”。然而，对于第二球面来说，入射的一束会聚光线要向前延长后，才能相交于 I′，实际上并无光线通过 I′，也没有光线从 I′发出，故这是一个虚物。其物距应取负值，为 $-(v'-d)$，最后成像于 I，设像距为 v，应用式(10－5)可得

$$\frac{n}{-(v'-d)}+\frac{n_1}{v}=\frac{n_1-n}{R_2} \tag{10-10}$$

联立上述两式就可解出 v'和 v 来。

对于薄透镜，厚度 $d\approx 0$，将两式相加，整理得

$$\frac{1}{u}+\frac{1}{v}=\left(\frac{n}{n_1}-1\right)\left(\frac{1}{R_1}-\frac{1}{R_2}\right) \tag{10-11}$$

透镜也有两个焦点，应用式(10－11)可以求出两个焦距是相等的，用 f 表示，在式(10－11)中令 $u=\infty$，或 $v=\infty$，则

$$f=\left[\frac{n-n_1}{n_1}\left(\frac{1}{R_1}-\frac{1}{R_2}\right)\right]^{-1} \tag{10-12}$$

当薄透镜在空气中时，$n_1=1$，则

$$f=\left[(n-1)\left(\frac{1}{R_1}-\frac{1}{R_2}\right)\right]^{-1} \tag{10-13}$$

于是式(10－11)可改写为

$$\frac{1}{u}+\frac{1}{v}=\frac{1}{f}=(n-1)\left(\frac{1}{R_1}-\frac{1}{R_2}\right) \tag{10-14}$$

上述几式都称为薄透镜成像公式。

薄透镜公式既适用于**凸透镜**(convex lens)，也适用于**凹透镜**(concave lens)。应用时要按前文所述的符号规则给物距、像距和曲率半径加上适当的正负号。此外，凸透镜的焦点是实焦点，焦距取正值；凹透镜的焦点是虚焦点，焦距取负值。

焦距的倒数称为透镜的焦度，它表示透镜的屈光本领，用 Φ 表示，则

$$\Phi=\frac{1}{f} \tag{10-15}$$

焦距 $f=1$ m 的透镜，其焦度为 1 D。眼镜度数是屈光度数值的百分之一，即 100 度＝1 D。

例 10－2 设有一平凹薄透镜，它的折射率 $n=1.5$，凹面的曲率半径为 20 cm，求它在空气中的焦距和焦度。

解 已知 $R_1=\infty$，$R_2=20$ cm

根据式(10－13)得焦距为

$$f=\left[(1.5-1)\left(\frac{1}{\infty}-\frac{1}{20}\right)\right]^{-1}=-40\ \text{cm}$$

焦度为

$$\Phi=\frac{1}{f}=\frac{1}{-40\times10^{-2}}=-2.5\,\mathrm{D}$$

四、柱面透镜

透镜的两个折射面不是球面,而是圆柱面的一部分,这种透镜称为**柱面透镜**(cylindrical lens)。散光近视眼镜片为凹柱面镜片。

五、透镜的像差

前面讨论的是近轴光学,实际光学成像与近轴成像的偏离称为**像差**(aberration)。像差分为球面像差与色像差等。

(一) 球面像差

由光轴上某一物点发出的单色光束,近轴光线与远轴光线经透镜成像后不能在同一点会聚。此现象称为**球面像差**(spherical aberration),简称**球差**。球差使点状物体的像为一圆斑。球面像差的矫正方法是:在透镜前面加光阑,使成像的光线为近轴光线。

(二) 色像差

不同波长的光通过透镜后不能在同一点成像的现象称为**色像差**(chromatic aberration)。透镜越厚,色像差越明显。色像差的矫正方法是:用折射率不同的会聚透镜和发散透镜适当地组合可以减小色像差。

第二节 眼睛的屈光系统

一、眼球的构造

图 10-4 为人的眼球截面,它的直径约 24 mm。眼球前表面为一透明的膜,称为**角膜**(cornea),膜厚约 0.5 mm。外界光线由此进入眼内,角膜后面为**虹膜**(iris),它的中央有一圆孔,称为**瞳孔**(pupil),其直径为 1.4~8 mm。虹膜的伸缩可改变瞳孔的直径,以调节射入眼内的光量。瞳孔的后方为**晶状体**(lens),它是由体核及其周围的皮质组成的,相当于光学上的双凸透镜,但晶状体表面的弯曲程度可以在一定范围内自动改变。眼球后面的最内层为**视网膜**(retina),在它的中央部位有一小凹,称为**中央凹**(fovea),是对光线最敏感的地方。视网膜的平均厚度约为 0.2 mm,它包含多层神经细胞和纤维,其中有视锥和视杆两种细胞,它们的功能是接受光刺激后引起电位的变化,形成电脉冲传

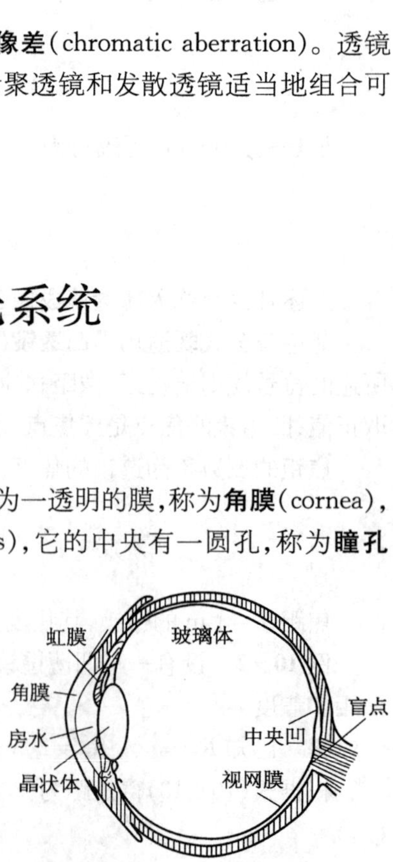

图 10-4 眼球的截面图

入大脑产生视觉。用电极将视网膜上变化的电位记录下来称为**视网膜电图**(electroretinogram, ERG)。研究表明,在弱光下看物体由视杆细胞发挥作用;而在强光下看物体需依赖于视锥细胞的功能。鸡、鸽等动物缺少视杆细胞,晚上不能视物;猫头鹰、蝙蝠则相反,它们的视网膜含有视杆细胞而缺少视锥细胞,适于夜里活动。人的视网膜上视杆细胞和视锥细胞分布是不均匀的。在中央凹处仅有视锥细胞,其分布密度最大,故对光线最为敏感。由此向外,视杆细胞逐渐增加而视锥细胞逐渐减少,在视网膜上视神经入口处,既无视杆细胞又无视锥细胞,不能感光,称为**盲点**(blind spot)。在角膜与虹膜之间充满着一种透明的液体,称为**房水**(aqueous humor)。在晶状体的后方与视网膜之间充满着另一种无色透明的胶状体,称为**玻璃体**(vitreous)。眼内各种介质的折射率和分界面的曲率半径见表10-1。

表 10-1　眼睛各部分的折射率和曲率半径

		折　射　率	曲率半径(mm)
角膜	前表面	1.376	7.7
	后表面	1.336	6.8
房水		1.336	
晶状体			
皮质	前表面		
	后表面	1.386	10.0
体核	前表面		−6.0
	后表面	1.406	7.9
玻璃体		1.336	−5.8

二、眼的光学系统

眼睛是一个复杂的多球面共轴系统。光线进入眼球主要经过四个折射面而成像于视网膜上。这四个折射面是:角膜的前后表面和晶状体的前后表面。其中,由于角膜与空气的折射率相差最大,光线的偏折也最大。角膜与房水的折射率相差最小,故偏折也最小。据古尔斯特兰(Allvar Gullstrand)的研究,眼可看成图10-5的光学系统,称为**平均眼**(average eye)。其中,H_1 和 H_2 分别称为第一主点和第二主点(测量各焦距的另一点),N_1 和 N_2 分别称为第一节点和第二节点(除沿主光轴传播的光线外,沿其他任何方向入射的光线以及不改变方向的出射光线与主光轴的交点)。三对基点与角膜表面A点距离的平均值如表10-2所示。

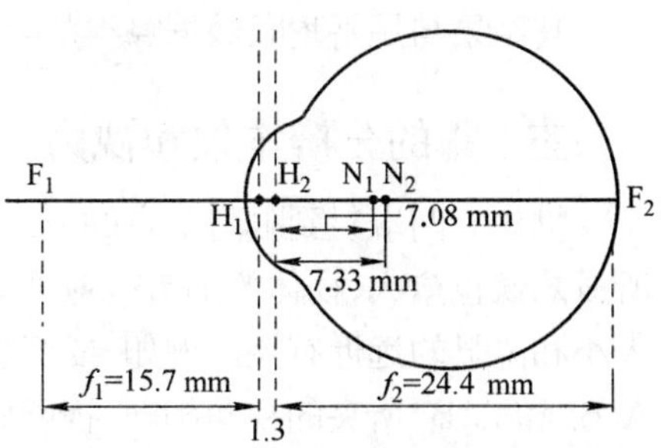

图 10-5　平均眼

表 10-2　眼的光学系统(休息状态)

全　系　统	未调节(m)	最大调节(至近点)(m)
焦　度	58.64 D	70.57 D
第一主点	1.348×10^{-3}	1.772×10^{-3}
第二主点	1.602×10^{-3}	2.088×10^{-3}

续 表

全 系 统	未调节(m)	最大调节(至近点)(m)
第一焦点	-15.707×10^{-3}	-12.398×10^{-3}
第二焦点	24.387×10^{-3}	21.016×10^{-3}
第一节点	7.078×10^{-3}	6.5×10^{-3}
第二节点	7.332×10^{-3}	6.9×10^{-3}
近点位置		102.3×10^{-3}

从图 10-5 可见,平均眼的两主点非常接近,两节点的间距也很小,为简单起见,假设它们分别重合于各自的平均位置 H 和 N。这样,可以把眼的光学系统进一步简化为一个单球面折射系统,称为**简约眼**(reduced eye),如图 10-6。H 和 N 分别是简约眼的主点和节点,相当于单球面的顶点和曲率中心。可以算出球面的曲率半径 $\overline{NH}=5.73$ mm。如果假定介质的折射率 $n_2=1.336$,与玻璃体相同,则利用单球面折射的焦距公式(10-6)和公式(10-7)可以推出简约眼的两个焦距 $f_1=\overline{F_1H}=17.05$ mm 和 $f_2=\overline{HF_2}=22.78$ mm,它的焦度 $\Phi=\dfrac{n_2}{f_2}=\dfrac{n_1}{f_1}=58.64$ D。

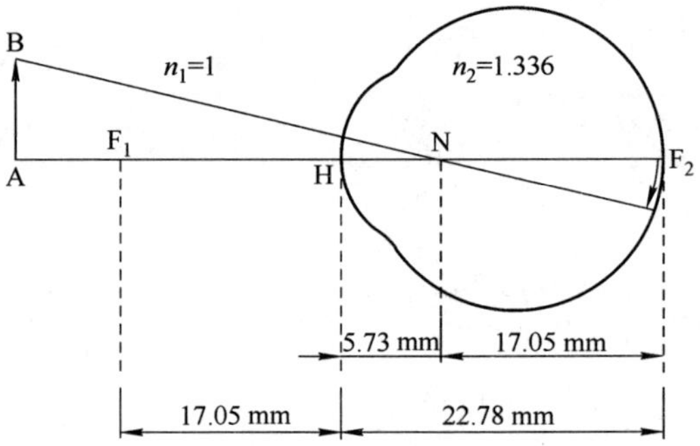

图 10-6 简约眼

这些数据和表 10-2 所列平均眼的数据基本相同。利用这种简约眼计算视网膜上成像的大小较为方便,由相似三角形关系可得

$$视网膜上像的长度=\overline{AB}\times\frac{\overline{NF_2}}{\overline{AN}} \tag{10-16}$$

其结果与用平均眼数据算得的基本相同。

三、眼的分辨本领和视力

物体的两端射到眼睛节点的光线所夹的角称为**视角**(visual angle)。视角愈大,物在视网膜上所成的像也愈大,物体的细节就愈能分辨清楚。像的大小随视角而定,而视角的大小又跟物体的大小和离眼的远近有关。例如,要观察的物体较小,必须将物体移近以扩大视角。图 10-7 中物体 A_1B_1 和 A_2B_2 所夹的视角相同,视网膜上的像大小相等,因而感觉它们一样大。可见,仅凭视网膜上像的大小不能决定两物体的大小和远近。在晴朗的夜晚,仰望天空中的星星,实际上它们的大小、远近相差不止千万倍。然而我们仅凭视网膜上的像无法判断这些星星哪颗大、哪颗小、哪颗远、哪颗近。事实上,我们观察一个物体要依靠经验、对比和双眼视角等才能判断其大小和远近。

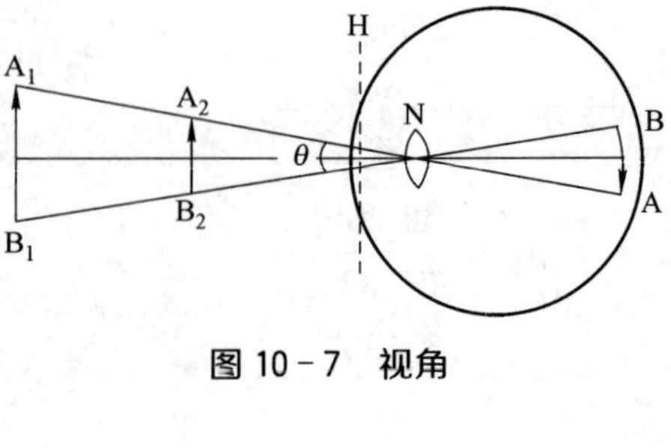

图 10-7 视角

实验指出,眼睛观看两点时,如果视角<1′,就分辨不

清是两点，而把它们看为一点，这就是说正常眼的最小视角为 1′。视力较弱的人要辨别互相分离的两点需要较大的视角。视力敏锐的程度称为**视敏度**（visual acuity），又称**视力**（vision），在感觉生理学中，视力 S 与最小视角 θ 的关系为

$$S=5-\lg\theta \tag{10-17}$$

其中，θ 的单位为分（′）。

通常用视力表来测试眼的视敏度。我国目前使用的是《标准对数视力表》（GB11533－89），这种视力表是根据视力与最小视角的对数呈线性关系的原理制成的。它由 14 行从上至下逐行按一定比例缩小，且倒顺不同的 E（三划等长）字组成。第一行的 E 字最大，每一笔画也最粗，对离表 5 m 处的受检眼所夹的视角恰为 10′。若受验者立于离表 5 m 处，只能看清第一行的 E 字，则他的最小视角为 10′，按式（10－17）计算得其视力为 4。受验者所能看清的行数、最小视角和相应视力的关系列于表 10－3 中。

表 10－3　标准对数视力表的行数、最小视角与视力关系表

行　数	1	2	3	4	5	6	7	8	9	10	11	12	13	14
最小视角	10	$10^{0.9}$	$10^{0.8}$	$10^{0.7}$	$10^{0.6}$	$10^{0.5}$	$10^{0.4}$	$10^{0.3}$	$10^{0.2}$	$10^{0.1}$	1	$10^{-0.1}$	$10^{-0.2}$	$10^{-0.3}$
视　力	4	4.1	4.2	4.3	4.4	4.5	4.6	4.7	4.8	4.9	5	5.1	5.2	5.3

四、眼的调节

我们观察物体时，不论物体的远近如何，像的位置必须保持在视网膜上才能看得清楚。人眼的晶状体具有弹性，能够自动地改变其弯曲程度，以适应物体的远近。例如，物体离眼越近，晶状体表面越凸起，以增加它的屈光能力，使所成的像最终落在视网膜上，这种功能称为**眼的调节**（visual accommodation）。当物体逐渐移近到某一点时，晶状体表面凸起的程度已达极限，距离更近的物体将成像于视网膜的后方，不能产生清晰的视觉。眼球在最大调节后所能看清楚的最近之点，称为**近点**（near point）。近点的距离随年龄变化（表 10－4），年龄渐大，晶状体渐硬化，弯曲的能力渐衰退，调节的能力随之减弱。这种现象称为**老视**（presbyopia）。

表 10－4　近点距离

年　龄	近点距离（cm）	年　龄	近点距离（cm）	年　龄	近点距离（cm）
10	7	30	14	50	40
20	10	40	22	60	200

正常的眼球在不加调节的状态下，恰能把从远物射来的平行光线聚交于视网膜上。眼球在不加调节时所能看清的最远之点称为**远点**（far point）。远点在无穷远处之眼称为**正视眼**（emmetropia），实际上从 5 m 以外的物体射来的光线已经非常接近于平行光线，因此，可当作无穷远的物体看待。

注视近物需依赖调节，易于疲劳。物体过远，则所夹视角太小，不能分辨物体的细节。如将物体放在适当的距离，则所产生的像足够清晰而又久视不疲。这一距离称为**明视距离**（distance of distinct vision），在计算光学问题时，通常规定为 0.25 m。

第三节 放大镜 光学显微镜

一、放大镜

要看清一个细小的物体,必须把它移近以扩大视角。视角愈大,视网膜上所成的像亦愈大,就愈能分辨物体的细节。但是物体的位置不能移至眼球的近点之内,否则超过了眼球的调节能力,所成的像反而模糊不清。借助于光学仪器如**放大镜**(magnifying glass)、**显微镜**(microscope)等来观看细小的物体,可以扩大视角而看清物体的细节。现以放大镜为例说明这类仪器的基本原理。

放大镜是焦距较短的凸透镜。把细小的物体放在凸透镜的焦点以内,造成一个放大的虚像。通过透镜观看这个物体时,眼睛所看到的就是该物体通过透镜所成的虚像。这个虚像的大小、位置随物体和放大镜的相对位置而定,只要这个虚像落在观察者眼球的近点(一般用明视距离 0.25 m 来计算)之外直至无穷远的范围内,对于正视眼的观察者来说,都能分辨清楚。如果用眼睛直接观察物体时视角为 θ,而通过放大镜观看时所成视角为 φ(图 10 - 8),则放大镜的放大效果可用视角扩大的倍数 φ/θ 来表示,称为**角放大率**(angular magnification),用 m 表示。很明显,角放大率就是用放大镜与用眼睛直接观察物体时,在视网膜上所成像的放大倍数。为计算方便起见,假定把长度为 h 的物体 AB 放在放大镜的焦点 F 处,则所成的虚像在无穷远处,如图 10 - 8 所示。这样,用放大镜后的视角 $\varphi \approx \tan\varphi = h/f$,而用眼睛直接观察时的视角 $\theta \approx \tan\theta = h/0.25$。故放大镜的角放大率为

$$m = \frac{\varphi}{\theta} = \frac{\tan\varphi}{\tan\theta} = \frac{0.25}{f} \qquad (10-18)$$

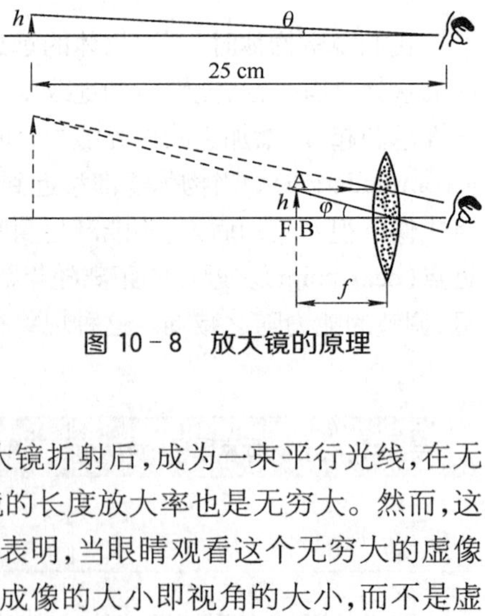

图 10 - 8 放大镜的原理

式(10 - 18)中放大镜的焦距 f 以米(m)为单位。

应该指出,在这种情况下,从物体发出的一束光线被放大镜折射后,成为一束平行光线,在无穷远处成一虚像。显然,这个虚像的长度为无穷大,故放大镜的长度放大率也是无穷大。然而,这束平行光线射入眼球,经折射后成像于视网膜上的一点。这表明,当眼睛观看这个无穷大的虚像时,视角并不是无穷大。放大镜的放大效果取决于视网膜上成像的大小即视角的大小,而不是虚像的大小,故放大镜的放大效果必须用角放大率来表示,长度放大率已不能用来衡量放大镜实际的放大效果。通常所说放大镜的放大倍数是 m 倍,也是指角放大率而言的。它并不意味着所成的虚像的长度等于实物长度的 m 倍。虚像的长度并没有确定值,它随放大镜与物体的相对位置而异,甚至为无穷大,如上所述。

从角放大率公式可见,放大镜的焦距越小,角放大率越大。实际制造太短焦距的透镜在技术上有困难。因此高倍的放大镜采用若干块透镜组合而成,而且每块透镜的焦距限于 5～10 cm,以消除球面像差、色像差等种种缺陷。但使用时眼睛必须紧靠透镜。

二、光学显微镜

显微镜是医学上常用的一种光学仪器，由两组会聚透镜组合而成。一组对着观察的物体称为**物镜**(objective lens)，它的作用是使微小的物体成一个放大的实像。另一组对着观察者的眼睛，称为**目镜**(eyepiece)，它的作用和放大镜相同，通过目镜观看物镜所成的实像，扩大了视角，就能看清物体微小的细节。为简单起见，我们把物镜和目镜都用一块凸透镜代替，它们的焦距分别为 f_1 和 f_2，如图 10-9 所示。使用时，调节物镜的位置，使长度为 h 的物体位于物镜的焦点 F_1 稍外之处，由物镜成一个长度为 h' 的实像；再调节目镜的位置，使这个实像 h' 落在目镜焦点 F_2 之内到 f_2 的一小段范围内，成一个虚像以供观察。只要这个虚像落在明视距离以外直至无穷远，正视眼的观察者都能看清楚。现在假定这个虚像落在无穷远处，这时视角被扩大了。由图 10-9 可见，使用显微镜后的视角 $\varphi \approx \tan\varphi = h'/f_2$。如果用眼睛直接观察长度为 h 的物体时，我们把物体放在明视距离处，则视角 $\theta \approx \tan\theta = h/0.25$，故显微镜的总放大率即视角的放大倍数为

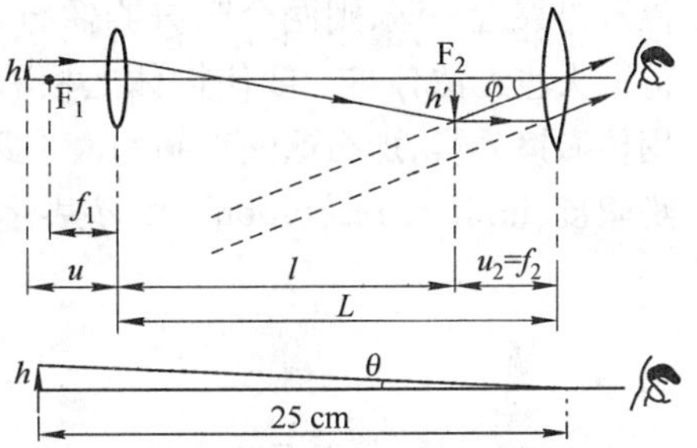

图 10-9 显微镜的成像原理

$$M = \frac{\varphi}{\theta} \approx \frac{\tan\varphi}{\tan\theta} = \frac{h'}{h} \cdot \frac{0.25}{f_2} \quad (10-19)$$

式(10-19)中 $\frac{0.25}{f_2}$ 就是目镜的角放大率 m，而 h'/h 则为物镜的长度放大率，用 m' 表示。于是显微镜的总放大率可写为

$$M = m \cdot m' \quad (10-20)$$

这就是说，显微镜的总放大率等于物镜的长度放大率与目镜的角放大率的乘积。显微镜的每一个目镜和物镜上都标有相应的放大倍数。使用时，只要按照要求将目镜和物镜适当地配合，就可以获得所要求的放大率。

物镜的长度放大率和它的焦距以及物体的位置有关。因为物体的位置靠近焦点 F_1，所以 $m' \approx l/f_1$，这里 $l = L - f_2$(图 10-9)。一般说来目镜的焦距 f_2 与显微镜的镜筒长 L 相比要小得多，作为近似计算 $l \approx L$。故显微镜的总放大率可写成

$$M = \frac{L}{f_1} \cdot \frac{0.25}{f_2} \quad (10-21)$$

式(10-21)中 L、f_1 和 f_2 等各量都用米(m)为单位。可见，显微镜的镜筒愈长，目镜与物镜的焦距愈短，总放大率就愈大。

三、显微镜的分辨限度

从式(10-21)可看出，只要缩短物镜与目镜的焦距，就可以任意提高显微镜的放大率。这样，似乎任何微小的物体都可以用显微镜放大到足以看清楚的程度。实际上并非如此，除了制造焦距很小的目镜和物镜在技术上有困难外，主要的原因是受光的波动性的限制。

在几何光学里，点光源经过透镜后成一点像。但是，由于光的波动性，光波通过透镜后要发生衍射，点光源所成像是一个以明亮圆斑为中心、并有明暗相间的圆环组成的衍射图样。中心圆斑最亮，占总光量的84%，其外围圆环的总光量仅占16%。这是光的本性显示，并不是透镜的缺陷。

如果物体上两点的间距较大，经过透镜所成的两个圆斑像互相分离，很容易辨别它们。如果两点的像靠得很近，一个圆斑的边缘恰好落在另一圆斑的中心（图10-10），这时我们恰好可把它们分辨出来。如果两点的位置再靠近一些，则两个圆斑的像将大部分重叠，即使放得很大也无法分辨。要使物体上相隔某一距离的两点能用显微镜分辨，那么这两点间的最小距离称为显微镜的**分辨限度**(limit of resolution)，用 d 表示。分辨限度决定于物镜，可用下式表示

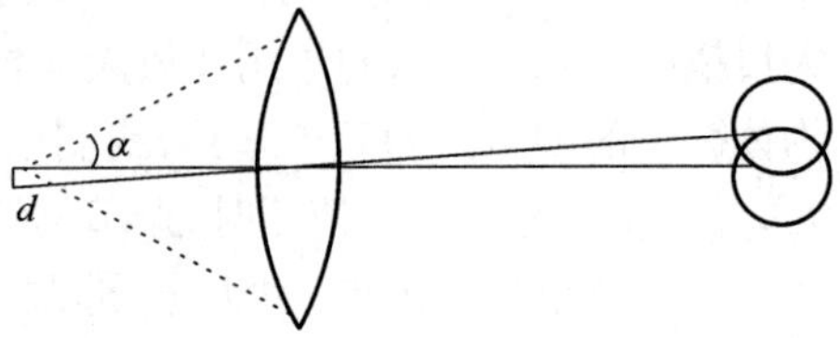

图 10-10 物镜的分辨限度

$$d=\frac{1.22\lambda}{2n\sin\alpha}=\frac{1.22\lambda}{2N.A.} \tag{10-22}$$

式(10-22)中 λ 是光在真空中的波长，n 是物体和物镜之间介质的折射率，α 是从物点所发光线到达物镜边缘所成光锥的半角，$n\sin\alpha$ 称为物镜的**数值孔径**(numerical aperture)，简写为 $N.A.$。数值孔径愈大，分辨限度就愈小，分辨本领愈大。从式(10-22)还可以看出，显微镜的分辨限度还与波长 λ 成正比，波长愈短，分辨限度亦愈小。紫外线显微镜与可见光显微镜相比，可以分辨更微小的结构，就是因为紫外线波长较短的缘故。由微观粒子二象性知，电子具有波动性，它的波长特别短，因此电子显微镜的分辨限度与光学显微镜相比要小得多，分辨本领特别大。

提高物镜的分辨本领的另一种方法是增加物镜的数值孔径。如果物镜与物体盖玻片之间的介质是空气，这个装置称为**干燥物镜**(dry objective)，从物体发出的光线射至盖玻片的表面时，将发生全反射现象。只有入射角<41°的光束能够透出盖玻片而射入物镜。这种物镜的数值孔径较小，最大不超过1，一般约0.5。如果在物镜和盖玻片之间填以折射率较高的油类，如香柏木油($n=1.52$)，这种装置称为**油浸物镜**(oil immersion objective)(图10-11)。由于油与玻璃的折射率大致相等，从物体发出的光线像在均匀介质中进行，避免了全反射。这样，α 角增大了，故有更多的光量进入物镜，增加了像的亮度。与此同时，由于 n 和 α 的值增大，油浸物镜的数值孔径可提高到1.5。按照式(10-22)，这种物镜的分辨限度约为波长的1/3。如果用日光照射标本，它含有各种波长的光，假定平均以绿光的波长555 nm计算，那么油浸物镜所能分辨的最小距离为

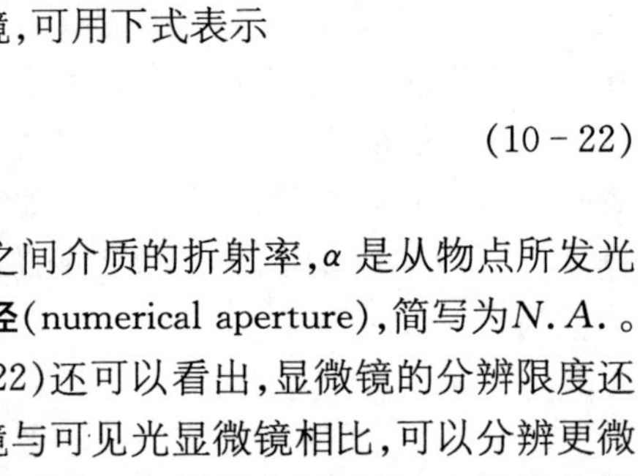
图 10-11 干燥物镜与油浸物镜

$$d=\frac{\lambda}{3}=\frac{555}{3}=185\ \text{nm}$$

这是设计最好的光学显微镜所能分辨的最微细结构了，光的波长限制了显微镜的分辨本领，单纯提高它的放大率将是徒劳无功的。

具有一定数值孔径的显微镜必须与适当的放大率相配合。数值孔径愈大的显微镜所需的放

大率亦越高。例如,上述油浸物镜的数值孔径为 1.5,它的分辨限度为 185 nm,这个距离对于眼睛来说是不能予以分辨的。因为在明视距离(25 cm)处,眼睛对它所张的视角仅为 $(185/25)\times10^{-7}=7.4\times10^{-7}$ rad=0.002 5′,远小于眼睛的最小视角 1′。因此,我们必须借助显微镜来扩大视角。显然,这种显微镜的放大率至少为 1′/0.002 5′=400 倍,才能减少眼睛的疲劳。实际上,这种显微镜的放大率要比这更高,一般说来有 1 000~2 000 倍也就足够了。

第四节 内 镜

一、光导纤维

光导纤维是由透明度很高的玻璃拉成细丝,再在它的外面涂上一薄层介质而成。如图 10-12 所示,前者折射率 n_1 必须大于后者的折射率 n_2。我们知道,当光线由光密介质 n_1 射到光疏介质 n_2 界面时,如果入射角大于临界角,则入射光线将全部在光密介质中反射回来,这一现象称为全反射。临界角 i_c 由下式决定

$$\sin i_c = n_2/n_1 \tag{10-23}$$

玻璃纤维一般拉得很细,直径约 20 μm,且这样细的玻璃纤维可以任意弯曲。弯曲了的纤维只要曲率半径不太小,导光的效果和直纤维相似。因此,利用光导纤维可以使光沿着纤维转弯抹角地前进,这是它的导光特点。

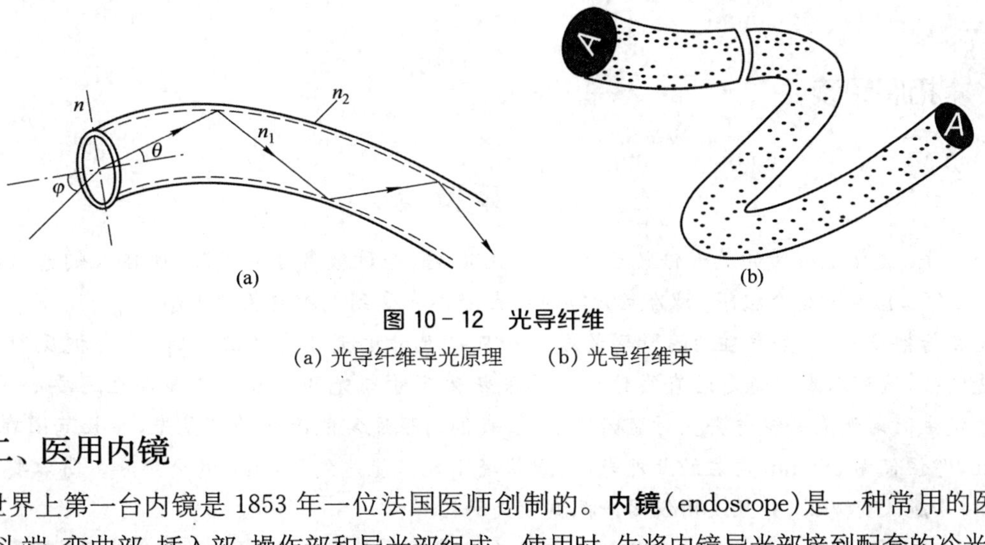

图 10-12 光导纤维

(a) 光导纤维导光原理 (b) 光导纤维束

二、医用内镜

世界上第一台内镜是 1853 年一位法国医师创制的。**内镜**(endoscope)是一种常用的医疗器械,由头端、弯曲部、插入部、操作部和导光部组成。使用时,先将内镜导光部接到配套的冷光源上,然后将插入部导入预检查的器官,控制操作部可直接窥视有关部位的病变。

最早的内镜被应用于直肠检查。医师在患者的肛门内插入一根硬管,借助于蜡烛的光亮观察直肠的病变。这种方法所能获得的诊断资料有限,不但患者很痛苦,而且由于器械很硬,造成穿孔

的危险很大。尽管有这些缺点,内镜检查一直在继续应用与发展,并逐渐设计出很多不同用途与不同类型的器械。现在简单介绍两种医用内镜。

(一) 纤维内镜

纤维内镜(fiberscope)系统由内镜镜体和冷光源两部分组成,镜体内有两条光导纤维束。一条称为光束,它是用来将冷光源产生的光线传导到被观测的物体表面,将被观测物表面照亮;另一条称为传像束,它是把数万根直径在 1 μm 以下的光导纤维按顺序排列成一束。单根纤维的传递只能产生一个光点,要想看到图像,就必须把大量的纤维集成束,要想把图像传递到另一端也成同样的图像,就必须使每根纤维在其两端所排列的位置相同。传像束一端对准目镜,另一端通过物镜对准被观测物表面,医师通过目镜能够非常直观地看到脏器表面的情况,便于及时准确地诊断病情。例如,借助内镜医师可以观察胃内的溃疡或肿瘤,据此制定最佳的治疗方案。

1981 年,内镜超声波技术研制成功,这种把先进的超声波技术与内镜结合在一起的新发展,大大增加了对病变诊断的准确性。有些手术可以用内镜和激光来做,内镜的光导纤维能输送激光束,烧灼赘生物或肿瘤,封闭出血的血管。

(二) 电子内镜

随着电子学和数字视频技术的发展,在 20 世纪 80 年代出现了**电子内镜**(electronic endoscope)。不再以光纤传像,代之以光敏集成电路摄像系统,不但影像质量好,光亮度强,而且图像大,可以检查出更细小的病变。有些内镜甚至还配有微型集成电路传感器,将所观察到的信息反馈给计算机。它不但能获得组织器官形态学的诊断信息,而且也能对组织器官各种生理功能进行测定。电子内镜构造与纤维内镜构造基本相同,可简单理解为用 CCD(charge coupled device)微型图像传感器代替了传像束。

拓展阅读

电子显微镜

18 世纪,光学显微镜的放大倍数已经达到 1 000 倍,经过数百年的发展,现在人们也只能将其提高到 1 600 倍左右这个极限,因为显微镜的最大分辨率受到光源波长的限制。

光在传播途径中,如果碰到的障碍物或者小孔的尺寸远大于光的波长时,就会被反射回去或者穿透过去,这可以看作光是沿直线传播。如果物体尺寸与光的波长差不多甚至还要小的时候,光就会发生衍射现象并绕过去。对显微镜来说,我们肉眼通常能感知的可见光,波长范围在 400~760 nm,即便使用 390 nm 左右的紫外光,理想状况下也只能达到 200 nm 的分辨率。所以要想提高分辨率,只能改变光源,并且改用仪器来探测放大的图像。

1. 电子显微镜的发展历史　1924 年,法国物理学家德布罗意(De Broglie)提出了“电子与光一样,具有波动性”的假说。1926 年,德国科学家布什(Busch)发现了带电粒子在电场或磁场中偏转聚焦的现象,类似于光线通过透镜可被聚焦一样,由此奠定了电子显微镜的理论基础。1938 年,德国科学家卢斯卡(Ruska)成功研制了世界上第一台真正的电子显微镜,放大倍数为 1 200 倍。1939

年，德国西门子公司生产了第一台商用透射电子显微镜，分辨率为 10 nm。目前，超高压透射电子显微镜的分辨率可达 0.005 nm。

2. 电子显微镜的电子光学基础　电子显微镜有着与光学显微镜相似的成像原理，它的神奇之处在于用电子束代替光源，而电磁场也化身成了透镜。高速的电子束在真空通道中穿越聚光镜再透过样品，带着样品内部的结构信息投射在荧光屏板上，最终转化成可见光影像。另外，由于电子束的穿透力很弱，用于电子显微镜的标本需要用超薄切片机制成厚 50 nm 左右的超薄切片。

根据电子波长公式

$$\lambda=\frac{h}{\sqrt{2eUm}}$$

可知电子的波长取决于电子受到的加速电压。式中：h 为普朗克常数，m 为电子的质量，e 为电子所带的电荷，U 为加速电压。表 10－5 给出了不同加速电压下各电子波长的值。

表 10－5　电子波长与加速电压的关系

加速电压(kV)	10	20	30	40	50	60	70	80	90	100	200
波长(nm)	1.22	0.859	0.689	0.602	0.536	0.487	0.448	0.418	0.392	0.370	0.251

电子束和光不同，不能通过玻璃透镜会聚成像。但是轴对称的非均匀电场和磁场可以让电子束折射，从而产生电子束的会聚与发散，达到成像的目的。人们把电磁线圈产生的磁场所构成的透镜称为“电磁透镜”，如图 10－13 所示。

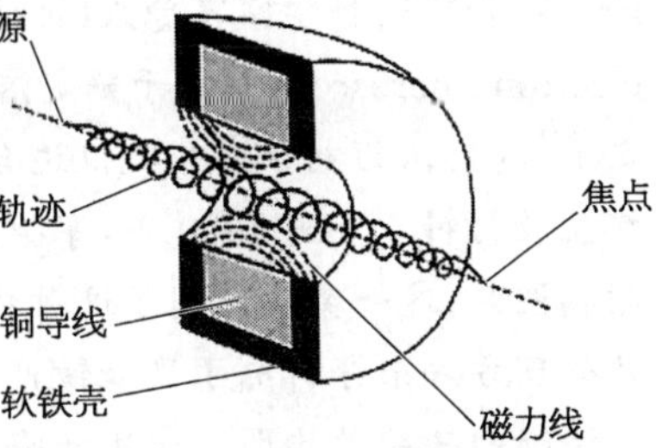

图 10－13　电磁透镜示意图

电磁透镜对电子的聚焦如图 10－14 所示，当电子沿线圈轴线运动时，电子运动方向与磁感应强度方向一致，电子不受力，以直线运动通过线圈；当电子运动偏离轴线时，电子受磁场力的作用，运动方向发生偏转，最后会聚在轴线上的一点。电子运动的轨迹是一个圆锥螺旋曲线。而平行光通过玻璃透镜，将会在焦点会聚，如图 10－15 所示。

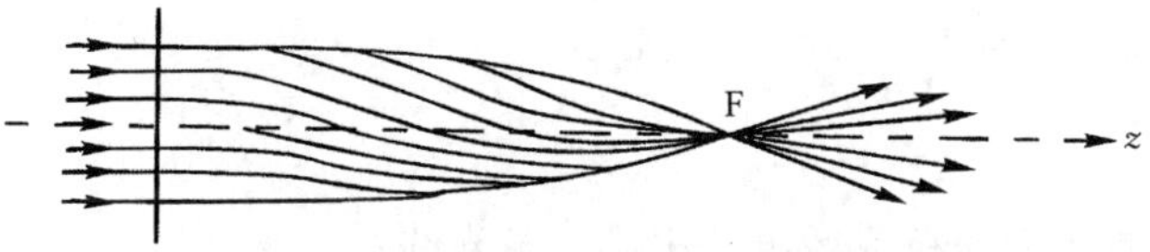

图 10－14　电磁透镜对电子的聚焦

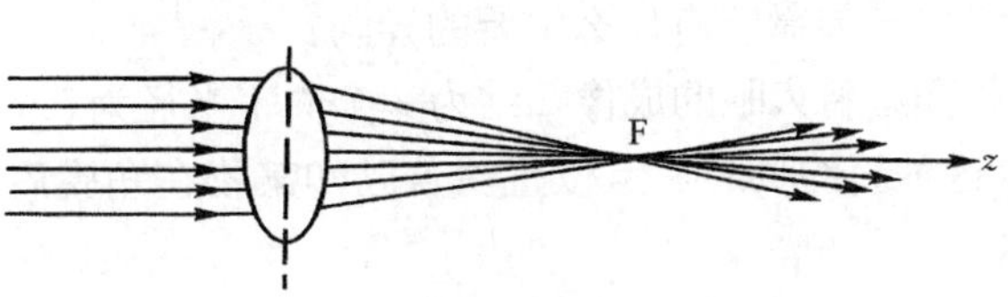

图 10－15　玻璃透镜对光的聚焦

与光学玻璃透镜相似，电磁透镜物距 L_1、像距 L_2 和焦距 f 三者间应满足

$$\frac{1}{f}=\frac{1}{L_1}+\frac{1}{L_2}$$

对于光学玻璃透镜，焦距 f 固定，要满足成像条件，L_1、L_2 须同时改变。电磁透镜可以通过调节线圈电流大小，任意调节焦距 f。成像时可保持物距 L_1 不变，改变 f 与 L_2，或者可保持像距 L_2 不变，改变 f 与 L_1。

3. 电子显微镜与诺贝尔奖　1986 年诺贝尔物理学奖一半授予德国科学家卢斯卡，以表彰他在电光学领域所做的基础性工作，并设计了第一架电子显微镜；另外一半授予德国科学家宾尼希(G. Binnig)和瑞士科学家罗雷尔(H. Rohrer)，以表彰他们发明了扫描隧道显微镜，首次真正观察到微小的原子世界。扫描隧道显微镜是利用电子在原子间的量子隧道效应，使人们较为直观地“看”到了材料表面的原子，并可以移动、操作这些原子。在量子隧道效应中，隧穿电流和原子间的距离有十分灵敏的依赖关系。当顶端只有一个原子的针尖在材料表面移动时，针尖和材料间的隧穿电流是与电子在针尖顶端原子和材料表面某一个原子间的跃迁过程联系在一起的，由此可以分辨出材料表面的单个原子。扫描隧道显微镜的优点是能较直接地观察材料表面的原子排列三维形貌。

2017 年诺贝尔化学奖授予瑞士科学家迪波什(Jacques Dubochet)、美国科学家弗兰克(Joachim Frank)和英国科学家亨德森(Richard Henderson)，以表彰他们开发出冷冻电子显微镜技术(cryo-electron microscopy)，用于确定溶液中的生物分子的高分辨率结构。在冷冻电子显微镜技术出现之前，人们认为电子显微镜仅适合对无生命的物质进行成像，因为它产生的大功率的电子束会破坏生物材料。直到 1990 年，亨德森成功地利用电子显微镜在原子分辨率下产生一种蛋白质的三维结构图片，这一突破证明了这种技术的潜力。弗兰克让这种技术得到广泛应用，他开发出一种图片处理方法来分析电子显微镜产生的模糊的二维图片，并且将这些模糊的二维图片进行合并而产生清晰的三维结构图。迪波什将水加入电子显微镜中，液态水在电子显微镜的真空环境中蒸发，从而使得生物分子分解，并且成功地实现水玻璃化，快速地让水冷却以至于它在液态时在生物样本周围凝固，从而允许生物分子在真空环境下保持它们的自然形状。

电子显微镜经过 80 多年的发展已经成为现代科学技术中不可缺少的重要工具。

思考题

10－1　作图求共轴折射系统成像可利用哪三条光线？

10－2　从几何光学的角度研究人眼有几种简化模型？

10－3　光学显微镜与电子显微镜有什么主要的异同？

10－4　从几何光学的角度将人眼的成像归结为一个曲率半径为 5.70×10^{-3} m，介质折射率为 1.33 的单球面折射，试求这种简约眼的焦点位置。若已知某物在角膜后 $2\,402\times10^{-2}$ m处视网膜上成像，该物应在何处？

10－5　眼科医师对甲某配＋2.0 D 的眼镜，对乙某配－4.0 D 的眼镜。问谁是近视，谁是远视？近视眼的远点和远视眼的近点距离各是多少？

习题

10-1 物与像相距为 1 m,如果物高 4 倍于像高,求凹面镜的曲率半径。

10-2 将折射率为 1.50,直径为 8.0×10^{-2} m,端面为凸半球形的玻璃棒置于液体中,在棒轴上离端面 6.0×10^{-1} m 处有一物体,成像在棒内 1.00 m 处,求液体的折射率。

10-3 一远视眼的近点为 1.20 m,今欲看清 0.12 m 处的物体,应配多少度的眼镜?

10-4 某近视者站在离视力表前 3.0 m 处才看清第一行 E 字,问他的视力是多少?

10-5 一放大镜的焦距为 0.10 m,问物体应放在放大镜前多少米处,才能:(1) 在明视距离处成像;(2) 在无限远处成像。这两种情况下放大镜的角放大率各是多少?

10-6 一显微镜的物镜焦距为 4 mm,中间像成在物镜焦点后 160 mm 处。如果目镜倍率是 20×,问显微镜的总放大率是多少?

10-7 显微镜的油浸镜头的孔径数为 1.5,选用波长为 250 nm 的光源时,可分辨的最小距离为多少?若改用波长为 546 nm 的光源呢?

第十一章 量子力学基础

导学

本章主要介绍量子力学理论建立的背景、实验基础、普朗克和玻尔量子论、量子力学的薛定谔方程等内容。

1. 掌握 普朗克和玻尔的量子论；爱因斯坦的光电效应；微观粒子的波粒二象性。

2. 理解 量子力学的薛定谔方程；激光原理。

3. 了解 原子光谱与分子光谱。

19 世纪以来，物理学研究进入了微观领域，在对物质结构的认识上取得了巨大的进展。这个领域的探索，在现代科学技术上产生了深远的影响。它也大大地开阔了人们对物理基本规律的认识，使物理学展现了崭新的面貌。微观领域中的物理规律，既有与宏观领域相同的情况，也有许多不同的特点，即它们的量子性特点。本章主要介绍量子力学产生的背景、量子物理的基本规律、薛定谔方程及原子和分子光谱。

第一节 量子力学产生的实验基础

20 世纪以前，经典物理学已经建立一套完善的理论，牛顿力学、麦克斯韦电磁场理论、热力学与统计物理等，但也遇到了一些不可逾越的障碍。量子力学正是在探索解决问题的途径和方法过程中建立和发展起来的。现在，就当时的几个典型问题做一介绍。

一、黑体辐射问题 普朗克公式

19 世纪末，科学家已认识到热辐射与光辐射都是电磁波，并开始研究辐射能量在不同频率范围中的分布问题，特别是对黑体辐射进行了较深入的理论和实验研究。

完全黑体在与热辐射达到平衡时，辐射能量密度 $E_\nu d\nu$ 表示黑体单位体积中频率在 $(\nu, \nu+d\nu)$ 之间的辐射能量。1896 年，维恩(W. Wein)从分析实验数据得出辐射经验公式

$$E_\nu d\nu = c_1 \nu^3 e^{-c_2\nu/T} d\nu \tag{11-1}$$

c_1 与 c_2 是两个经验参数，T 为平衡时的温度。除了低频部分外，公式与实验曲线符合得不错。

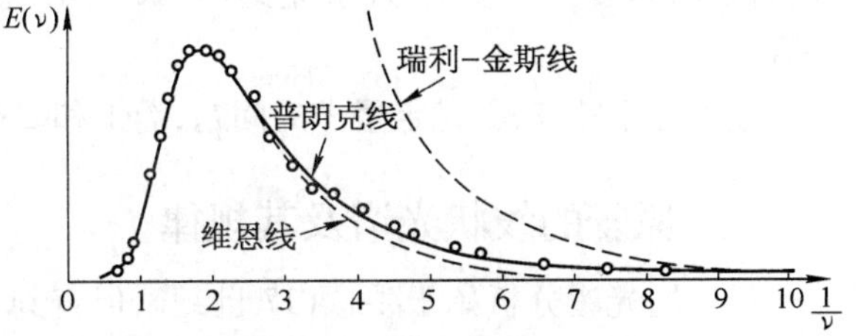

图 11-1 黑体辐射的能量分布

关于黑体辐射的能量分布，用经典电磁理论及统计物理学来处理，是有很确切的结果的。1900～1905 年，瑞利(Lord Rayleigh)和金斯(J. H. Jeans)把统计物理学中的能均分定理应用于电磁辐射得出一个辐射公式，即瑞利-金斯公式

$$E_\nu \mathrm{d}\nu = \frac{8\pi}{c^3} k T \nu^2 \mathrm{d}\nu \tag{11-2}$$

其中，c 为光速约等于 $3.0\times10^8\ \mathrm{m\cdot s^{-1}}$，$k$ 是玻尔兹曼常数等于 $1.38\times10^{-23}\ \mathrm{J\cdot K^{-1}}$。此公式在低频部分与实验曲线符合得比较好。但当 $\nu\to\infty$ 时，$E_\nu\to\infty$ 是发散的，与实验明显不符(即所谓“紫外灾难”)。

1900 年，在瑞利-金斯公式及维恩经验公式基础上，普朗克(M. Planck)进一步分析了实验曲线，得到了一个很好的经验公式，即著名的普朗克公式

$$E_\nu \mathrm{d}\nu = \frac{c_1 \nu^3 \mathrm{d}\nu}{e^{c_2 \nu/T} - 1} \tag{11-3}$$

不难看出，当 $\nu\to\infty$，此公式趋于维恩公式，而当 $\nu\to 0$ 时，

$$E_\nu \mathrm{d}\nu \approx \frac{c_1}{c_2} \nu^2 T \mathrm{d}\nu \tag{11-4}$$

与瑞利-金斯公式形式相同(这里，$c_1/c_2 = 8\pi k/c^3$)。

普朗克提出这个公式后，许多实验物理学家用它去分析了当时的实验数据，发现符合得也非常好。他们认为这绝非偶然的巧合，在这公式中一定蕴藏着一个非常重要但是至今尚未被人们揭示出来的科学原理。

二、光电效应

19 世纪末，由于电气工业的发展，稀薄气体放电现象开始引起人们注意。1897 年，汤姆逊(J. J. Thomson) 在研究稀薄气体放电的实验中，发现了电子的存在，并测定了电子的荷质比，轰动了整个物理学界。在此之前的 1887 年，赫兹(H. R. Hertz)发现了**光电效应**(photoelectric effect)。当时，他注意到带电物体被紫外线照射时会很快失去它的电荷，但对其机制还不清楚，直到电子被发现后才认识到这是由于紫外线照射后大量电子从金属表面逸出的现象。经过大量实验研究，发现光电效应呈现下列几个特点：① 对于一定的金属材料做成的表面光洁的电极，有一个确定的临界频率 ν_0。照射光频率 $\nu<\nu_0$ 时，无论光的强度多大，不会观测到光电子从电极上逸出。② 每个光电子的能量只与照射光的频率 ν 有关，而与光强度无关。光强度只影响光电流的强度，即单位时间从金属电极单位面积上逸出的电子数目。③ 当入射光频率 $\nu>\nu_0$ 时，不管

光多微弱,只要光一照上,几乎立刻($\sim 10^{-9}$ s)观测到光电子,这与经典电磁理论计算结果很不一致。

以上三个特点,③是定量上的问题,而①和②在原则上无法用经典物理学解释。

三、原子的线状光谱及其规律

最早的光谱分析始于牛顿(17 世纪),但直到 19 世纪中叶,人们把它应用于生产后才得到迅速发展。在对光谱分析积累了相当丰富资料的基础上,不少人对它们进行了整理与分析。1885 年,巴耳末(J. J. Balmer)发现氢原子可见光谱线的波数 $\tilde{\nu}\left(\tilde{\nu}=\dfrac{1}{\lambda}=\dfrac{\nu}{c}, \lambda \text{ 为波长}\right)$ 呈现以下规律,即

$$\tilde{\nu}=R\left(\frac{1}{2^2}-\frac{1}{n^2}\right) \quad n=3, 4, 5, \cdots \tag{11-5}$$

其中,实验测得 $R=109\ 677.581\ \text{cm}^{-1}$,称为**里德伯常数**(Rydberg's constant)。巴耳末公式与观测结果的惊人符合,引起了光谱学家们的注意。紧跟着就有不少人对光谱线波长(或波数)的规律进行了大量分析。例如,里德伯(J. R. Rydberg)对碱金属元素的光谱进行仔细分析,发现它们可以分为主线系(p)、锐线系(s)及漫线系(d)等几个线系。每一线系的各条谱线的波数,都有与式(11-5)类似的规律。1908 年,里兹(Ritz Walter)对这些光谱做了更普遍的系统的概括,即**里兹组合原则**(Ritz's combination principle)。按此原则,每一种原子都有它特有的一系列光谱项 $T(n)$,而原子发出的光谱线的波数 $\tilde{\nu}$,总可以表示成两个光谱项之差,即

$$\tilde{\nu}_{mn}=T(m)-T(n) \tag{11-6}$$

式(11-6)中 m、n 是互不相等的正整数。显然,光谱项的数目比光谱线的数目要少得多。那么,原子的线状光谱产生的机制是什么?光谱项的本质又是什么?这些谱线的波长(或波数)为什么有这样的简单规律?等等,这些问题都有待解释。

四、原子的稳定性

1895 年,伦琴(W. C. Röntgen)发现了 X 射线。1896 年,贝克勒尔(A. H. Becquerel)从铀盐发现了天然放射性。1898 年,居里夫妇(M. Curie & P. Curie)发现了放射性元素钋与镭。

电子与放射性的发现揭示出,原子不再是物质组成的永恒不变的最小单位,它们具有复杂的结构,并可互相转化。1911 年,卢瑟福(E. Rutherford)用 α 粒子去轰击原子,研究碰撞后散射的 α 粒子的角分布,并与模型计算值比较,发现汤姆逊模型无法解释大角度散射。他提出,原子中正电部分集中在很小区域中($<10^{-12}$ cm),原子质量主要集中在正电部分,形成"原子核",而电子则围绕着它运动(与太阳系很相似),这就是今天众所周知的"原子核式模型"。电子围绕着原子核做圆周运动时产生韧致辐射,不断发出射线,电子的能量会逐渐减少,电子的轨道半径也会逐渐变小,最终电子将"掉进"原子核里去,原子会瓦解。但实际上自然界中的若干原子都很稳定,其物理本质是什么?

此外,在极低温($T\approx 4$ K)下,固体比热都趋于零,这又是什么原因?等等。量子理论就是在解决这些生产实践和科学实验同经典物理学的矛盾中逐步建立起来的。

第二节　普朗克-爱因斯坦的光量子论

普朗克得到的黑体辐射公式与实验符合得非常好，这促使他进一步去探索这公式所蕴含的更深刻的物理本质。1900 年，经过探索，他首次提出了“量子”的概念并假设对于一定频率 ν 的电磁辐射，物体只能以 $h\nu$ 为单位吸收或发射它。换言之，吸收或发射电磁辐射只能以“量子”的方式进行，每个“量子”的能量为

$$\varepsilon = h\nu \tag{11-7}$$

式(11－7)中 h 为一个普适常数，称为普朗克常数，数值为 $6.626\times10^{-34}\ \mathrm{J\cdot s}$。这种吸收或发射电磁辐射能量的不连续性概念，在经典力学中是无法理解的。所以，尽管普朗克的假设可以解释他得到的与实验符合得非常好的公式，却并未引起很多人的注意。

爱因斯坦(A. Einstein)首先注意到量子假设有可能解决经典物理学所碰到的困难。1905 年，他用普朗克的量子假设去解决光电效应的问题，进一步提出了**光量子**(简称**光子**，photon)概念。爱因斯坦认为，光是由一束高速运动的光量子组成，每一个光量子的能量与光的频率的关系是

$$\varepsilon = h\nu \tag{11-8}$$

因此，光子的动量 p 与光的波长 λ 有下列关系，即

$$p = \frac{h}{\lambda} \tag{11-9}$$

采用了光量子概念之后，光电效应问题立即迎刃而解。当光量子射到金属表面上时，一个光子的能量可能立即被一个电子吸收。但只当入射光频率足够大，即每一个光子的能量足够大时，电子吸收了光子的能量后才可能克服逸出功 A 而逸出金属表面。逸出表面后，电子的初动能为

$$\frac{1}{2}mv^2 = h\nu - A \tag{11-10}$$

当 $\nu < \nu_0 = \dfrac{A}{h}$ 时，电子无法克服金属表面的引力而从金属中逸出，因而没有光电子发出，ν_0 称为**临界频率**(critical frequency)，又称红限(表 11－1)。式(11－10)就是著名的普朗克-爱因斯坦关系式或**光电方程**(photoelectric equation)。

1907 年，爱因斯坦还进一步把能量不连续的概念用到固体中原子振动的问题上，成功地解决了固体比热在温度 $T\to 0\ \mathrm{K}$ 时趋于零的问题。至此，普朗克有关光的能量不连续性概念才引起很多人的注意。1923 年，康普顿(A. H. Compton)进行的散射实验更直接地证实了光量子概念及普朗克-爱因斯坦关系式的正确性。在康普顿效应里，伦琴射线的散射，使光的粒子性表现得更为明显，光子也同实物粒子(譬如电子)一样，不仅有能量，也具有质量和动量。这使我们对光本性的认识又更深入一步。有关康普顿散射的内容可参阅书后的参考文献。至此，光的本质已经完全被揭

示出来：光具有波-粒二象性，即光既是粒子(光子)，又是波(电磁波)。

表 11-1 几种金属的红限和逸出功

金属	红限 ν_0 ($\times10^{14}$ Hz)	红限波长 λ_0 (nm)	逸出功(eV)
铯 Cs	4.54	652	1.9
铍 Be	9.4	319	3.9
钛 Ti	9.9	303	4.1
汞 Hg	10.9	275	4.5
金 Au	11.6	258	4.8
钯 Pd	12.1	248	5.0

例 11-1 设光电管的阴极由金属铯制成，当受到波长为 632.8 nm 的红光照射时，试计算放出的光电子的最大初速率。

解 由爱因斯坦的光电效应方程可得

$$v=\sqrt{\frac{2}{m}(h\nu-A)}$$

式中 $\nu=\dfrac{c}{\lambda}$，$A=h\nu_0$，ν_0 为铯的红限，m 为电子质量，h 为普朗克常数，c 为光速，所以得

$$v=\sqrt{\frac{2}{m}\left(h\frac{c}{\lambda}-h\nu_0\right)}=\sqrt{\frac{2}{m}h\left(\frac{c}{\lambda}-\nu_0\right)}$$

$$\approx\sqrt{\frac{2}{9.1\times10^{-31}}\times6.63\times10^{-34}\times\left(\frac{3\times10^8}{632.8\times10^{-9}}-4.54\times10^{14}\right)}=1.71\times10^5\ \mathrm{m\cdot s^{-1}}$$

第三节 玻尔的量子论

1913 年，玻尔(N. H. D. Bohr)把量子的能量不连续的概念运用到原子结构上，提出了原子的量子论。今天这个理论虽然已经为量子力学所代替，但是对量子力学的发展产生过重大的推动作用，其某些核心的思想至今仍然是正确的。

一、玻尔的量子论

玻尔在他的量子论中提出的两个极为重要的概念可以认为是对大量实验事实的概括。它们是：

1. *原子存在能量不连续的定态的概念* 他提出，原子的稳定状态只可能是某些有一定的分立值能量(E_1, E_2, E_3, …)的状态。为了具体确定这些能量的数值，他提出了量子化条件，电子的角

动量 J 只能是 $\hbar\left(\hbar=\dfrac{h}{2\pi}\right)$ 的整数倍，即

$$J=n\hbar \quad n=1,\ 2,\ 3,\ \cdots \tag{11-11}$$

2. **量子跃迁概念**　原子处于定态时不辐射也不吸收能量。电子可以从一个能级 E_n 跃迁到另一个较低(或较高)能级 E_m。此时，将发射(或吸收)一个光子，光子的频率 ν_{mn} 为

$$\nu_{mn}=\frac{E_n-E_m}{h}\ (\text{频率条件}) \tag{11-12}$$

处于基态(能量最低的状态)的原子，则不再放出光子而稳定地存在着。量子跃迁概念深刻地反映了微观粒子运动的特征，而频率条件则揭示了里兹组合原则的实质，即光谱项 $T(n)$ 是与原子的能量 E_n 联系在一起的，即

$$T(n)=\frac{E_n}{hc} \tag{11-13}$$

二、氢原子及类氢原子的能量

如图 11-2 所示，一带电量为 $-e$ 的电子绕一带电量为 $+Ze$ 的原子核做匀速圆周运动，两者之间的库仑力提供电子做圆周运动的向心力为

$$\frac{Ze^2}{4\pi\varepsilon_0 r^2}=\frac{mv^2}{r} \tag{11-14}$$

原子的总能量为

$$E=E_k+E_p=\frac{mv^2}{2}+\left(-\frac{Ze^2}{4\pi\varepsilon_0 r}\right) \tag{11-15}$$

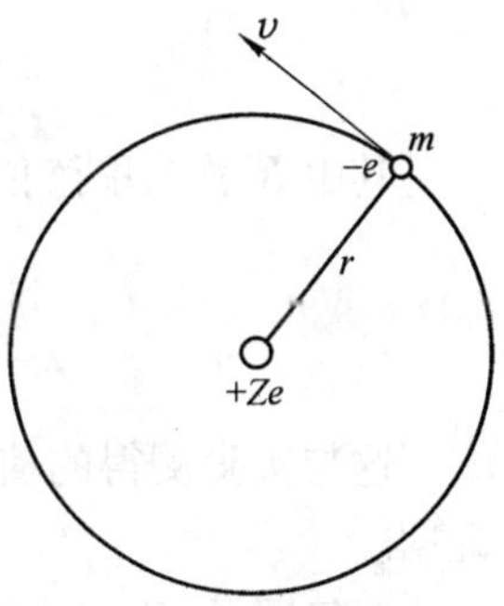

图 11-2　电子绕核运动

根据玻尔提出的量子化条件式(11-11)、式(11-14)和式(11-15)得到

$$E_n=-\frac{mZ^2e^4}{8n^2\varepsilon_0^2h^2}=-13.6\frac{Z^2}{n^2}\ \text{eV} \quad n=1,\ 2,\ 3,\ \cdots \tag{11-16}$$

$$r_n=a_0\frac{n^2}{Z} \quad n=1,\ 2,\ 3,\ \cdots \tag{11-17}$$

其中，$a_0=\dfrac{\varepsilon_0 h^2}{m\pi e^2}=5.29\times10^{-11}$ m，称为**玻尔半径**(Bohr radius)；eV 是能量的单位，1 eV=1.60×10^{-19} J。由此可见，原子的能量、轨道只能取一些不连续的值，也就是说原子的能量、轨道是量子化的，同样可以推得电子运动的动量也是量子化的。量子化性质是经典物理无法解释的，在经典物理中，能量、动量、角动量、轨道半径等从理论上都只可以是且应该是连续变化的。

$Z=1$ 的原子是氢原子。当 $n=1$ 时，$E_1=-13.6$ eV，能量最低，此状态称为氢原子的**基态**(ground state)，此时电子的轨道半径 $r_1=a_0$。当 $n>1$ 时，$0>E_n>E_1=-13.6$ eV，这些态称为**激发态**(excited state)，此时电子的轨道半径 $r_n>r_1=a_0$。当 $n\to\infty$ 时，$E\to0$；$r\to\infty$，原子的状态称为**电离态**(ionized state)。将电子从某状态电离所需的能量称为该状态的电离能。例如，氢原子

基态的电离能为 13.6 eV,第一激发态的电离能为 13.6/4=3.4 eV,第二激发态的电离能为 13.6/9=1.51 eV,等等。

$Z>1$ 对应于类氢离子,上述有关基态、激发态、电离态等概念仍然适用,只是各相应的数值不同于氢原子而已。可自行计算并做比较。

根据玻尔理论的第二条假设,当原子从第 n 态跃迁到第 $m(n>m)$ 态(即相当于电子从第 n 层轨道跃迁到第 m 层轨道)时,辐射出的光子的频率为

$$\nu=\frac{E_n-E_m}{h} \tag{11-18}$$

相应的波数为

$$\tilde{\nu}=\frac{1}{\lambda}=\frac{\nu}{c}=\frac{E_n-E_m}{hc}$$

考虑到式(11-16)得

$$\tilde{\nu}=RZ^2\left(\frac{1}{m^2}-\frac{1}{n^2}\right) \tag{11-19}$$

其中 R 称为里德伯常数,其理论值为

$$R=\frac{me^4}{8\varepsilon_0^2ch^3}=1.096\ 776\times10^7\ \mathrm{m^{-1}} \tag{11-20}$$

这与实验测得的值 $R=1.097\ 373\times10^7\ \mathrm{m^{-1}}$ 符合得极好,为玻尔理论的正确性提供了有力证据。

对氢原子,$Z=1$,能级发生跃迁时所发射光子的波数为

$$\tilde{\nu}=R\left(\frac{1}{m^2}-\frac{1}{n^2}\right)=T(m)-T(n) \tag{11-21}$$

于是得到

(1) 赖曼系 $\tilde{\nu}=R\left(\frac{1}{1^2}-\frac{1}{n^2}\right)$ $n=2, 3, 4, \cdots$ (紫外区)

(2) 巴耳末系 $\tilde{\nu}=R\left(\frac{1}{2^2}-\frac{1}{n^2}\right)$ $n=3, 4, 5, \cdots$ (可见光区)

(3) 帕邢系 $\tilde{\nu}=R\left(\frac{1}{3^2}-\frac{1}{n^2}\right)$ $n=4, 5, 6, \cdots$ (近红外区)

(4) 布喇开系 $\tilde{\nu}=R\left(\frac{1}{4}-\frac{1}{n^2}\right)$ $n=5, 6, 7, \cdots$ (中红外区)

(5) 普芳德系 $\tilde{\nu}=R\left(\frac{1}{5^2}-\frac{1}{n^2}\right)$ $n=6, 7, 8, \cdots$ (远红外区)

如图 11-3 所示,给出了氢原子能级跃迁和光谱图。从图中可以看到,在同一谱线系中,n 愈大,能级间隔愈小;能级愈密,相邻的两谱线的波数差愈小,因而谱线的分布愈密。实验还测到连

续光谱，这是原子外部的自由电子被原子核捕获而产生的。

设自由电子的动能为 E_k，它被氢原子核捕获后处于第 n 轨道，放出光子的能量为

$$\Delta E = E_k - \left(-\frac{hcR}{n^2}\right) = E_k + \frac{hcR}{n^2} \qquad (11-22)$$

相应的波数为

$$\tilde{\nu} = \frac{R}{n^2} + \frac{E_k}{hc} \qquad (11-23)$$

式(11-23)中的右边第二项具有连续值，因而存在连续谱，其位置处在每个谱线系的极限波数$\left(即\frac{R}{n^2}\right)$之外。

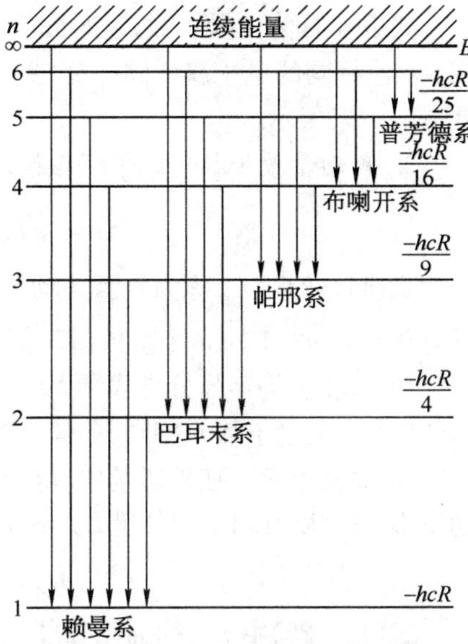

图 11-3 氢原子能级跃迁和光谱图

玻尔理论对于当时已发现的氢原子光谱线系的规律给出了很好的说明(可见光范围中的巴耳末线系，红外区域中的帕邢线系)，并且还预言在紫外区还存在另一个线系。1914 年，这个线系果然被赖曼观察到了(赖曼线系)，在定量上与理论计算相符合。同年，原子能量不连续性的概念也被夫兰克(J. Franck)与赫兹(H. R. Hertz)直接从实验证实。因此，玻尔理论立即引起了人们的注意，反过来又大大促进了光谱分析等方面实验的发展。

玻尔理论虽然成功地说明了氢原子光谱的规律，但还存在许多重大缺陷：① 对于复杂原子光谱，如氦原子光谱，玻尔理论就遇到极大困难，不但定量上无法处理，甚至在原则上对有的问题也无法解决；② 玻尔理论只提出了计算光谱线频率的规则，而对于光谱分析中另外一个重要测量量，即谱线强度，却未能很好解决；③ 玻尔理论只能处理简单的周期运动问题，而不能解决非束缚态问题，如散射问题；④ 从理论上来看，玻尔理论要求的量子化条件与经典力学是不相容的，因而多少带有主观的性质，并且它只是把能量的不连续性问题转化为角动量的不连续性，而未从根本上解决不连续性的本质。所以说，玻尔理论只是经典理论到量子理论的过渡阶段的理论。量子力学不但能够确定原子辐射的频率，而且能够确定原子辐射的强度。

三、四个量子数

按照经典力学理论，粒子在任意时刻的运动状态用动量和坐标来描写。但是按照量子理论，微观粒子具有波粒二象性(参见本章第四节)，不能用动量和坐标确切地来描写其状态。玻尔氢原子理论中，人为地用一个量子数来描述氢原子中电子轨道运动的稳定状态。后来，索末菲(A. Sommerfeld)在推广和发展玻尔理论的过程中，也是人为地用三个量子数来确定电子的运动状态。然而，量子力学却从理论上自然地得出这四个量子数。这里仅就这四个量子数的物理意义简述如下。

1. **主量子数** 能量是量子化的，其数值为

$$E_n = -\frac{mZ^2e^4}{8n^2\varepsilon_0^2h^2} = -13.6\,\frac{Z^2}{n^2}\ \text{eV} \quad n = 1,\ 2,\ 3,\ \cdots$$

式中 n 称为主量子数，它对应原子的主要能量。当然，原子的总能量还会受到其他因素的影响。n 值相同的电子属于同一壳层，不同壳层 $n=1, 2, 3, 4, 5, 6, \cdots$ 分别用符号 K, L, M, N, O, P, …来表示。

2. *角动量量子数* 电子绕核运动的角动量也是量子化的。电子的角动量 L 的值为

$$L=\sqrt{l(l+1)}\cdot\hbar \quad l=0, 1, \cdots, n-1 \tag{11-24}$$

式(11-24)中 l 称为轨道角动量量子数(简称角量子数)。当主量子数 n 确定后，角量子数可以有从 0 到 $n-1$ 的 n 个整数值。例如，$n=3$ 时，$l=0, 1, 2$，即 L 的值可以是 0，$\sqrt{2}\hbar$ 和 $\sqrt{6}\hbar$。通常用 s, p, d, f 等字母分别表示 $l=0, 1, 2, 3$。例如 1s 表示 $n=1, l=0$ 的电子；3p 表示 $n=3, l=1$ 的电子。主量子数 n 相同，角量子数 l 不同的电子其能量也有差异。

3. *磁量子数* 在外磁场中，电子的能量和电子绕核运动角动量的取向有关，且这种取向即角动量 L 在磁场方向上的分量 L_Z 不能取连续值，只能取下列一些可能的数值，为

$$L_Z=m_l\hbar \quad m_l=0, \pm 1, \cdots, \pm l \tag{11-25}$$

式(11-25)中 m_l 称为磁量子数。对于一定的 l，m_l 共有 $2l+1$ 个可能的数值。例如，$l=1$ 时，m_l 有 0，+1 和 −1 三个数值。每一组量子数(n, l, m_l)代表电子在氢原子或类氢离子中的三维空间的一个运动状态。

4. *自旋磁量子数* 电子除绕核转动外，还绕自身的轴线旋转，称为自旋，相应的角动量称为自旋角动量。必须指出，自旋角动量也是量子化的，并且其数值是不变的。对于电子内部结构和自旋的本质，目前尚无定论。理论计算和实验结果都表明，电子自旋角动量 S 的数值是

$$S=\sqrt{s(s+1)}\cdot\hbar \tag{11-26}$$

式(11-26)中 s 称为自旋量子数，电子的 $s=1/2$。同样，自旋角动量在外磁场中的取向也不能是连续的。因此，自旋角动量 S 在外磁场方向的分量 S_Z 只能取下列值，为

$$S_Z=m_s\hbar \tag{11-27}$$

式(11-27)中 m_s 称为自旋磁量子数，它可以取从 $-s$ 到 $+s$ 的值，相邻的值相差 1，而对于电子来说 $m_s=\pm\frac{1}{2}$。这就是说，对于每组 n, l, m_l 的值都有两个可能的 m_s 值。

综上所述，每个电子的运动状态可用 n, l, m_l 及 m_s 四个量子数来表示。例如，在基态，$n=1$，电子有两个不同的运动状态，量子数分别为 $n=1, l=0, m_l=0, m_s=+1/2$ 和 $n=1, l=0, m_l=0, m_s=-1/2$。对于 $n=2$(巴耳末系中的最低能级)，具有 8 种不同的运动状态。$n=3$ 时，则有 18 种不同的运动状态。一般地说，第 n 个能级有 $Z_n=\sum_{l=0}^{n-1}2(2l+1)=2n^2$ 种不同的运动状态，或者说可以容纳 $2n^2$ 个状态不同的电子。

第四节 微观粒子的波粒二象性

1924 年，德布罗意(L. V. de Broglie)在光的波粒二象性的启示下，提出微观粒子也具有波粒

二象性的假说。认为19世纪在对光的研究上,重视了光的波动性而忽略了光的粒子性。但在对实体的研究上,则可能发生了相反的情况,即过分重视实体的粒子性而忽略了实体的波动性。因此,它提出了微观粒子也具有波粒二象性的假说。德布罗意把粒子和波通过下面的关系联系起来:粒子的能量 E 和动量 p 与波的频率 ν、波长 λ 之间的关系,正像光子和光波的关系一样,可表达为

$$E=h\nu \tag{11-28}$$

$$p=\frac{h}{\lambda} \tag{11-29}$$

式(11-28)和式(11-29)称为**德布罗意关系**(de Broglie equation)。动量的方向与粒子传播方向一致。

自由粒子的能量和动量都是常量,因此由德布罗意关系可知,与自由粒子相关的波是一个平面波。该波的频率 ν 和波长 λ 都不变。

频率为 ν 和波长为 λ,沿 x 方向传播的平面波可用下面的式子表示

$$\psi(x, t)=A\cos\left[2\pi\left(\nu t-\frac{x}{\lambda}\right)\right]=A\cos[\omega t-kx] \tag{11-30}$$

其中,$\omega=2\pi\nu$, $k=\frac{2\pi}{\lambda}$。式(11-30)可写成复数的指数形式为

$$\psi(x,t)=A\exp[i(\omega t-kx)] \tag{11-31}$$

将式(11-28)和式(11-29)代入上式得

$$\psi(x,t)=A\exp[i(px-Et)/\hbar] \tag{11-32}$$

式(11-32)中,$E=\hbar\omega$, $p=\hbar k$,其所描述的波称为德布罗意平面波。

设自由粒子的动能为 E,粒子的速度远小于光速,则 $E=\frac{p^2}{2m}$。德布罗意平面波的波长为

$$\lambda=\frac{h}{p}=\frac{h}{\sqrt{2mE}} \tag{11-33}$$

如果电子被 U 伏的电势差加速,则 $E=eU$,e 是电子电荷的大小。代入式(11-33)后,可得

$$\lambda=\frac{h}{\sqrt{2meU}}\approx\frac{1.225}{\sqrt{U}}\ \text{nm} \tag{11-34}$$

由式(11-34)可知,用150 V的电势差所加速的电子,德布罗意波长约为0.1 nm,而当 U=10 000 V时,德布罗意波长约为0.012 2 nm。所以,加速电子的德布罗意波长在数量级上相当于(或略小于)晶体中的原子间距,比宏观线度要短得多而难以观察,这便是为什么电子的波动性长期未被发现的原因。

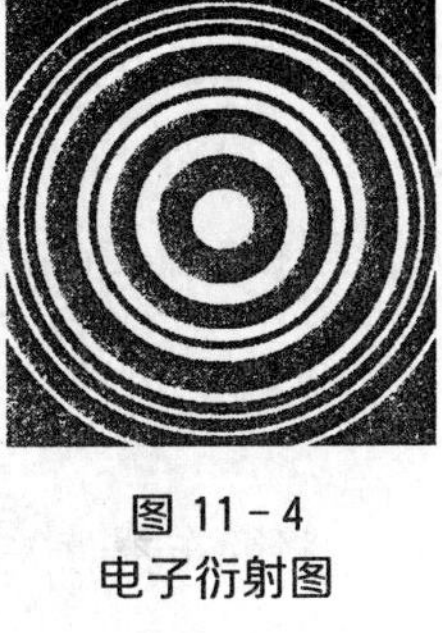
图 11-4
电子衍射图

德布罗意假说的正确性,在1927年为戴维孙(C. J. Davisson)和革末(J. Germer)所做的电子衍射实验所证实。戴维孙和革末把电子束入射到镍单晶上,观察散射电子束的强度和散射角之间的关系,所得到的图案如图11-4所示。戴维孙和革末发现,散射电子束强度随散射角 θ 而改变,当 θ 为某些确

定值时，强度有最大值。这一结论与X射线的衍射现象相同，充分说明电子具有波动性。根据衍射理论，衍射极大条件由公式 $a\sin\theta=k\lambda$ 确定，k 是衍射极大的整数序数，λ 是衍射射线的波长，a 是晶体的晶格常数。戴维孙和革末用这公式计算了电子的德布罗意波长，得到与式(11-34)一致的结果。实验也证明了式(11-34)的正确性。之后，又观察到原子、分子和中子等微观粒子的衍射现象，对一系列实验数据的分析都肯定衍射波波长和粒子动量之间满足德布罗意关系。

例 11-2 质量为1.0 g的小球，速度为1 000 m·s^{-1}，求此小球的德布罗意波长。

解 $\lambda=\dfrac{h}{m_0 v}=\dfrac{6.63\times10^{-34}}{1.0\times10^{-3}\times1\,000}=6.63\times10^{-34}\ \text{m}$

可见，宏观粒子因其质量大，相应的德布罗意波长就很短，实际是无法测出的，因此可以忽略不计，故宏观粒子表现为粒子性。但是对于微观粒子，因其质量很小，德布罗意波长就不能忽略了。

第五节 测不准关系

宏观粒子的运动状态是用经典力学的方法，即用坐标 $\boldsymbol{r}$ 和动量 $\boldsymbol{p}$ 来描写的。任一时刻它的位置、动量和能量都能同时准确地被确定下来。但对于具有波粒二象性的微观粒子来说，由于单个粒子在空间某处出现具有概率性，因此用坐标去描述粒子的空间位置就是一个不确定的量。

下面以单缝衍射来进行研究，如图11-5所示。一束电子沿 y 轴方向射向宽度为 a 的狭缝，在屏CD上产生衍射图像，对中央明纹而言，电子的物质波波长 λ 与缝宽 a、衍射角 φ 之间的关系为

$$a\sin\varphi=\lambda\ (k=1) \tag{11-35}$$

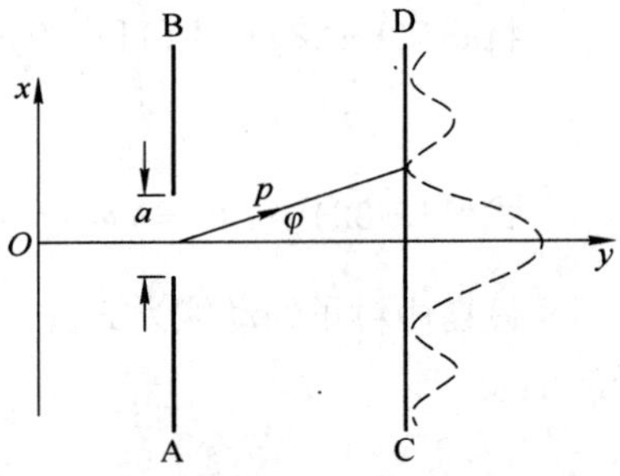

图 11-5 电子的单缝衍射

现在我们再来分析一下在衍射过程中，电子的动量和坐标的变化情况。由于电子通过狭缝后将散落在屏幕上不同的地方，故狭缝对电子的运动产生了两方面的影响：一是将电子的 x 坐标限制在缝宽的范围内；二是使电子动量在 x 方向上的分量有一定的变化范围 Δp_x。这样，对于每一个在狭缝处的电子，我们不能确定其 x 和 p_x 的取值，只知道电子的 x 坐标有一不确定量 Δx，分动量 p_x 有一不确定量 Δp_x。显然

$$\Delta x=a$$

对于中央明条纹

$$\Delta p_x=p\sin\varphi$$

将德布罗意关系式 $p=\dfrac{h}{\lambda}$ 和 $\sin\varphi=\dfrac{\lambda}{a}$ 及 $\Delta x=a$ 代入上式得

$$\Delta x \cdot \Delta p_x = h$$

上式可以推广到所有方向的分量，但其实际上准确的关系式应该表示为

$$\Delta x \cdot \Delta p_x \geqslant h, \ \Delta y \cdot \Delta p_y \geqslant h, \ \Delta z \cdot \Delta p_z \geqslant h \tag{11-36}$$

式(11-36)称为海森伯(W. Heisenberg)**不确定关系**(或**测不准关系**，uncertainty principle)式，表述为粒子某方向上坐标不确定量与该方向上的动量分量的不确定量的乘积不小于普朗克常数。

不确定关系说明，当沿用经典的"坐标""动量"等概念描述具有波粒二象性的微观粒子时，不能以经典力学所具有的那种精度来确定微观粒子的运动路径。因为我们不可能同时推测它在某一坐标方向上的确切位置和准确的动量值。当我们尽量减小狭缝的宽度时，Δx 虽然变小，x 坐标更精确了，但粒子的动量在 x 方向的不确定范围 Δp_x 就会增大，动量更不准了；反之亦然。要在动量上达到小的不确定性，就必须以位置方面大的不确定性为代价，这是具有波粒二象性的微观粒子带来的必然结果。所以，对于微观粒子来说，轨道概念是没有意义的。

例 11-3　一子弹质量 $m=1.0\times10^{-2}$ kg，速度为 $v=200\ \text{m}\cdot\text{s}^{-1}$，速度的不确定量为 0.01%，试求子弹位置的不确定量。

解　子弹动量的不确定量

$$\Delta p_x = m\Delta v = mv\times 0.01\%$$

由不确定关系可知子弹位置的不确定量为

$$\Delta x = \frac{h}{\Delta p_x} = \frac{h}{mv\times 0.01\%} = \frac{6.63\times10^{-34}}{1.0\times10^{-2}\times 200\times 0.01\%} = 3.3\times10^{-30}\ \text{m}$$

如此小的不确定量，任何仪器都无法测出。所以，对子弹这一宏观小物体，用经典力学的轨道来描述是足够准确的了。

例 11-4　由玻尔理论可知，氢原子中的电子在半径为 $r_0=0.53\times10^{-10}$ m 的轨道上运动时，速率为 $2.2\times10^6\ \text{m}\cdot\text{s}^{-1}$，假定电子速率的不确定量 Δv 为电子速率的千分之一，即 $\Delta v=2.2\times10^3\ \text{m}\cdot\text{s}^{-1}$，试求电子位置的不确定量。

解　由不确定关系式可知

$$\Delta x = \frac{h}{m\Delta v} = \frac{6.63\times10^{-34}}{9.1\times10^{-31}\times 2.2\times10^3} = 3.3\times10^{-7}\ \text{m}$$

可见，电子位置的不确定量约为原子半径的 6 200 倍！显然，用经典力学中的轨道来描述氢原子中的电子运动情况是不恰当的，而必须用量子力学的方法来描述。

在量子理论中，能量和时间也存在不确定关系。以 ΔE 表示能量的不确定量，Δt 表示时间的不确定量，则

$$\Delta E \cdot \Delta t \geqslant h \tag{11-37}$$

这一点从原子被激发发光的光谱线不是几何线，而是具有一定宽度的谱线就可获得证明。处于激发态的原子是不稳定的，能自发地跃迁到能量较低的激发态。在发射可见光的范围内，原子在激发态停留的时间平均约为 10^{-8} s，则

$$\Delta E \geqslant \frac{h}{\Delta t} = \frac{6.63\times10^{-34}}{10^{-8}} = 6.63\times10^{-26}\ \text{J}$$

所以,能级就有一定的宽度,因而原子的光谱线也必然有一定的宽度。

最后要指出的是,不确定关系是建立在波粒二象性基础上的一条客观的、基本的规律,是微观粒子本身的固有特性的反映,它更真实地揭示了微观世界的运动规律,而不是仪器精度或测量方法的缺陷所造成的。应用不确定关系,还可以区分宏观粒子和微观粒子,区分经典力学和量子力学。

第六节 薛定谔方程

在经典力学中,质点的运动状态是用坐标和动量来描述的,尽管质点的运动状态可以多种多样,但它随时间的变化总是遵守牛顿运动方程 $\boldsymbol{F}=m\boldsymbol{a}$。其中,$\boldsymbol{F}$ 为质点受到的合力,$\boldsymbol{a}$ 为相应的加速度。因此,只要知道质点初始时刻的运动状态,原则上就可以通过牛顿运动方程确定它在任意时刻的状态。

微观粒子具有波粒二象性,它与宏观物体的运动有着质的差别,$\boldsymbol{r}$、$\boldsymbol{p}$ 之间存在式(11-36)的不确定关系,微观粒子的运动已经不能用经典力学加以描述。所以,必须寻找一个描述微观粒子的运动状态的新物理量,即**波函数**(wave function),并建立起反映微观粒子状态变化的运动方程,即**薛定谔方程**(Schrodinger equation)。

一、波函数

在量子力学中,微观粒子的运动状态是用波函数 $\psi(r, t)$ 来描写的。那么,波函数 $\psi(r, t)$ 的物理意义是什么呢?

在光的衍射图样中,各处光的亮度分布不同。从光的波动性来看,亮处表示该处光的强度大、光波的振幅大,而暗处表示光的强度小、光波的振幅小。从光的粒子性看,光的强度大的地方表示该处光子密度大,即光子在该处出现的概率大,而暗处则表示该处光子密度小,即光子在该处出现的概率小。电子衍射实验的强度分布与光的衍射图样一样,从统计的观点看,即电子到达亮处的概率大于到达暗处的概率。把两者结合起来就可以得到一个普遍的规律:微观粒子在空间某处出现的概率,与其物质波在该处的强度或振幅的平方成正比。因此,德布罗意波(或物质波)既不是机械波,也不是电磁波,而是一种概率波。就物质粒子的空间位置来说,它反映了其空间位置具有波动规律的概率分布,根据它可以确定在已知时间和已知地点找到粒子的概率。

描述概率波的波函数不仅应当反映微观粒子的波粒二象性,而且应该是具有统计特性的时、空周期性函数,常用 $\psi(\boldsymbol{r}, t)$ 或 $\psi(x, y, z, t)$ 来表示。对于做匀速直线运动的自由粒子来说,由于能量和动量都保持恒定,其物质波的频率 $\omega=\dfrac{E}{\hbar}$ 和波长 $\lambda=\dfrac{h}{p}$ 也将保持不变,因而从波动的观点来看,自由粒子的物质波是单色平面波。

一个频率为 ω,波长为 λ,沿 $\boldsymbol{r}$ 正向传播的单色平面波表示为

$$\psi(\boldsymbol{r}, t)=\psi_0 e^{-i\frac{2\pi}{h}(Et-\boldsymbol{p}\cdot\boldsymbol{r})} \tag{11-38}$$

式(11-38)中，ψ_0 为波幅(波函数的模)。应当指出，微观粒子的波函数通常都用复数形式表示。由于概率必须是正实数，因此微观粒子在空间某微小体积 dV 内出现的概率 dP，应当与波函数的振幅的平方成正比，所以有

$$dP = \psi_0^2 dV = |\psi|^2 dV \tag{11-39}$$

于是粒子在空间单位体积内出现的概率，即概率密度为

$$w = \frac{dP}{dV} = |\psi|^2 = \psi \cdot \psi^* \tag{11-40}$$

式(11-40)中 ψ^* 是 ψ 的共轭复数，ψ 是 $\psi(x, y, z, t)$ 的简写。其表明了波函数的模(或绝对值)的平方与粒子的概率密度成正比，这就是波函数的统计解释。波函数模的平方就是波函数本身和它的共轭复数的乘积。

根据以上分析，波函数必须满足以下条件。

(1) 任一时刻，粒子在整个空间出现的概率为 1，即有

$$\int_V \psi\psi^* dV = 1 \tag{11-41}$$

这一关系称为波函数的**归一化条件**(normalization condition)。

(2) 在任一时刻、任一地点，粒子出现的概率的值不但是唯一的，而且是有限的；同时在空间不同区域，概率的分布是连续的，不能逐点产生跃变(或突变)。所以，波函数 $\psi(x, y, z, t)$ 应当是一个单值、有限、连续的函数，这些条件称为波函数的**标准化条件**(standardized condition)。

综上所述，可以描绘出微观粒子的波粒二象性的物理图像：微观粒子本身是一颗一颗的，具有粒子性；粒子在空间的分布体现出统计性，即波动性，就是说粒子不是某时某刻必定在那里，而是粒子某时刻可能在那里，这种可能性与 $|\psi|^2$ 成正比。总之，微观粒子的运动所遵循的是统计性的规律，而不是经典力学的确定性的规律。

二、薛定谔方程

微观粒子的状态用波函数描写，那么反映波函数变化的方程又具有怎样的形式呢？1926 年，奥地利物理学家薛定谔(E. Schrodinger)从光的波动方程出发，结合经典力学的能量关系，运用物质波的理论，导出了波函数所满足的波动方程，即薛定谔方程。

(一) 薛定谔方程的建立和一般表达式

根据德布罗意假设，一个动量为 $\boldsymbol{p}$、能量为 E 的自由粒子的运动状态应当用一个平面波来描写。将 $\psi(x, y, z, t)$ 对坐标 x, y, z 分别求二阶偏导数，可得

$$\psi(\boldsymbol{r}, t) = \psi_0 e^{-i\frac{2\pi}{h}(Et - \boldsymbol{p}\cdot\boldsymbol{r})} = \psi_0 e^{i\frac{2\pi}{h}(p_x x + p_y y + p_z z)} e^{-i\frac{2\pi}{h}Et} \tag{11-42}$$

$$\frac{\partial^2 \psi}{\partial x^2} = -\frac{4\pi^2}{h^2} p_x^2 \psi,\ \frac{\partial^2 \psi}{\partial y^2} = -\frac{4\pi^2}{h^2} p_y^2 \psi,\ \frac{\partial^2 \psi}{\partial z^2} = -\frac{4\pi^2}{h^2} p_z^2 \psi$$

把上面三式相加，可得

$$\left(\frac{\partial^2}{\partial x^2}+\frac{\partial^2}{\partial y^2}+\frac{\partial^2}{\partial z^2}\right)\psi=-\frac{4\pi^2}{h^2}(p_x^2+p_y^2+p_z^2)\psi \tag{11-43}$$

采用拉普拉斯算符

$$\nabla^2=\frac{\partial^2}{\partial x^2}+\frac{\partial^2}{\partial y^2}+\frac{\partial^2}{\partial z^2} \tag{11-44}$$

并令 $\hbar=\frac{h}{2\pi}$，式(11-43)简化为

$$\nabla^2\psi=-\frac{1}{\hbar^2}p^2\psi \tag{11-45}$$

再将 $\psi(\boldsymbol{r},t)=\psi_0 e^{i\frac{2\pi}{h}(p_x x+p_y y+p_z z)}e^{-i\frac{2\pi}{h}Et}$ 两边对时间 t 求一阶导数，得

$$\frac{\partial\psi}{\partial t}=-i\frac{2\pi}{h}E\psi=-\frac{i}{\hbar}E\psi \tag{11-46}$$

用 $i\hbar$ 乘上式两边得

$$i\hbar\frac{\partial\psi}{\partial t}=E\psi \tag{11-47}$$

在低速($v\ll c$)非相对论条件下，自由粒子的能量 E 和动量 p 的关系为

$$E=\frac{p^2}{2m} \tag{11-48}$$

综合式(11-45)、式(11-47)、式(11-48)可得

$$i\hbar\frac{\partial\psi}{\partial t}=-\frac{\hbar^2}{2m}\nabla^2\psi \tag{11-49}$$

式(11-49)称为自由粒子的薛定谔方程或自由粒子的波动方程。

若粒子并非自由，而是在一个势场中运动，那么它的能量应为动能和势能之和。若粒子的势能为 $E_p(\boldsymbol{r},t)$，则粒子的总能量为

$$E=\frac{p^2}{2m}+E_p(\boldsymbol{r},t) \tag{11-50}$$

综合式(11-45)、式(11-47)、式(11-50)可得

$$i\hbar\frac{\partial\psi}{\partial t}=-\frac{\hbar^2}{2m}\nabla^2\psi+E_p(\boldsymbol{r},t)\psi \tag{11-51}$$

式(11-51)就是薛定谔方程的一般形式。从式(11-51)可知，只要知道粒子的质量 m 和粒子所在势场中势能函数 $E_p(\boldsymbol{r},t)$ 的具体形式，就可以写出该粒子的薛定谔方程。由于薛定谔方程是关于时间、空间变量的偏微分方程，因而还需要根据给定的初始条件和边界条件方能求解，得出描述粒子运动状态的波函数。求出波函数以后，再根据波函数的模的平方求出粒子在不同时刻、不

同位置处出现的概率密度。这就是量子力学处理微观粒子运动的方法。

(二) 定态薛定谔方程

当势能与时间无关,仅为坐标的函数时,粒子即处于定态,如氢原子中电子的运动就属此种情况。那么式(11-51)可写成

$$i\hbar\frac{\partial\psi}{\partial t}=-\frac{\hbar^2}{2m}\nabla^2\psi+E_p(x,y,z)\psi \tag{11-52}$$

利用分离变量法,可将薛定谔方程的解变为空间坐标函数 $\varphi(x,y,z)$ 和时间坐标函数 $f(t)$ 的乘积,即

$$\psi(z,x,z,t)=\varphi(x,y,z)f(t) \tag{11-53}$$

将式(11-53)代入式(11-52)中并将等式两边除以 $\varphi(x,y,z)f(t)$,可得

$$\frac{i\hbar}{f(t)}\cdot\frac{\mathrm{d}f(t)}{\mathrm{d}t}=\frac{1}{\varphi(x,y,z)}\left[-\frac{\hbar^2}{2m}\nabla^2\varphi(x,y,z)+E_p(x,y,z)\varphi(x,y,z)\right] \tag{11-54}$$

式(11-54)左端仅为时间 t 的函数,而右端仅为空间坐标 (x,y,z) 的函数,因而只有当两边都等于同一常数时,等式才能成立。令此常数为 E,则左边有

$$i\hbar\frac{\mathrm{d}f(t)}{\mathrm{d}t}=Ef(t) \tag{11-55}$$

分离变量后为

$$\frac{\mathrm{d}f(t)}{f(t)}=\frac{E}{i\hbar}\mathrm{d}t \tag{11-56}$$

两边积分后,解得

$$f(t)=e^{-\frac{i}{\hbar}Et} \tag{11-57}$$

同理,式(11-54)的右边为

$$-\frac{\hbar^2}{2m}\nabla^2\varphi(x,y,z)+E_p(x,y,z)\varphi(x,y,z)=E\varphi(x,y,z)$$

将上式简写为

$$-\frac{\hbar^2}{2m}\nabla^2\varphi+E_p\varphi=E\varphi \tag{11-58}$$

式(11-58)称为定态薛定谔方程。所谓定态,是指微观粒子的能量不随时间变化的状态,结合式(11-57)可得粒子在定态下的波函数

$$\psi(x,y,z,t)=\varphi(x,y,z)e^{-\frac{i}{\hbar}Et} \tag{11-59}$$

在定态下,粒子在空间出现的概率密度为

$$\psi \cdot \psi^* = |\varphi(x, y, z)|^2 \tag{11-60}$$

这是一个与时间无关的量，即粒子在空间出现的概率密度不随时间变化。

第七节 原子光谱与分子光谱

一、光谱的基本知识

（一）光谱的类型

各种类型的光源所发出的光谱各有不同的特点，可分成连续光谱、线状光谱（原子光谱）、带状光谱（分子光谱）。例如，太阳光和熔融的钢水等发出的是中间没有间断的连续光谱；在常压下，炙热的蒸汽或气体发出的是不连续的线状光谱，表现出明暗条纹，由于它是气体原子产生的，故又称为原子光谱；一般化合物的光谱就是带状光谱，它由若干有一定宽度的光谱带所组成，但实际上它是非常密集的线状光谱，是化合物的分子产生的，是所有分子运动状态的反映，故又称为分子光谱。各种光谱分类如下。

- 光谱
  - 发射光谱
    - 连续光谱
    - 线状光谱（原子光谱）
    - 带状光谱（分子光谱）
  - 吸收光谱

（二）光谱的获得

能获得光谱并能摄得光谱的仪器称为摄谱仪。摄谱仪的种类很多，采用棱镜分色的称为棱镜摄谱仪，采用光栅分色的称为光栅摄谱仪。近年来，中国科学院上海硅酸盐研究所研制了一种新型的高速声光分色仪，从而获得高分辨率、高质量的光谱。如图 11－6 所示，它是一个棱镜摄谱仪的原理图。发光体 S 发出的光被透镜 L_1 会聚于平行光管 C 前的狭缝 O 处，O 是透镜 L_2 的焦点。因此，光通过平行光管 C 后就形成平行光束入射到棱镜 P 上，经棱镜 P 色散后，分散的各单色光束被透镜 L_3 会聚于焦平面 E 上不同的位置，从而构成发光体 S 所发出的光谱。放在透镜 L_3 的焦平

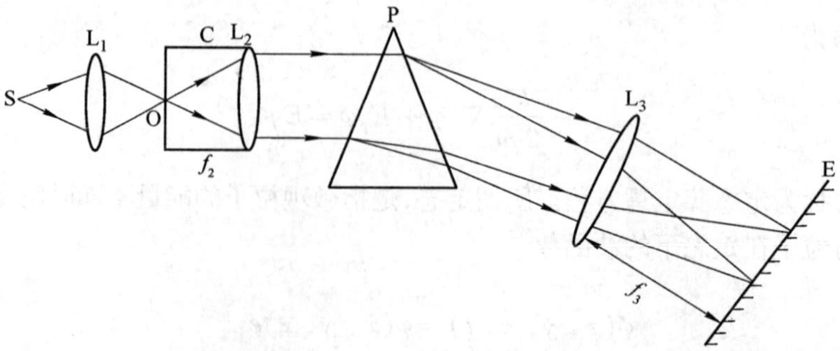

图 11－6 棱镜摄谱仪的原理

面 E 处的底片拍摄出光谱的照片。

（三）光谱的应用

每一个元素均有特定的线状光谱，因而可以通过测量物质的线状光谱来判断其化学成分，这种方法称为光谱分析法，优点是灵敏、快捷、简便、量少。例如，对中草药中的微量元素进行分析测定，对一些中毒患者的血液或尿进行分析测定，对大气及室内的空气质量进行分析监测等。

二、原子光谱

原子光谱是原子的不同能级之间跃迁时发出的射线所形成的，按照波长或频率可分为光学线状光谱和伦琴（W. C. Rontgen）线状光谱（也称 X 射线）。

（一）光学线状光谱

利用气体放电、电弧或燃烧等，将原子激发到高能态，从而使原子发出射线形成线状光谱。这些光谱来自原子的外层电子的跃迁，能级间的能量差较小，一般为几个 eV 左右，因而谱线对应的频率较低，谱线落在近红外区、可见光区或近紫外区。

（二）伦琴线状光谱

利用高速电子流轰击靶核（通常为重元素），将原子的内层电子击出留下一个空位，这时外层电子向内层跃迁以填补这个空位，同时放出射线形成伦琴线状光谱。外层与内层电子的能量差较大，因此，X 射线的频率远高于前者，波长远小于前者，λ 在 0.04～0.05 nm，它具有很强的穿透本领，也能产生生物、化学效应。分立的 X 射线谱与靶的材料性质有关，能反映出组成材料的原子的性质，因而又称之为标识 X 射线谱。莫塞莱（H. G. -J. Moseley）从实验中观察总结出 X 射线谱的频率与原子序数之间的关系为

$$\nu^{1/2}=a(Z-b) \tag{11-61}$$

式（11-61）称为**莫塞莱定律**（Moseley's Law），其中 a，b 都是常数，对不同元素的同一条谱线来说是一定值。

三、分子光谱

通过分析分子光谱可以研究分子的结构。如图 11-7 所示，为分子光谱的示意图。分子光谱（Ⅲ）比原子光谱要复杂得多，是由若干个光谱带组（Ⅱ）所组成的。每个光谱带组中，含有若干个光谱带（Ⅰ），而每一光谱带是由许多密集的光谱线组成。所以，常称分子光谱为带状光谱。

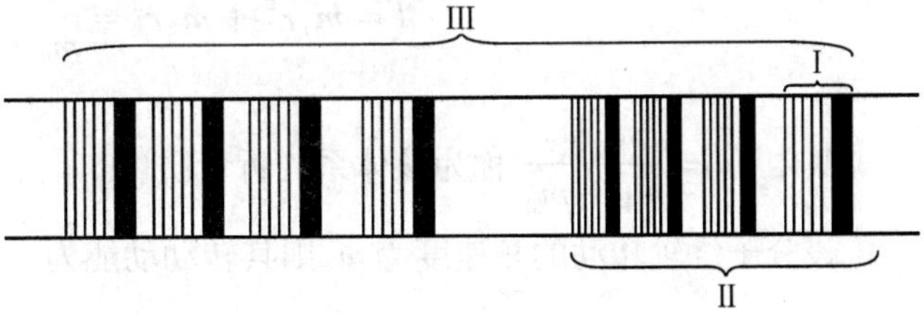

图 11-7　分子光谱

就波长的范围而言，分子光谱可分为：① 远红外光谱——波长＞20 μm，直至厘米或毫米的数量级。② 中红外光谱——波长范围为 1.5～20 μm。③ 近红外光谱——波长范围为 0.76～1.5 μm。④ 可见光和紫外光谱——波长＜0.76 μm 的复杂的光谱体系。

分子光谱的复杂性源于分子内部存在着复杂的运动状态。为简单起见，我们仅讨论双原子分子的光谱形成情况。分子内部的运动可分为三个部分来描述：电子的运动、组成分子的原子间的振动和分子整体的转动，与这三种运动相关的能级分别是电子能级、振动能级和转动能级。因此

分子的总能量 E 为

$$E = E_e + E_v + E_r \tag{11-62}$$

式(11-62)中 E_e、E_v、E_r 分别为分子的电子的定态能量、振动能量、转动能量，且这些能量都是量子化的。

分子由高能态跃迁到低能态时，发射光子；相反地，分子吸收光子后将从低能态跃迁到高能态。发射或吸收的光子能量由下式决定

$$h\nu = E_2 - E_1 = \Delta E_e + \Delta E_v + \Delta E_r \tag{11-63}$$

式(11-63)中 ΔE_e、ΔE_v、ΔE_r 分别表示分子在能级跃迁时电子能量、振动动能和转动动能的增量。各能量的变化范围大致为：ΔE_e 在 1～20 eV，ΔE_v 在 0.05～1 eV，ΔE_r 在 0.05 eV 以下。

(一) 分子的转动能级与光谱

设双原子分子中质量分别为 m_1 和 m_2 且相距为 r 的两个原子，绕着通过质心且垂直于两原子连线的轴线转动，如图 11-8 所示。两个原子与质心的距离分别为 r_1、r_2，则

$$r = r_1 + r_2 \tag{11-64}$$

若取质心为原点，则由质心的定义可知

$$m_1 r_1 = m_2 r_2 \tag{11-65}$$

由式(11-64)、式(11-65)得

$$r_1 = \frac{m_2}{m_1 + m_2} r,\ r_2 = \frac{m_1}{m_1 + m_2} r \tag{11-66}$$

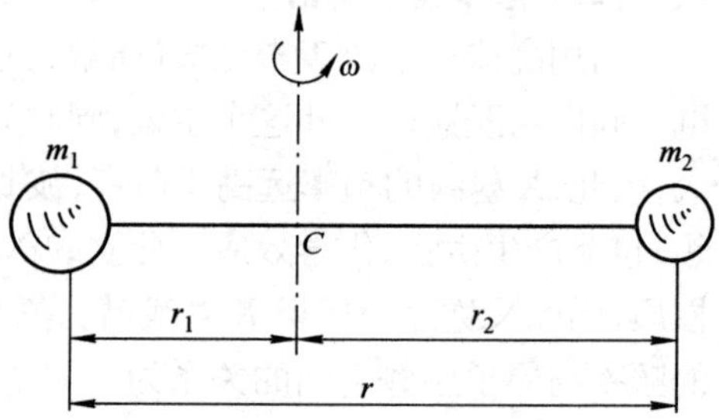

图 11-8 双原子分子的转动

因此，该体系对轴线的转动惯量为

$$I = m_1 r_1^2 + m_2 r_2^2 = \frac{m_1 m_2}{m_1 + m_2} r^2 = \mu r^2 \tag{11-67}$$

其中，$\mu = \dfrac{m_1 m_2}{m_1 + m_2}$ 称为该体系的折合质量。

设分子绕轴转动的角速度为 ω，则其转动动能为

$$E_r = \frac{1}{2} I \omega^2 = \frac{1}{2I} L_r^2 \tag{11-68}$$

其中，转动的角动量 $L_r = I\omega$。根据量子力学理论，转动的角动量是量子化的，即

$$L_r = I\omega = \sqrt{J(J+1)}\,\frac{h}{2\pi} \quad J = 0,\ 1,\ 2,\ \cdots \tag{11-69}$$

J 为转动角动量量子数。将 L_r 代入 E_r，得

$$E_r = \frac{h^2}{8\pi^2 I} J(J+1) \quad J = 0,\ 1,\ 2,\ \cdots \tag{11-70}$$

令 $B=\dfrac{h}{8\pi^2 Ic}$，则式(11-70)写为

$$E_r=hcBJ(J+1)\quad J=0,\ 1,\ 2,\ \cdots \tag{11-71}$$

式(11-71)中 c 为光速。由此可见，对于给定的双原子分子，转动能量 E_r 是随转动角动量量子数 J 的变化而变化的。当 $J=0$, 1, 2, 3, …时，相应的能量值 E_r 为 0, $2hcB$, $6hcB$, $12hcB$, …。相邻转动能级的间隔随能级的升高而增大，如图 11-9 所示。

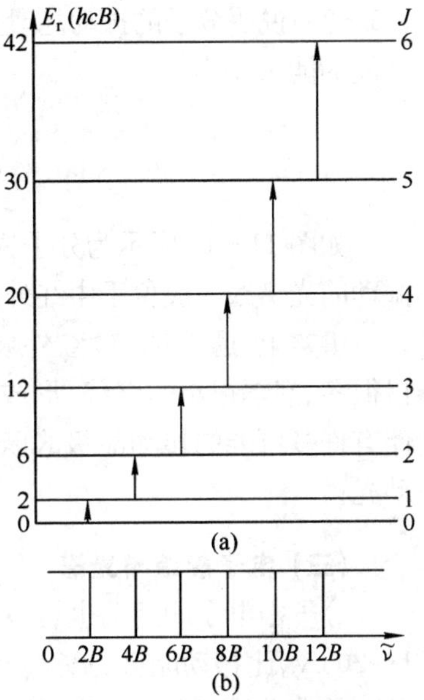

图 11-9　转动能级和吸收谱线

与原子能级的跃迁一样，分子在转动能级间发生跃迁时，也发射或吸收光子。但这种跃迁必须符合选择定则

$$\Delta J=\pm 1 \tag{11-72}$$

即转动能级的跃迁，只能在相邻的两能级之间发生。当 $\Delta J=+1$ 时，从低能级 J 跃迁到相邻的高能级 J'，这是吸收光子的过程。当 $\Delta J=-1$ 时，从高能级 J 跃迁到相邻的低能级 J'，这是发射光子的过程。吸收或发射的光子能量为

$$h\nu=E_{rJ'}-E_{rJ}=hcB[J'(J'+1)-J(J+1)]=hcB\cdot 2J' \tag{11-73}$$

波数为

$$\tilde{\nu}=\frac{1}{\lambda}=\frac{\nu}{c}=2BJ'\quad J'=1,\ 2,\ 3,\ \cdots \tag{11-74}$$

式(11-74)中 J' 为高能级的转动角动量量子数，故 $J'\neq 0$。这样，可以得出一系列谱线，其波数为 $2B$、$4B$、$6B$、$8B$，…的一系列在标尺上匀排的等间隔的光谱。只要测出相邻谱线间的间隔，就可以算出 B 值，再根据 $B=\dfrac{h}{8\pi^2 Ic}$ 求出分子的转动惯量 I。若 μ 为已知，则由式(11-67)可求出分子中两原子间的距离 r。

由上面的分析可知，转动光谱谱线的波数是与 B 成正比的，而 B 又与分子的转动惯量 I 成反比。一般地说，轻分子的转动惯量比较小，其 B 值就较大，谱线的波数也较大，因而波长就较短，其转动光谱一般落在远红外区。相反地，重分子的转动惯量大，因而转动光谱谱线的波长较长，其转动光谱往往落在微波波段。

（二）分子的振动能级与光谱

根据量子力学理论，可以得到双原子分子的振动能级 E_v 为

$$E_v=\left(v+\frac{1}{2}\right)h\nu_0\quad v=0,\ 1,\ 2,\ \cdots \tag{11-75}$$

式(11-75)中 v 称为振动量子数，ν_0 称为振动的固有频率。当 $v=0$ 时，$E_v=\dfrac{1}{2}h\nu_0$。这意味着在任何情况下，分子中的原子不会静止不动，而是永远在振动着，只是振动的能量较小而已。通常将 $\dfrac{1}{2}h\nu_0$ 称为零点能量。固有频率 $\nu_0=\dfrac{1}{2\pi}\sqrt{\dfrac{k}{\mu}}$，$k$ 为力常数，μ 为双原子分子的折合质量。式

(11 - 75)说明分子的振动能量是量子化的，它们形成一系列等间距的能级结构。相邻两振动能级之间的能量差为

$$\Delta E_{v}=h\nu_{0}=\frac{h}{2\pi}\sqrt{\frac{k}{\mu}} \tag{11-76}$$

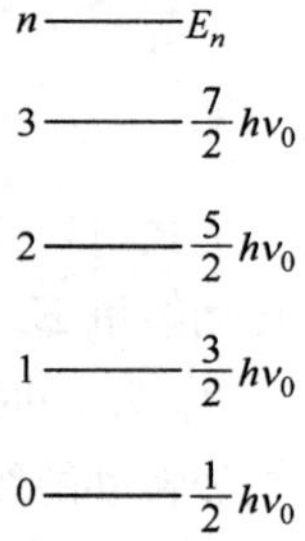

图 11 - 10 振动能级

如图 11 - 10 所示为分子振动能级示意图。需要指出的是，组成分子的原子间振动的光谱线一般位于中红外区。

事实上，通过对 CO 红外吸收光谱的观测，发现在上述振动谱线附近还看到数目很多、间隔很小的谱线，形成了谱带。这是由于在一对振动能级之间跃迁时，还伴有许多可能的转动能级的跃迁，因而出现了带状光谱的谱带。这就是分子的振动光谱。

（三）电子能级与光谱

分子中电子的运动也与原子中的电子一样，具有一系列分立的能级。这些能级间的能量差在 1～20 eV，比振动能级的能量差更大。这些能级相互叠加在一起，如图 11 - 11 所示。分子中的电子在其定态能级之间发生跃迁时，分子的振动和转动的状态一般也会随着改变，这就造成了分子光谱的复杂性。当分子在两能级之间发生跃迁时，发射或吸收光子的能量由下式决定。即

$$h\nu=\Delta E_{r}+\Delta E_{v}+\Delta E_{e} \tag{11-77}$$

电子定态能量改变量 ΔE_e 的值最大，它决定了谱带组所在的区域，一般将落在可见光区或紫外光区。振动能量的改变量 ΔE_v 要比 ΔE_e 小得多，它的变化仅能引起谱带组中各谱带位置的改变。转动能量的改变量 ΔE_r 最小，它决定了谱带的精细结构，即谱带中各谱线的位置。由于 ΔE_r 甚小，形成的谱线非常密集进而形成了谱带。由此可见，在分子的电子能级上叠加了振动能级和转动能级是造成分子光谱比原子光谱更为复杂的根本原因。图 11 - 11 是双原子分子的电子能级、振动能级和转动能级的示意图。

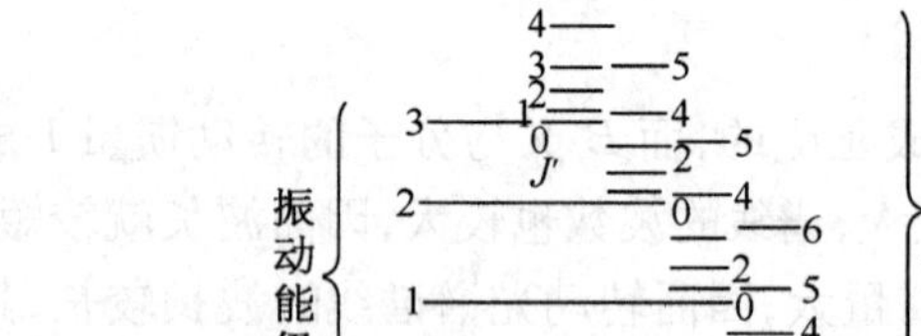

图 11 - 11 双原子分子的电子能级、振动能级和转动能级

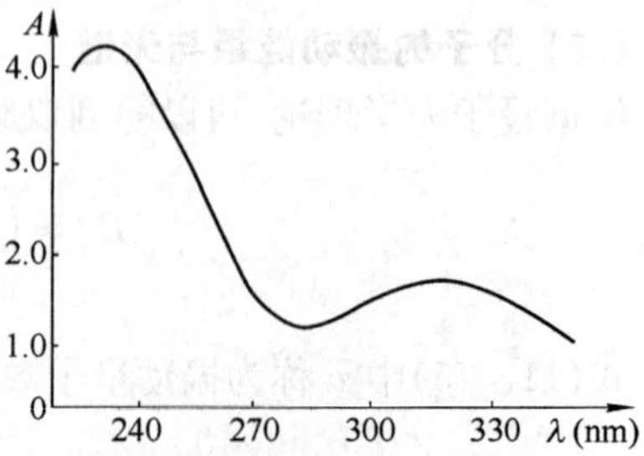

图 11 - 12 胡椒酮的吸收光谱

通常用吸收光谱对分子光谱进行分析。因为在加热或放电的激发过程中,许多分子,特别是结构复杂的分子将会发生分解,所以得不到它的发射光谱,而吸收光谱的观测是在常温下进行的。与原子的吸收光谱一样,分子吸收光谱的谱带一般要比分子发射光谱少些,这是因为在常温下的分子多数处于基态。

吸收光谱,特别是紫外和红外吸收光谱的分析和研究,在中草药的生产和科研中有着非常广泛的应用。图 11-12 是胡椒酮的紫外吸收光谱示意图。

第八节 激 光

激光是"受激辐射光放大"的简称,是 20 世纪 60 年代发展起来的一种新型的光源。由于激光的特殊特点,激光技术发展得非常迅速,在国防建设、医疗领域和科学研究中,都得到非常广泛的应用。本节对激光产生的原理、激光的特点、激光器及激光在医药方面的应用进行简单的介绍。

一、激光产生的原理

原子从较高能级 E_2 向较低能级 E_1 跃迁时,要释放出能量 E_2-E_1。释放能量的形式有两种:一种是把能量 E_2-E_1 转变为原子的热运动能量而不产生任何辐射,此过程称为无辐射跃迁;另一种是以发射光子(或电磁波)的形式释放出来,称为**辐射跃迁**(radiative transition),所辐射的光子(或电磁波)的频率为

$$\nu=\frac{E_2-E_1}{h} \tag{11-78}$$

辐射跃迁通常有两种方式:一种是原子自发地从高能态向低能态跃迁而发射光子,称为**自发辐射**(spontaneous emission)。各原子自发辐射的光波之间无固定的相位关系,是非相干的。普通光源发出的光主要是由自发辐射产生的。另一种是处于激发态的原子受到外来光子的诱导而产生的向低能态跃迁而发射光子,称为**受激辐射**(stimulated emission)。受激辐射产生的光子与外来光子具有完全相同的特性,即具有相同的频率、相同的相位、相同的传播方向和相同的偏振方向。这种方式产生的光子数按 1 生 2,2 生 4,…的规律增加,光子数越来越多,产生了光放大的作用,这种通过受激辐射而使光强得以加强的光就是激光。可见,激光必定是相干光,受激辐射是产生激光的基础。要连续不断产生激光必须满足两个重要条件:① **粒子数反转**(population inversion),即高能态粒子数大于低能态粒子数;② **光学谐振腔**(optical resonator),即获得光放大的装置。

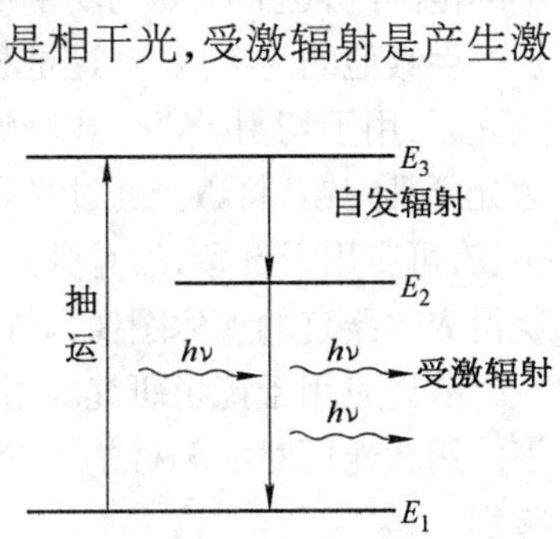

图 11-13 原子能级跃迁图

如图 11-13 所示,设 E_1 为基态能级,E_2 是亚稳态能级,E_3 是高能态能级。利用外来能量,原子从基态能级激发到高能态能级上,此过程称为**抽运**(pumping)。如果能级 E_3 的寿命很短,就会很快地跃迁到 E_1 或 E_2 能级上。只要源源不断地提供外来能量,原子就会不断从基态 E_1 跃迁到 E_3 能级。由于 E_2 能级的平均寿命

长，因而处于 E_2 能级的原子数目就会越来越多，直至超过处于 E_1 能级的原子数，出现了粒子数反转。当受到 $\nu=\frac{E_2-E_1}{h}$ 的光子作用时，就产生以受激辐射为主的辐射。当然，用于做工作介质的原子必须具有亚稳态。

仅有粒子数反转还不能产生激光。引起受激辐射的最初光子源于自发辐射，而由自发辐射产生的光，是无规则的不相干的光。为了能产生激光，可在工作介质的两头放置两块互相平行并与工作介质的轴线垂直的反射镜。这两块反射镜与工作介质一起构成了光学谐振腔，并产生沿轴线方向传播的相干光，最终通过一个半透射半反射镜引出激光。如图 11－14 所示为光学谐振腔的示意图。

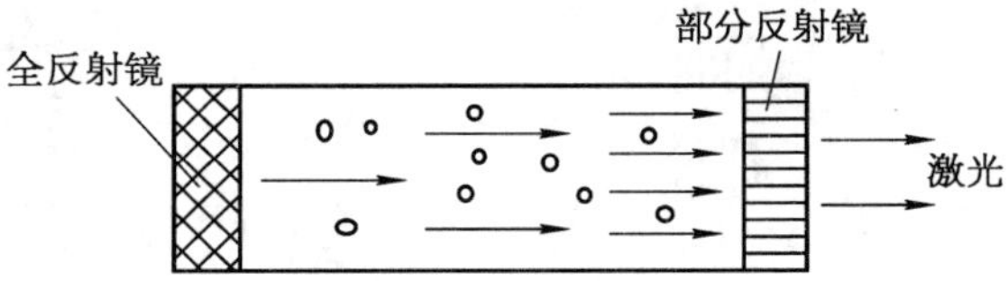

图 11－14 光学谐振腔

二、激光的特点

与一般光源相比，激光具有下列特点。

1. **方向性好** 这是因为在光学谐振腔的作用下，只有沿轴向传播的光才能不断地得到放大，输出一束与轴向平行传播的激光。

2. **强度高** 由于方向性好，可以获得能量集中、强度很高的激光束。经聚焦后，在焦点附近可产生高达几万度的高温，能熔化各种金属和非金属材料。

3. **单色性好** 所有单色光源发射的光，其波长并不是单一的，而是有一个范围的，常用谱线宽度来表示单色性的优劣。谱线宽度越窄，光的单色性越好。例如，氪灯的谱线宽度约为 10^{-4} nm，而氦氖激光器的激光谱线宽度只有 10^{-8} nm，为氪灯的万分之一。

4. **相干性好** 由于激光是一束同频率、同相位和同振动方向的光，因而是很好的相干光。

三、激光在医药学上的应用

自 1960 年第一台红宝石激光器诞生以来，到目前为止已发现了数万种材料可以用来制造激光器。按工作介质的材料不同，激光器可分为气体激光器、固体激光器、半导体激光器和染料激光器四大类。这些不同种类的激光器所发射的波长已达数千种，最短的波长为 21 nm，属远紫外光区：最长波长为 0.7 mm，在微波波段边缘。

激光在医学上的应用很多。利用它的方向性强和高强度的特点，可以将激光用透镜聚焦在很小的范围内，达到极高的功率从而产生很高的温度、很强的电磁场和机械压力，对组织造成破坏以及产生其他的生物效应，这是激光用于临床治疗的物理基础。激光在医学领域常见的用途有：①激光刀，用于切割(气化)或烧灼治疗，优点是无菌、无痛、止血、无声、无损伤、易为患者所接受；②激光纤维内镜，将激光通过光导纤维引入体内，切除病变组织；③ 低功率激光，可消炎和促进上皮生长，可应用于针灸，故有激光针之称；④ 全息图像，用激光的相干性和高强度进行全息照相，从而获得人体器官的立体图像，对诊断疾病提供可靠的依据。

激光应用于药学研究。用激光拉曼光谱对药物分子的组成和结构进行分析，对官能团进行鉴别。用激光可对中药材的成分、热稳定性进行研究，特别是可对中药材进行无损检测，完成真伪鉴别。

由于激光的强度大、方向集中，故在使用激光器时必须严格遵守各种安全法规。

拓展阅读

薛定谔

1887年8月12日，薛定谔出生在奥地利首都维也纳，自幼受到很好的培养和教育。他聪明过人，又勤奋好学，成绩总是名列前茅。23岁那年，薛定谔就获得了哲学博士学位。后来从事实验物理方面的工作。

第一次世界大战期间，薛定谔参军服役，担任过炮兵军官。在此期间，他仍然坚持挤出时间阅读专业文献，1916年在广义相对论刚刚发表后，他就以极大的兴趣阅读这篇论文。战后，他先在维也纳物理研究所工作，后到耶鲁大学任讲师，同时做实验物理学家玻恩(M. Born)的助手。

1921年，任苏黎世大学教授。1924年，他受到德布罗意物质波理论的影响，着手把物质波的概念用于研究束缚电子，以改进玻尔的原子模型。1926年，薛定谔发表了他的非相对论形式的研究结果，提出了著名的薛定谔方程，建立了新型的量子理论，即量子波动力学。

1927年，薛定谔受聘柏林大学接替普朗克的职务，任理论物理学教授。在这里，他有机会经常和普朗克、爱因斯坦等大科学家探讨理论物理中的重大疑难问题。

英国理论物理学家狄拉克(P. A. M. Dirac)考虑了电子的自旋对氢原子能级的精细结构的贡献，于1928年提出了微观粒子的相对论量子力学方程，也就是狄拉克方程(Dirac equation)，对量子力学的发展作出了突出的贡献。

1933年，薛定谔和狄拉克分享了该年度的诺贝尔物理学奖。

1938年，薛定谔受爱尔兰首相瓦列拉的邀请来到爱尔兰建立了一个高级研究所。在这里，他专心致志从事科学研究17年之久，进一步地发展了波动力学，同时还研究宇宙论和统一场论。

薛定谔除了在量子力学方面的重大贡献和从事相对论以及统一场论的研究外，他还把量子力学理论应用到生命现象中，发展了生物物理这一边缘科学，撰写了《生命是什么》一书。此外，他对哲学也很感兴趣，还很注意普及科学知识，酷爱文学。他撰写的文章有《精神和物质》《我的世界观》《自然科学和人道主义》《大自然与希腊人》《自然规律是什么?》以及诗集等。

思考题

11-1　黑体辐射的瑞利-金斯公式和维恩公式与普朗克黑体辐射公式的关系是什么?

11-2　判别下列说法是否正确：

(a) 如用一束光照射某金属不会产生光电效应，现用一聚光镜将此束光聚集在一起，再照射此金属时就会产生光电效应。(b) 可见光的光子与散射物质的自由电子发生弹性碰撞，也能发生康普顿效应，只是波长太长而极难观察到。(c) 对同一金属，如有光电效应产生，则入射光的频率越大，光电子的逸出数目就愈多。(d) 在伦琴射线的散射实验中，如果在散射角为 φ 的方向上观测散射光的波长改变量，当入射线的频率增大时，其波长改变量也随着增大。

11 - 3　玻尔原子论的内容是什么？

11 - 4　如何理解波函数的意义？如何理解测不准关系？

11 - 5　分子的能量包含哪几部分？各代表什么能量？表达式各是什么？

11 - 6　激光的产生原理是什么？激光的产生条件是什么？

习题

11 - 1　已知铂的电子逸出功是 6.30 eV，求使它产生光电效应的光的最大波长。

11 - 2　当波长为 100 nm 的紫外线，照射到逸出功为 2.50 eV 的金属钡的表面时，为使发射的光电子在半径为 2.00 cm 的圆轨道上运动，试求垂直于光电子运动的轨道平面方向上应加上磁感应强度为多大的匀强磁场？

11 - 3　试求波长为 400 nm 的可见光、0.10 nm 的伦琴射线和 0.002 0 nm 的 γ 射线三种光子的质量、动量和能量。

11 - 4　求动能为 50 eV 的电子的德布罗意波长。

11 - 5　经 206 V 的电压加速后，一个带有与电子相同电量的粒子的德布罗意波长为 2.00×10^{-12} m，求这个粒子的质量。

11 - 6　一质量为 10 g 的子弹以 1 000 $\mathrm{m\cdot s^{-1}}$ 的速率飞行，求：(1) 它的德布罗意波长；(2) 若测量子弹位置的不确定量为 0.1 cm，则其速率的不确定量是多少？

11 - 7　测得一个电子的速率为 2 000 $\mathrm{m\cdot s^{-1}}$，精度为 0.10‰，试求此电子位置的不确定量。

11 - 8　试依据玻尔原子论，求：(1) 氢原子处于基态和第一激发态的能量以及电子处于基态和第一激发态的轨道半径；(2) 氢原子从第一激发态跃迁到基态发射光子的频率。

11 - 9　已知氢原子的主量子数 $n=2$，试求：(1) 氢原子可能的角量子数和相应的磁量子数；(2) 氢原子的能量和可能的角动量的值。

11 - 10　试求氢原子光谱中巴耳末系的最长和最短波长。

11 - 11　试求氢原子光谱中布喇开系光谱的最高频率和最低频率谱线对应的频率。

第十二章　X 射线

导学

本章介绍X射线的性质和产生原理、X射线谱产生的微观机制、物质对X射线的衰减规律及X射线在医学上的应用。

1. 掌握　X射线的最短波长；物质对X射线的衰减规律。
2. 理解　X射线的产生条件、基本性质、强度和硬度；X射线谱产生的微观机制。
3. 了解　X射线的医学应用和X-CT的原理。

1895年德国物理学家伦琴(W. C. Rontgen)在做稀薄气体放电实验时，发现了一种人眼看不见但穿透力很强的射线。由于当时还不清楚这种射线的本质，伦琴将其称为**X射线**(X-ray)。X射线被发现后仅3个月就被应用于医学。如今，X射线在医学诊断和治疗方面又有了新的发展，且已成为医学领域重要的技术手段之一。

第一节　X射线的产生及其基本性质

一、X射线的产生

当高速运动的电子轰击到阻碍它的物体上时，一部分电子的动能转化为光能，产生X射线。由此可知，产生X射线的基本条件是：① 有高速运动的电子流；② 有适当的障碍物——靶来阻止电子的运动。

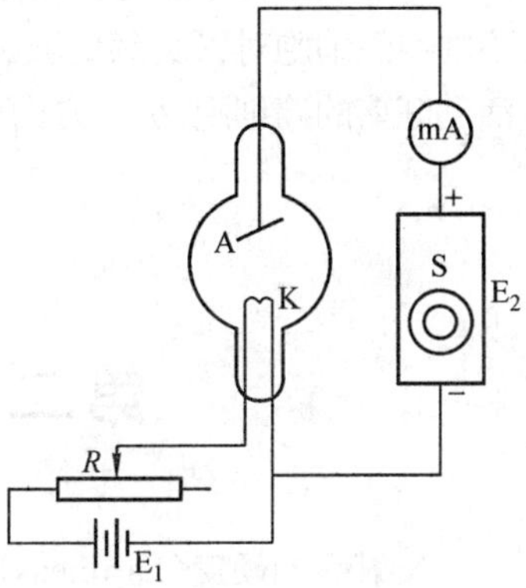

图12-1　X射线机装置示意图

X射线发生装置如图12-1所示，主要由X射线管、低压电源和高压电源三部分组成。在一个抽成高度真空压强为10^{-7}～10^{-4} Pa的硬质玻璃管内封装入阴、阳两个电极，形成了X射线管。管的一端是由金属钨或钼制成的圆柱形的**阳极**(positive electrode)A(或称为板极)，作为接受高速电子流冲击的靶。另一端是用螺旋状的灯丝作为**阴极**(negative electrode),通常是钨丝制成的。从图 12-1 看出,在灯丝两端由电源 E_1 供给 10 V 左右的低电压,电流流过灯丝使其炽热而发射电子,这个电流称为灯丝电流,一般约数安培,其大小可由电阻器 R 调节。阴阳两极间由高压电源 E_2 供给 $10^3 \sim 10^6$ V 的直流高压,调节旋钮 S 的位置,可以改变该直流高压的大小,我们称这个电压为**管电压**(tube voltage)。阴极发射的热电子,在阴阳两极间的电场作用下,高速冲向阳极,形成**管电流** (tube current)。这些高速电子受到钨靶(阳极)阻止时,就有 X 射线向四周辐射。

二、基本性质

实验表明,X 射线是一种频率很高的电磁波,具有电磁波的一般性质,如反射、折射和衍射等。X 射线的波长很短,相应的光子能量很高。除具有一系列电磁波的共同特性外,X 射线还有如下特性。

(一) 电离作用

X 射线能使物质的原子或分子电离,可造成气体导电,若作用于生物则可诱发各种生物效应。利用这一电离作用可测量 X 射线的强度和治疗某些疾病。

(二) 荧光作用

X 射线能使物质的原子或分子处于激发态,当它们跃迁回到基态时释放多余的能量而发出荧光。有些激发态是亚稳态,在停止照射后,能在一段时间内继续发出荧光。医疗上的 X 射线透视就是利用荧光作用来显示 X 射线透过人体后所成的影像。

(三) 贯穿作用

X 射线对各种物质具有不同的贯穿作用。研究表明,物质对 X 射线的吸收程度与 X 射线的波长有关,也与物质的原子序数或密度有关。X 射线波长越短,物质对它的吸收越小,它的贯穿本领越大。医学上利用 X 射线的贯穿作用和不同物质对它的吸收程度不同进行透视和照相。

(四) 光化学作用

X 射线能使多种物质发生光化学反应。例如,X 射线能使照相底片感光,医学上常用照相底片来记录感光效果的图像。

(五) 生物效应

X 射线生物效应的原理是在生物体内产生电离和激发,使组织细胞受到损伤、抑制和死亡等。不同组织细胞对 X 射线的敏感性不同,所受的损伤程度也不同。一方面可以利用 X 射线来杀死分裂活动旺盛的癌细胞;另一方面 X 射线对正常组织有一定的损害,从事 X 射线工作的人员要注意防护。

第二节 X 射线的硬度和强度

X 射线的**硬度**(hardness)是指它的贯穿本领,决定于波长。波长愈短的 X 射线,光子的能量愈大,贯穿本领愈强,它的硬度就愈大,常用于深部治疗。反之,波长较长的射线,光子的能量较小,贯穿本领较弱，X 射线较软，适用于透视及体表治疗。

X 射线的硬度由管电压控制，管电压愈高，轰击阳极的电子动能就愈大，发射光子的能量也愈大，X 射线愈硬。因此，在医学上通常用管电压来衡量 X 光管发出的 X 射线的硬度。表 12－1 列出了医学上 X 射线按硬度的分类，各类的相应管电压、最短波长及其主要用途。

表 12－1 X 射线按硬度的分类

名 称	管电压(kV)	最短波长(nm)	主要用途
极软 X 射线	5～20	0.25～0.062	软组织摄影、表皮治疗
软 X 射线	20～100	0.062～0.012	透视和摄影
硬 X 射线	100～250	0.012～0.005	较深组织治疗
极硬 X 射线	250 以上	0.005 以下	深部组织治疗

X 射线的**强度**(strength/magnitude intensity)是指单位时间通过与射线方向垂直的单位面积的辐射能量。设用 I 表示强度，则有

$$I=\sum_{i=1}^{n} N_i h\nu_i = N_1 h\nu_1 + N_2 h\nu_2 + \cdots + N_n h\nu_n \tag{12-1}$$

式(12－1)中 N_1、N_2，…，N_n 分别表示单位时间通过垂直于射线方向单位面积的具有相对应能量 $h\nu_1$、$h\nu_2$，…，$h\nu_n$ 的光子数。增加管电流，使轰击阳极靶的高速电子数目增加，故产生光子的数目也增加，自然 X 射线的强度也增加。因此，在医学上常用管电流的毫安数来表示 X 射线的强度。在使用时，首先按照用途来确定管电压，以便获得适合需要的硬度，然后根据需要调节管电流产生相应强度的 X 射线。

第三节 X 射线的衍射

一、X 射线的波动性

X 射线的波长范围为 0.001～10 nm，比可见光的波长短很多。X 射线的本质是电磁波，就应该能观察到它的干涉和衍射现象。但是，用普通光学光栅观察不到 X 射线的衍射现象，这是因为光学光栅常数为 10^{-6}～10^{-5} m，比 X 射线的波长大很多。只有当光栅常数与 X 射线的波长接近时，才能观察到 X 射线的衍射现象。

1912 年，德国物理学家劳厄(Max von Laue)根据晶体中原子周期性排列的性质，把晶体作为 X 射线的天然三维衍射光栅。劳厄的实验装置如图 12－2 所示，一束 X 射线穿过晶体后，照射到感光底片上，除了底片的中心是 X 射线沿直线前进直接击

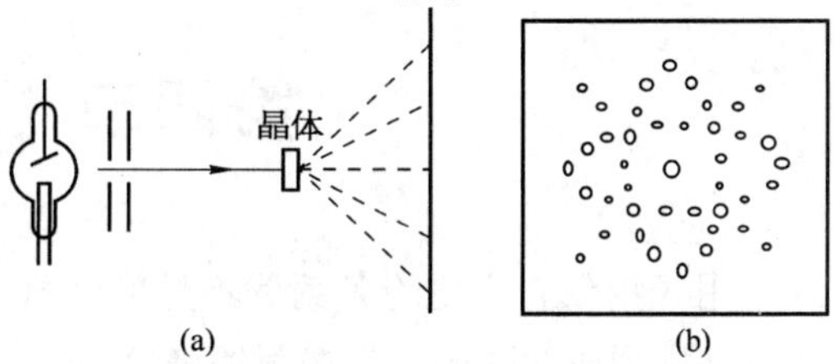

图 12－2 X 射线的衍射

中形成的黑斑外,在其周围还有若干斑点呈对称分布,称其为**劳厄斑点**(Laue spot)。这就是X射线通过晶体时所产生的衍射现象,进而证明了X射线的波动性。

二、布拉格方程

晶体由一组有规律的整齐排列的粒子(离子、原子、分子)组成,是一种天然的衍射光栅。当X射线照射晶体的每一个微粒时,这些微粒就相当于发射子波的中心,向各个方向发出子波,称为**散射**(scattering)。来自晶体散射中心的X射线会相互叠加而使某些方向的衍射加强。图12-3是X射线在晶体上的衍射,图中黑点代表晶体中的粒子,它们之间的距离为d,X射线以θ角掠射到晶体上,被各层粒子散射,这些散射线满足衍射加强条件而产生衍射图像。由图12-3可见,相邻的上下两层粒子的反射线1和2的光程差为

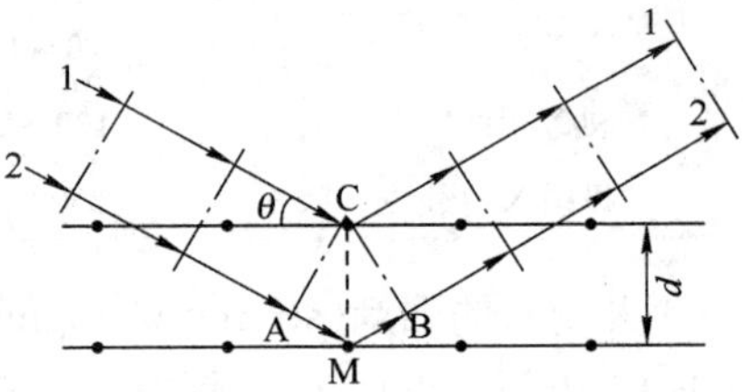

图12-3 X射线的衍射原理

$$\mathrm{AM}+\mathrm{BM}=2\mathrm{AM}=2d\sin\theta$$

因此衍射加强的条件是

$$2d\sin\theta=k\lambda \quad k=1,\ 2,\ 3,\ \cdots \qquad (12-2)$$

式(12-2)称为**布拉格方程**(Bragg equation)。θ角可以用实验方法测出,我们称之为**掠射角**(grazing angle)。d是粒子间的距离,称为**晶格常数**(lattice constant)。如果晶格常数d和X射线的波长两个量有一个已知,就可以求出另一个量。用这种方法可以进行X射线光谱分析和晶体结构分析,也可应用到生物医学领域研究有机体(如细胞和蛋白质等)的精细结构。现在,这种研究已经发展成为一门独立学科,称之为X射线结构分析。

三、X射线摄谱仪

图12-4是**X射线摄谱仪**(X-ray spectrograph)的原理图,通过两铅屏上狭缝B的X射线束射到晶体光栅上,由于晶体C的转动,使θ角改变,结果使不同波长的X射线在不同的方向上得到加强。当θ角满足布拉格方程时,晶体散射出的X射线最强,使底片DE上的相应处感光也最强。由于X射线中含有不同波长的射线,因而对应的θ角也不同。这样就形成了按波长排列的感光条纹,即X射线的光谱。

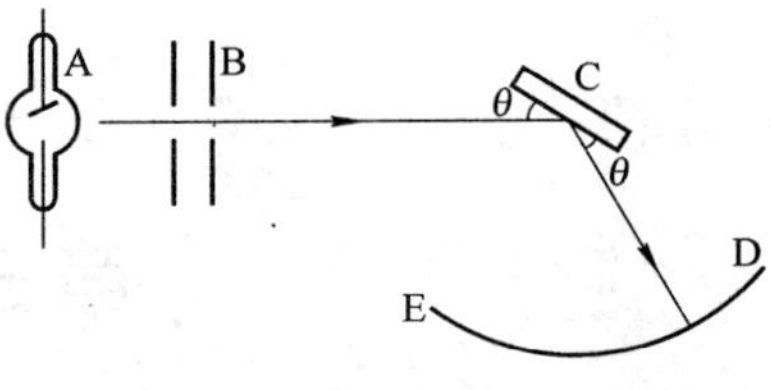

图12-4 X射线摄谱仪原理图

第四节 X 射 线 谱

用X射线管产生的X射线不是单色的,而是含有多种不同的波长成分,我们将其强度按波长的顺序排列成的图谱称为**X射线谱**(X-ray spectrum),如图12-5所示。图的上部是谱线相对强度与谱线波长的关系曲线,下部是照在底片上的射线谱。曲线中相对平缓的部分称为**连续X射线**

谱(continuous X-ray spectrum),上凸尖端部分称为**标识 X 射线谱**(characteristic X-ray spectrum)。

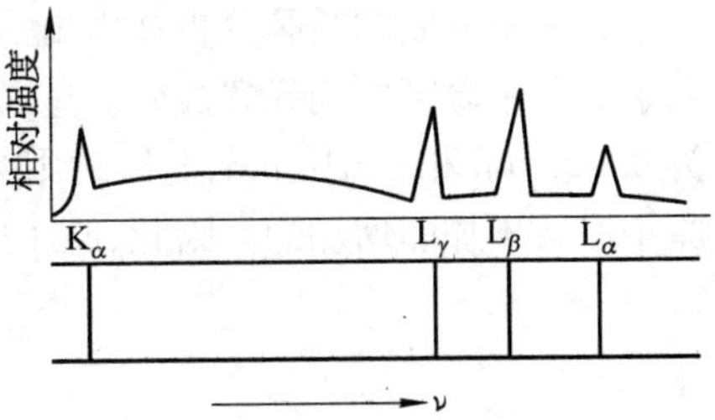

图 12-5　X 射线谱

一、连续 X 射线谱

当高速电子受靶(阳极)物质的阻碍而急剧减速时,电子动能的一部分转化为 X 光子而发射出来,通常把这种辐射称为**韧致辐射**(braking radiation)。韧致辐射一词来自德语**制动辐射**(bremsstrahlung),它是对这种辐射的最好描述。当高速电子流撞到阳极靶受到制动时,电子在原子核强电场的作用下,速度的大小和方向都产生急剧变化,电子的一部分动能转化为光子的能量而发射出来。由于各个电子运动轨迹与原子核的距离不同,速度变化也不一样,故损失的动能 ΔE_k 有不同的量值,转化出的光子能量也不一样,这样就形成了具有各种频率值的连续 X 射线谱。若管电压为 U,电子的电量为 e,则电子到达阳极时具有的动能等于电场力所做的功,即 $eU=\frac{1}{2}mv^2$。一个电子与阳极物质相互作用时,需要经过多次碰撞才能静止下来。在每一次碰撞过程中电子损失的动能有多有少,可以在 $0\sim eU$ 之间取任意值。这样,当很多电子碰撞时,就可以辐射出各种不同能量的 X 光子,即各种不同波长(或频率)的 X 射线,形成了连续 X 射线谱。在短波方向,连续光谱的波长有极限值,称为**最短波长**(shortest wave length)或短波极限,用 λ_0 表示。与 λ_0 相应的 X 光子的能量 hc/λ_0 为最大,显然,这个最大能量是电子在一次碰撞中将它的全部动能转变为 X 光子的能量。即

$$\frac{1}{2}mv^2=eU=\frac{hc}{\lambda_0}$$

$$\lambda_0=\frac{hc}{e}\cdot\frac{1}{U}\approx\frac{1.242}{U}\ \text{nm} \tag{12-3}$$

式(12-3)中 h 为普朗克常数,c 为真空中的光速,U 是管电压(单位: 千伏)。连续 X 射线的最短波长 λ_0 与管电压 U 成反比。U 愈高,λ_0 愈短,X 光子的能量愈大,X 射线的贯穿本领愈强。

理论计算表明,对于 X 射线管中的电子,在 100 kV 的管电压下,速度可达 $0.55c$。因此,若涉及电子的速度和质量,就需要考虑相对论效应。

二、标识 X 射线谱

当高速电子撞击靶时,把原子中一个内壳层电子击出,使原子处于激发态。这时,内壳层中的空位将由外壳层的电子跃迁填补而发射光子。辐射光子的能量等于电子在两个壳层的能级差。由于外层的能量比内层大得多,这种跃迁所辐射光子的能量较大,波长较短,属于标识 X 射线部分。如果击出的是 K(或 L)壳层电子,则产生的 X 射线称为 K(或 L)系标识辐射。图 12-6 标出的 K_α、K_β、K_γ 等标识辐射,表示由不同外壳层的电子分别跃迁到 K 壳层的空位时发射的谱线。这些谱线的波长与靶阳极元素的性质有关,它标志了靶元素的特征,故称为标识 X 射线。

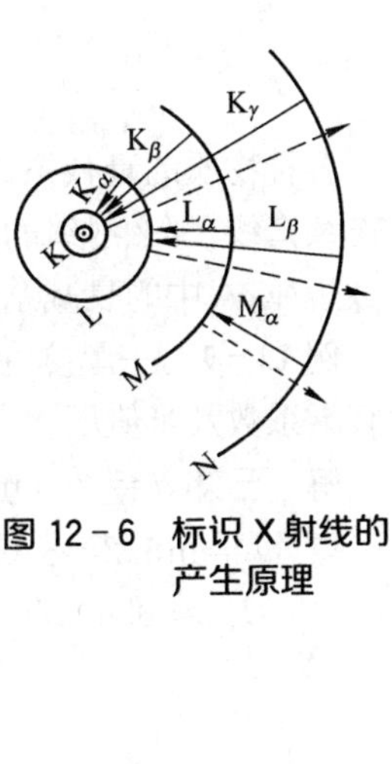

图 12-6　标识 X 射线的产生原理

近年来发展的微区分析技术就是用很细的电子束打在样品上，根据样品发出的标识X射线可以鉴定各个微区中的元素成分。这种技术已开始在医学研究中应用，如钨的K_α和K_β的波长分别为0.021 nm和0.018 nm，而钼的则为0.071 nm和0.069nm。原子中各个内层轨道的能量是随着原子序数增加而增加的。因此，原子序数愈高的元素，它的各条标识X射线的波长也愈短。

第五节 X射线与物质的相互作用

当X射线通过物质时，能与物质中的原子相互作用，使沿原方向传播的X射线的强度减弱了，这种现象称为X射线的吸收，也称为X射线的衰减。

X射线的衰减有两种情况：一种是X光子的能量被物质吸收而转化为其他形式的能量；另一种是X光子被物质原子散射而偏离了原方向。在后一种情况下，X光子虽然没有被吸收，但在原方向的X光子数目减少了，X射线的吸收和散射是物质使X射线衰减的两种不同原因。下面讨论X射线的吸收衰减规律。

设有单色平行的窄束X射线通过物质时，其强度为I_0，穿过厚度为d的物质层后，强度减为I，实验和理论都证明，I与d服从下列指数衰减规律

$$I = I_0 e^{-\mu d} \tag{12-4}$$

式(12-4)中μ为物质的**线性衰减系数**(linear decaying coefficient)，其数值由光子的能量和物质的种类而定。如果厚度d的单位为米(m)，则μ的单位为米$^{-1}$(m^{-1})。显然，μ愈大，则通过同样厚度d后，X射线衰减得愈多；反之，μ愈小，X射线衰减得愈少。线性衰减系数μ和物质密度ρ的比值称为**质量衰减系数**(mass decaying coefficient)，记作μ_m，即

$$\mu_m = \frac{\mu}{\rho} \tag{12-5}$$

质量衰减系数用来比较不同物质对X射线的吸收本领。使X射线的强度减弱一半所需的物质层厚度，称为**半值厚度**(half-thickness)，亦称**半值层**(half value layer)，用$d_{1/2}$表示。半值层的值随物质性质与X光子的能量而变化。利用式(12-4)可得出$d_{1/2}$与μ之间的关系

$$d_{1/2} = \frac{\ln 2}{\mu} = \frac{0.693}{\mu} \tag{12-6}$$

各种物质的衰减系数都与射线波长有关，因此以上各式只适用于单色射线。由于X射线主要是连续谱线，那么射线的总强度就不是严格按照指数规律衰减的。在实际应用中，常近似地运用指数规律，式中的衰减系数应用各种波长的衰减系数的平均值来代替。

例12-1 一厚度为2.0 mm的铜片能使某波长的单色X射线减弱至原来的1/5，试求铜的线性衰减系数及半值层。

解 已知$d = 2.0$ mm，$I/I_0 = 1/5$，由$I = I_0 e^{-\mu d}$

得 $\mu = \ln 5/2 = 8.05\ \text{cm}^{-1}$

$d_{1/2} = 0.693/\mu = 0.086$ cm

第六节 X射线在医药学上的应用

一、治疗方面的应用

在临床上，X射线主要用于癌症的治疗，其机制是X射线能诱发生物效应，对生物组织有破坏作用，特别是对分裂活动旺盛或正在分裂的细胞，其破坏力更强。而癌细胞的特征就是组织细胞分裂旺盛，因此用X射线照射可以抑制它的生长或使它坏死。当然，不同的癌细胞对X射线的敏感程度不同，对于不敏感的癌细胞一般不宜采用X射线治疗。同时，X射线对正常的组织也有破坏作用，甚至会诱发癌症，因此，放射治疗方案的设计显得尤为重要，既要防癌，又要把伤害减至最小。经常从事X射线工作的人员也要注意防护，常用的防护物品有铅板、含铅玻璃、含铅胶皮裙和手套等。

临床用于治疗的X射线设备有普通X射线治疗机和“X射线刀”两种。普通X射线治疗机和常规X射线摄影机的结构相似，只是采用了大焦点的X射线管。“X射线刀”则用“直线加速器”产生的高能电子轰击钨靶所产生的高能X射线和电子线为放射源，且绕靶区的等中心点做270°～360°旋转，依其垂直旋转与操作台在180°内的水平旋转，可在靶区形成很多非共面的聚焦照射弧，进而使射线集中在肿瘤的某中心点上而获得很大的辐射量，达到较好的治疗效果。“X射线刀”常用于器官和组织肿瘤的放疗。

二、药物分析方面的应用

中药品种的真伪鉴别是确保中药制剂质量和临床用药安全的基础，由于中药材及中成药成分复杂，一般的理化鉴别方法不能准确地加以区别。而X射线衍射分析法是研究物质微观结构的一种有效手段，能准确可靠地鉴别中药。X射线衍射分析法作为结构和成分分析的一种现代科学方法，已逐步在各学科研究和生产中广泛应用。当对某物质(晶体或非晶体)进行衍射分析时，该物质被X射线照射产生不同程度的衍射现象，物质的组成、晶型、分子内成键方式和分子的构型、构象等决定该物质产生特有的衍射图谱。如果物质是混合物(如中药材或中成药)，则所得衍射图谱是各组分衍射效应的叠加，只要混合物组成恒定，该衍射图谱就可作为该混合物的特征图谱。这就是X射线衍射分析法用于中药鉴定的理论基础。由于不同中药的组分各不相同，其衍射图谱也各不相同，就可达到对中药材及中成药鉴定的目的。在植物类中药和中成药中常采用X射线衍射傅立叶(Fourier)图谱分析法，在动物类和矿物类中药中常采用X射线粉末衍射法。

三、诊断方面的应用

X射线透视、摄影、X-CT以及数字减影血管造影技术等是医学影像诊断中应用很普遍的检查手段。

(一) 透视和摄影

由于不同物质对X射线衰减不同，我们可以用X射线来检查身体内部的情况。例如，骨和肌肉对软X射线的线性衰减系数差别甚大，人体不同部位透出的X射线强度有明显的差别，在荧光屏或照相底片上留下浓淡不一的影像以供观察。前者称为荧光透视，后者称为X射线摄影。

如果需要检查的组织与其周围组织的线性衰减系数相差无几，则可采用造影剂来提高对比度，以获得浓淡分明的影像。例如，在检查肠胃时，可让患者服用衰减系数很大的硫酸钡($BaSO_4$)，它可以附着在肠胃的内壁上。这样，在X射线的照射下就可以显示出肠胃的影像。

为了增强照相底片的感光程度，在X射线摄影时，紧贴着照相底片的前后各放置一薄层荧光屏，称为增感屏。X射线透过人体后照射到增感屏和底片上。底片的感光除受X射线直接照射外，绝大部分是受荧光作用。因此使用增感屏后，曝光时间可大为缩短，非但减少了患者所受的照射量，而且对于人体活动器官的摄影特别适宜。

（二）数字减影血管造影术(Digital Subtraction Angiography, DSA)

其原理是，把穿过人体的X射线影像经过影像增强器转变成光学图像，随后经摄影管转变成视频信号，把视频信号进行模数(analog/digital，A/D)转换后可获得一幅图像的数字信号，暂时存入图像存储器。把血管未注入造影剂获得的影像称为"本底图像"或"原像"，把血管内注入造影剂后的图像称为"造影像"，这两种图像分别以数字形式存放在两个图像存储器内。运用图像处理器从代表"造影像"的数字中减去代表"原像"的数字，即从"造影像"中减去"原像"，使充盈造影剂的血管图像保留下来，而骨髓等无关组织的影像就被减影除去。保留下来的血管图像信号经过放大处理使其对比度提高后，经数模(digital/analog，D/A)转换恢复成视频信号，再输入监视器的阴极或栅极，即可得到实际血管图像。DSA技术是一种理想的非损伤性血管造影检查技术，它取代了危险性较大的动脉造影检查，不仅用于血管疾病的诊断，如观察血管狭窄、畸形、梗阻及血管瘤等，还可以为血管内插管进行导向，进而实施一些手术和简易治疗，如引流、吸液、活检、化疗或阻断肿瘤血供等。

（三）同步辐射双色数字减影术

临床常用的造影剂碘对X射线的吸收有一个K吸收边(33.16 keV)，在这个能量处碘对X光子发生共振吸收，即碘吸收系数大大增加，而骨骼和肌肉没有此现象。利用此吸收边，在很短时间内用两种能量(波长)的同步辐射X射线进行两次造影，其中一次使用的X光子能量略低于K吸收边，那么此时碘的吸收系数较小。另一次的X光子能量略高于K吸收边，则吸收系数较大。两次探测得到的图像信号经模数转换后输入计算机，经过数字相减后，肌肉和骨骼的影响几乎全部除去，剩下的基本是碘吸收的结果，进而获得清晰的血管影像。不同波长的X射线可看成有不同的颜色，进而得名"同步辐射双色数字减影术"。目前，此项技术已用于心血管造影。

（四）X射线电子计算机断层摄影术(X-ray computed tomography, X-CT)

X-CT通过X射线管环绕人体某一层面扫描，利用探测器测得从各个方向透过该层面后的射线强度值，采用一定的数学方法经计算机求出该层面的衰减系数分布，再应用电子技术获得该层面的图像。

自1895年伦琴发现X射线以来，X射线就被用来进行医学诊断及治疗。用X射线诊断的基本原理是X射线透过人体并用照相记录影像，从照片来获得体内的情况。普遍的X射线照相是用一个平面(二维)底片来显示人体内的立体(三维)结构。因此，不可避免要产生重叠和混乱。因为X射线穿透物质时要被吸收，吸收大小由穿透物质的密度所决定，因此密度小的器官将隐藏在密度大的器官后面不易找到，而密度相近的器官不易区分，分辨率只有 5%。CT 在显示屏上(二维)显示的是横断层(二维)的图像，因此解决了重叠问题。CT 利用计算机将器官的相对吸收率转换成显示屏上的图像灰度。由于计算机有很强的区分能力，在显示屏上可以显示出密度相差很小的不同器官。因此，CT 的出现从根本上改观了 X 射线的诊断技术，使医学影像技术发生了重大的变革。为此，发明者英国工程师亨斯菲尔德(Godfrey N. Hounsfield)获得了 1979 年诺贝尔生理学或医学奖。

为了说明 X-CT 的基本原理，假定将某一层组织的断面分为 4 个小方块，每一方块称为一个像素。设每一像素的边长为 d，它们的线性衰减系数分别为 μ_1、μ_2、μ_3、μ_4，让某一波长的 X 射线先从一个方向，然后从另一个方向照射组织，假定入射的强度为 I_0，透射出的强度分别为 I_1、I_2、I_3 和 I_4，如图 12-7 所示。应用衰减规律，强度为 I_0 的 X 射线通过衰减系数为 μ_1 的像素后，透射出的强度为 $I_0 e^{-\mu_1 d}$，再经衰减系数为 μ_3 的像素衰减后，透射出的强度为

$$I_1 = I_0 e^{-\mu_1 d} e^{-\mu_3 d} = I_0 e^{-(\mu_1+\mu_3) d}$$

即

$$\mu_1 + \mu_3 = \frac{1}{d}\ln\frac{I_0}{I_1}$$

同理可得

$$\mu_2 + \mu_4 = \frac{1}{d}\ln\frac{I_0}{I_2}$$

$$\mu_1 + \mu_2 = \frac{1}{d}\ln\frac{I_0}{I_4}$$

$$\mu_3 + \mu_4 = \frac{1}{d}\ln\frac{I_0}{I_3}$$

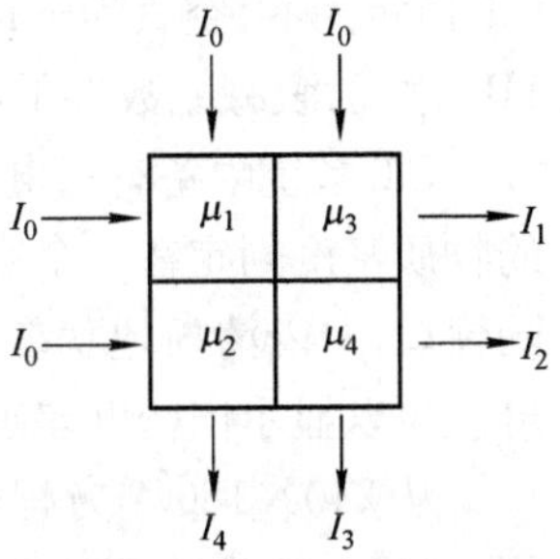

图 12-7　X-CT 原理图

在这组方程中，可以解出各个像素物质的线性衰减系数 μ_1、μ_2、μ_3 和 μ_4。从像素 μ 值的变化和对比，可以判断有无病变。

显然，像素愈小，测量的精度愈高，通常把每一层组织断面至少分为 160×160 个小块(像素)。从 X 射线管发出的 X 射线通过准直器成一细束，再通过滤板，使接近于单色的 X 射线透过吸收体的某层面投射到探测器上，从探测器读取的 X 射线强度表示 X 射线在该层面上沿这条路径被各小块吸收后的强度。沿一条路径的总线性衰减系数为

$$\sum_{i=1}^{n}\mu_i = \mu_1 + \mu_2 + \cdots + \mu_n = \frac{1}{d}\ln\frac{I_0}{I_n}$$

读取一个数据以后，将由框架固定在一起的 X 射线管和探测器移动一个距离，测量经过下一条路径吸收后的强度，如此沿直线扫描，直到整个横向扫描一遍以后，将整个扫描系统转 1°角，再横向扫描一遍，如图 12-8 所

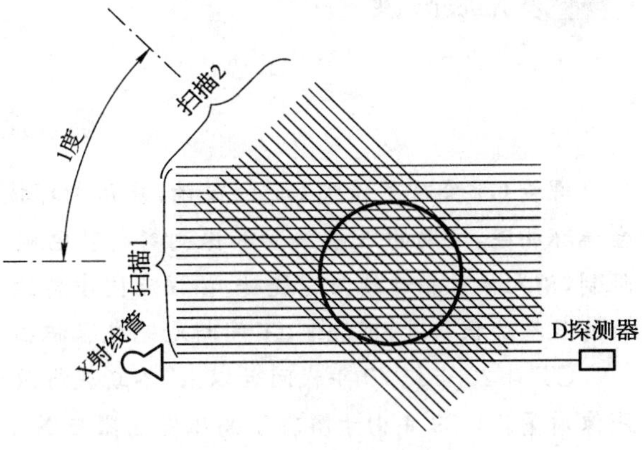

图 12-8　CT 扫描程序

示。一次完整的操作要旋转 180°，每扫描一次，探测器可接连记录几百个(如 240 个)测量数据，每一个数据表示 X 射线通过吸收体后的强度，则做一个层面扫描要测定 240×180 个数据。如何从这些数据中找出该层面各点吸收率的情况，这要靠计算机经过大量的运算来完成，换句话说，测得的 240×180 个数据可以建立起 240×180 个方程。总共有 160×160 个未知量，从这些方程中解出未知量，可以得到每个小块的线性衰减系数，把它们转换成相应的灰度等级，在荧光屏上就可以获得一幅由线性衰减系数重建的横断层面的图像。

荧光屏显示时，灰度只与线性衰减系数的相对大小有关，因此 CT 系统中都取相对衰减系数为计算依据，并以骨和空气的吸收率分别作为上下限进行分度。CT 值的计算公式为

$$\text{CT 值} = k\frac{\mu_{\text{待}} - \mu_{\text{水}}}{\mu_{\text{水}}} \tag{12-7}$$

式(12-7)中 k 实际多取 1 000，CT 值的单位为亨氏单位(Hounsfield unit, HU)。通常把水的 CT 值定为零，空气为 −1 000 HU，骨骼为 +1 000 HU，人体其他组织的 CT 值介于 −1 000～1 000 HU 之间，衰减系数大于水的物质 CT 值为正，小于水的物质 CT 值为负。

CT 系统中备有一电子窗口，通过它可以把需要显示的 CT 值定在一定范围内(即把需要显示的物质密度固定在一个小范围之内)，这样可以对最关心的一部分对象进行精细的显示。选取不同窗口，可以清晰地观看同一层面内的不同器官。由于 CT 值的测量可准确到 0.5%，因此在荧光屏上可以显示出密度差别很小的不同器官。

从 240×180 个方程中求取 160×160 个未知量，其计算工作量是很巨大的。为了能够临床应用，必须在几分钟乃至几十秒钟内完成计算，因此要求有高速大型的计算机。此外，在计算方法上也在不断改进，CT 已从原先的迭代法发展到傅里叶变换法、反投影法等。

X-CT 从根本上解决了常规透视、摄影及断层摄影中存在的影像重叠问题，通过 X-CT 可看到人体各种器官和骨骼的断层影像及形态，并能分辨出密度相差很小的组织，从而判断病变的部位、形态和性质。为了更加明显地区别病变和正常组织的密度吸收，可用造影剂进行增强扫描。当前临床使用的 X-CT 机几乎能诊断人体各个部位的疾病，尤其对识别肿瘤的质，具有较高的确诊价值。

拓展阅读

螺 旋 CT

螺旋 CT 突破了传统 CT 的设计，采用滑环技术，将电源电缆和一些信号线与固定机架内不同金属环相连，运动的 X 射线管和探测器滑动电刷与金属环导联。X 射线管和探测器不受电缆长度限制，沿人体长轴连续匀速旋转，扫描床同步匀速递进(传统 CT 扫描床在扫描时静止不动)，扫描轨迹呈螺旋状前进，可快速、不间断地完成容积扫描。

CT 自 20 世纪 70 年代问世以来，不断获得改进，从第一代到第五代，不断缩短扫描时间和提高图像质量。1989 年由于解决了高压发生器与 X 射线管一起旋转的难题，X 射线管可以螺旋式地运动了，再加上滑环技术，把 CT 技术推上了一个新的水平，即螺旋 CT 的问世。原来的 CT 每次扫描

都必须经过启动、加速、匀速、取样、减速、停止等几个过程，大大限制了扫描速度，而螺旋 CT 克服了上述缺点，可以连续旋转扫描。患者的床也以一定的速度前进和后退，这不仅使扫描速度提高好几倍，而且这种螺旋扫描不再是对人体某一层面采集数据，而是围绕人体的一段容积螺旋式地采集数据，被称为容积扫描。它不仅速度快，而且获得三维信息，这就增加了信息处理的内容和灵活性，它可以得到真正的三维重建图像，使血管立体成像(CT angiography)成为可能。所以，螺旋 CT 的功能大大地增加了，如组织容积与分段显示技术、实时成像技术、三维重建图像、仿真内镜技术及心脏功能评估等，故螺旋 CT 被称为 CT 的“新生”。

1998 年在单螺旋、双螺旋的基础上，医学工程技术人员又推出了多层螺旋 CT，使 CT 的发展又上了一层楼。多层螺旋 CT 与单层螺旋 CT 比较，有很大的改进。首先，单层螺旋 CT 采用扇形 X 线束、单排探测器，而多层螺旋 CT 则用锥形 X 线束、多排探测器，驱动系统上多层螺旋 CT 多采用磁悬浮技术电磁驱动使扫描架旋转速度更快，大大提高了扫描速度。如美国 GE 公司的 64 排 128 层容积 CT，球管旋转一圈可以获得 128 层图像，扫描 1 周仅需 0.4 s，可以采集到 128 层亚毫米(0.625 mm)层厚的图像，1 s 可以扫描一个器官，5 s 完成心脏检查，10 s 可以扫描完全身，患者屏住呼吸的时间更短，感觉更舒适。尽管一些技术在单层螺旋 CT 上已经能够完成，但是多层螺旋 CT 无疑扫描速度更快、图像质量更高，可以让临床医生看到更多更为精确的细节，层厚更薄，辐射计量减少，可以将病变的血管“拉”出来观察，还可以“剥皮、去骨”，小到 0.5 mm 的病变都能让医生一目了然。依靠计算机技术，多层螺旋 CT 还可以实现三维重建，没有了阶梯状的伪像，图像更接近于立体解剖图像；仿真内镜不仅更“真”，而且更细小的病变及黏膜的病变发现率增高。

与常规 CT 扫描相比，螺旋 CT 扫描主要有以下优点：① 整个器官或一个部位一次屏息下的容积扫描，不会产生病灶的遗漏。② 单位时间内扫描速度提高，减少了运动伪影，使造影剂的利用率提高，节省造影剂用量。③ 可任意地回顾性重建，无层间隔大小的约束和重建次数的限制。④ 容积扫描，提高了多方位和三维重建图像的质量。

思考题

12-1　产生 X 射线的必要条件有哪些？

12-2　X 射线具有哪些基本性质？这些性质在 X 射线的应用上各有什么意义？

12-3　什么是 X 射线的强度和硬度？它们各受哪些因素的影响？

12-4　为什么韧致辐射产生的连续 X 射线谱中存在最短波长？最短波长受哪些因素影响？

12-5　标识 X 射线的产生机制是什么？影响特征辐射的因素有哪些？

12-6　X-CT 与常规 X 射线摄影的成像方法有什么不同？

习题

12-1　管电压为 100 kV 的 X 射线光子的最大能量和最短波长是多少？

12-2　两种物质对某种 X 射线吸收的半值层之比为 $1:\sqrt{2}$，则它们的衰减系数之比为多少？

12-3 某波长的 X 射线透过 1 mm 厚的脂肪后，其强度减弱了 10%。问透过 3 mm 厚时，其强度将是原来的百分之几？

12-4 如果某种波长的 X 射线的半值层是 3.00 mm 厚的铝板，求铝的线性衰减系数。

12-5 对某一波长的 X 射线，铝的线性衰减系数为 $1.32\times10^{4}\ m^{-1}$，铅的线性衰减系数为 $2.64\times10^{5}\ m^{-1}$。问要和 1 mm 厚的铅层得到相同的防护效果，铝板的厚度应为多少？

12-6 一厚度为 4.0 mm 的铜片能使某种波长的单色 X 射线减至原来的 1/10，试求铜的衰减系数及半值层。

12-7 X 射线被衰减时，要经过几个半值层强度才能减少到原来的 1%？

12-8 铅对波长为 1.54 nm 的 X 射线的线性衰减系数为 $2\,610\ cm^{-1}$，欲使透过射线强度为入射 X 射线强度的 10%，需要铅板的厚度为多少？

12-9 一组平行 X 射线在岩盐晶体上衍射，当掠射角是 6°50′时可得到第一级强反射，晶体内反射平面间距离(即晶格常数)为 0.28 nm，试求 X 射线的波长。

12-10 以铜作为阳极靶材料的 X 射线管发出的 X 射线主要是波长为 0.15 nm 的标识谱线。当它以掠射角 11°15′照射某一组晶面时，在反射方向上测得一级衍射极大，求该组晶面的间距。又若用以钨为阳极靶材料做成的 X 射线管所发出的波长连续的 X 射线照射该组晶面，在 36°的方向上可测得什么波长的 X 射线的衍射极大值？

第十三章　原子核物理学基础

导学

本章主要介绍原子核的基本性质、核衰变定律和放射性核素在医学上的应用，以及核磁共振的基本知识。

1. 掌握　放射性核素的衰变规律。

2. 理解　原子核的衰变类型。

3. 了解　原子核的组成和基本性质；放射性的防护和放射性在医学上的应用；核磁共振的基本原理及其应用。

原子核物理学主要研究原子核的结构、性质和变化规律，研究射线束用于探测和分析，以及研究与核能、核技术应用有关的物理问题。作为现代医学标志的核医学就是以原子核物理学为理论基础。

第一节　原子核的组成

原子核由**质子**(proton)和**中子**(neutron)组成，两者统称为**核子**(nucleon)。原子的质量很小，国际上把^{12}C原子质量的$\frac{1}{12}$定义为一个**原子质量单位**(atomic mass unit)，用u表示，即

$$1\ u=\frac{0.012}{N_A}\times\frac{1}{12}=1.660\ 539\times10^{-27}\ kg$$

式中阿伏伽德罗常数$N_A=6.022\ 136\ 7\times10^{23}\ mol^{-1}$。以原子质量单位为标准测定的原子质量称为该原子的原子量，如氢的原子量为1.007 9。原子核内质子数和中子数的总和，称为原子核的**质量数**(mass number)，即核子总数。具有各种不同原子核组成的各种元素统称为**核素**(nuclide)。电荷数为Z、质量数为A的某一核素X，常用符号^A_ZX来表示，如^1_1H、$^{16}_8O$等。质子数相同、中子数不同的核素称为该元素的**同位素**(isotope)。

在原子核中有一种很强的吸引力将所有核子吸引在一起，该引力称为**核力** (nuclear force)。它是强相互作用力，比万有引力和电磁力大得多。核力又是短程力，它的作用距离为10^{-15} m的数

量级。核力与核子所带电荷无关,在相同的距离下,质子和中子、质子和质子、中子和中子之间核力的大小相同。

第二节 原子核的放射性

放射性是 1896 年贝克勒尔(Antoine Henri Becquerel)发现的,他当时观察到铀盐放射出的射线能透过不透明的纸使照相底片感光。在目前人们已经知道的 2 600 多种原子核中,大约有 90% 是不稳定的,这些不稳定的原子核称为**放射性核素**(radionuclide)。它们能自发地放出射线(如 α 射线、β 射线、γ 射线等),同时由一种核素转变成另一种核素,这种现象称为**核衰变**(nuclear decay)或**放射性衰变**(radioactive decay)。

一、核衰变类型

核衰变类型主要有三种: α 衰变、β 衰变和 γ 衰变,在衰变过程中遵守质量、能量、动量、电荷和核子数守恒。

(一) α 衰变

放射性核素放出 α 粒子而衰变为另一种核素的过程,称为 α 衰变。α 粒子就是氦核($^4_2$He),它由两个质子和两个中子组成。当一个原子核放射出一个 α 粒子时,它的原子序数减少 2,质量数减少 4,原子核转变为另外一种元素的核。α 衰变反应式一般可表示为

$$^A_Z\mathrm{X} \rightarrow {}^{A-4}_{Z-2}\mathrm{Y} + {}^4_2\mathrm{He}$$

式中^A_ZX 是衰变前的原子核称为母核,$^{A-4}_{Z-2}$Y 是衰变后的原子核称为子核。处于基态的母核发生 α 衰变时,可以直接衰变到子核的基态;也可以先衰变到子核的激发态,放出能量较低的 α 粒子,然后再放出 γ 射线跃迁到基态。因此,α 衰变的能谱是不连续的线状谱,并常伴有 γ 射线,如图 13-1 所示。

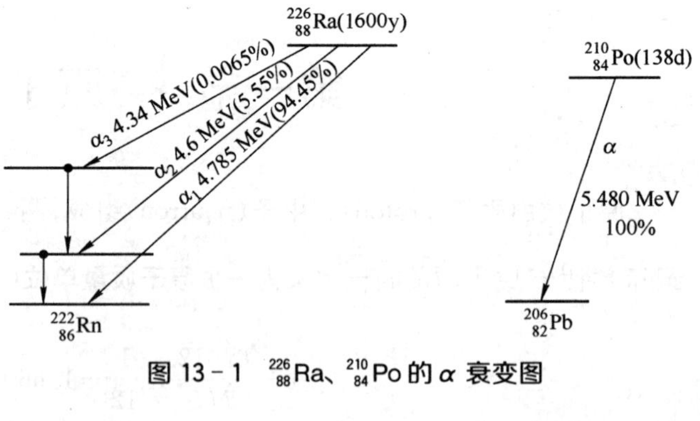

图 13-1 $^{226}_{88}$Ra、$^{210}_{84}$Po 的 α 衰变图

(二) β 衰变

原子核内释放出电子或正电子的衰变过程统称为 β 衰变,它主要包括 β^- 衰变、β^+ 衰变和电子俘获。

1. β^- 衰变 放射性核素放出一个 β^- 粒子和一个反中微子($^0_0\bar{\nu}$)而转变为另一种核素的过程称为 β^- 衰变。β^- 粒子就是电子($^{\ 0}_{-1}$e),反中微子不带电,其静止质量基本为零。β^- 衰变时,母核 X 释放出一个负电子而转变为子核 Y,子核的电荷数比母核的电荷数增加 1 而质量数不变,即在元素周期表中后移了一位,这就是 β^- 衰变的位移定则。其一般过程为

$$ {}_{Z}^{A}X \rightarrow {}_{Z+1}^{A}Y + {}_{-1}^{0}e + {}_{0}^{0}\bar{\nu} $$

β^-衰变实际上是母核中的一个中子(${}_{0}^{1}n$)转变为一个质子(${}_{1}^{1}p$),同时放出一个电子和一个反中微子的过程。核素发生β^-衰变时,有的只放射出β^-粒子,有的则在放射β^-粒子的同时还伴有γ射线的发射,如图13-2所示。β^-放射性在医学上有重要的应用价值,常用的有${}_{27}^{60}Co$、${}_{15}^{32}P$、${}_{1}^{3}H$和${}_{6}^{14}C$等。

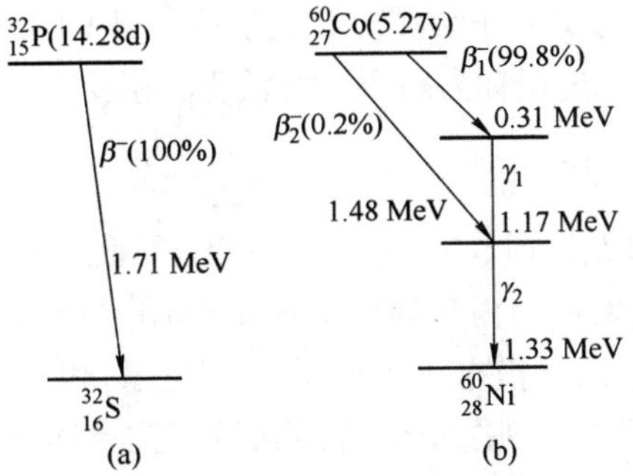

图13-2　${}_{15}^{32}P$、${}_{27}^{60}Co$的β^-衰变图

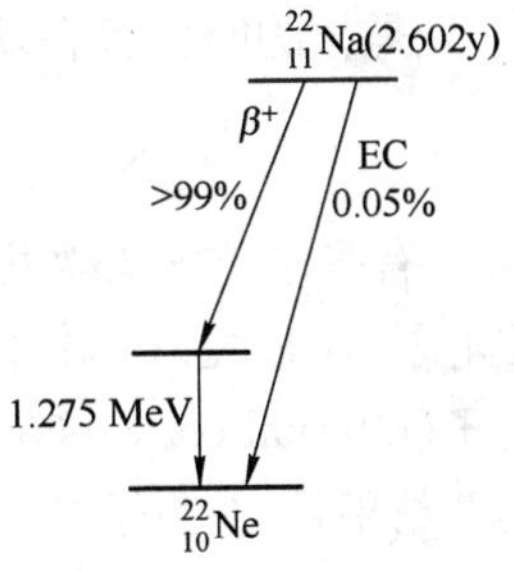

图13-3　${}_{11}^{22}Na$的β^+衰变图

2. **β^+衰变**　放射性核素放出一个β^+粒子和一个中微子(${}_{0}^{0}\nu$)而转变为另一种核素的过程称为β^+衰变。β^+粒子就是正电子(${}_{+1}^{0}e$),正电子是一种质量和电子质量相等、带有一个单位正电荷的粒子。中微子和反中微子均不带电,其静止质量近似为零,它们与物质的相互作用很弱,因此不易探测。在β^+衰变过程中,子核与母核质量数相同,而原子序数减少1,即在元素周期表中前移了一位,这就是β^+衰变的位移定则。其一般过程为

$$ {}_{Z}^{A}X \rightarrow {}_{Z-1}^{A}Y + {}_{+1}^{0}e + {}_{0}^{0}\nu $$

β^+衰变实际上是母核中的一个质子转变为一个中子,同时放出一个正电子和一个中微子的过程。同理,β^+衰变后的子核可能处于激发态,当它回到基态时,伴有γ射线的发射,如图13-3所示。

正电子只能存在极短的时间,当它被物质阻挡失去动能时,将与物质中的电子结合而转化成一对γ光子,这一过程称为正负电子对湮没。正负电子对湮没可以转化为一个、二个或三个光子,但转化为二个光子的概率最大。β^+衰变只有在少数人工放射性核素中发现,在天然放射性核素中尚未发现,医学上常用的有${}_{6}^{11}C$、${}_{7}^{13}N$、${}_{8}^{15}O$等。

3. **电子俘获**　发生β衰变的原子核俘获一个核外电子,同时放出一个中微子,使核内一个质子转变为中子的衰变过程称为**电子俘获**(electron capture, EC)。其过程为

$$ {}_{Z}^{A}X + {}_{-1}^{0}e \longrightarrow {}_{Z-1}^{A}Y + {}_{0}^{0}\nu $$

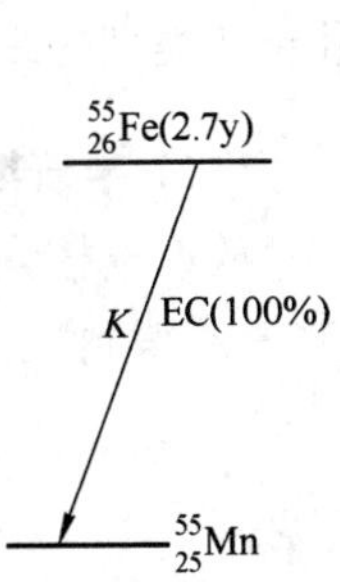

图13-4　${}_{26}^{55}Fe$的电子俘获衰变图

如果在β衰变时母核俘获一个K层电子称K俘获。同理,有L俘获和M俘获。因为K层最靠近原子核,故K俘获的发生概率最大。在一个内层电子被原子核俘获后,原子核的外层电子会立即将这个空位填充,多余的能量将以标识X射线的形式释放出来。如果多余的能量不是以X射线的形式释放出来,而是传递给同一能级的外层电子,使之成为自由电子,这种自由电子称为**俄歇电子**(Auger electron)。在实际工作中,常常通过观测X射线或俄歇电子来确定电子俘获是否发生。如图13-4所示,即为${}_{26}^{55}Fe$的电子俘获衰变图。β衰

变时由于核内的核子数并没有变化，因此都是发生在同量异位素之间的衰变。

（三）γ 衰变

1. γ 衰变　原子核由高能级跃迁到低能级时，发出 γ 光子的过程称为 γ 衰变。在大多数情况下，原子核处于激发态的时间极短，因此 γ 衰变通常是伴随 α 衰变和 β 衰变而产生的。但有些核衰变中，原子核在激发态的时间较长，可以单独放出 γ 光子。在 γ 衰变过程中，原子核的质量数和电荷数都不改变，只是核的能量状态发生变化，这种过程称为同质异能跃迁。衰变方程为

$$^{Am}_{Z}X \rightarrow ^{A}_{Z}X+\gamma$$

2. 内转换　有些原子核从激发态向低能级跃迁时，不一定放出 γ 光子，而是将能量直接传递给核外的内层电子，使其成为自由电子，这种现象称为**内转换**(internal conversion)，发射出的电子称为**内转换电子**(internal conversion electron)。内转换电子主要是 K 层电子，也有 L 层或其他层电子。内转换的结果是，在原子核内层电子壳层上出现了空位，较外层的电子将填补这一空位，从而产生标识 X 射线或俄歇电子发射。

二、核衰变定律

原子核衰变是原子核自发地从不稳定状态进入稳定状态的过程。虽然对于单个原子核发生衰变是随机的，但对大量的原子核组成的放射性物质而言，衰变时都遵循共同的宏观基本规律。

（一）衰变定律

实验和理论证明，在 t 到 $t+\mathrm{d}t$ 时间内，衰变掉的原子核数 $-\mathrm{d}N$ 与时间间隔 $\mathrm{d}t$ 成正比，也与现有的原子核数 N 成正比。即

$$-\mathrm{d}N=\lambda N\mathrm{d}t \tag{13-1}$$

式(13-1)中比例系数 λ 称为**衰变常数**(decay constant)，它表示原子核在单位时间内发生衰变的概率，其大小反映了放射性核素衰变的快慢。λ 与核素的种类及发生衰变的类型有关，而与原子核的数量无关。若考虑到初始条件 $t=0$ 时，$N=N_0$，对式(13-1)积分后可得到

$$N=N_0e^{-\lambda t} \tag{13-2}$$

式(13-2)即为**放射性衰变定律**(radioactive decay law)，它表示放射性原子核数目随时间按负指数规律衰减。如果某种核素能够同时进行多种类型的衰变，用 λ_1、λ_2、…、λ_n 分别表示对应于每种衰变类型的衰变常数，则总的衰变常数是各个衰变常数之和，即 $\lambda=\lambda_1+\lambda_2+\lambda_3+\cdots+\lambda_n$。

（二）半衰期

放射性核素衰变一半所需要的时间称为**半衰期**(half life period)，通常用 $T_{1/2}$ 来表示。由式(13-2)得到

$$\frac{N_0}{2}=N_0e^{-\lambda T_{1/2}}$$

$$T_{1/2}=\frac{\ln 2}{\lambda}=\frac{0.693}{\lambda} \tag{13-3}$$

由此式可得 $\lambda=\frac{\ln 2}{T_{1/2}}$，将其代入式(13-2)可得到用半衰期表示的衰变定律

$$N=N_0\left(\frac{1}{2}\right)^{t/T_{1/2}} \tag{13-4}$$

表 13-1 列出了一些放射性核素的半衰期和衰变类型，半衰期的单位为年(y)、天(d)、小时(h)、分(min)和秒(s)等。

表 13-1　一些放射性核素的半衰期和衰变类型

核素	半衰期	衰变类型	核素	半衰期	衰变类型
$^{3}_{1}H$	12.33 y	β^-	$^{125}_{53}I$	60 d	EC, γ
$^{11}_{6}C$	20.4 min	β^+(99.75%) EC(0.24%)	$^{131}_{53}I$	8.04 d	β^-, γ
$^{14}_{6}C$	5 730 y	β^-	$^{222}_{86}Rn$	3.8 d	α, γ
$^{32}_{16}P$	14.3 d	β^-	$^{226}_{88}Ra$	1 600 y	α, γ
$^{60}_{27}Co$	5.27 y	β^-, γ	$^{238}_{92}U$	4.5×10^9 y	α, γ

当放射性核素引入生物体时，其原子核的数量除按自身规律衰减外，还会通过生物体代谢排出体外。通常这种过程也随时间按负指数规律衰减。我们把单位时间内因为生物体的代谢而产生的原子核数减少的概率称为**生物衰变常数**(biological decay constant)λ_b，相应的半衰期称为**生物半衰期**(biological half-life)T_b。原子核按自身规律衰变所具有的衰变常数和半衰期分别称为**物理衰变常数**(physical decay constant)和**物理半衰期**(physical half-life)。因此，可引入生物体内原子核实际表现的衰变常数和半衰期，分别称为**有效衰变常数**(effective decay constant)λ_e 和**有效半衰期**(effective half-life)T_e，则有以下关系式

$$\lambda_e=\lambda+\lambda_b,\ \frac{1}{T_e}=\frac{1}{T_{1/2}}+\frac{1}{T_b} \tag{13-5}$$

(三) 平均寿命

放射性核素在衰变前平均生存的时间称为**平均寿命**(average lifetime)，用符号 τ 表示。设 $t=0$ 时放射性样品的核数为 N_0，时间为 t 时样品中放射性核数为 N，在 t 至 $t+\mathrm{d}t$ 时间内衰变掉的核数为 $-\mathrm{d}N=\lambda N\mathrm{d}t$，它们的寿命为 t，因此平均寿命为

$$\tau=\frac{1}{N_0}\int_{N_0}^{0}-\mathrm{d}N\cdot t=\frac{1}{N_0}\int_0^{\infty}\lambda N\mathrm{d}t\cdot t=\frac{\lambda}{N_0}\int_0^{\infty}N_0e^{-\lambda t}\cdot t\mathrm{d}t=\frac{1}{\lambda} \tag{13-6}$$

从式(13-6)可知，平均寿命是衰变常数的倒数，衰变常数愈大，核素衰变得愈快，平均寿命就愈短。衰变常数、半衰期和平均寿命三者的关系可表示为

$$\lambda=\frac{\ln 2}{T_{1/2}}=\frac{1}{\tau}$$

(四) 放射性活度

放射性核素在单位时间内衰变的核数称为**放射性活度**(radioactivity)，简称活度。活度越大，

单位时间内衰变的核数越多,放射性核素发出的射线也越多。放射性活度表示放射性的强弱,通常用A表示

$$A=-\frac{dN}{dt}=\lambda N$$

用式(13-2)代入上式,可得到

$$A=\lambda N_0 e^{-\lambda t}=A_0 e^{-\lambda t}=A_0\left(\frac{1}{2}\right)^{t/T_{1/2}} \tag{13-7}$$

式(13-7)中$A_0=\lambda N_0$是$t=0$时的放射性活度。由此可见,放射性活度也是随时间按负指数规律衰减的。放射性活度的单位称为**贝可**,记作Bq(Becquerel的简写),1 Bq=1个核衰变·秒$^{-1}$。它的旧单位是**居里**(Curie),用Ci表示,1 Ci=3.7×10^{10} Bq。

由$A=\lambda N=\frac{N}{\tau}$可知,当核素一定(即$\lambda$不变)时,活度正比于放射性核素的数目。当$N$一定时,寿命短的核素放射性活度大;而当$A$一定时,寿命短的核素所对应的原子核数少。临床上为达到诊疗疾病的目的,既要保证一定的放射性活度,又要减少辐射对人体的伤害而尽可能减少放射性核素在体内的残留量,因此临床上尽量使用短寿命的核素,这在核医学中非常重要。

例 13-1 给患者服用$^{59}_{26}$Fe标记的放射性药物来检查血液的病理状况。已知$^{59}_{26}$Fe的物理半衰期为46.3 d,9 d后测得人体内放射性原子核数量的相对残留量为79%,求$^{59}_{26}$Fe的生物半衰期。

解 由式(13-4)得

$$\frac{N}{N_0}=\left(\frac{1}{2}\right)^{\frac{t}{T_e}}=\left(\frac{1}{2}\right)^{\frac{9}{T_e}}=79\%$$

解得 $T_e=27\ \mathrm{d}$

由式(13-5)得 $\frac{1}{T_b}=\frac{1}{T_e}-\frac{1}{T_{1/2}}=\frac{1}{27}-\frac{1}{46.3}=0.015\,4\ \mathrm{d}^{-1}$

则$^{59}_{26}$Fe的生物半衰期为 $T_b=65\ \mathrm{d}$

第三节 辐射剂量与辐射防护

一、辐射剂量

(一) 照射量

照射量(exposure dose)只适用于X射线或γ射线,它表示射线对空气的电离能力,用X表示

$$X=\frac{dQ}{dm} \tag{13-8}$$

式(13－8)中 dQ 是在 X 射线或 γ 射线的照射下，质量为 dm 的干燥空气电离形成的任何一种(正或负)离子总电量的绝对值。照射量的单位为库仑・千克$^{-1}$($C \cdot kg^{-1}$)，旧单位为伦琴(R)，$1\ R = 2.58 \times 10^{-4}\ C \cdot kg^{-1}$。

(二) 吸收剂量

各种电离辐射照射物体所引起的效应强弱与物质吸收能量的多少密切相关。单位质量的被照射物质所吸收的辐射能量称为**吸收剂量**(absorbed dose)，用 D 表示

$$D = \frac{dE}{dm} \tag{13-9}$$

吸收剂量的单位为戈瑞(Gy)，$1\ Gy = 1\ J \cdot kg^{-1}$，旧单位为拉德(rad)，$1\ Gy = 100\ rad$。

(三) 剂量当量

生物体内单位质量的组织从各种射线中吸取同样多的能量，所产生的生物效应有很大差别。在辐射防护中，用生物组织受伤害的程度来修正单纯的吸收剂量，即剂量当量 (dose equivalent)，用 H 表示

$$H = Q \times D \tag{13-10}$$

式(13－10)中 Q 是一个没有量纲的修正因子，称为**品质因数**(quality factor)，如表 13－2 所示。Q 越大，生物效应越强。剂量当量的单位为希沃特(S_V)。

表 13－2　核辐射的品质因数

辐射种类	品质因数 Q	辐射种类	品质因数 Q
X、β^+、β^-、γ 射线	1	快中子、快质子射线	10
慢中子射线	1～5	反冲核、α 射线	20

二、辐射防护

放射性核素在医药学等领域都得到了广泛的应用，接触放射性核素的人群也日益增多，因此对射线的防护问题必须引起重视，以下介绍几个防护上经常使用的概念。

(一) 最大容许剂量

人们在自然条件下也会受到各种射线的照射，这些射线有的来自宇宙，有的来自地球上的放射性物质。国际上规定经过长期的积累或一次照射后对机体既无损害又不发生遗传危害的最大剂量称为**最大容许剂量**(maximum permissible dose)。对于某些生物效应，如癌症或遗传性疾患等的发生概率不存在阈剂量，即便是受到很小的剂量，也有可能引起疾病的发生。因此，放射性辐射没有什么“安全剂量”或“最大容许剂量”。我们应该尽量避免一切不必要的照射或把剂量保持在所需的最低水平。

(二) 外照射防护

放射源在体外对人体进行照射称为**外照射**(external exposure)。外照射的防护有距离防护、时间防护和屏蔽防护三方面。因此，与放射源接触的工作人员应尽可能利用远距离的操作工具，减

少在放射源周围停留的时间。同时应在放射源和工作人员之间放置屏蔽装置，以减弱放射性辐射的强度。

对不同的射线，应采取不同的防护措施。如对α射线，因其贯穿本领低、射程短，工作时只要戴上手套就可达到防护目的。对β射线除利用距离防护和时间防护外，屏蔽物质不宜采用原子序数高的物质，因为原子序数高的物质虽然衰减系数大，但易发生韧致辐射，故一般采用有机玻璃、铝等原子序数中等的物质作为屏蔽材料。对X射线和γ射线，因穿透能力大，多采用重原子序数的物质（如铅、混凝土等）作为屏蔽材料。对于中子的屏蔽，原则上是使中子很快减速，其中慢化能力最好的是含氢物质，如水、石蜡等。

（三）内照射防护

放射性核素进入体内对人体进行照射称为**内照射**（internal exposure）。多数放射性物质都具有较长的半衰期，进入体内后会对人体产生长时间的辐射伤害。因此，除某些治疗和诊断必须要将放射性物质引入体内外，任何射线的内照射都应尽量避免。为此，与放射性核素接触的人员要严格防止放射性物质从呼吸道、食管或外伤部位进入体内。一旦进入体内，可服用适当药物，缩短核素在人体内的生物半衰期，加速核素的排出。

第四节　放射性核素在医学上的应用

一、诊断方面

诊断核医学可分为体外诊断和体内诊断两类。体外诊断即将放射性核素放在试管中进行放射性免疫测量或活化分析。体内诊断即把放射性核素引入活体内，进行脏器功能测量或显像，这已成为当代核医学最主要的工作领域。

核素示踪技术是核医学诊断中的重要技术手段，它是以放射性核素或其标记的化合物作为示踪剂引入生物体内，应用射线探测方法来对其进行精确定性、定量及定位测量。这种技术的基本依据是：放射性核素与其稳定的同位素有相同的化学性质，进入体内后所发生的化学变化和生物学过程也均相同。核素示踪技术不仅能有效地动态研究物质在生物体内的运动规律，揭示其内在关系，而且灵敏度很高，可精确地检测出10^{-18}～10^{-14} g的放射性物质。

在临床上应用^{131}I标记的马尿酸作为示踪剂，静脉注射后通过肾图仪描记肾区的放射性活度随时间变化的情况，可以反映肾动脉血流、肾小管分泌功能和尿路的排泄情况。又如把胶体^{198}Au注射到体内后，将通过血液而集积在肝脏内，但不能进入肝肿瘤中。从体外探测^{198}Au发出的γ射线，可了解^{198}Au在肝脏内的分布情况，为肝癌的诊断提供有力的依据，并可以确定病变的位置和大小。

二、治疗方面

治疗方面主要利用射线抑制和破坏病变组织的特性，达到临床治疗目的，也可分为外照射治疗和内照射治疗两大类。

（一）外照射治疗

利用^{60}Co治疗机、医用电子感应加速器和医用电子直线加速器等仪器，使发生的γ射线或X射线从体外照射病灶，可对敏感的癌细胞产生巨大的杀伤力。常用的^{60}Co治疗机俗称钴炮，它发出的γ光子能量较大，主要用于治疗深部肿瘤，如颅脑内、纵隔及鼻咽部肿瘤。用高能的γ射线代替传统意义上的手术刀，简称γ刀。γ刀是一种立体放射性神经外科治疗设备，利用高精度的立体定向装置对病灶进行精确的三维定位，然后用高能量的γ射线一次多方向地聚焦于病灶，使组织发生坏死，病灶外的组织因射线剂量迅速减少而不受损伤，类似于外科手术的治疗效果。对于放射低能β射线的放射源（如^{32}P等），可把放射物直接敷贴于患部照射体表病灶，常用于治疗皮肤和眼科疾病。

（二）内照射治疗

利用有的组织对某些特定元素的选择性摄取和聚集作用的特点，将放射性药物引入体内，通过身体本身的选择性摄取和聚集，从而破坏或抑制病变组织的生长。常见的是用^{131}I治疗甲状腺功能亢进症和部分甲状腺癌等。

三、核医学显像

核医学显像的本质就是体内放射性物质分布的体外测量，同时将测量结果用图像的形式表示出来。核医学成像可以获得定性、定量、定位的生物体内物质的动态变化，反映了人体代谢、组织功能和结构形态。

（一）γ相机

γ相机是将人体内放射性核素分布快速、一次性成像的设备。γ相机可同时记录脏器内各个部分的射线，快速形成一帧器官的静态平面图像。因其成像速度快，也可用于获取反映脏器内放射性物质分布变化的连续照片，可观察脏器的动态功能及其变化。

γ相机主要由探测器（包括准直器、闪烁晶体、光电倍增管、电阻矩阵等）、电子学线路和图像显示记录装置等几部分组成。人体接受某种放射性药物后，脏器中的示踪核素放射的γ射线沿准直孔方向投射到闪烁晶体上产生荧光，光电倍增管输出电脉冲的幅度与接收到的闪烁荧光强度成正比。对应于每个入射的γ光子，光电倍增管分别输出位置和能量两种信号。每个管子的位置信号经过电阻矩阵分别输入四个放大器，其输出信号给出晶体中荧光产生点的中心位置，即入射的γ光子击中晶体的位置。同时，所有光电倍增管的能量信号通过加和电路，其输出作为总的能量信号，它的大小与荧光光量成正比，从而在图像显示器上呈现内脏器官投影面的图像。

（二）单光子发射型计算机断层扫描

单光子发射型计算机断层扫描（Single Photon Emission Computerized Tomography，SPECT）是利用体内不同组织具有选择性吸收放射性示踪原子的特点，采用γ相机探测示踪原子发射的光子，从而获得断层上的投影数据，由此重建断层图像。SPECT实际上是γ相机的一种改进，它的γ相机探头可绕人体做360°旋转，将探头从多角度得到的二维投影数据重建后即为体内某一断层面上放射性核素分布的图像。SPECT的图像是人体内组织和脏器断层中放射性核素的浓度分布，它反映的不是有关断层的解剖学图像，而是有关组织和脏器的放射性活度生理生化过程的分布。与γ相机比较，断层图像受脏器大小、厚度的影响大为降低，对一些深度组织的探测能力也显著提高。

(三) 正电子发射型计算机断层扫描

正电子发射型计算机断层扫描(Positron Emission Computerized Tomography, PET)PET是目前在分子水平上进行人体功能显像的最先进的核医学影像技术,它的空间分辨率明显优于SPECT。PET的基本原理是利用能产生β^+衰变的放射性核素,如$^{11}_{6}C$、$^{13}_{7}N$、$^{15}_{8}O$、$^{18}_{9}F$等作为示踪剂注入人体,这些核素的稳定同位素是人体组织的基本元素,这些核素的标记物可以直接参与体内的生理生化代谢过程。利用它们发射的正电子与体内的负电子发生正负电子对湮没,释放出一对γ光子,被探头的晶体所探测,得到高分辨率、高清晰度的活体断层图像,以显示人脑、心脏、全身其他器官以及肿瘤组织的生理和病理功能及代谢情况。PET的最大优势是能定量评价在体组织的生理生化功能。而在SPECT中多采用亚稳态的同位素^{99m}Tc、^{113m}In,它们在人体内的含量基本为零,由它们合成的放射性制剂所能显示的生理生化过程就受到极大的限制。此外,PET所使用的都是半衰期非常短的核素,且核素量少,人体接受的辐射剂量相对较小,安全性好。

第五节 核磁共振

一、核磁共振的基本原理

(一) 量子力学的理论

原子核除了质量、电荷等属性外,还具有自旋的特性。原子核的自旋角动量为

$$L_I=\sqrt{I(I+1)}\,\frac{h}{2\pi} \tag{13-11}$$

式(13-11)中I称为**核自旋量子数**(nuclear spin quantum number)。表13-3列出了几种原子核的自旋量子数的数值,可以看出,核自旋量子数的数值总是整数或半整数,这些值是由实验测定的。按照空间量子化的条件,核自旋角动量在磁场方向上的分量为

$$L_{IZ}=m_I\,\frac{h}{2\pi} \tag{13-12}$$

式(13-12)中m_I称为**核自旋磁量子数**(nuclear spin magnetic quantum number),它的取值为0, ±1, …, $\pm I$,共有$2I+1$个可能的值。这说明,在外磁场中,核自旋量子数为I的原子核,其核自旋角动量L_I可能有$2I+1$个不同的取向。

表13-3 原子核的自旋量子数

核素	自旋量子数I	朗德因子g	核素	自旋量子数I	朗德因子g
$^{1}_{1}H$	1/2	5.5854	$^{16}_{8}O$	0	—
$^{13}_{6}C$	1/2	1.4048	$^{23}_{11}Na$	3/2	1.4783
$^{14}_{7}N$	1	0.4036	$^{127}_{53}I$	5/2	1.1238

原子核既带电，又有自旋运动，必有**自旋磁矩**(spin magnetic moment)，用 μ_I 表示。它与核自旋角动量的比值，称为**旋磁比**(gyromagnetic ratio)，记作 γ

$$\gamma=\frac{\mu_I}{L_I}=g\,\frac{e}{2m_P} \tag{13-13}$$

式(13-13)中 g 为原子核的朗德因子，其值由实验测定，详见表 13-3 所示。m_P 为质子的质量，e 为质子的电荷量。由式(13-13)可得出

$$\mu_I=L_I\gamma=\sqrt{I(I+1)}\,g\,\frac{eh}{4\pi m_P}=\sqrt{I(I+1)}\,g\mu_N \tag{13-14}$$

式(13-14)中 $\mu_N=\dfrac{eh}{4\pi m_P}=5.050\,824\times10^{-27}\ \text{A}\cdot\text{m}^2$，称为**核磁子**(nuclear magneton)，是核磁矩的基本单位。

同理也可得出，核磁矩的空间分量为

$$\mu_{IZ}=\gamma L_{IZ}=g\,\frac{e}{2m_P}\cdot m_I\,\frac{h}{2\pi}=m_I g\mu_N \tag{13-15}$$

前面讨论过，磁矩在外磁场 $\boldsymbol{B}$ 中的能量可用下式求出

$$E=-\boldsymbol{\mu}_I\cdot\boldsymbol{B}=-\mu_I B\cos\theta$$

式中 θ 是 $\boldsymbol{\mu}_I$ 与 $\boldsymbol{B}$ 方向的夹角，$\mu_I\cos\theta=\mu_{IZ}$，所以

$$E=-m_I g\mu_N B \tag{13-16}$$

式(13-16)表明，对于自旋为 I 的原子核，能量 E 可有 $2I+1$ 个不同的数值。这说明无外磁场存在时的每一个核磁能级，在外磁场中要分裂成 $2I+1$ 个子能级。量子力学的研究表明，跃迁的选择定则为 $\Delta m_I=\pm1$，即跃迁只能发生在这样两个能级之间，其能量差为

$$\Delta E=-g\mu_N B[m_I-(m_I+1)]=g\mu_N B \tag{13-17}$$

这说明，在外磁场中，两个相邻的核磁能级之差 ΔE，不仅取决于原子核本身的特性(核的 g 因子)，而且与外磁场 $\boldsymbol{B}$ 的大小有关，这是核磁能级的特征。

对于某些核，它的自旋磁量子数 $m_I=\pm\dfrac{1}{2}$ 时，$E=\pm\dfrac{1}{2}g\mu_N B$，所以两能级之差为

$$\Delta E=g\mu_N B$$

ΔE 将随 B 的增加而增大，如图 13-5 所示。

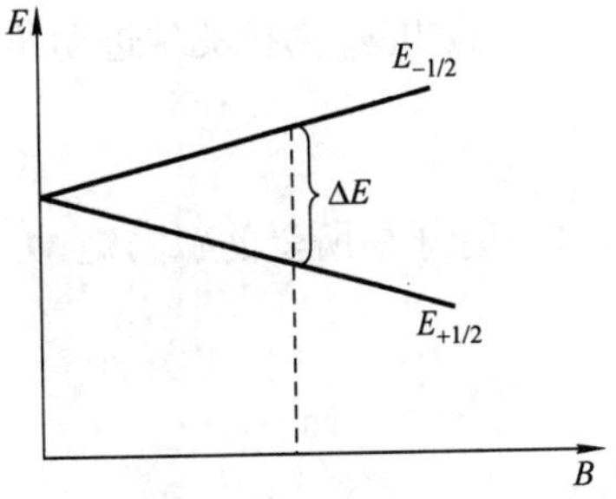

图 13-5　核磁能级

当热平衡时，低能级上的原子核数高于高能级上的原子核数。如果在垂直于稳恒磁场 $\boldsymbol{B}$ 的方向上，再另加一个较弱的高频交变磁场，且频率又满足下列关系式

$$h\nu=\Delta E=g\mu_N B$$

即

$$\nu=\frac{1}{h}g\mu_N B \tag{13-18}$$

则处于此磁场中的原子核就会吸收高频交变磁场的能量，从

低能级跃迁到高能级,结果显示出宏观的能量吸收现象,称为**核磁共振**(nuclear magnetic resonance, NMR)。如果处于低能级的原子核数比处于高能级的原子核数越多,吸收现象就越强烈,共振信号也越强。

当高频磁场开始加进样品时,吸收跃迁占优势,于是高、低能级上的原子核数差值减少,最后不再发生吸收跃迁,形成所谓饱和状态。但是实际上又发生另外一个过程:一是自旋核与邻近的自旋核相互交换能量;二是自旋核又与周围其他质点相互作用而交换能量,使处于高能级上的原子核丢失能量而返回低能级,这一过程称为**弛豫过程**(relaxation process)。可见,一方面原子核吸收高频磁场的能量从低能级跃迁到高能级,另一方面弛豫过程又使整个系统回到低能级状态,两种作用同时进行,系统达到动态平衡,使核磁共振维持下去。

(二) 经典的理论

具有自旋角动量 L 的原子核,同时具有磁矩 μ_I,在外磁场中,原子核受到磁力矩 $\boldsymbol{M}$ 的作用,就像高速旋转的陀螺在重力场中受到重力矩作用时将产生进动一样,原子核将产生绕磁场 $\boldsymbol{B}$ 方向的进动,称为**拉莫尔进动** (Larmor precession),如图 13-6 所示。

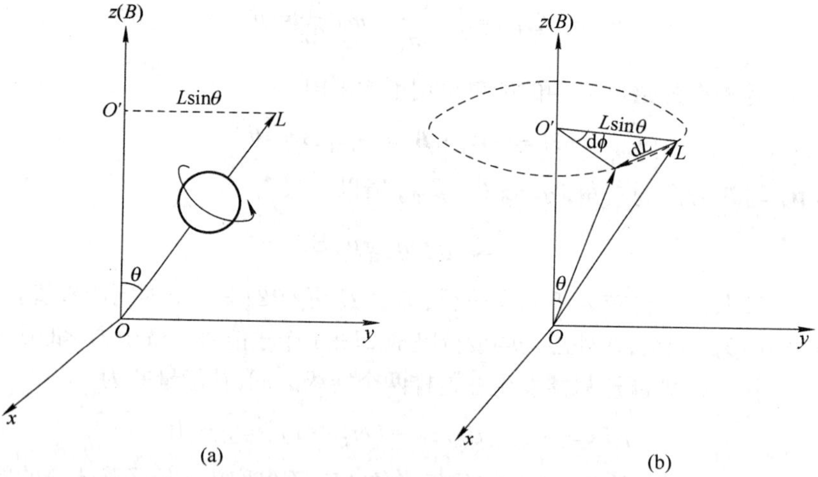

图 13-6 原子核的进动

由图 13-6(b)可以看出,dL 与进动角 dϕ 之间有 $\mathrm{d}L = L\sin\theta\mathrm{d}\phi$,所以

$$\frac{\mathrm{d}L}{\mathrm{d}t} = L\sin\theta\frac{\mathrm{d}\phi}{\mathrm{d}t} = L\sin\theta\omega_{\mathrm{p}}$$

式中 ω_{p} 为拉莫尔进动角速度。又由角动量原理可知

$$\mathrm{d}L = M\mathrm{d}t$$

原子核所受的磁力矩 $\boldsymbol{M} = \boldsymbol{\mu}_I \times \boldsymbol{B}$,即

$$M = \mu_I B\sin\theta = L\sin\theta\omega_{\mathrm{p}}$$

$$\omega_{\mathrm{p}} = \frac{\mu_I}{L}B = \gamma B$$

$$\gamma=\frac{\mu_I}{L}=g\frac{e}{2m_p}$$

由以上式子，我们可以求出拉莫尔进动的频率为

$$\nu=\frac{\omega_p}{2\pi}=\frac{\gamma}{2\pi}B=\frac{1}{h}g\mu_N B$$

此结果与由量子力学理论推得的结果式(13-18)完全一致。

自旋原子核绕外磁场方向进动时，其自旋轴线与外磁场方向的夹角不变，核磁矩在外磁场中的附加势能 $E=-\mu_I B\cos\theta$ 也不变。如果在垂直于稳恒外磁场 $\boldsymbol{B}$ 的方向施加另一高频交变磁场，且其频率又与原子核自旋轴的拉莫尔进动频率相等时，此高频交变磁场的能量将被原子核强烈吸收，使核的自旋轴线与外磁场方向的夹角 θ 以及核磁矩的附加势能都相应地增大，从而发生核磁共振现象，这就是经典理论对核磁共振的解释。

二、核磁共振在医药学上的应用

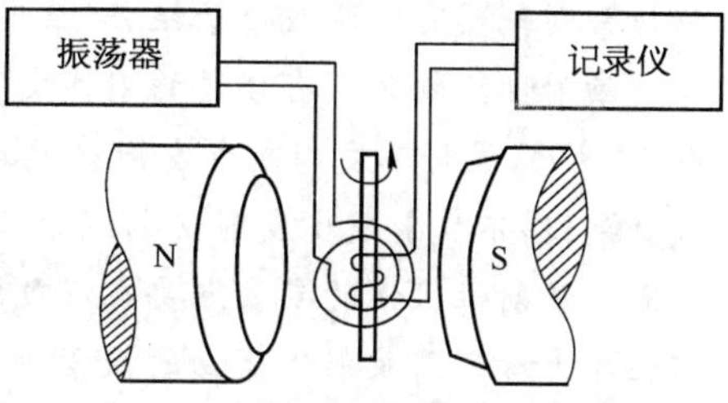

图 13-7　核磁共振仪

1. *核磁共振仪的结构和原理*　核磁共振仪的结构如图 13-7 所示。直流电通过电磁铁的线圈产生稳恒磁场，调节直流电的强度可获得 0.5～2.5 T 的磁感应强度。样品放在旋转的试管中，这种转动可使样品受到的外磁场作用比较均匀。试管上还有两个小线圈，它们的轴线方向和稳恒磁场的方向三者互相垂直，以减少相互影响。由振荡器产生的交变电流通过小线圈时，就把交变磁场加在样品上。当满足 $h\nu=g\mu_N B$ 的关系时，交变磁场的能量强烈地被样品所吸收。原子核吸收了磁场能量后从低能级跃迁到高能级。同时，在检测小线圈内产生的感应信号立即被记录仪记录下来。

2. *核磁共振的应用*　核磁共振法应用最多的是分析有机化合物的成分和结构。现在我们已经制定了几万种化合物的核磁共振标准图谱。要分析一个未知样品，只要测出其核磁共振图谱，将它与标准图谱对照，就可以推知该样品的结构和成分。这为中草药成分结构研究提供了重要的手段，如束花石斛、金钗石斛的 SCEB 和铁皮石斛的 SCEA 特征提取物的核磁共振氢谱(^{1}H-NMR)在鉴别中药石斛上具有指导意义。

核磁共振在药学方面的应用除了用于分析药物的成分和化学结构外，也是一种药物定量分析的重要手段。^{1}H-NMR 用于定量分析的基础是化学环境不同的氢原子吸收峰面积只与所含的氢原子数目有关，在不需引入任何校正因子的情况下，可根据吸收峰的面积求出所代表的氢原子的数目，故积分值是定量分析的主要依据。测定药品替米考星含量的实验结果表明，^{1}HNMR 作为药物定量的一种方法，具有简单准确的特点。

核磁共振在医学领域的应用主要是核磁共振成像技术。它可以直接作出横断面、矢状面、冠状面和各种斜面的体层图像，不会产生 CT 检测中的伪影，无需注射造影剂，无电离辐射，对机体的不良影响较小。由于恶性肿瘤组织与相应的正常组织的核磁共振谱有所不同，故国内外将这一技术使用于癌症的诊断。同时，核磁共振对检测脑内外血肿、动静脉血管畸形、脑缺血、脊髓空洞症和脊髓积水等颅脑常见疾病非常有效，也可用于腰椎间盘突出症等疾病的诊断。此外，相对于其他成像技术，核磁共振成像不仅能够显示有形的实体病变，而且还能对脑、心、肝等功能性反应进行

精确的判定，如帕金森病、阿尔茨海默病等。

拓展阅读

放射性药物

放射性药物是指用于诊断或治疗的放射性核素及其标记化合物，现已日益广泛地应用于临床及基础医学研究。最早用于临床的放射性药物 $\mathrm{Na^{131}I}$ 早在 20 世纪 30 年代即开始用于甲状腺功能的研究。放射性药物分体外和体内两种。体外放射性药物是一种分析试剂，用于血液及分泌物样品的放射免疫分析或免疫放射分析，目前体外放射性免疫分析药盒的发展已日趋成熟。体内放射性药物用于配合核成像技术进行疾病诊断或治疗。体内放射性药物由合适的放射性核素和输送该核素到靶器官的运载分子组成，放射性核素被标记在运载分子上。

放射性药物必须有合适的射线类型和能量，如用于显像诊断的放射性药物应发射 γ 射线或正电子(β^+)，最好不发射或少发射 β^-、α 射线，以减少机体不必要的辐射损伤；如用于治疗，应选 β^- 或 α 射线，不发射或少发射 γ 射线，以提高治疗效果。同时放射性药物应具有合适的物理半衰期，诊断用放射性核素的半衰期要在满足诊断检查所需时间的前提下尽可能地短，以减少照射量。目前临床上诊断用放射性药物的核素半衰期大多在数小时至数日。治疗用的放射性药物半衰期不宜太短，一般在 1～8 d，以保证疗效。此外，放射性药物也应具有稳定性好、结合牢、容易标记等特点。

纯 γ 发射核素 $^{99m}\mathrm{Tc}$ 是显像检查中最常用的放射性核素，目前全世界应用的显像药物中，$^{99m}\mathrm{Tc}$ 及其标记的化合物占 80%以上，广泛用于心、脑、肾、骨、肺、甲状腺等多种脏器疾患的检查，并大多已有配套药盒供应。$^{67}\mathrm{Ga}$、$^{111}\mathrm{In}$、$^{123}\mathrm{I}$、$^{201}\mathrm{Tl}$ 等其他 γ 光子发射核素及其标记药物也有较多应用。正电子放射性药物 $^{11}\mathrm{C}$、$^{13}\mathrm{N}$、$^{15}\mathrm{O}$ 和 $^{18}\mathrm{F}$ 等短半衰期放射性核素，在研究人体生理、生化、代谢、受体等方面显示出独特优势，其中氟脱氧葡萄糖($^{18}\mathrm{F-FDG}$)是目前临床应用最为广泛的正电子放射性药物。当前对显像药物的研究兴趣主要集中在基因、受体和功能蛋白质的显像剂——分子影像探针的研制上。

用于治疗的放射性核素则有用于治疗甲状腺功能亢进症的 $^{131}\mathrm{I}$，治疗白血病的 $^{32}\mathrm{P}$，治疗前列腺肿瘤的 $^{90}\mathrm{Y}$ 等，钐-乙二胺四亚甲基膦酸($^{153}\mathrm{Sm-EDTMP}$)被广泛用于转移性骨肿瘤的缓解疼痛治疗。在国外，$^{125}\mathrm{I}$ 及 $^{103}\mathrm{Pd}$ 籽粒包埋技术已用于治疗某些肿瘤。近年来随着免疫学杂交瘤细胞制备单克隆抗体技术的发明，为研制免疫导向药物打通了道路。用放射性核素标记的单克隆抗体可以把放射性核素在体内集中到具有相应抗原的肿瘤细胞处，利用其衰变发出的 α 或 β 射线杀伤癌细胞，故这种药物被称为“生物导弹”，如 $^{188}\mathrm{Re}$ 或 $^{90}\mathrm{Y}$ 标记的单克隆抗体及其片断在肿瘤治疗和导向手术方面已得到应用。在基因治疗方面，放射性核素标记的反义核酸起着化学探针的作用，为基因治疗的实施提供必要的信息。

医用放射性核素都不是天然的，可通过反应堆、加速器、核素发生器获得。$^{99m}\mathrm{Tc}$ 等核素可用反应堆或核素发生器生产，而 PET 用的短寿命放射性核素只能用加速器生产。目前放射性药物生产的一个发展趋势是用加速器生产的短寿命放射性核素逐步取代反应堆生产的长寿命放射性核素。

思考题

13-1　天然温泉中的热水是用什么加热的?

13-2　哪些射线和X射线最相像: α 射线、β 射线还是 γ 射线?

13-3　一个原子核的质量与组成它的质子和中子的质量之和相比是较大、相等还是较小? 与原子核种类有关吗?

13-4　哪些射线可以用铅屏蔽? 哪些射线不能用铅屏蔽? 为什么? 不能用铅屏蔽的那些射线应该用什么材料屏蔽?

13-5　放射性核素示踪技术的优越性主要表现在哪些方面?

13-6　核医学影像的技术特点是什么?

习题

13-1　某种放射性核素在1 h内衰变掉原来的29.3%,求它的半衰期、衰变常数和平均寿命。

13-2　胶体金 ^{198}Au 可用来作肝扫描检查,它的半衰期为2.7 d,样品存放10 d后,金核素的数量为10 d前的多少倍?

13-3　已知 ^{238}U 的半衰期为 4.5×10^{9} y,求: (1) 衰变常数;(2) 1 Ci的放射性活度需要多少质量的 ^{238}U?

13-4　放射性活度为 3.70×10^{9} Bq的 $^{32}_{15}$P 制剂,在制剂后10 d、20 d和30 d,活度分别是多少? (已知 $^{32}_{15}$P 的半衰期为14.3 d)

13-5　$^{232}_{90}$Th 放出 α 粒子衰变成 $^{228}_{88}$Ra,从含有1 g $^{232}_{90}$Th 的一片薄膜测得每秒放射4 100个粒子,求其半衰期。

13-6　一放射性物质含有两种放射性核素,其中一种的半衰期为1 d,另一种半衰期为8 d,在开始时短寿命核素的放射性活度为长寿命的128倍,问经过多长时间后两者的活度将相等?

13-7　一患者服用 30μ Ci的放射性 ^{123}I 后24 h,测得其甲状腺部位的活度为 4μ Ci。已知 ^{123}I 的半衰期为13.1 h。求在这24 h内多大比例的 ^{123}I 集聚在甲状腺部位了(一般正常人为15%~40%)。

13-8　向一人静脉注射含有放射性 ^{24}Na 而活度为300 kBq的食盐水。10 h后他每1 cm^3 血液的活度是30 Bq。求此人全身血液的总体积。已知 ^{24}Na 的半衰期为15.03 h。

13-9　一年龄待测的古木片在纯氧氛围中燃烧后收集了0.3 mol的 CO_2。此样品由于 ^{14}C 衰变而产生的总活度测得为每分钟9次计数。试由此确定古木片的年龄。(自然界中 ^{14}C 含量为 1.3×10^{-10}%,半衰期为5 730 y)

13-10　一患者内服600 mg的 Na_2HPO_4,其中含有放射性活度为 5.55×10^{7} Bq的 $^{32}_{15}$P。第一昼夜排出的放射性物质活度有 2.00×10^{7} Bq,而第二昼夜排出 2.66×10^{6} Bq(测量是在收集放射性物质后立即进行的)。试计算患者服用两昼夜后,尚存留在体内的 $^{32}_{15}$P 的百分数和 Na_2HPO_4 的克数(已知$^{32}_{15}P$的半衰期为14.3 d)。

13-11 甲乙两人肝区做放射性内照射,甲为α射线照射,吸收剂量为1.5 mGy,乙为γ射线照射,吸收剂量为15 mGy。已知α射线的品质因数为20,γ射线的品质因数为1,问哪一位所受的辐射伤害大?大几倍?

13-12 原子核^6Li的核自旋量子数$I=1$,它的自旋角动量是多少?它在外磁场Z方向的分量有哪些可能的取值?设实验测得核磁矩在磁场方向的最大分量等于$0.822\,0\mu_N$,试求它的g因子、核磁矩和核磁矩在磁场方向的分量。

13-13 设外磁场的磁感应强度$B=1.5$ T。(1) 问^6Li的原子核在此磁场中的附加势能是多少?(2) 试计算相邻两个子能级间的能量差;(3) 为了获得核磁共振现象,问交变磁场的频率应为多少?

第十四章 相对论简介

导学

本章主要介绍相对论的基本原理、洛伦兹变换、时空观和动力学基本理论。

1. 掌握　狭义相对论的两条基本原理；洛伦兹变换，并能解决在不同惯性系中一维运动质点的坐标、时间变换问题；计算一维运动情况下有关长度收缩和时间膨胀的问题；狭义相对论中质量和速度的关系、质量和能量的关系，并能用以分析、计算相关问题；广义相对论的两条基本原理。

2. 理解　狭义相对论中同时性的概念；广义相对论中时空弯曲的概念。

3. 了解　经典力学时空观和狭义相对论时空观的差异；经典力学的相对性原理和狭义相对论的相对性原理的差异；伽利略变换与洛伦兹变换的差异；广义相对论的实验验证。

19 世纪末 20 世纪初，力学、电磁场理论和经典统计物理学相继建立，不少物理学家认为物理学的大厦已基本建成，物理学理论上的一些原则问题已经解决。但当时的物理学理论却无法解释两个实验结果，一个是黑体辐射实验的“紫外灾难”，即解释黑体辐射时，按经典理论得出的单色辐出度的数学表达式瑞利-金斯公式得出黑体的单色辐出度随频率增高(波长变短)而趋于“无限大”的结果，与实验得到的趋于零的结论有着极大的差异(详见第十一章)；另一个是迈克耳逊-莫雷实验得出的“以太漂移”否定结果，即根本就没有以太或以太所提供的那个绝对的参考系。正是这“两朵乌云”导致了量子论与相对论的诞生，从而开辟了物理学发展的新纪元。

相对论是 20 世纪物理学史上最重大的成就之一，它包括狭义相对论和广义相对论两个部分。在就相应惯性参照系引入狭义相对论的讨论中，时间和空间是彼此密切联系的统一体，空间的距离和时间的进程都是相对的。狭义相对论改变了从牛顿(Isaac Newton)以来形成的绝对时空概念，揭示了时间与空间的统一性和相对性，建立了一套新的时空观。到目前为止，相对论的原理和推论已被大量的科学实验所证实，已成为当代科学技术的基础之一。随着科学技术的发展，相对论的深远影响将会更加明显。

第一节 经典力学时空观和伽利略变换

一、经典力学时空观的概念

经典力学的时空观(notions of space-time in classical mechanics)即所谓牛顿的时空观，它是绝对的时空观念。按照这一观念，空间是与物质及其运动无关的框架；时间则被认为是与空间无关独立存在的，而诸如过去、现在、未来等词语的意义应该是绝对明确的。在经典力学中研究的运动都是相对运动，对于力学规律来说，就空间而言，静止和相互做匀速直线运动的惯性参照系都是等价的，在定量的描述上满足伽利略变换和力学相对性原理；而“永恒行进的”绝对时间的概念一直在经典力学中发挥着作用。经典力学就是建立在这样一个似乎与人们通常感知一致的时空观念上的。

二、伽利略变换

如图 14-1 所示，设存在有惯性系 S 和惯性系 S′(相对于 S 以匀速 $\boldsymbol{u}$ 沿 X 轴方向运动)，$t=0$ 时，两惯性系原点重合。在 t 时刻，物体的位置或某一事件发生在 P 点。S 系中观察者测出这一事件的时空坐标为(x, y, z, t)，而 S′系中观察者测出这一事件的时空坐标为(x', y', z', t')。

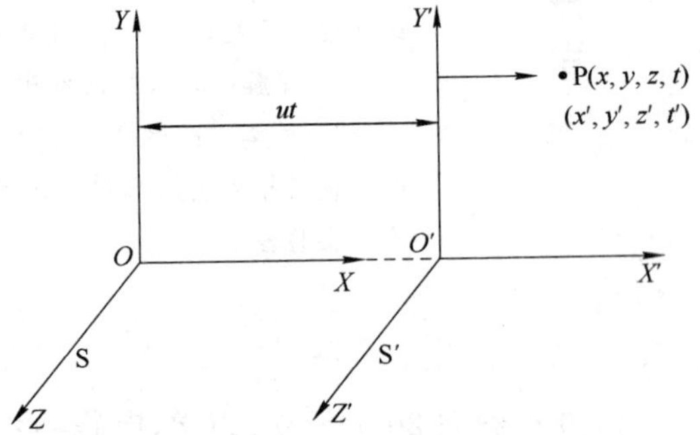

图 14-1 在两个坐标系中的同一事件的时空坐标

按经典力学观点，可得到相应的两组坐标关系为

$$\begin{cases} x'=x-ut \\ y'=y \\ z'=z \\ t'=t \end{cases} \quad 或 \quad \begin{cases} x=x'+ut \\ y=y' \\ z=z' \\ t=t' \end{cases} \tag{14-1}$$

式(14-1)称为**伽利略变换公式**(Galilean transformation equations)及逆变换公式。

三、经典力学时空观的两个结论

(一) 时间间隔的绝对性

设有两事件 P_1，P_2，在 S 系中测得发生时刻分别为 t_1，t_2；在 S′系中测得发生时刻分别为t'_1，t'_2。在 S 系中测得两事件发生的时间间隔为 $\Delta t=t_2-t_1$，在 S′系中测得两事件发生的时间间隔为 $\Delta t'=t'_2-t'_1$。因为 $t'_1=t_1$，$t'_2=t_2$，所以 $\Delta t'=\Delta t$。

此结果表示在经典力学中无论从哪个惯性系测量两个事件的时间间隔，所得结果是相同的，即时间间隔是绝对的，与参照系无关。

(二) 空间间隔的绝对性

设有一棒静止在S′系中,沿 X' 轴放置,在S′系中测得棒两端的坐标分别为 x'_1,$x'_2(x'_2>x'_1)$,棒长为 $l'=x'_2-x'_1$;在S系中同时测得棒两端的坐标分别为 x_1,$x_2(x_2>x_1)$,则棒长为 $l=x_2-x_1=(x'_2+ut)-(x'_1+ut)=x'_2-x'_1$,即 $l'=l$。

此结果表示在不同惯性系中测量同一物体的长度,所得长度值相同,即空间间隔是绝对的,与参照系无关。

上述结论是经典时空观(绝对时空观)的必然结果,它认为时间和空间是彼此独立、互不相关的,且是独立于物质和运动之外的(不受物质或运动影响的)某种东西。

四、力学相对性原理

在经典力学中,牛顿定律适用的参照系称为**惯性系**(inertial frame),凡是相对惯性系做匀速直线运动的参照系都是等价的惯性系。牛顿定律对所有这些惯性系都适用,且都具有相同的形式。这一结论可以表述如下:力学现象对一切惯性系来说,都遵从同样的规律,也可以叙述为,在研究力学规律时,一切惯性系都是等价的,这就是**力学相对性原理**(relativity principle in mechanics)。

从伽利略坐标变换关系式出发,可以证明质点的加速度相对于做匀速直线运动的不同惯性系S′和S来说是一个绝对量。进而可知,牛顿第二定律对伽利略变换是不变的。伽利略变换是力学相对性原理的数学表达式,它指出经典力学的基本定律与力学相对性原理协调一致。但是经典力学及其与之相容的时空观具有一定的局限性,它是在物体低速情况下对物质时空观的总结。在物体高速运动时,上述理论与实验发生了不可忽视的偏离,必须用新的理论、新的时空观去替代,这个新理论就是爱因斯坦(Albert Einstein)于1905年所创立的**狭义相对论**(special relativity)。

第二节 狭义相对论的基本原理及洛伦兹变换

一、狭义相对论的基本原理

鉴于机械波的传播需要介质,因此在光的电磁理论发展初期,人们认为光和电磁波的传播也需要一种弹性介质。19世纪的物理学家们称这种介质为**以太**(ether),他们认为以太充满整个空间,即使真空也不例外,他们还认为在远离天体范围内,这种以太是绝对静止的,因而可用它来作为**绝对参照系**(absolute reference frame)。根据这种看法,如果能借助某种方法测出地球相对于以太的速度,作为绝对参照系的以太也就被确定了。历史上确曾有许多物理学家做了很多实验来寻求绝对参照系,但都没得出预期的结果。其中最著名的实验是1881年迈克耳逊探测地球在以太中运动速度的实验,以及后来迈克耳逊和莫雷在1887年所做的更为精确的实验。但是,迈克耳逊-莫雷实验却始终观察不到光在不同方向上传播的差异,当然也就无法分辨出在不同惯性参照系中光速的差别,这说明了电磁理论与伽利略变换所对应的力学相对性原理的矛盾,要解决这一难题必须在物理观念上进行变革。

1905年爱因斯坦摒弃了以太的假设,否定了伽利略变换的普遍性,从一个完全崭新的角度出发,提出了狭义相对论的两条基本原理(假设)。① **相对性原理**(principle of relativity):物理学规律在所有惯性系中都是相同的,或一切物理学定律与惯性系的选择无关,所有惯性系都是等价的。此假设肯定了一切物理规律(包括力、电、光等)都应遵从同样的相对性原理,可以看出,它是力学相对性原理的推广。它也间接地指明了,无论用什么物理实验方法都找不到绝对参照系。② **光速不变原理**(principle of constancy of light velocity):在所有惯性系中,真空中光沿各个方向传播的速率都等于同一个恒量 c,且与光源和观察者的运动状态无关。

二、洛伦兹变换

伽利略变换与爱因斯坦狭义相对论的基本原理不相容,那么就需要有一个新的更具普遍性的时空关系来描述和解释相应的问题,需要有一个满足狭义相对论基本原理的变换式。下面就给出根据狭义相对论两条基本原理,由爱因斯坦导出的新的时空变换关系,即**洛伦兹变换式**(Lorentz transformation equations)。

设有一静止惯性系 S,另一惯性系 S′沿 X 轴正向相对 S 以 $\boldsymbol{u}$ 匀速运动(可参见图 14-1),$t=t'=0$ 时,两坐标系重合。一事件 P 在 S 中的时空坐标为$(x,\ y,\ z,\ t)$,而在 S′中的时空坐标为$(x',\ y',\ z',\ t')$,两组坐标间所遵从的洛伦兹变换关系为

$$\begin{cases} x'=\dfrac{x-ut}{\sqrt{1-\left(\dfrac{u}{c}\right)^2}} \\ y'=y \\ z'=z \\ t'=\dfrac{t-\dfrac{u}{c^2}x}{\sqrt{1-\left(\dfrac{u}{c}\right)^2}} \end{cases} \tag{14-2}$$

从式(14-2)可得到洛伦兹变换的逆变换为

$$\begin{cases} x=\dfrac{x'+ut'}{\sqrt{1-\left(\dfrac{u}{c}\right)^2}} \\ y=y' \\ z=z' \\ t=\dfrac{t'+\dfrac{u}{c^2}x'}{\sqrt{1-\left(\dfrac{u}{c}\right)^2}} \end{cases} \tag{14-3}$$

洛伦兹变换集中反映了相对论关于时间、空间和物质运动三者紧密联系的新观念。而在经典力学中,时间、空间和物质运动三者是相互独立、彼此无关的。

当 $u \ll c$ 时，洛伦兹变换就转化为伽利略变换，这说明洛伦兹变换适用于高速运动与低速运动，并包含了伽利略变换。因此，相对论并没有否定经典力学，而只是指出了它仅适用于低速运动。洛伦兹变换式原来是洛伦兹(Hendrik Antoon Lorentz)1904 年研究电磁场理论时提出的，当时未给予正确解释。第二年，爱因斯坦从相对论的基本原理出发，独立地导出了这个变换式，但这个变换式通常仍以洛伦兹命名。为便于表达，以下讨论中令 $\beta=\dfrac{u}{c}$。

第三节　狭义相对论的时空观

在本节中，我们从洛伦兹变换出发，讨论长度、时间和同时性等基本概念。从所得结果可以更清楚地认识到，狭义相对论对经典时空观进行了一次十分深刻的革命。

一、长度的收缩

在伽利略变换中，两点之间的距离或物体的长度是不随惯性系而变的，即物体的长度是绝对的。而在洛伦兹变换下，长度的量度与惯性系有关。

取惯性系 S 和 S′，S′沿 X 轴正向相对 S 以 $\boldsymbol{u}$ 匀速运动。有一静止的杆在 S′系中的 X' 轴上，在 S′中测得杆长：$l_0=x'_2-x'_1$，按规定，我们把相对观察者静止时物体的长度称为**静止长度**或**固有长度**(proper length)(这里 l_0 为固有长度)。在 S 中测得杆长：$l=x_2-x_1$(x_2、x_1 在同一 t 时刻测得)。由洛伦兹变换式

$$\begin{cases} x'_2=\dfrac{x_2-ut}{\sqrt{1-\beta^2}} \\ x'_1=\dfrac{x_1-ut}{\sqrt{1-\beta^2}} \end{cases}$$

于是

$$x'_2-x'_1=\frac{x_2-x_1}{\sqrt{1-\beta^2}}$$

即

$$l=l_0\sqrt{1-\beta^2} \tag{14-4}$$

由此可知，从观察者所在的参照系中看，相对观察者运动的物体在运动方向上长度缩短，运动长度是其固有长度的 $\sqrt{1-\beta^2}$ 倍，这就是狭义相对论的**长度收缩**(length contraction)效应。它表明，物体的长度在不同惯性系中并不相同，长度的量值具有相对性。

例 14-1　设想有一光子火箭，相对地球以速率 $u=0.95c$ 做直线运动。若以火箭为参照系测得火箭长为 20 m。问：以地球为参照系，此火箭有多长？

解 由式(14-4)可得

$$l=l_0\sqrt{1-\beta^2}=20\sqrt{1-0.95^2}=6.24\ \text{m}$$

例 14-2 如图 14-2 所示,有一长 $l'=2.0$ m 的尺固定在 $O'X'Y'$ 平面内,S′系测得尺与 $O'X'$ 方向成 30°角,而在 S 系中测得该尺与 OX 方向成 45°角。问:在 S 系中的观察者测得尺的长度是多少?S′系相对于 S 系的速度是多少?

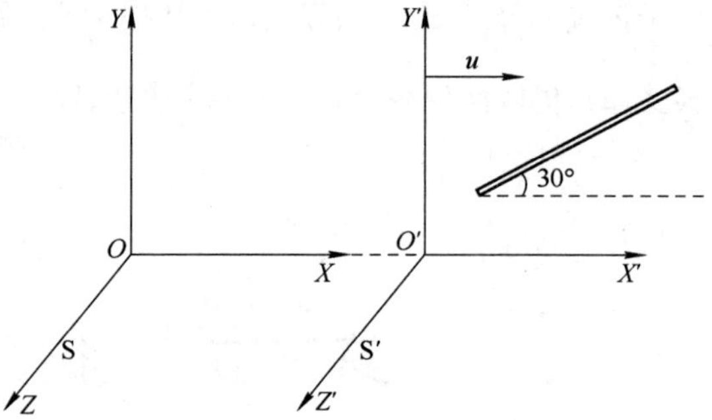

图 14-2

解 由题意知,在 S′中,该尺在 $O'X'$ 及 $O'Y'$ 方向上的投影长度为

$$l'_x=l'\cos 30°,\ l'_y=l'\sin 30°$$

设在 S 系中测得尺长为 l,则该尺在 OX 及 OY 方向上的投影长度为

$$l_x=l\cos 45°,\ l_y=l\sin 45°$$

因为尺在 OY 方向上的投影长度不变,即 $l'_y=l_y$,于是有

$$l\sin 45°=l'\sin 30°$$

$$l=\frac{l'\sin 30°}{\sin 45°}=1.414\ \text{m}$$

设 S′系相对于 S 系运动的速度为 $\boldsymbol{u}$,由式(14-4),在 S 系测得该尺在 OX 方向的投影长度为

$$l_x=l'_x\sqrt{1-\beta^2}$$

即
$$l\cos 45°=l'\cos 30°\sqrt{1-\frac{u^2}{c^2}}$$

由此可得
$$u=c\sqrt{1-\left(\frac{l\cos 45°}{l'\cos 30°}\right)^2}=0.817c$$

二、时间的延缓(时间膨胀)

下面在 S 和 S′系中讨论时间膨胀问题。设在 S′中同一地点不同时刻发生两事件(如自 S′中某一坐标 x'_0 处沿 Y' 轴方向竖直上抛一物体,之后该物体又落回抛出点,那么抛出的时刻和落回抛出点的时刻分别对应两个事件),时空坐标为 $(x'_0,\ t'_1)$,$(x'_0,\ t'_2)$,时间间隔为 $\Delta t'=t'_2-t'_1$。在 S 中测得此两事件发生的时刻为 t_1 和 t_2,由洛伦兹变换的逆变换得

$$t_2=\frac{t'_2+\frac{u}{c^2}x'_0}{\sqrt{1-\beta^2}},\ t_1=\frac{t'_1+\frac{u}{c^2}x'_0}{\sqrt{1-\beta^2}}$$

于是

$$\Delta t = t_2 - t_1 = \frac{\Delta t'}{\sqrt{1-\beta^2}} \tag{14-5}$$

由上可知，相对于事件发生地点做相对运动的惯性系S中测得的时间比相对于事件发生地点为静止的惯性系S′中测得的时间要长。换句话说，一时钟由一个与它做相对运动的观察者观察时，比由与它相对静止的观察者观察时走得慢。这就是狭义相对论的**时间延缓(time dilation)**效应，也称运动时钟变慢。

例14-3 在相对于μ子为静止的惯性系中，μ子的平均寿命为$t_0=2.2\times10^{-6}$ s。在一组高能物理实验中，当它的速率为$v=0.996\,6c$时，可行进的平均距离为8.0 km。试讨论这一实验结果。

解 根据式(14-5)，观察者测得高速运动的μ子的寿命Δt应比它的固有寿命t_0长，其关系为

$$\Delta t = \frac{t_0}{\sqrt{1-\beta^2}} = \frac{2.2\times10^{-6}}{\sqrt{1-0.996\,6^2}} = 26.7\times10^{-6}\ \text{s}$$

μ子的平均寿命是它在静止时的寿命的12.14倍，于是在这个时间内它可以行进的平均距离为

$$S = v\Delta t \approx c\Delta t = 3.0\times10^8\times26.7\times10^{-6} = 8.0\times10^3\ \text{m}$$

由此可以看出，这一计算结论与实验的结果符合得极好。

三、"同时"的相对性

按照牛顿力学，时间是绝对的，因而同时性也是绝对的。这就是说，在同一个惯性系S中观察的两个事件是同时发生的，在另一惯性系S′看来也是同时发生的。但按相对论，正如长度和时间不是绝对的一样，同时性也不是绝对的。下面讨论此问题。

如前面所取的惯性系S和S′，在S′系中发生两事件，时空坐标分别为(x'_1, t'_1)，(x'_2, t'_2)，此两事件在S系中的时空坐标分别为(x_1, t_1)，(x_2, t_2)。当$t'_1=t'_2=t'_0$，则两事件在S′中是同时发生的。由洛伦兹变换的逆变换可以得到在S系中这两事件发生的时间分别为

$$t_1 = \frac{t'_1 + \dfrac{u}{c^2}x'_1}{\sqrt{1-\beta^2}},$$

$$t_2 = \frac{t'_2 + \dfrac{u}{c^2}x'_2}{\sqrt{1-\beta^2}},$$

时间间隔

$$t_2 - t_1 = \frac{t'_2 - t'_1 + \dfrac{u}{c^2}(x'_2 - x'_1)}{\sqrt{1-\beta^2}}$$

由于$t'_1=t'_2$，若$x'_1\neq x'_2$，则有

$$t_2 - t_1 = \frac{\frac{u}{c^2}(x'_2 - x'_1)}{\sqrt{1-\beta^2}} \tag{14-6}$$

这一结果表明，在不同地点发生的两事件，在一个惯性系看来是同时的，而在另一个惯性系看来是不同时的。所以，同时性是相对的，不是绝对的，它与空间坐标和相对速度有关。

四、相对论速度变换式

在狭义相对论中，洛伦兹变换取代了伽利略变换，现在我们根据洛伦兹变换式导出相对论的速度变换式。

设惯性系 S′相对惯性系 S 以一定的速度 $\boldsymbol{u}$ 沿 X 轴方向运动，S′系中一质点以速度 $v'(v'_x, v'_y, v'_z)$运动。该质点相对于 S 系的速度为 $v(v_x, v_y, v_z)$，且

$$v_x = \frac{dx}{dt}, \quad v_y = \frac{dy}{dt}, \quad v_z = \frac{dz}{dt}$$

$$v'_x = \frac{dx'}{dt'}, \quad v'_y = \frac{dy'}{dt'}, \quad v'_z = \frac{dz'}{dt'}$$

对洛伦兹变换式两边取微分，得

$$dx' = \frac{dx - u\,dt}{\sqrt{1-\beta^2}}$$

$$dy' = dy$$

$$dz' = dz$$

$$dt' = \frac{dt - \frac{u}{c^2}dx}{\sqrt{1-\beta^2}}$$

将上式中的前三式分别除以第四式，即可得到相对论速度变换式

$$\begin{cases} v'_x = \dfrac{v_x - u}{1 - \dfrac{u}{c^2}v_x} \\ v'_y = \dfrac{v_y\sqrt{1-\beta^2}}{1 - \dfrac{u}{c^2}v_x} \\ v'_z = \dfrac{v_z\sqrt{1-\beta^2}}{1 - \dfrac{u}{c^2}v_x} \end{cases} \tag{14-7}$$

其逆变换为

$$\begin{cases} v_x = \dfrac{v'_x + u}{1 + \dfrac{u}{c^2} v'_x} \\ v_y = \dfrac{v'_y \sqrt{1-\beta^2}}{1 + \dfrac{u}{c^2} v'_x} \\ v_z = \dfrac{v'_z \sqrt{1-\beta^2}}{1 + \dfrac{u}{c^2} v'_x} \end{cases} \tag{14-8}$$

第四节 狭义相对论动力学基础

一、相对论质量

在经典力学中,物体的质量为一恒量,与物体的速率 v 无关。狭义相对论认为物体的质量并非恒量,而是随速率 v 而变化的,下面根据相对性原理来探讨质量与速率的变化关系。

从动量守恒定律出发,应用相对论速度变换,可以导出运动物体的质量与速率的关系为

$$m = \frac{m_0}{\sqrt{1 - \dfrac{v^2}{c^2}}} \tag{14-9}$$

式(14-9)中的 m_0 为相对观察者静止时测得的质量,称为**静止质量**(rest mass),这个关系式通过质量与速度的关系揭示了物质与运动的不可分割性。

例 14-4 某人测得一静止棒长为 L,质量为 m,于是求得此棒的线密度为 $\rho = \dfrac{m}{L}$。假定此棒以速度 v 在棒长方向上运动,此人再测棒的线密度应为多少?若棒在垂直棒长方向上运动,它的线密度又为多少?

解 (1) 棒以速度 v 相对观察者沿棒长方向运动。静止棒长 L 是固有长度。所以,运动长度为

$$L' = L\sqrt{1 - \frac{v^2}{c^2}}$$

运动质量为

$$m' = \frac{m}{\sqrt{1 - \dfrac{v^2}{c^2}}}$$

则线密度为
$$\rho'=\frac{m'}{L'}=\frac{m}{L\left(1-\frac{v^2}{c^2}\right)}=\frac{\rho}{1-\frac{v^2}{c^2}}$$

(2) 棒在垂直棒长方向上运动,长度不变即 $L''=L$,运动质量 $m''=m'$,则线密度为

$$\rho''=\frac{m''}{L''}=\frac{m}{L\sqrt{1-\frac{v^2}{c^2}}}=\frac{\rho}{\sqrt{1-\frac{v^2}{c^2}}}$$

二、相对论动力学的基本方程

在相对论中,动量定义为物体的相对论质量与其速度的乘积,即

$$\boldsymbol{p}=m\boldsymbol{v}=\frac{m_0}{\sqrt{1-\frac{v^2}{c^2}}}\boldsymbol{v} \qquad (14-10)$$

当 $v\ll c$ 时,相对论动量便趋于经典动量。可以证明,上述定义能够保证动量守恒定律在任何惯性系中形式不变。

在经典力学中,力定义为动量对时间的变化率。在相对论中,这一关系仍然成立,即

$$\boldsymbol{F}=\frac{\mathrm{d}\boldsymbol{p}}{\mathrm{d}t}=\frac{\mathrm{d}}{\mathrm{d}t}\left[\frac{m_0\boldsymbol{v}}{\sqrt{1-\frac{v^2}{c^2}}}\right] \qquad (14-11)$$

显然,当 $v\ll c$ 时,式(14-11)将回到牛顿第二定律,可见牛顿第二定律是物体在低速运动情况下相对论动力学方程的近似。

三、质量与能量关系

从相对论动力学的基本方程出发,可以得到狭义相对论中另一重要的关系式——质量与能量的关系。

设质点受力 $\boldsymbol{F}$,在 $\boldsymbol{F}$ 作用下位移为 $\mathrm{d}\boldsymbol{s}$,依动能定理有

$$\begin{aligned}\mathrm{d}E_k&=\boldsymbol{F}\cdot\mathrm{d}\boldsymbol{s}=\frac{\mathrm{d}(m\boldsymbol{v})}{\mathrm{d}t}\cdot\mathrm{d}\boldsymbol{s}=\mathrm{d}(m\boldsymbol{v})\cdot\boldsymbol{v}\\&=m\mathrm{d}\boldsymbol{v}\cdot\boldsymbol{v}+\mathrm{d}m\,\boldsymbol{v}\cdot\boldsymbol{v}=mv\mathrm{d}v+v^2\mathrm{d}m\end{aligned}$$

又由于
$$m=\frac{m_0}{\sqrt{1-\frac{v^2}{c^2}}}\text{ 得出 }m^2c^2-m^2v^2=m_0^2c^2$$

对上式两边取微分
$$2mc^2\mathrm{d}m-2mv^2\mathrm{d}m-2m^2v\mathrm{d}v=0$$

即
$$mv\mathrm{d}v=(c^2-v^2)\mathrm{d}m$$

$$dE_k = c^2 dm$$

质点沿任一路径由静止开始运动到某点处时，有

$$E_k = \int_0^{E_k} dE_k = \int_{m_0}^{m} c^2 dm = mc^2 - m_0 c^2 \tag{14-12}$$

可见 mc^2 与 m_0c^2 有能量的含义。爱因斯坦对此作出了具有深刻意义的说明，他认为 mc^2 是质点运动时具有的总能量，而 m_0c^2 为质点静止时具有的能量，称为**静能**(rest energy)。这样，式(14-12)表明质点的动能是其总能量与静能之差。从相对论的观点来看，质点的能量等于其质量与光速的二次方的乘积，即

$$E = mc^2 \tag{14-13}$$

这就是狭义相对论的**质能关系**(mass-energy relation)，是狭义相对论的一个重要结论。它表明，质量、能量这两个重要的物理概念密切相关，不可分割，自然界不存在没有质量的能量，也不存在没有能量的质量。

第五节　广义相对论基础

前面我们介绍了狭义相对论，所谓“狭义”是指它的理论仅适用于惯性参考系。爱因斯坦在建立狭义相对论时提出了两个基本假设，其中的一个是相对性原理，说的是物理定律在所有惯性系中具有相同的表示形式。此外，按牛顿万有引力定律，两物体间万有引力这种相互作用是瞬时的，相互作用传递不需要时间，这与狭义相对论中作用传播速度不能大于 c 相矛盾。为了寻找更普遍的原理来解决加速运动和引力场问题，1915 年爱因斯坦提出广义相对论，把所研究的参考系推广到非惯性系，把所研究的时空推广到有引力场的时空。此外，由爱因斯坦创立的广义相对论也彻底改变了人类关于宇宙起源和演化的看法。下面对广义相对论的理论框架做一个简要介绍。

一、广义相对论的基本原理与时空弯曲

爱因斯坦建立广义相对论的一个依据是物体的惯性质量等于引力质量，即“$m_{惯} = m_{引}$”。从这一实验事实出发，爱因斯坦提出一个著名的假想实验——爱因斯坦升降机实验。如果在地面上的升降机内，某观察者从手中自由释放一小球，则小球受地球引力作用以加速度 g 竖直落向升降机底板。设想升降机远离引力源而处于太空中，并以加速度 g 向上做加速运动，升降机内观察者也从手中自由释放一小球，则小球受惯性力作用也以加速度 g 竖直落向升降机底板。如果升降机是密封的，那么观察者就无法确定升降机究竟是处在引力场中还是处在无引力场的加速参考系中，因此我们可以推断：在均匀的恒定引力场影响下的惯性系中所发生的一切物理现象，可以和一个在相同条件下不受引力场影响，但以恒定加速度运动的非惯性系内的物理现象完全相同，这个结论称为**等效原理**(equivalence principle)。

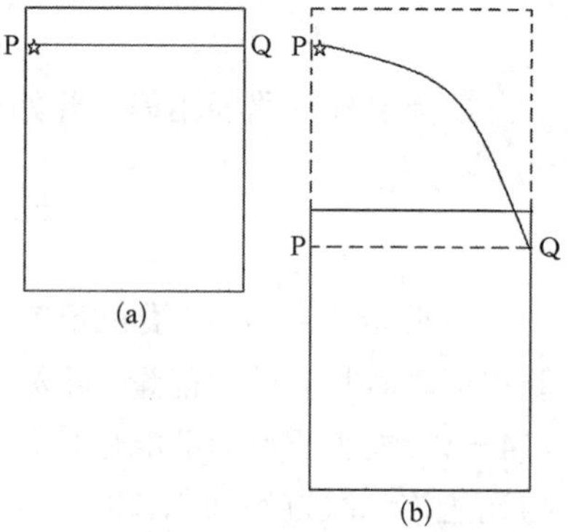

图 14-3 爱因斯坦升降机实验
(a) 惯性系中,光走直线,空间平直
(b) 引力场中,光走曲线,空间弯曲

等效原理表明参考系的加速运动等效于某种引力场,惯性力等效于引力。将非惯性系中的惯性力看成引力,则对于描述各种物理过程的规律来说,非惯性系和惯性系是平等的,这就是**广义相对性原理**(principle of general relativity),即所有参考系中物理定律都具有相同的形式。广义相对性原理实质上是等效原理的另一种表述,在广义相对论中惯性力不再是一种虚构的力,它的实质就是引力。

通过一个"理想"实验,我们还可以说明引力场中的空间弯曲。令爱因斯坦舱在地面附近自由下落,舱左壁 P 点处发出一束光,如图 14-3(a)所示。由等效原理得知,自由下落的舱内无引力场且为惯性系,舱内观察者看到光笔直地达到右壁 Q 处,在舱内走直线,表明惯性系内空间平直。地面上观察者看到光走抛物线,即在引力场中光走曲线,空间不再平直,而是弯曲的,如图 14-3(b)所示。

广义相对论建立了新的时空观。在狭义相对论中时空只与物质的运动有关,而与物质的分布无关。广义相对论的引力理论认为,任何物质都使它周围的空间产生"弯曲",如图 14-4 所示,其弯曲情况决定于引力场源的强度即质量的大小。因此,在广义相对论中时空不但由物质的运动决定,更要决定于物质的本身。在爱因斯坦理论中,时间和空间互相纠缠,宇宙中物质和能量使时空发生弯曲和畸变,这种弯曲的时空需用黎曼几何来描述。反过来,这种弯曲的时空又影响其他物质的运动,物质之间的引力作用将通过弯曲的时空来体现,描述上述关系的定量方程就是著名的**爱因斯坦场方程**(Einstein Field Equation)。

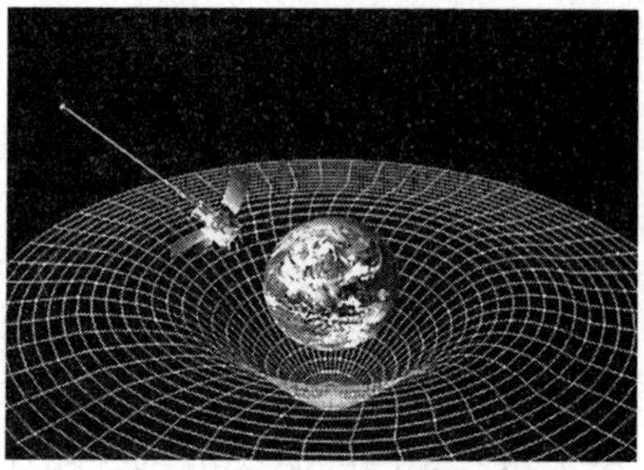
图 14-4 引力场导致的空间弯曲

二、广义相对论的实验验证

(一) 光线经过太阳附近的偏折

根据广义相对论得出的一个结论是光线在引力场中要发生偏折。例如,地面观测者观测一颗发光星体,当星体射向地面的光线掠过太阳附近时,太阳的引力作用将使光线发生偏折,从而使星体的视在位置偏离它的实际位置,如图 14-5 所示。在实际观测中,由于星光比太阳光弱很多,因此要观测这种星体的位置偏离只能在日全食时进行。天文学家首次对这种现象的观测是在 1919 年进行的,他们测量出光线的偏转角为 1.5″~2.0″,广义相对论的预言是 1.75″。类似于光通过透镜发生偏转后成像一样,光线在引力场中弯曲的一个必然推论就是**引力透镜成像**(gravitational lensing)。1936 年爱因斯坦提出引力透镜是散焦的,一般会成双像,但后来一直没有观测结果的支持。直到 1979 年,瓦尔什(D. Walsh)等人发现"一对孪生的类星体",它们之间的角距离只有 5.7″,天体物理学家证明这对"孪生的类星体"是一个类星体由于引力透镜所成的双像。

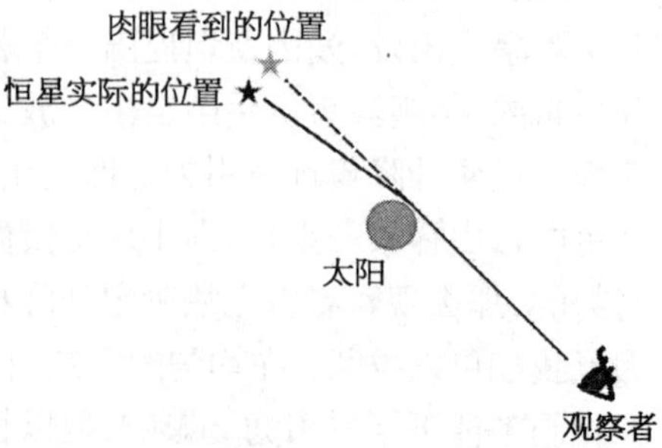

图 14-5 光线经过太阳附近的偏折

(二) 雷达回波延迟

根据广义相对论可以推知,在遥远的惯性系中观测某一引力场中发生的事件,会测得引力场中的时钟比当地的固有时钟慢,空间距离比当地的固有长度短。综合这两个效应的一个必然推论就是对于遥远观测者,引力场中的光速变慢。人们通常把上述效应简称为时缓尺缩、光速变慢效应。根据这些推论给出的一个可观测效应就是雷达回波延迟。1971 年夏皮罗(I. Shaopiro)等人通过向金星发射雷达波并接受其反射波来测量雷达回波延迟效应：当太阳、地球和金星排在一条直线上时,雷达波在往返的路上都要经过太阳附近,此时雷达波往返所用的时间会比雷达波不经过太阳附近时要长一些,观测到的数值与理论值有着很好的符合。

(三) 引力红移

在相对静止的惯性系来观测,某种物质的谱线是确定的。根据广义相对论,对于遥远的观测者,当他观测某一星体表面发出固有周期为 T_0 的光时,会发现观测到的周期 T 比固有周期 T_0 长,两者满足关系

$$T=\frac{T_0}{\sqrt{1-\frac{2GM}{c^2R}}} \tag{14-14}$$

式(14-14)中,G 为引力常数,M 为星体的质量,R 为星体的半径。

由 $\nu=\frac{1}{T}$ 可得出观测频率和固有频率之间的关系为

$$\nu=\sqrt{1-\frac{2GM}{c^2R}}\,\nu_0 \tag{14-15}$$

一般把波长的改变量 $\lambda-\lambda_0$ 与固有波长 λ_0 之比定义为引力红移,即

$$z_G=\frac{\lambda-\lambda_0}{\lambda_0}=\left(1-\frac{2GM}{c^2R}\right)^{-\frac{1}{2}}-1 \tag{14-16}$$

对于太阳, $M=1.99\times10^{30}\ \text{kg}$, $R=6.96\times10^{5}\ \text{km}$,容易算出其引力红移 $z_G=2.12\times10^{-6}$ 。

显然太阳的引力红移效应非常微弱,但对于致密星体(如中子星),由于其质量跟太阳质量差不多,但其半径却远远小于太阳半径,因此会产生较强的引力红移。

(四) 水星近日点的进动

水星是离太阳最近的一颗行星,如果不考虑其他行星的影响,根据牛顿引力理论可以算出,在太阳引力场的作用下,水星沿一椭圆轨道运动,其近日点与远日点的连线在空间的方向是确定不变的。但是,天文观测表明,这个连线的方向是变化的,水星的近日点有进动,如图 14-6 所示。

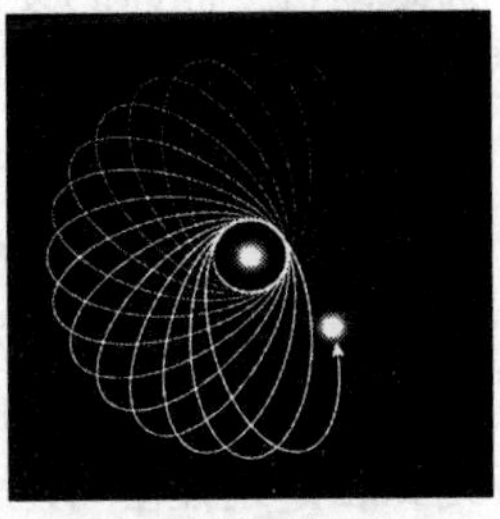

图 14-6
水星近日点的进动

天体物理学家考虑了其他行星的影响,根据牛顿理论算出水星近日点的进动为每 100 年 5 557.62″,但实际观测却是 5 600.73″,比理论值多了 43.11″。这个问题长期困扰着天文学家,一直得不到合理的解释。爱因斯坦创立广义相对论后,根据广义相对论来计算水星近日点的进动,发现广

义相对论对牛顿理论修正值是增加了 43.03″,与观测值符合得很好。广义相对论对水星近日点进动的解释是广义相对论初期的重大实验验证。

由爱因斯坦创立的广义相对论彻底改变了人类关于宇宙起源和演化的看法,使得人类第一次有了科学研究宇宙的工具。广义相对论与量子力学相结合,使人类的研究手段从时间和空间上都有了空前的扩展,使人类不仅认识了很多过去从未知道的天体,也使人类对以前只有通过想象来揣摩的宇宙有了相当科学的认知。

拓展阅读

爱因斯坦和引力波

一、爱因斯坦对物理学的主要贡献

爱因斯坦(Albert Einstein, 1879—1955,理论物理学家)是 20 世纪最伟大的物理学改革家。他否定了牛顿的绝对时空观,于 1905 年和 1915 年先后创立了狭义相对论和广义相对论。另外,在普朗克能量子假说的基础上,爱因斯坦还提出了光量子的假设,并于 1916 年被密立根的光电效应实验所验证,为此,他荣获了 1912 年诺贝尔物理学奖。1906 年他用量子理论阐明了固体热容与温度的关系;1912 年他用光量子的概念建立了光化学定律;1916 年他提出了自发发射和受激发射的概念,为激光的研究奠定了理论基础;1924 年他提出了量子统计法——玻色-爱因斯坦统计法。爱因斯坦用广义相对论研究整个宇宙的时空结构,于 1917 年开创了宇宙学研究的新纪元,导致宇宙膨胀理论的建立,并于 1946 年后发展成为宇宙大爆炸理论。从 1925 年到临终的前一天,他一直不懈地致力于把引力场和电磁场统一起来的统一场论的研究。统一场论的思想导致了 20 世纪 70 年代的电弱统一(电磁相互作用与弱相互作用的统一)理论的建立。

二、引力波

如同麦克斯韦电磁理论预言电磁波一样,广义相对论预言了引力波的存在。当时爱因斯坦证明了加速下的大质量物体将会扭曲时空,并产生从该源头发出的时空涟漪。引力波的存在是广义相对论洛伦兹不变性的结果,因为它引入了相互作用的传播速度有限的概念。相比之下,引力波不能够存在于牛顿的经典引力理论当中,因为牛顿的经典理论假设物质的相互作用传播速度是无限的。然而,直接探测引力波是物理学家长期而艰巨的重大任务。1966 年韦伯(J. Weber)在实验室用铝棒建造了世界上第一个引力波天线探测器并用来寻找引力波。1974 年胡尔斯(R. Hulse)和泰勒(J. Taylor)发现了脉冲双星,如图 14-7 所示,并对该双星的轨道周期进行了多年的精确观测,给出的轨道周期变化率与广义相对论的预言值极好地符合。正是由于脉冲双星的发现和轨道周期变化率的精确观测结果,他们荣获了 1993 年的诺贝尔物理学奖,这是引力波存在的间接证据。

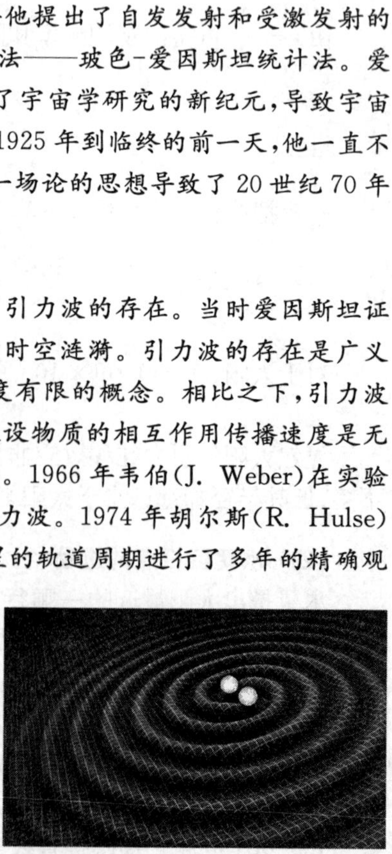
图 14-7 脉冲双星的引力波

为了探测来自宇宙的各种不同波段的引力波,国际上已经或正在建造大型的地面和空间引力波天文台。2016 年 2 月 12 日,美国激光干涉引力波天文台(LIGO)合作组宣布,他们于 2015 年 9 月 14 日探测到了引力波,它来自一个 36 倍太阳质量的黑洞与一个 29 倍太阳质量的黑洞的碰撞。这两个黑洞碰撞后并合为一个 62 倍太阳质量的黑洞，失去的 3 倍太阳质量以引力波的形式释放出来，被 LIGO 捕捉到。随后，在 2015 年 12 月 26 日、2017 年 1 月 4 日、2017 年 8 月 14 日，LIGO 又先后三次探测到黑洞并合产生的引力波。2017 年诺贝尔物理学奖授予 3 位科学家：雷纳·韦斯(Rainer Weiss)、巴里·巴里什(Barry Clark Barish)和基普·索恩(Kip Stephen Thorne)，用以表彰他们在引力波研究方面的贡献。

思考题

14-1　有人说，有了相对论力学后，牛顿力学就不是正确的科学理论了，你如何看待这种说法？

14-2　在高速运行的火车上，一光源向车行进方向发出一束光，在地面参照系和火车参照系中观察，光速是否不同？

14-3　教材中所说的物体的固有长度指的是什么？根据狭义相对论，运动的物体沿运动方向长度会缩短，这句话的含义是什么？

14-4　经典力学相对性原理和狭义相对论的相对性原理有什么不同？在匀速飞行的封闭飞船中，宇航员能否用力学实验测量飞船的飞行速度？

14-5　对于一个物体，下列物理量，哪些与运动相关？哪些与运动无关？

(1) 物体的质量；(2) 物体的形状；(3) 物体所含的原子数；(4) 物体的密度；(5) 物体的化学成分；(6) 被物体反射的光速。

14-6　通过学习本章内容，你对惯性系有什么新认识？

14-7　广义相对性原理实质上是等效原理的另一种表述，如何理解广义相对论中惯性力的实质就是引力？

习题

14-1　一观察者测得运动着的米尺长 0.5 m，问此尺以多大的速度接近观察者？

14-2　一张边长为 4 m 的正方形宣传画，平行地贴于铁路旁边的墙上，一高速列车以 $2\times10^8\ \mathrm{m\cdot s^{-1}}$ 的速度接近此宣传画，这张画由司机测量将成为什么样子？

14-3　地球上一观察者，看见一飞船 A 以速度 $2.0\times10^8\ \mathrm{m\cdot s^{-1}}$ 从他身边飞过，另一飞船 B 以速度 $1.5\times10^8\ \mathrm{m\cdot s^{-1}}$ 跟随 A 飞行。求：(1) A 上的乘客看到 B 的相对速度；(2) B 上的乘客看到 A 的相对速度。

14-4　一原子核以 $0.2c$ 的速度离开观察者。原子核在它运动方向上向前发射一电子，该电子相对于核有 $0.5c$ 的速度；此原子核又向后发射一光子指向观察者。对静止观察者来讲，问：(1) 电子具有多大的速度？(2) 光子具有多大的速度？

14-5　π^+ 介子是一不稳定粒子，平均寿命为 2.6×10^{-8} s(在它自己的参考系中测量)。问：(1) 如果此粒子相对于实验室以 $0.8c$ 的速度运动，那么实验室坐标系中测量的 π^+ 介子寿命为多长？(2) π^+ 介子在衰变前运动了多长距离？

14-6 根据现代天体物理学的推算和观测，我们的宇宙正在膨胀，太空中的星系相互远离。假定在地球上观测到一颗脉冲星（发出周期性脉冲无线电波的星体）的脉冲周期为 0.50 s，且这颗星正以速度 $0.80c$ 离我们而去，这颗星的固有脉冲周期是多少？

14-7 如图 14-8 所示，在 S 系中，有一个静止的正方形，其面积为 81 cm^2，S′系相对于 S 系以 $0.8c$ 的速度沿正方形的对角线运动，求 S′系中观测者测得的该图形的面积。

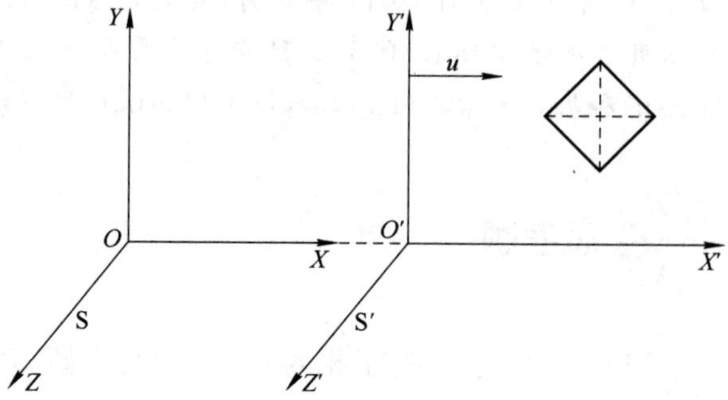

图 14-8 题 14-7

14-8 S 系中平面上一个静止的圆的面积为 12 cm^2，在 S′系测得该圆面积为多少？（已知 S′系在 $t=t'=0$ 时与 S 系坐标轴重合，并以 $-0.8c$ 的速度沿公共轴 $X-X'$ 运动。）

14-9 宇宙飞船相对于地面以速度 v 做匀速直线飞行，某一时刻飞船头部的宇航员向飞船尾部发出一个光讯号，经过 Δt（飞船上的钟）时间后被尾部的接收器收到，则飞船的固有长度是多少？

14-10 一立方体，沿其一棱的方向以速率 v 运动。试证明：其体积和密度分别为 $V=V_0\sqrt{1-\beta^2}$ 和 $\rho=\gamma^2 m_0/V_0$，式中 m_0、V_0 为静止质量和体积，$\beta=\dfrac{v}{c}$，$\gamma=\dfrac{1}{\sqrt{1-\beta^2}}$。

14-11 太阳质量为 $M=1.99\times10^{30}$ kg，某一中子星的质量为太阳质量的 1.4 倍，半径为 12 km，根据引力红移公式 $z_G=\dfrac{\lambda-\lambda_0}{\lambda_0}=\left(1-\dfrac{2GM}{c^2R}\right)^{-\frac{1}{2}}-1$，求该中子星的引力红移。

参考文献

[1] 陈仲本,况明星. 医用物理学[M]. 北京:高等教育出版社,2010.

[2] 程守洙,江之永. 普通物理学[M]. 北京:高等教育出版社,2016.

[3] 洪洋. 医用物理学[M]. 北京:高等教育出版社,2014.

[4] 侯俊玲,邵建华,刚晶. 物理学[M]. 北京:科学出版社,2012.

[5] 胡新珉. 医学物理学[M]. 北京:人民卫生出版社,2018.

[6] 梁路光. 医用物理学[M]. 北京:高等教育出版社,2015.

[7] 马文蔚. 物理学[M]. 北京:高等教育出版社,2014.

[8] 马文蔚,周雨青,解希顺. 物理学教程[M]. 北京:高等教育出版社,2016.

[9] 王芝云. 医用物理学[M]. 北京:科学出版社,2018.

[10] 吴百诗. 大学物理学[M]. 北京:高等教育出版社,2012.

[11] 杨华元,顾柏平. 医用物理学[M]. 北京:中国中医药出版社,2018.

[12] 漆安慎,杜婵英. 普通物理学教程力学[M]. 北京:高等教育出版社,2009.

[13] 张三慧. 大学物理学简程[M]. 北京:清华大学出版社,2010.

[14] 章新友,侯俊玲. 物理学[M]. 新世纪第四版. 北京:中国中医药出版社,2016.

[15] 赵清诚. 基础物理学[M]. 北京:中国医药科技出版社,2010.

[16] 朱峰. 大学物理[M]. 2版. 北京:清华大学出版社,2010.

[17] 郑永令,贾启民,方小敏. 力学[M]. 2版. 北京:高等教育出版社,2008.

[18] 张达宋. 物理学基本教程[M]. 3版. 北京:高等教育出版社,2018.

[19] 胡盘新,孙迺疆. 普通物理学(第七版)习题分析与解答[M]. 北京:高等教育出版社,2016.

附　　录

附录一　常用物理常数

量的名称	符号	量值
标准重力加速度	g_n	9.806 65 m/s^2
标准大气压	P	101 325 Pa
万有引力常量	G	6.672 041×10^{-11} N·m^2/kg^2
阿伏伽德罗常量	N_A	6.022 136 7×10^{23} mol^{-1}
摩尔气体常量	R	8.314 41 J/(mol·K)
理想气体的摩尔体积	V_m	0.022 413 83m^3/mol
玻尔兹曼常量	k	1.380 662×10^{-23} J/K
基本电荷	e	1.602 189 2×10^{-19} C
电子静止质量	m_e	9.109 534×10^{-31} kg
质子静止质量	m_p	1.672 648 5×10^{-27} kg
中子静止质量	m_n	1.674 954 3×10^{-27} kg
原子质量常量	m_u	1.660 565 5×10^{-27} kg
真空介电常量	ε_0	8.854 187 818×10^{-12} F/m
真空磁导率	μ_0	12.566 370 614 4×10^{-7} H/m
真空光速	c	2.997 924 58×10^8 m/s
斯特藩-玻尔兹曼常量	σ	5.670 32×10^{-8} W/(m^2·K^4)
里德伯常量	R	1.097 373 177×10^7 m^{-1}
维恩位移常量	b	2.897 8×10^{-3} m·K
普朗克常量	h	6.626 176×10^{-34} J·s
玻尔半径	a_0	0.529 177 06×10^{-10} m
玻尔磁子	μ_B	9.274 078×10^{-24} A·m^2
核磁子	μ_N	5.050 824×10^{-27} A·m^2
质子磁矩	μ_P	1.410 617 1×10^{-26} A·m=2.792 845 6μ_N
电子的康普顿波长	λ_c	2.426 308 9×10^{-12} m

附录二　希腊字母表

字　母	名　称	字　母	名　称
Α　α	alpha	Ν　ν	nu
Β　β	beta	Ξ　ξ	xi
Γ　γ	gamma	Ο　o	omicron
Δ　δ	delta	Π　π	pi
Ε　ε	epsilon	Ρ　ρ	rho
Ζ　ζ	zeta	Σ　σ	sigma
Η　η	eta	Τ　τ	tau
Θ　θ	theta	Υ　υ	upsilon
Ι　ι	iota	Φ　φ	phi
Κ　κ	kappa	Χ　χ	chi
Λ　λ	lambda	Ψ　ψ	psi
Μ　μ	mu	Ω　ω	omega